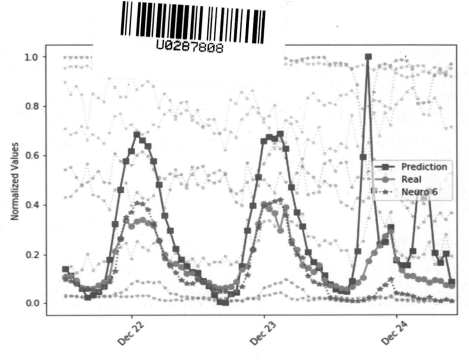

图 3.25　Neuro 6 激活

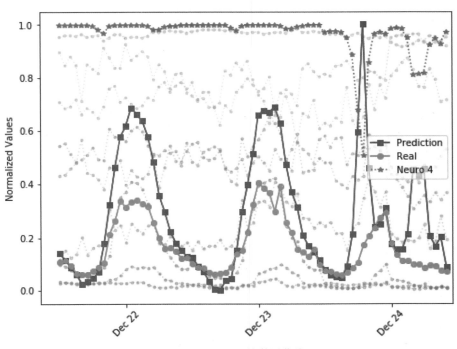

图 3.28　Neuro 4 的激活曲线

图 9.12　利用词向量绘制的"词汇的星空"

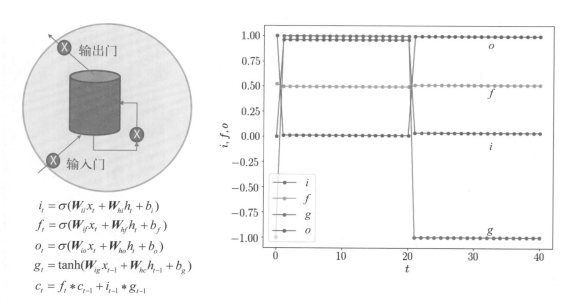

$$i_t = \sigma(\boldsymbol{W}_{ii}x_t + \boldsymbol{W}_{hi}h_t + b_i)$$
$$f_t = \sigma(\boldsymbol{W}_{if}x_t + \boldsymbol{W}_{hf}h_t + b_f)$$
$$o_t = \sigma(\boldsymbol{W}_{io}x_t + \boldsymbol{W}_{ho}h_t + b_o)$$
$$g_t = \tanh(\boldsymbol{W}_{ig}x_{t-1} + \boldsymbol{W}_{hc}h_{t-1} + b_g)$$
$$c_t = f_t * c_{t-1} + i_{t-1} * g_{t-1}$$

图 10.16　LSTM 单元内部的 3 个门的开启情况

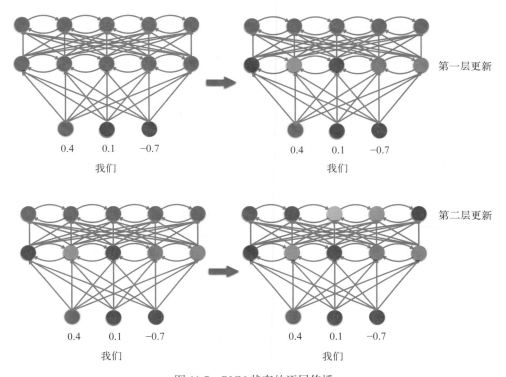

图 11.7　RNN 状态的逐层传播

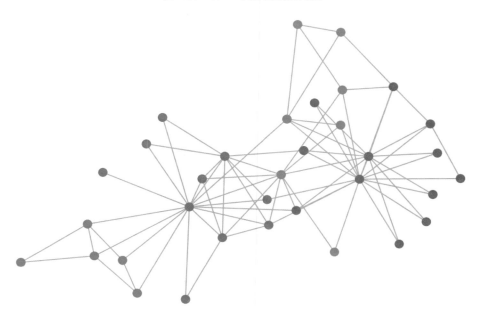

图 14.5　空手道俱乐部网络中的社团结构

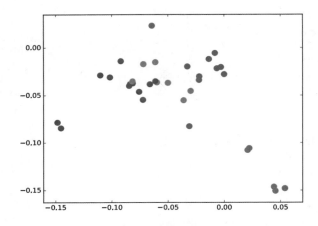

图 14.6   随机初始化权重运行 GCN 的输出结果

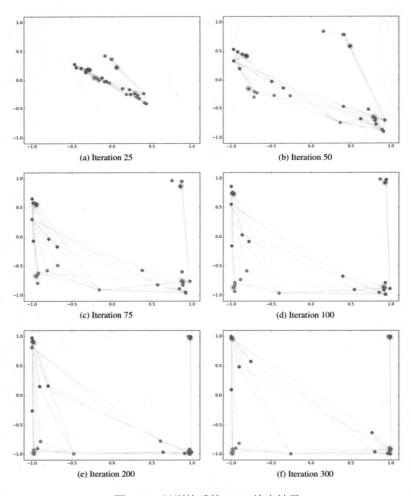

(a) Iteration 25

(b) Iteration 50

(c) Iteration 75

(d) Iteration 100

(e) Iteration 200

(f) Iteration 300

图 14.7   经训练后的 GCN 输出结果

P深度学习原理与
yTorch实战

（第2版）

集智俱乐部◎著

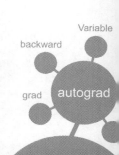

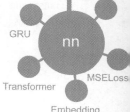

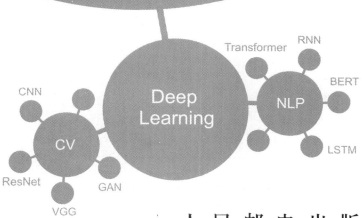

人民邮电出版社

北　京

图书在版编目（CIP）数据

深度学习原理与PyTorch实战 / 集智俱乐部著. -- 2
版. -- 北京 : 人民邮电出版社，2022.4
（图灵原创）
ISBN 978-7-115-58829-6

Ⅰ. ①深… Ⅱ. ①集… Ⅲ. ①机器学习 Ⅳ.
①TP181

中国版本图书馆CIP数据核字(2022)第040263号

内 容 提 要

本书是一本系统介绍深度学习技术及开源框架 PyTorch 的入门书。书中通过大量案例介绍了 PyTorch 的使用方法、神经网络的搭建、常用神经网络（如卷积神经网络、循环神经网络）的实现，以及实用的深度学习技术，包括迁移学习、对抗生成学习、深度强化学习、图神经网络等。读者通过阅读本书，可以学会构造一个图像识别器，生成逼真的图像，让机器理解单词与文本，让机器作曲，教会机器玩游戏，还可以实现一个简单的机器翻译系统。第 2 版基于 PyTorch 1.6.0，对全书代码进行了更新，同时增加了 Transformer、BERT、图神经网络等热门深度学习技术的讲解，更具实用性和时效性。

本书适用于人工智能行业的软件工程师、对人工智能感兴趣的学生，也非常适合作为培训参考书。

◆ 著　　　集智俱乐部
责任编辑　张　霞
责任印制　彭志环

◆ 人民邮电出版社出版发行　　北京市丰台区成寿寺路11号
邮编　100164　电子邮件　315@ptpress.com.cn
网址　https://www.ptpress.com.cn
三河市祥达印刷包装有限公司印刷

◆ 开本：800×1000　1/16　　　彩插：2
印张：24.75　　　　　　　　2022年4月第 2 版
字数：585千字　　　　　　　2022年4月河北第 1 次印刷

定价：99.80元

读者服务热线：(010)84084456-6009　印装质量热线：(010)81055316
反盗版热线：(010)81055315
广告经营许可证：京东市监广登字 20170147 号

推　荐　序

"理解复杂世界"是生活在这个星球上的所有人共同的愿望。

4000 多年前，埃及人通过观察发现，当夏天黎明天狼星于东方升起时，尼罗河就会开始洪水泛滥。中国的先民由于积累了大量的观察记录，发展出了用来指代理性思考于脑中仿真的文字符号——"预"。"预"字的左边（予）表示"通过"，右边（页）表示"头脑"，合起来是指让想象情景过脑，这也象征了人类独特的智能行为——"预测"。

随着智能技术的逐步发展，人类观察世界的工具也有了质的飞越，从最早的肉眼观察记录，逐步发展出了通过实验和理论来推演思辨的方式。但随着知识的累积，人类发现世界上难以理解的事情与日俱增，这时才意识到过去犯了一个严重的错误，那就是企图用"简化的模型来描述世界"。问题是，这个世界本就不简单，因此任何企图化繁为简的举动都会让我们离真实越来越远。

既然简化模型这条路行不通，那就正面挑战这个世界的复杂性吧！深度学习开山鼻祖辛顿为我们带来了挑战复杂性的最新武器。从语音识别、计算机视觉，到自然语言，这些我们过去认为计算机不可能完成的任务，都被深度学习逐步破解。深度学习的关键正是计算机不再只靠人为的规则编程，而是用数据进行编程，重现这个世界的复杂性。

但现实中的深度学习工具并不友好。例如，TensorFlow 虽然是一款主流的深度学习框架，但其语法难以跨版本兼容且啰唆繁杂，函数改名频率过高。虽然有了挑战复杂性的关键"神器"，但是要想将它切实应用，还要有让人思维更清晰的分析框架。

2017 年初，Facebook 公司推出了全新的深度学习框架——PyTorch。

在深度学习顶级会议 ICLR 的提交论文中，提及 PyTorch 的论文数从 2017 年的 87 篇激增到 2018 年的 252 篇，而提及 TensorFlow 的论文数量却没有太大的起伏（从 2017 年的 228 篇提升至 2018 年的 266 篇），甚至快被 PyTorch 追平了。同时，随着 PyTorch 1.0 的问世以及 ONNX（Open Neural Network Exchange）深度学习开发生态的逐渐完备，PyTorch 无疑成为众多深度学习框架中值得期待的明日之星。

我们在研究深度学习时常常会有一个疑问：既然深度学习要正面解决世界的复杂性，为何现有的深度学习框架却处处是人为的简化呢？比如图片必须固定大小、句子必须固定长度，等等。如果你对于这种束缚感到厌倦，那么使用动态计算图的 PyTorch 可能会是更好的选择。如果你担心动态计算图难以理解，那么本书将会是你学习和理解 PyTorch 过程中的最佳帮手，它将神经网络、计算图、自动微分、梯度反传等概念用清晰的文字表达了出来。更重要的是，它很少用到数学公式。

学习技术的过程其实和深度学习的模型一样，需要通过梯度下降的引导，才能逐渐找到复杂问题的最优解。学习任何新事物，只有遵循正确的学习路线，才有可能将基础打牢，进而融会贯通。尤其是对于深度学习这样处于发展中的年轻学科，从各种杂乱的来源中找出接近真相的信息，恐怕是学习中最大的障碍。

由张江老师领衔的集智俱乐部一直是国内复杂系统与深度学习社群中的领头羊，长期为推广技术和培育新生科研种子而努力。集智俱乐部创作的这本《深度学习原理与 PyTorch 实战》通过丰富的案例和清晰的讲解，带你找到正确的深度学习修炼路线，直至达到最佳学习状态，而不必像随机梯度下降般迂回绕路。

读完本书，你会发现，有了强大的工具和便捷的方法，深度学习竟然可以如此简单。

尹相志

台湾微软数据科学金牌讲师

中国微软加速器专家顾问，集智学园人工智能金牌讲师

前　言

在 21 世纪的第二个十年里，科技界最大的进展恐怕非人工智能莫属了。无论是战胜人类围棋高手的 AlphaGo，还是遍布各地车站的人脸识别系统，配备了深度学习技术的最新人工智能展现了它无限大的势能，并已经进入到我们的日常生活中。

人工智能（artificial intelligence，AI），顾名思义，就是通过计算的方式模拟、延伸和扩展人的智能。它作为计算机科学的一个分支，早在 1956 年就诞生了。然而，长久以来，人工智能的发展却不能与它的名字相符。尽管早期的人工智能在数学定理证明、推理、棋类游戏上取得了长足的进步，但是在拟人化的形象思维方面与人类仍相差甚远。例如，一个两三岁的小孩能清楚地认出爸爸和妈妈，人工智能却不能。

不过近年来，人工智能的发展正在试图摆脱人们对它的刻板印象。采用深度神经网络技术的人工智能同样可以非常好地进行"形象化"思维。例如，现在人工智能的人脸识别准确度已经达到了 99.7%，超过了人类的识别准确度 97.3%。2017 年 1 月，百度大脑的人工智能程序参加了《最强大脑》节目，在人脸识别和声纹识别上挑战了人类顶尖高手，并最终完胜人类的"最强大脑"。自动驾驶技术也在讨论与关注中不断进化：2021 年，特斯拉已经向部分车主推送 FSD（full self-driving，全自动驾驶）功能，几乎能够实现全场景自动驾驶。毫无疑问，如今的人工智能已经可以在多个方面战胜人类了。

在 2016 年 3 月和 2017 年 5 月，AlphaGo 分别与世界围棋冠军李世石和柯洁进行了举世瞩目的比赛。可以看到，配备了深度强化学习技术的人工智能可以像人类围棋高手那样具有出色的大局观，甚至具有一定的创造力。这种表现是单纯依靠逻辑推理和搜索的人工智能远远无法达到的。更有甚者，DeepMind 团队在 2017 年 10 月发表在《自然》杂志上的文章中提出了一个新版本的 AlphaGo——AlphaGo Zero，它完全凭借自己的"左右互搏"，而无须任何人类经验，就可以达到围棋的世界顶尖水平，远远超越人类。不过 DeepMind 团队想要的显然不仅仅是一个"围棋大师"，近年来他们进一步借助人工智能推动科学与产业前进：2018 年，DeepMind 发布了 AlphaFold，在生物学的核心挑战之一蛋白质折叠问题上取得了重大进展，AlphaFold 生成的蛋白质 3D 模型比以往任何一种都精确得多。2021 年，DeepMind 使用深度生成模型取代了气候科学中的大气方程，实现了比传统方法更高精度的降雨预测。

然而，这些有关人工智能的新闻会给我们造成一种错觉：人工智能是一种高科技，只有谷歌、微软等大公司才有可能应用，与小公司或者普通人毫无关系。而事实并非如此，随着各大公司开源了他们的深度学习框架和平台，每一个普通企业或者个人都可以快速地应用人工智能技术。你只要有一台笔记本电脑，就可以轻松玩转深度学习，实现诸如人脸识别、图像生成、机器翻译、聊天机器人等强大的人工智能功能。

其实，人工智能早已渗透到了我们的日常生活中。例如，当我们使用导航系统播报路况的时候，导航者的声音就会从手机或汽车音响里播放出来。难道导航者会把成千上万种可能的路况信息都念一遍吗？答案显然是否定的，这是运用了人工智能中的语音合成技术。

有一款 App 叫作 Prisma，你只要上传自己的照片，再选择一张风格图片（例如莫奈的画作），点击一个按钮，Prisma 就可以生成一张莫奈风格的你的图片。这款 App 所使用的是人工智能中的风格迁移技术。

还有一款 App 叫作 FaceApp，它可以使你的脸发生各种有趣的变化。比如给你的脸上妆，让你看一看自己以后苍老的样子，甚至可以为郁郁寡欢的脸添加一抹笑容。这款 App 的背后也有人工智能技术的支撑。它采用图像生成技术，通过不断提取大量照片中人像的特征生成全新的图片。

正如 20 年前互联网在中国迅速普及，几个程序员编写几行代码就有可能创业成功，摇身一变成为亿万富翁，新一波人工智能浪潮带来的冲击只会比当年的互联网革命更加巨大、更加彻底。据有关部门统计，现在每隔 11 小时就会有一家人工智能创业公司诞生。

人工智能令人心潮澎湃，那么普通的程序员又该如何入门"高大上"的人工智能技术呢？

工欲善其事，必先利其器。选择一个好的人工智能框架平台是我们跨入这个行业的前提。可以说工具选对了，我们的一只脚就已经跨入了人工智能的大门。本书给大家推荐的"器"自然就是 PyTorch 了，推荐这个深度学习框架平台有如下几点原因。

- ❑ 简单、易用、上手快：这一点对于初学者来说极具吸引力。
- ❑ 功能强大：从计算机视觉、自然语言处理再到深度强化学习，PyTorch 的功能异常强大。而且，如今支持 PyTorch、功能强大的包也越来越多，例如 Allen NLP（自然语言处理）和 Pyro（概率编程）。
- ❑ Python 化编程：在诸多深度学习开源框架平台中，PyTorch 恐怕是和 Python 结合得最好的一个。相比 TensorFlow 框架来说，PyTorch 会让你的代码更流畅、更优雅。
- ❑ 强大的社区支持：对于初学者来说，吸取前辈的经验恐怕是最迫切的问题之一了。尽管 PyTorch 面世不久，但是它的社区成长飞快。在国内，用 PyTorch 作为关键词搜索就能找到大概五六个网络社区、BBS。各大问答类网站关于 PyTorch 的问题数目也在持续增加。

如此强大、好用的工具，绝对是值得我们大力推广的。然而，目前有关 PyTorch 的优质资料仍以英文为主。大部分介绍深度学习、人工智能的资料充斥着数学公式，这对普通用户而言是一个不低的门槛。因此，集智俱乐部的成员合力编写了这本书，力求进一步推广 PyTorch，普及人工智能和深度学习等新技术。

本书第 1 版出版于 2019 年，不但涵盖了深度学习的基本原理与 PyTorch 基础，而且介绍了当时被广泛使用的 LSTM、CNN、DQN 等多个模型。随着人工智能技术突飞猛进的发展，许多当时流行的模型如今已经成为"基础组件"，支撑着行业的进一步创新。因此，如今被广泛应用的前沿技术也发生了很多变化：超大的数据量与超强的算力支持超大规模模型的训练；为了让通用模型可以通过迁移而迅速适用于各个细分领域，预训练模型大行其道；此外，一个名为图网络的新领域也如新星一般冉冉升起。为了让读者通过阅读本书掌握这一领域从基础到前沿的完整知识路径，我们特地在第 1 版的基础上增加了 3 章崭新的内容，介绍了第 1 版问世之后业界取得的三大重要进展，作为本书第 2 版的更新内容，以飨读者。

集智俱乐部诞生于 2003 年，是国内最早的人工智能社区之一。经过十几年的发展，它已经逐渐成长为一个深受国内顶尖研究者、科学家、工程师和学生群体热爱的学术社区。在这十几年间，集智俱乐部举办了大大小小 400 多场讲座、读书会等活动，创作了《科学的极致：漫谈人工智能》和《走近 2050：注意力、互联网与人工智能》两本人工智能科普读物。值得一提的是，国内人工智能领域著名的创业黑马"Momenta"和"彩云 AI"的创始人及核心成员都来自于集智俱乐部。在人工智能时代，集智俱乐部理应也必然会为这个行业的发展做出更大的贡献。

肩负着这样的使命，本书悄然诞生了。本书内容来源于张江老师在"集智 AI 学园"开设的网络课程"火炬上的深度学习"，经各位成员的精心整理和不断完善，最终成书。我们希望能进一步推广 PyTorch，让更多人有机会掌握人工智能和深度学习等新技术，进入人工智能这个发展迅猛的行业，共享由它带来的发展红利。

作者简介

集智俱乐部（Swarma Club），成立于 2003 年，是一个从事学术研究、享受科学乐趣的探索者团体，也是国内最早研究人工智能、复杂系统的科学社区之一，倡导以平等开放的态度、科学实证的精神，进行跨学科的研究与交流，力图搭建一个中国的"没有围墙的研究所"。目前已出版著作有《科学的极致：漫谈人工智能》《走近 2050：注意力、互联网与人工智能》《NetLogo 多主体建模入门》，译作有《深度思考：人工智能的终点与人类创造力的起点》。

编写

张　江　北京师范大学系统科学学院教授，集智俱乐部创始人，集智学园创始人。研究方向包括复杂网络与机器学习、复杂系统分析与建模、计算社会科学。目前主要的研究课题是复杂系统自动建模

张　章　北京师范大学系统科学学院在读博士生。研究兴趣集中于复杂网络和深度学习的交叉方向，并长期关注涌现相关研究

朱瑞鹤　北京有三教育科技有限公司算法工程师

胡　胜　中国地质大学（武汉）博士研究生，研究领域：测绘科学与技术

胡　乔　集智学园算法工程师，主要研究方向为文本处理、复杂网络分析、知识图谱

王　硕　北京师范大学系统科学学院在读博士，师从张江教授。硕士毕业于东北大学模式识别与智能系统专业，曾就职于彩云天气，负责雾霾预报算法及系统

周金阳　微软中国数据与应用科学家

苏尚君　软件工程师

王　婷　北京集智会自然科学研究中心首席秘书长

姜晓芳　北京航空航天大学博士研究生，特许金融分析师（CFA）持证人，金融信息化研究所资深研究员

丛　恺　香港中文大学系统工程专业研究生

胡鹏博　中国科学技术大学博士研究生

侯月源　彩云科技自然语言处理算法工程师

审稿

刘福洋　南丹麦大学应用物理学专业毕业，Spotify 软件工程师
胡新兴　虚拟现实产品经理

统筹

张　倩　集智学园联合创始人兼 CEO，毕业于南京信息工程大学信息与控制学院
李周园　清华大学博士，北京大学博士后，北京林业大学讲师，集智学园 PyTorch 课程杰出
　　　　贡献助教
刘培源　北京集智会自然科学研究中心运营总监，集智俱乐部公众号主编
王朝会　集智学园课程总监

封面设计

王建男　集智学园首席商务官

目　　录

## 第 1 章

深度学习简介

作为开篇，本章将对深度学习进行简要的介绍，内容包括深度学习与人工智能、深度学习的历史渊源、深度学习的影响因素以及取得成功的原因，并从深度网络的超参数、架构和训练方式等方面进一步剖析深度学习的本质。

什么是深度学习？稍微读过一些科普文章的人都知道，所谓的深度学习，就是一种利用深度人工神经网络来进行自动分类、预测和学习的技术。因此，深度学习就等于深度人工神经网络，如图 1.1 所示。

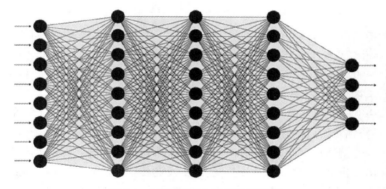

图 1.1　深度人工神经网络示意图

图 1.1 中黑色的圆圈表示一个人工神经元，连线表示人工神经突触。信息从网络最左侧的节点传入，经过中间层节点的加工，最终由最右侧 4 个节点输出到外界。神经网络从左到右排成多少列就称为有多少层。多少层算深呢？通常情况下，我们认为超过三层的神经网络都可以叫作深度神经网络。而目前人们已经可以实现深达 1000 多层的人工神经网络了。

不过，以上对深度学习的认识虽然没有错误，但并不全面，还需要从深度学习与人工智能的关系及其历史渊源等方面来充分理解什么是深度学习。

1.1　深度学习与人工智能

首先，深度学习属于一种特殊的人工智能技术，它与人工智能及机器学习的关系如图 1.2 所示。

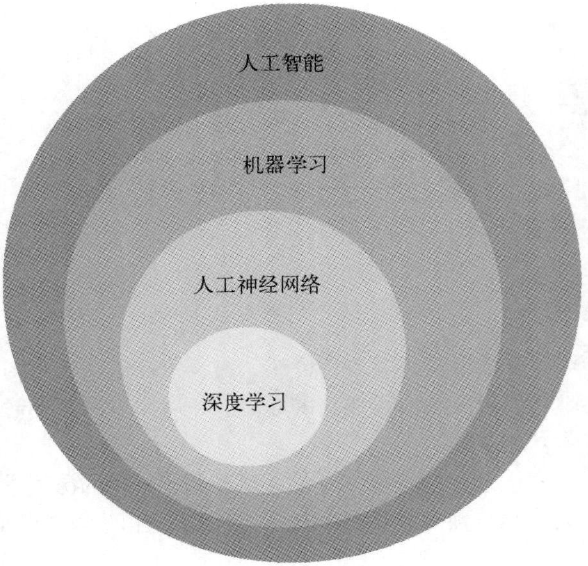

图 1.2   人工智能、机器学习、人工神经网络、深度学习之间的关系

　　人工智能的覆盖面非常广，包括自动推理、联想、学习等。机器学习则是人工智能的一个重要分支，它在 20 世纪八九十年代才逐渐发展起来，主要研究如何让计算机具有自我学习的能力。事实上，机器学习的算法有上千种，包括决策树算法（decision tree）、支持向量机（support vector machine，SVM）、遗传算法（genetic algorithm），等等。

　　近些年来，基于人工神经网络的机器学习算法日益盛行起来，逐渐呈现出取代其他机器学习算法的态势，这主要是因为人工神经网络中有一种叫作反向传播算法的关键性技术。该算法可以精确地调整人工神经网络出现问题的部件，从而快速降低网络进行分类或预测的错误率，这使得人工神经网络在诸多机器学习算法中胜出。所以，反向传播算法是人工神经网络的核心。

　　在应用层面，与一般的机器学习技术相比，深度学习最大的特色是可以处理各种非结构化数据——特指文本、图像、音频、视频，等等。而一般的机器学习更适合处理结构化数据，即可以用关系型数据库进行存储、管理和访问的数据。

　　通过对比深度学习与人工智能及一般机器学习技术之间的区别和联系，我们可以从横向的、多学科的角度来理解深度学习；另外，我们还需要从纵向的、历史渊源的角度进一步了解深度学习。

1.2　深度学习的历史渊源

　　尽管人工神经网络的诞生比人工智能还要早上十多年，但是在人工智能的历史上，人工神经网络一直是一个旁支，它被人们称为人工智能的"连接学派"。这一旁支曾经迎来过短暂的辉煌，但是真正爆发还是近些年的事情。

1.2.1　从感知机到人工神经网络

人工智能诞生于 1956 年的达特茅斯会议，而人工神经网络的诞生比人工智能还早，可以追溯到 1943 年。当时，第一个人工神经元被发明了出来，这就是著名的麦克洛克–皮茨（McCulloch-Pitts）模型。不过，他们的工作并未引起业内重视，人工神经网络的研究一直进展缓慢。直到 1957 年，弗兰克·罗森布莱特（Frank Rosenblatt）提出了感知机（perceptron）模型，才点燃了人们探索人工神经网络的热情，并使其成为业界探索人工智能的另类路径。这种方法并不是直接从功能的角度模拟人类的智能，而是尝试构建一个类似于大脑神经网络的装置，然后通过结构模拟的方法来解决问题。

然而，好景不长。1969 年，马文·明斯基（Marvin Lee Minsky）与西摩尔·派普特（Seymour Aubrey Paper）在其合著的书中开宗明义地指出了感知机模型的局限性：它甚至连极其简单的 XOR（异或）问题都无法解出来，何况更高级的智能呢？所谓 XOR 问题，就是将输入的两个二进制串按照每一个位进行比较，不同的位就输出 1，否则输出 0。例如，输入的两个二进制串是 1001 和 0111，则 XOR 就会输出 1110。显然，XOR 问题是一个基础、简单的问题。然而把 1001 及 0111 输入给感知机神经网络，无论如何变换参数，如何训练，它都不能输出正确的答案。就这样，人工神经网络被打入了冷宫。碍于马文·明斯基在人工智能圈中的地位和声势，研究者几乎不敢再发表有关感知机和神经网络的文章了，这种局面一直持续了将近 20 年。

历史的进程需要一名拯救者来挽救连接学派的颓势，而他就是大名鼎鼎的杰弗里·辛顿（Geoffrey Everest Hinton）。1986 年，辛顿与合作者大力发展了人工神经网络的反向传播算法，从而可以构造两层以上的人工神经网络，并且可以有效地进行学习与训练。对明斯基 XOR 问题的回应就在于深度。两层以上的神经网络可以很轻松地解决 XOR 问题，从而回击了明斯基的诘难。不仅如此，多层人工神经网络配备上反向传播算法，还能帮助人们解决大量的模式识别和预测问题。尽管当时的精度还有待提高，但是人工神经网络作为一种通用的算法，在 20 世纪 80 年代末到 90 年代初曾经风靡一时，它已经演化成可以与经典的人工智能符号学派和新兴的人工智能行为学派并驾齐驱的连接学派。

然而好景不长，人工神经网络并没有继续沿着深度的方向发展下去。这一方面是受限于当时的计算能力，另一方面是因为缺乏大规模高质量的训练数据。而且，神经网络本身就是一个黑箱，谁也不敢保证神经网络在深度这个方向上一定能够取得更好的结果和精度。于是，学术界的焦点朝向了另一个方向：寻找神经网络的基础理论。到了 20 世纪 90 年代末，在两位俄罗斯裔数学家弗拉基米尔·万普尼克（Vladimir Naumovich Vapnik）和亚历克塞·泽范兰杰斯（Alexey Yakovlevich Chervonenkis）的大力推进下，统计学习理论蓬勃发展了起来，它不仅奠定了模式识别问题的数学基础，而且创造出了支持向量机这种极其实用简洁的工具。与传统神经网络希望通过加深网络来提升精度相反，支持向量机的解决方案是提升数据的维度，在高维空间中寻找能够将数据进行精准划分的方法，这种方法在数据量不是很大的情况下非常奏效。就这样，支持向量机成为 20 世纪 90 年代到 21 世纪初的宠儿。

　　然而，真理似乎总是掌握在少数人手中。在主流学术圈关注支持向量机的时候，辛顿仍然在默默地坚持着深度网络的方向。2006 年，辛顿在《科学》杂志上发表了一篇题为《利用神经网络进行数据降维》的文章，提出了深度神经网络（deep neural network，DNN）模型，并指出如果增加神经网络的层数，并且精心设计训练网络的方式，那么这样深层次的神经网络就会具有超强的表达能力和学习能力。

　　虽然很多人很早就猜想深度的神经网络也许能够大大提高分类的准确度，但是没有人真正地严格验证过这个结论。原因在于当时的硬件水平和数据量都远远无法与深度的神经网络相匹配，再加上深度网络需要特殊的训练技巧，阻碍了人们往深度方向去探索。而辛顿始终坚持着"深度"的梦想，终于在 2006 年实现了突破，向世人证明了"深度"的作用。

1.2.2　深度学习时代

　　辛顿有关深度神经网络的研究激励了大量的学者朝着这个方向前进。借助辛顿的深度网络模型，人们首先在语音领域取得了突破。微软的邓力邀请辛顿加入语音识别的深度神经网络模型开发，大幅提升了识别准确度。然而，辛顿并不想止步于此，他需要更大的数据集来训练超深度的网络，从而向世人展示"深度"的神奇威力。然而，这么大规模的数据集到哪里去找呢？

　　此时，一位华裔女科学家走上了历史的舞台，她就是美国斯坦福大学的计算机视觉专家李飞飞。2006 年，李飞飞还是一个名不见经传的小人物。然而，她怀揣着一个不小的梦想：构造一个大规模的有关图像的数据库。她将其命名为 ImageNet，以仿效自然语言处理领域中的 WordNet，为上千种物体的图像进行标注。但是，当她写报告申请研究经费的时候却遭到了无情的拒绝。然而，李飞飞并未放弃梦想，她最终找到了亚马逊的众包平台——"亚马逊土耳其机器人"（Amazon Mechanical Turk），借助大量网友的力量构造出了 ImageNet 这样一个大规模、高精度、多标签的图像数据库。

　　到了 2010 年，ImageNet 已经收录了 100 多万张图像。如此巨大的数据量应该能促进计算机视觉领域的大发展，于是李飞飞开始举办每年一次的图像识别大赛：ImageNet 竞赛。正是这样的竞赛为辛顿提供了一个完美的舞台。那时，他早已准备好要让深度神经网络大显身手了。2012 年，辛顿和他的两个学生亚历克斯·克里泽夫斯基（Alex Krizhevsky）和伊利亚·索特思科瓦（Ilya Sutskever）采用了一个深层次的卷积神经网络（AlexNet），在 ImageNet 竞赛的分类任务中表现突出，技压群雄，将分类错误率从 25% 降到了 17%。其实，卷积神经网络（convolutional neural network，CNN）也不是新事物，它于 20 世纪 80 年代发展起来，最早用于模仿动物视觉皮层的结构。到了 1998 年，这种网络被杨立昆（Yann LeCun）等人成功应用到了手写数字的识别上，大获成功。然而将卷积神经网络做到 8 层，而且不需要任何预处理就能将图像分类任务做到这么好，这还是头一次。从此，深度神经网络就成了 ImageNet 竞赛的标配，从 AlexNet 到 GoogleNet，人们不断增加网络的深度，识别准确率直线提升。2012 年以后，深度学习开始在学术圈流行起来。

1.2.3　巨头之间的角逐

　　然而，深度学习更大范围的应用和工业界是分不开的。2011 年，谷歌 X 实验室的杰夫·迪恩（Jeffrey Adgate Dean）和吴恩达等人采用深度学习技术，让谷歌大脑深度神经网络观看了从 YouTube 中提取出来的 30 万张图像，并让机器自动进行提炼。结果，谷歌大脑自己学出了一张"猫"脸，如图 1.3 所示。这张猫脸具有鲜明的"机器烙印"。第二天，这张猫脸便出现在了各大网站的头条位置，深度学习开始引起工业界的关注。

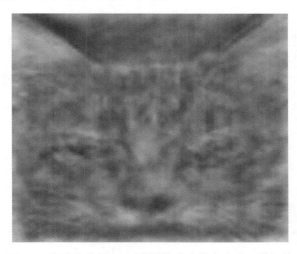

图 1.3　谷歌大脑从 30 万张图像中自学出来的"猫"脸

　　在看到深度学习技术的发展前景后，以谷歌为代表的各大公司开始疯狂并购人工智能、深度学习初创公司和团队。这不仅引发了人工智能人才的全球争夺战，也促使更多的人才和创业公司投入到人工智能的大潮之中。

　　深度学习技术在语音和图像领域的成功应用，激发了人们将该技术扩展到自然语言处理领域的热情。首先，2013 年，谷歌的托马斯·米科洛夫（Tomas Mikolov）提出了 Word2Vec 技术（参见第 9 章），它可以非常快捷有效地计算单词的向量表示，这为大规模使用人工神经网络技术处理人类语言奠定了重要基础。

　　2014 年，谷歌开始尝试利用深度的循环神经网络（recurrent neural network，RNN）来处理各种自然语言任务，包括机器翻译、自动对话、情绪识别、阅读理解等。尽管目前深度学习技术在自然语言类任务上的表现还无法与图像类任务相媲美，但已取得了长足的进步。2016 年，谷歌的机器翻译技术取得重大突破，采用了先进的深度循环神经网络和注意力机制的机器翻译在多种语言上已经接近人类的水平（参见第 10 章和第 11 章）。

　　除了在语音、图像和自然语言处理等传统任务上的发展，科学家还在不断地拓宽深度学习的应用范围。在与强化学习这一古老的机器学习技术联姻后，深度学习在计算机游戏、博弈等领域同样取得了重大进展。2015 年，被谷歌收购的 DeepMind 团队研发了一种"通用人工智能"算法，它可以像人类一样，通过观察电子游戏的屏幕进行自我学习，利用同一套网络架构和超参数，从零开始学习每一款游戏，并最终打通了 300 多款雅达利游戏，在某些游戏上的表现甚至超越了人类（参见第 15 章）。

2016 年 3 月，DeepMind 团队又在博弈领域取得了重大突破。AlphaGo 以 4∶1 的大比分战胜人类围棋冠军，让计算机围棋这一领域的发展提前了至少十年。2017 年 10 月，DeepMind 团队创造的 AlphaGo 升级版 AlphaGo Zero 再一次取得重大突破，它可以完全从零开始学习下围棋，而无须借鉴任何人类的下棋经验。仅经过大约 3 天的训练，AlphaGo Zero 就达到了战胜李世石的围棋水平；而到了 21 天以后，世界上已经没有任何人类或程序可以在围棋上战胜它了。AlphaGo 的成功不仅标志着以深度学习技术为支撑的新一代人工智能技术大获全胜，更暗示着人工智能的全新时代已经到来。

我们列出了人工神经网络以及深度学习历史上的大事件，绘制了一条时间轴，方便读者查看，如图 1.4 所示。

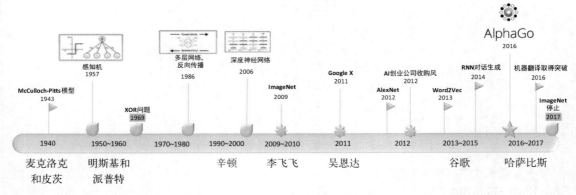

图 1.4   人工神经网络、深度学习大事件

1.3   深度学习的影响因素

影响深度学习爆发的主要因素有 3 个，分别是大数据、深度网络架构和 GPU。

1.3.1   大数据

前面提到，深度神经网络并不算新技术，早在 20 世纪八九十年代，人们就提出了增加神经网络的深度以获得更高准确度的设想，但是由于当时硬件发展速度跟不上，人们很难实现深度的神经网络。当然，更主要的原因是当时根本没有足够的大规模数据输入给深度神经网络，因此自然也就无法发挥深度的作用。伴随着网络深度的增加，待拟合的参数自然也会增加，如果没有与其相匹配的海量数据来训练网络，这些参数就完全变成了导致网络过拟合的垃圾，无法发挥作用。

　　然而，到了 21 世纪的第二个十年，一切都不一样了。有数据显示，2014 年，整个互联网上每秒钟就有 60 万条信息在 Facebook 上分享，2 亿封邮件、10 万条推文发出，571 个新网站被建立，1.9E（10^{18}）字节的数据被交换[1]。随着互联网特别是移动互联网时代的到来，我们每一个动作都会被网络服务器记录下来，这些数据促使人类一下子进入了大数据时代。

　　大数据时代的到来为深度神经网络的大规模应用铺平了道路，加深网络获得更高精度的设想终于在海量数据的基础上得以验证。图 1.5 所示的曲线很好地说明了数据量的大小对深度神经网络分类和预测准确度的影响。

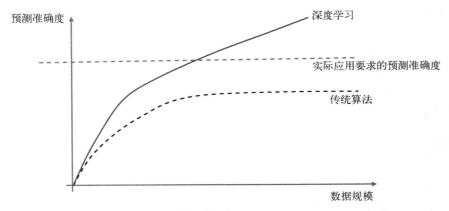

图 1.5　机器学习模型的预测准确度随数据量的增加而变化的曲线

　　图 1.5 中横轴表示的是输入神经网络模型的数据规模，纵轴表示的是模型所能达到的分类或预测准确度。实曲线对应的是采用了深度学习技术的神经网络模型，虚曲线代表的则是未采用深度学习技术的模型（例如 SVM 算法）。对比这两条曲线，我们可以清晰地看到，随着数据量的增加，采用了深度学习方法的模型可以持续不断地提高准确度，而传统算法则会很快地遇到精确度方面的瓶颈。

　　由此可见，大数据与深度学习技术的搭配才是促使人工智能突飞猛进发展的关键因素。

1.3.2　深度网络架构

　　有人说，如今的深度学习革命完全是拜大数据所赐，只要拥有海量的数据，随便调试一个深度学习模型，就可以获得很好的预测结果。这种认识是非常片面的，虽然大部分深度学习技术早在 20 世纪八九十年代就发展了起来，但是当面对一个具体问题时，应该采用什么样的网络架构，如何选取超参数，如何训练这个网络，仍然是影响学习效率和问题解决的重要因素。

　　所谓的深度网络架构，就是整个网络体系的构建方式和拓扑连接结构，目前主要分为 3 种：前馈神经网络、卷积神经网络和循环神经网络。

1. 前馈神经网络

前馈神经网络也叫全连接网络（fully connected neural network）。在这种结构中，所有的节点都可以分为一层一层的，每个节点只跟它的相邻层节点而且是全部节点相连（也就是全连接的）。这些层一般分为输入层（例如图 1.1 中最左侧的一列节点）、输出层（图 1.1 中最右侧的 4 个节点）以及介于二者之间的隐含层[2]。这种前馈神经网络是目前应用最多的一类神经网络。

2. 卷积神经网络

另外一种常见的网络架构是卷积神经网络（CNN，详见第 5 章），它一般用于处理数字图像，其架构通常如图 1.6 所示。

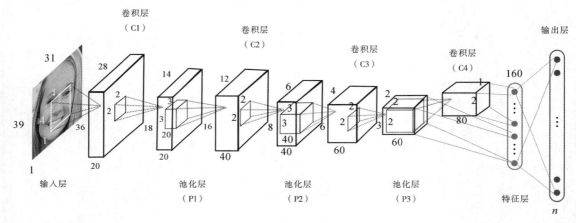

图 1.6　卷积神经网络架构示意图

图 1.6 中每一个立方体都是一系列规则排列的人工神经元集合。每个神经元到上一层次的连接称为卷积核，这是一种局域的小窗口。图 1.6 中的小锥形可以理解为从高层的某一个神经元到低层多个神经元之间的连接。这个小锥形在立方体上逐像素的平移就构成了两层次之间的所有连接。到了最后两层，小立方体被压缩成了一个一维的向量，这就与普通的前馈神经网络没有任何区别了。

CNN 这种特殊的架构可以很好地应用于图像处理，它可以使原始图像即使经历平移、缩放等变换之后仍然具有很高的可识别性。正是因为具有这样特殊的架构，CNN 才成功应用于计算机视觉、图像识别、图像生成，甚至 AI 下围棋、AI 打游戏等广阔的领域。

3. 循环神经网络

还有一种常见的网络架构，就是被广泛应用于自然语言处理任务中的循环神经网络（RNN，详见第 10 章），如图 1.7 所示。

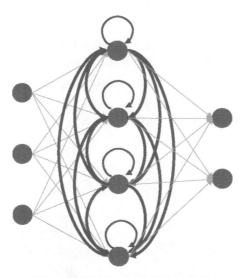

图 1.7　循环神经网络架构示意图

图 1.7 的左侧为输入节点，右侧为输出节点，中间的隐含层节点互相连接。可以看到，这种网络与普通的三层前馈神经网络非常相似，只不过隐含层彼此之间还具有大量的连接。

RNN 这种特殊架构使得网络当前的运行不仅跟当前的输入数据有关，还与之前的数据有关。因此，这种网络特别适合处理诸如语言、音乐、股票曲线等序列类型的数据。整个网络的循环结构可以很好地应付输入序列之中存在的长程记忆性和周期性。

4. 更多的新型网络架构

最近几年，研究人员提出了越来越多的新型网络架构类型，使得深度学习的性能大幅提升。在此，我们仅举两个例子进行说明。

第一个例子来源于机器翻译。人们发现，如果将两个 RNN 在时间步上串联，就能以相当可观的精度完成机器翻译任务。在这样的架构中，第一个 RNN 被看作编码器，它的任务是将输入的源语言编码成 RNN 的隐含层节点状态；第二个 RNN 被看作解码器，它可以将编码器的隐含状态解码成翻译的目标语言，整体架构如图 1.8 所示（详见第 11 章）。

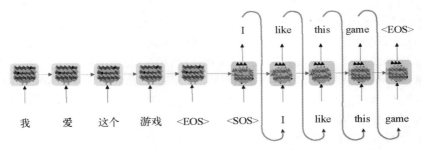

图 1.8　机器翻译的编码器—解码器架构（EOS 表示句子结束，SOS 表示句子起始）

图 1.8 中左侧的方块表示一个时刻的编码器，它是一个多层的 RNN；右侧的方块表示一个时刻的解码器，它也是一个多层的 RNN。从左到右表示时间上从前到后。开始的时候，编码器运作，它一步步地读入待翻译的源语言；到了源语言句子结束的时候（读入 EOS），解码器开始工作，它一步步地输出翻译的目标语言，并将每一次预测的单词输入给下一时刻的解码器，从而输出整个句子。

另一个例子是可微分计算机（或称为神经图灵机），它是谷歌 DeepMind 的研究人员提出的一种融合了神经网络和冯·诺依曼体系式计算机的计算架构，它既可以模仿计算机的工作，又可以通过训练的方式进行学习，如图 1.9 所示。

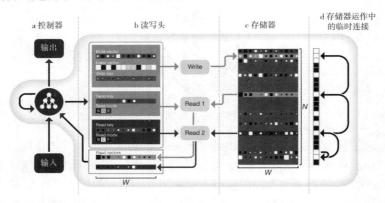

图 1.9　可微分计算机的架构示意图（图片来源：Graves A, Wayne G, Reynolds, et al. Hybrid Computing Using A Neural Network with Dynamic External Memory. Nature, 2016.）

在这种架构中，整个网络由控制器（a）、读写头（b）、存储器（c），以及存储器运作中的临时连接（d）构成。在控制器中，从输入到输出的映射由一个 RNN 相连，它调控着读写头，会产生一组权重，用于从存储器部分读取或者写入数据。存储器就像计算机中的内存，也可以将其看作一组规则排列的神经元。

这种装置可以用于复杂的推理、阅读理解等高级计算任务，因为它不仅仅是一个神经网络，还结合了冯·诺依曼式体系架构，在问题求解、自然语言处理等任务上的表现已经超越了 RNN。

5. 训练方式如何影响深度网络

除了架构会影响深度网络的表现以外，训练方式也会对结果产生很大的影响。

有两篇文章可以说明训练方式的重要性。第一篇文章是约书亚·本吉奥（Yoshua Bengio）的《课程学习》（"Curriculum Learning"）[3]，该文章指出当我们用数据训练人工神经网络时，不同的顺序会对网络学习速度和最终表现产生重要影响。我们如果先将少量特定标签的数据输入网络，然后拿剩下的数据去训练它，就会比一股脑儿地把所有标签的数据都输入给它更加有效，从而提高网络的"学习"能力。这就像人类学习一样，有步骤地学习会比一股脑儿地记下所有的知识更好。该学习方式将帮助机器学习吸取人类学习的优点，提升学习效果，协助其跳出局部极优，提高泛化能力。

第二篇文章是《在深度神经网络中特征是如何变成可迁移的》（"How Transferable are Features in Deep Neural Network?"）[4]，该文章详细比较了不同的训练方式如何影响网络的学习效率。有了更有效的学习，我们就可以通过迁移学习（参见第 6 章）将训练好的神经网络迁移到新的小数据集中，从而达到很好的表现。

AlphaGo 的复杂训练流程也向我们展示了训练方式和训练路径对于一个深度学习系统的重要性。首先，AlphaGo 团队根据人类的下棋经验快速训练了一个小的网络——快速走棋网络，在此基础上，再根据人类下棋的棋谱训练一个大的网络——监督学习走棋网络；然后，在这个网络的基础上，让 AlphaGo 通过和自己下棋得到一个强化学习走棋网络；最后，在此基础上得到价值网络。整个训练流程非常复杂却又十分精巧，包含了无数训练技巧。

1.3.3　GPU

影响深度学习性能的最后一个因素是 GPU。GPU 就是图形处理单元（graphics processing unit），和 CPU 一样，都是做计算的基本单元，只不过 GPU 是嵌在显卡上的，而 CPU 是嵌在主机主板上的。

我们知道，深度神经网络的训练过程需要耗费大量的计算时间。如果没有 GPU 的加速，我们就不可能在可接受的时间内训练好一个深度神经网络。那为什么 GPU 可以帮助深度神经网络加速呢？原因就在于 GPU 非常擅长大规模的张量运算，并且可以为这种运算加速，包含多个数值的张量运算所需要的平均时间远远少于对每个数字运算的时间。

原来，GPU 是在大规模 3D 电子游戏这个庞大市场的刺激下发明的。我们知道，3D 图像的渲染需要进行大规模的矩阵运算。GPU 的出现可以让这种运算并行化，从而让计算机图形渲染画面异常地流畅和光滑。

无巧不成书，后来人们认识到，GPU 的矩阵运算并行化可以帮助我们快速实现对神经网络的训练，因为训练的运算过程可以全部转化成高阶矩阵（一般称为张量）的运算过程，而这正是 GPU 所擅长的。

大数据、深度网络架构和 GPU 这三驾马车凑齐了以后，我们就可以踏上深度学习的康庄大道了。

1.4　深度学习为什么如此成功

深度学习为什么如此成功？要回答这个问题，就要了解深度学习的本质特色，那就是对所学特征的"表达能力"（representation）。换句话说，深度学习重要的本领在于它可以从海量的数据中自动学习，抽取数据中的特征。

1.4.1　特征学习

深度神经网络的一个特性是会把不同的信息表达到不同层次的网络单元（权重）之中，并且这一提炼过程完全不需要手动干预，全凭机器学习过程自动完成，这就是我们常说的特征学习

（feature learning）。深度学习的本质就是这种自动提取特征的功能。

　　例如，CNN 在做图像识别的时候，可以自动提炼出数字图像中的低尺度特征和高尺度特征。如图 1.10 所示，低层（离输入端比较近）的神经元可以提取图像中的边缘、棱角等低尺度信息；中间层单元可以提取数据中更高一层的尺度信息；而到了更高层，它就可以提取图像中的高尺度信息（例如整张人脸）。

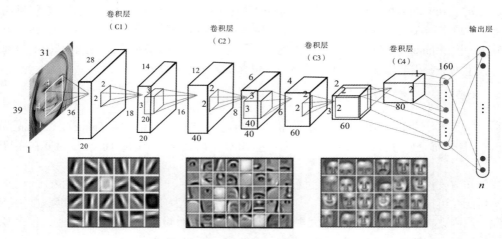

图 1.10　使用深层 CNN 提取图像中不同尺度的信息

　　事实上，从原始数据中提炼出最基本的特征一直是困扰科学家的一大难题。例如要实现人脸识别，早期的方法是手工从原始图像中提取出边缘、棱角等基础性信息，然后将这些信息传递给一个普通的神经网络做分类。但是，这一过程相当费时费力，并且和领域知识高度相关，因此，手工特征提取成了整个流程的瓶颈。

　　如今，基于深度学习的算法可以将特征提取的过程自动学习出来。我们只需要将包含人脸的原始图像数据输入网络，它通过反复的监督学习就可以一点一点地在各个层面将重要的特征学习出来，这无疑大大解放了生产力。

1.4.2　迁移学习

　　除此之外，深度神经网络的另一个重要特性就在于特征提取之后的迁移学习（transfer learning）。我们可以像做脑外科手术一样把一个训练好的神经网络切开，然后再把它拼合到另一个神经网络上。正如我们刚才所说的，神经网络可以在各个层编码表示数据中不同尺度的特征。也就是说，前几层神经网络就好像一个特征提取器，作用就是提炼特征，而后面部分的网络会根据这些特征进行分类或者预测。

　　于是，当把神经网络组合拼接之后，我们就可以用前面部分的神经网络进行特征提取，再将这个特征提取器与后面的网络进行拼接，去解决另一个完全不同的问题，这就叫迁移学习（详见第 6 章）。

　　例如，我们可以组合 CNN 和 RNN 两种神经网络，从而得到一个全新的看图说话网络，如图 1.11 所示。

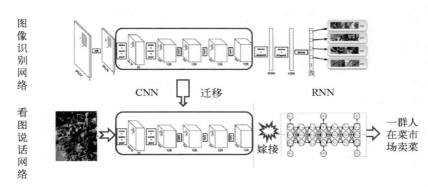

图 1.11　将 CNN 和 RNN 进行迁移、拼接

　　在这个实验中，我们首先训练一个 CNN，让它能够对图像进行准确分类。之后，我们将前面一半网络（图 1.11 矩形框中的部分）切下来，作为一个特征提取器。然后，我们在它的后面连接上一个 RNN（可以事先训练好这个网络，使它可以生成自然语言）。最后，只要对拼接起来的新网络稍加训练，它就可以完成看图说话的任务了。

　　这就是深度神经网络深受欢迎的重要原因。有了特征提取和迁移学习，我们就能够实现各种端到端（end to end）式的学习。也就是说，可以直接输入原始数据，让深度网络输出最终的结果。所有的中间处理环节，我们都不需要关心，整个网络会自动学习到一种最优的模式，从而使模型可以精确地输出预测值。

　　这种端到端的机器学习方式有一个迷人之处：它可以通过不断吸收大量数据而表现得越来越专业，甚至在训练神经网络的过程中不需要所解决问题的领域知识。于是，端到端的深度学习给大量初创公司快速占领市场提供了丰富的机会。这或许是大家看好并投身深度学习的一个原因。

1.5　小结

　　作为全书的开篇，本章对深度学习进行了简明扼要的介绍。首先，从深度学习与其他学科的关系、历史渊源这两个层面介绍了什么是深度学习。其次，讨论了导致深度学习爆发的三大本质因素：大数据、深度网络架构以及 GPU。在这三大因素中，我们着重强调了深度网络架构的重要性，将流行的网络架构分成了三大类：前馈神经网络、卷积神经网络和循环神经网络。最后，讨论了深度学习取得成功的原因：一是深度神经网络可以自动学习表征，避免了大量的人工工作，使得端到端的机器学习成为可能；二是我们可以对深度神经网络实施类似于脑外科手术的迁移和拼接，这不仅实现了利用小数据完成高精度的机器学习，也让我们的网络能够像软件模块一样进行拼接和组装，这无疑会对深度学习以及人工智能技术的应用与普及产生深远的影响。

1.6 参考文献

[1] 集智俱乐部. 科学的极致：漫谈人工智能. 人民邮电出版社，2016.

[2] Goodfellow I, Bengio Y, Courville A. 深度学习. 人民邮电出版社，2017.

[3] Bengio Y, Louradour J, Collabert R, et al. Curriculum Learning. Proceedings of the 26th International Conference on Machine Learning, 2009.

[4] Yosinski J, Clune J, Bengio Y, et al. How Transferable are Features in Deep Neural Networks?. arXiv: 1411.1792, 2014.

第2章

PyTorch 简介

2

PyTorch 具有悠久的历史，它的前身 Torch 是用 Lua 写的机器学习框架，后来受到 Facebook、NVIDIA（著名显卡生产厂商）、Uber 等大公司以及斯坦福大学、卡内基·梅隆大学等著名高校的支持。下面，就让我们走进 PyTorch 的世界。

2.1 PyTorch 安装

PyTorch 的安装非常简单。按照 PyTorch 官网的说明，我们只需要选择操作系统、Python 的版本，以及显卡 CUDA 的版本，该网页就会提供一行命令，我们在终端（Terminal，Windows 系统中就是命令行程序）输入相应的安装语句就可以安装了。例如，如果选择的操作系统是 Linux，包管理器是 Conda（需要事先安装 Anancoda），Python 版本 3.7，CUDA 版本 10.0，则在命令行（终端）输入如下语句，就可以轻松安装好 PyTorch：

```
conda install pytorch torchvision -c pytorch
```

另外，PyTorch 官方提供了在 Windows 操作系统上安装 PyTorch 的方法，对于大多数 Windows 用户来说，这无疑提供了很大的便利。

注意，本书的代码都是在 PyTorch 1.5.1 版本中测试通过的，请不要使用 0.4.0 以下版本的 PyTorch 来运行本书的代码，否则可能会出现一些问题。另外，本书的代码全部编写在 Jupyter Notebook 文档中。Jupyter Notebook 是一个非常简单方便的 IPython 交互环境，强烈建议大家安装。源代码可到本书 GitHub 主页（swarmapytorch：book_DeepLearning_in_PyTorch_Source）[①]下载。

2.2 初识 PyTorch

按照官方的说法，PyTorch 具有如下 3 个最关键的特性：

❑ 与 Python 完美融合（Pythonic）；
❑ 支持张量计算（tensor computation）；
❑ 动态计算图（dynamic computation graph）。

下面，我们分别对这些特性进行说明。

---

① 也可访问图灵社区本书主页下载。

2.2.1　与 Python 完美融合

与 Python 完美融合是指 PyTorch 是一个全面面向 Python 的机器学习框架，使用 PyTorch 与使用其他 Python 程序包没有任何区别。

与此形成鲜明对比的是 TensorFlow，使用过的人都知道，TensorFlow 会将一个深度学习任务分为定义计算图和执行计算的过程，而定义计算图的过程就好像在使用一门全新的语言。PyTorch 就没有这个缺点，从定义计算图到执行计算是一气呵成的，用户丝毫感受不到使用 Python 和 PyTorch 的区别。

2.2.2　张量计算

PyTorch 的运算单元叫作张量（tensor）。我们可以将张量理解为一个多维数组，一阶张量即为一维数组，通常叫作向量（vector）；二阶张量即为二维数组，通常叫作矩阵（matrix）；三阶张量即为三维数组；n 阶张量即为 n 维数组，有 n 个下标。

图 2.1 所示为一个三阶张量，我们可以理解为三个矩阵，每个矩阵相当于一个二阶张量，都具有 8 行 6 列，其中每个单元都存储了一个实数，这些实数可能相同，也可能不同。

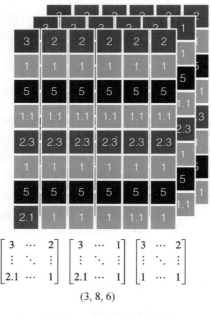

$$\begin{bmatrix} 3 & \cdots & 2 \\ \vdots & \ddots & \vdots \\ 2.1 & \cdots & 1 \end{bmatrix} \begin{bmatrix} 3 & \cdots & 1 \\ \vdots & \ddots & \vdots \\ 2.1 & \cdots & 1 \end{bmatrix} \begin{bmatrix} 3 & \cdots & 2 \\ \vdots & \ddots & \vdots \\ 1 & \cdots & 1 \end{bmatrix}$$

$$(3, 8, 6)$$

图 2.1　三阶张量示意图

我们将一个张量每个维度的大小称为张量在这个维度的尺寸（size）。例如，在图 2.1 所示的张量中，它由三个矩阵构成，所以它第一个维度的尺寸就是 3；在每一个维度上，它又是一个矩阵，这个矩阵有 8 行，因此它第二个维度的尺寸就是 8；对于任意一行，它又是一个长度为 6 的向量，因此它第三个维度的尺寸就是 6。如果我们将这个三阶张量看作一个立方体，那么 3、8、6 就分别是这个立方体的长、宽、高。图 2.1 中最后一行(3, 8, 6)就标出了该张量在各个维度的尺寸。

1. 定义张量

下面，我们来看看如何利用 PyTorch 定义一个张量。首先，需要导入 PyTorch 的包，我们只需要在 Jupyter Notebook 中输入以下命令即可：

```
import torch
```

接下来，我们可以创建一个尺寸为(5, 3)的二阶张量（也就是 5 行 3 列的矩阵）。我们希望其中每个元素的数值是随机赋予的[0, 1]区间中的一个实数，则只需要输入：

```
x=torch.rand(5,3)
x
```

其中，第二行的 x 表示打印输出 x 的数值。系统的返回值如下（每次执行数值都会不同）：

```
tensor([[0.3297,  0.7021,  0.1119],
        [0.6668,  0.6904,  0.1953],
        [0.6683,  0.4260,  0.2950],
        [0.0899,  0.4099,  0.0882],
        [0.4675,  0.8369,  0.1926]])
```

可以看到系统打印输出了一个 5×3 的矩阵。

下面再看一个例子，创建一个尺寸为(5, 3)、内容全是 1 的张量，并打印输出：

```
y=torch.ones(5,3)
y
```

系统输出如下：

```
tensor([[1.,  1.,  1.],
        [1.,  1.,  1.],
        [1.,  1.,  1.],
        [1.,  1.,  1.],
        [1.,  1.,  1.]])
```

接下来，我们再创建一个三维（阶）的张量，尺寸为(2, 5, 3)，内容全是 0：

```
z=torch.zeros(2,5,3)
z
```

系统输出如下：

```
tensor([[[0.,  0.,  0.],
         [0.,  0.,  0.],
         [0.,  0.,  0.],
         [0.,  0.,  0.],
         [0.,  0.,  0.]],

        [0.,  0.,  0.],
        [0.,  0.,  0.],
```

```
        [0., 0., 0.],
        [0., 0., 0.],
        [0., 0., 0.]]])
```

可以看到，系统输出的实际上是两个尺寸为(5, 3)、全是 0 的张量，这就是 PyTorch 表示二维以上张量的方法。按照这样的方法，我们可以构造出任意维度的张量。

2. 访问张量

接下来，我们看看如何访问定义好的张量。其实上一个例子的输出已经提示我们可以使用如下方式访问张量中的元素：

```
z[0]
```

这表示访问 z 张量中的第一个元素（注意，张量的下标是从 0 开始的）。系统返回如下：

```
tensor([[0., 0., 0.],
        [0., 0., 0.],
        [0., 0., 0.],
        [0., 0., 0.],
        [0., 0., 0.]])
```

可以看到，它是一个尺寸为(5, 3)的张量。那么，如果想访问 x 张量中第 2 行第 3 列的数字，则可以使用如下 Python 指令：

```
x[1,2]
```

系统返回：

```
tensor(0.1953)
```

最后，我们还可以使用切片（slicing）的方法来访问张量。如果希望访问 x 中第 3 列的全部元素，则可以输入：

```
x[:,2]
```

系统返回：

```
tensor([0.1119, 0.1953, 0.2950, 0.0882, 0.1926])
```

第一个维度下标用 ":" 表示所有的行，":" 相当于一个通配符。其实，熟悉 Python 的读者应该已经发现了，PyTorch 中的张量定义和访问方法与 Python 中 NumPy 数组的定义和访问没有什么区别，因此参考 NumPy 的各种语法和技巧来操作 PyTorch 的张量就可以了。

3. 张量的运算

PyTorch 中的张量还可像 NumPy 的多维数组一样完成各种运算。例如，张量可以相加：

```
z=x+y
z
```

返回结果：

```
tensor([[1.3297, 1.7021, 1.1119],
        [1.6668, 1.6904, 1.1953],
        [1.6683, 1.4260, 1.2950],
```

```
           [1.0899,  1.4099,  1.0882],
           [1.4675,  1.8369,  1.1926]]])
```

当然，要保证 **x** 和 **y** 的尺寸一模一样才能相加。下面再来看看两个二维张量的矩阵乘法，其实这与两个矩阵相乘没有任何区别。这里需要调用 PyTorch 的 mm（matrix multiply）命令，它的作用就是矩阵相乘：

```
q=x.mm(y.t())
q
```

返回如下：

```
tensor([[1.1993,  1.1993,  1.1993,  1.1993,  1.1993],
        [2.0680,  2.0680,  2.0680,  2.0680,  2.0680],
        [1.6001,  1.6001,  1.6001,  1.6001,  1.6001],
        [0.8946,  0.8946,  0.8946,  0.8946,  0.8946],
        [1.9811,  1.9811,  1.9811,  1.9811,  1.9811]])
```

注意，根据矩阵乘法的基本规则，输出的张量尺寸转变为(5, 5)。其中，y.t 表示矩阵 **y** 的转置。因为 **x** 的尺寸为(5, 3)，**y** 的尺寸为(5, 3)，而根据矩阵的乘法规则，第一个张量第二个维度的尺寸必须和第二个张量第一个维度的尺寸相等才能相乘，所以将 **y** 转置之后得到 y.t 的尺寸是(3, 5)，才可以和 **x** 相乘。

张量的基本运算还有很多，包括换位、索引、切片、数学运算、线性算法和随机数等，详见 PyTorch 官方文档，在此不再赘述。

4. 张量与 NumPy 数组之间的转换

既然 PyTorch 的张量与 NumPy 的多维数组如此之像，那么它们之间应该可以自由转换。PyTorch 提供了 NumPy 和张量之间简单的转换语句。

从 NumPy 到张量的转换可以使用 from_numpy(a)，其中 a 为一个 NumPy 数组。反过来，从张量到 Numpy 的转换可以使用 a.numpy()，其中 a 为一个 PyTorch 张量。

例如，有：

```
import numpy as np

x_tensor = torch.randn(2,3)
y_numpy = np.random.randn(2,3)
```

x_tensor 是一个尺寸为(2, 3)的随机张量，y_numpy 是一个尺寸为(2, 3)的随机矩阵。randn 的意思是创建一个满足正态分布的随机张量或矩阵（rand 是创建满足均匀分布的随机张量或矩阵）。

那么，我们可以将张量转化为 NumPy：

```
x_numpy = x_tensor.numpy()
```

也可以将 NumPy 转化为张量：

```
y_tensor = torch.from_numpy(y_numpy)
```

除了这种直接转换，大多数时候还需要按照类型进行转换。例如，a 是一个 float 类型的 NumPy 数组，那么可以用 torch.FloatTensor(a)将 a 转化为一个 float 类型的张量。与此类似，如果 a 是一个 int 类型的 NumPy 数组，那么我们可以用 torch.LongTensor(a)将 a 转化为一个整数类型的张量。

5. GPU 上的张量运算

PyTorch 中的很多张量运算与 NumPy 中的数组运算一样，那么 PyTorch 为什么还要发明张量而不直接用 NumPy 的数组呢？答案是，PyTorch 中的张量可以在 GPU 中计算，这大大提高了运算速度，而 NumPy 数组却不能。

首先，要完成 GPU 上的运算，需要确认你的计算机已经安装了 GPU 并且可以正常操作。可以用如下方法进行验证：

```
torch.cuda.is_available()
```

如果返回 True 就表明 GPU 已经正常安装，否则将无法使用 GPU。当确认可以使用之后，你只需要将定义的张量放置到 GPU 上即可。例如，将 x、y 放到 GPU 上，你只需要输入如下代码即可：

```
if torch.cuda.is_available():
    x=x.cuda()
    y=y.cuda()
    print(x+y)
```

返回如下：

```
tensor([[1.3297,  1.7021,  1.1119],
        [1.6668,  1.6904,  1.1953],
        [1.6683,  1.4260,  1.2950],
        [1.0899,  1.4099,  1.0882],
        [1.4675,  1.8369,  1.1926]],  device='cuda:0')
```

注意，最后一行多出来的 cuda:0 表明当前这个输出结果 x+y 是存储在 GPU 上的。

当然，你的计算机版本设置可能不支持 GPU，如果你希望获得 GPU 资源，可以考虑在云服务器平台上运行。

我们也可以将已存储在 GPU 上的变量再"卸载"到 CPU 上，只需要输入以下命令即可：

```
x = x.cpu()
```

如果你的计算机本来就没有 GPU，那么执行上述语句就会报错，所以最好是在前面加上 if torch.cuda.is_available()进行判断。

2.2.3　动态计算图

人工神经网络之所以在诸多机器学习算法中脱颖而出，就是因为它可以利用反向传播算法来更新内在的计算单元，从而更加精准地解决问题。反向传播算法能够精确地计算出网络中每一个单元对于网络表现的贡献（即所谓的梯度信息），利用这种技术大大提高了神经网络的训练效率，从而避免了大量无效学习。

在深度学习框架出现之前，针对不同的神经网络架构，需要编写不同的反向传播算法，这就增加了难度和工作量。现在大多数深度学习框架采用了计算图（computational graph）技术，于是我们就有了通用的解决方案，不需要为每一种架构的网络定制不同的反向传播算法，只需要关注如何实现神经网络的前馈运算即可。当前馈运算步骤完成之后，深度学习框架就会自动搭建一个计算图，通过这个图，就可以让反向传播算法自动进行。因此，计算图技术的出现大幅提升了构建神经计算系统的效率。这就是我们必须采用深度学习框架的原因。

计算图解决这一问题的基本思想是将正向的计算过程步骤都记录下来。只要这些运算步骤是可微分（differentialable，即可以进行求导运算）的，那么我们就可以沿着计算图的路径对任意变量进行求导，进而自动计算每个变量的梯度。因此，动态计算图是数值运算和符号运算（体现为微分求导）的一种综合，它是整套深度学习技术和框架中最重要的核心。

那么，究竟什么是计算图呢？它实际上是一种描述和记录张量运算过程的抽象网络。一个计算图包括两类节点，分别是变量（variable）和运算（computation）。计算图上的有向连边表示各个节点之间的因果联系或依赖关系，如图 2.2 所示。

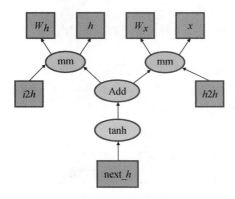

图 2.2　计算图示意图

图 2.2 中的方框节点为变量，椭圆节点为运算操作，它们彼此相连构成了一个有向无环图（directed acyclic graph，一种每条边都有方向且图中并不存在环路的特殊图）。箭头的方向表示该节点计算输入的来源方向，换句话说，沿着箭头的反方向前进就是一个多步计算进行的方向。

传统的深度学习框架（例如 TensorFlow、Theano 等）都采用了静态计算图技术，也就是将计算图的构建过程和利用该图进行计算的过程明确分离。这样做的好处是静态计算图可以反复利用。而 PyTorch 既可以动态地构建计算图，又可以同时在计算图上执行计算，执行完计算后还可以继续构建计算图，而不必将构建计算图和图上的计算过程分离。这样一来，PyTorch 构造计算图的过程就像写普通的 Python 语句一样方便、快捷，而且，这种动态计算图技术也让代码的调试和追踪更加简便。

1. 自动微分变量

PyTorch 是借助自动微分变量（autograd variable）来实现动态计算图的。从表面上看，自动微分变量与普通的张量没有什么区别，都可以进行各种运算，但是它的内部数据结构比张量更复杂。在 PyTorch 1.5 中，自动微分变量已经与张量完全合并了，所以，任何一个张量都是一个自动微分变量。但是，为了与之前的 PyTorch 版本兼容，本书仍会使用自动微分变量，而非直接采用张量进行各种运算。PyTorch 1.5 自动向下兼容，也就是说，它仍支持自动微分变量。在采用自动微分变量以后，无论一个计算过程多么复杂，系统都会自动构造一个计算图来记录所有的运算过程。在构建好动态计算图之后，我们就可以非常方便地利用.backward() 函数自动执行反向传播算法，从而计算每一个自动微分变量的梯度信息。

它是怎么做到的呢？自动微分变量是通过 3 个重要的属性 data、grad 以及 grad_fn 来实现的。

data 是一个伴随着自动微分变量的张量，专门存储计算结果。我们平时可以将自动微分变量当成普通的张量来使用，几乎没有什么区别。这样，PyTorch 会将计算的结果张量存储到自动微分变量的 data 分量里面。

此外，当采用自动微分变量进行运算的时候，系统会自动构建计算图，也就是存储计算的路径。因此，我们可以通过访问一个自动微分变量的 grad_fn（旧版本是 creator）来获得计算图中的上一个节点，从而知道是哪个运算导致现在这个自动微分变量的出现。所以，每个节点的 grad_fn 其实就是计算图中的箭头。我们完全可以利用 grad_fn 来回溯每一个箭头，从而重构出整个计算图。

最后，当执行反向传播算法的时候，我们需要计算计算图中每一个变量节点的梯度值（gradient，即该变量需要调整的增量）。我们只需要调用.backward() 这个函数，就可以计算所有变量的梯度信息，并将叶节点的导数值存储在.grad 中。

2. 动态计算图实例

下面我们举例说明如何构建计算图。比如，通过 PyTorch 的自动微分变量来计算 y=x+2。

首先，创建一个叫作 x 的自动微分变量，它包裹了一个尺寸为(2, 2)的张量，取值全为 1：

```
x = torch.ones(2, 2, requires_grad=True)
x
```

requires_grad=True 是为了保证它可以在执行反向传播算法的过程中获得梯度信息。执行该语句的输出结果是：

```
tensor([[1.0, 1.0],
        [1.0, 1.0]])
```

可以看到，这个自动微分变量 x 与张量 torch.ones(2, 2)的区别仅在于 x 的 require_grad 属性为 True，而执行 torch.ones(2,2)后得到的张量属性为 False。这也是为什么在 PyTorch 0.4 版本后不需要强调自动微分变量的概念了，普通的张量就是自动微分变量。在做运算时，PyTorch 会自动开始构建计算图。目前这个计算图仅仅有一个 x 节点，如图 2.3 所示。

图 2.3　计算图的初始状态：仅有一个节点

我们可以像对张量一样对自动微分变量进行各类运算，例如：

```
y = x + 2
y
```

系统会完成张量加法的运算：

```
tensor([[3.0, 3.0],
        [3.0, 3.0]])
```

这时可以通过 y.data 查看 y 中存储的数值：

```
tensor([[3.0, 3.0],
        [3.0, 3.0]])
```

可以看到，这个返回值和 y 的返回值在 0.4 版本中没有任何区别。

接下来，我们可以尝试查看 y 的 grad_fn：

```
y.grad_fn
```

返回结果是：

```
<AddBackward0 at 0x7f7f796710f0>
```

从返回结果可知，y.grad_fn 储存的是运算（AddBackward0）的信息，AddBackward0 表示加上一个常数的运算，它是计算图上的一个运算节点。

所以，在执行完 y=x+2 之后，我们得到的计算图如图 2.4 所示。

图 2.4　两步运算后的计算图

注意这里有两类节点，一类是方框形的表示自动微分变量的节点，另一类是椭圆形的运算节点。

接着，我们再进行运算 y*y：

```
z = y * y
```

*表示的是自动微分变量或张量之间的按元素乘法（两个张量在对应位置上进行数值相乘，这与矩阵运算 mm 是完全不一样的）。

接下来，通过 z.grad_fn 查看 Variable z 的 grad_fn 属性：

```
<MulBackward1 at 0x7f7f796711d0>
```

由上可知，z.grad_fn 存储的是乘法运算的信息，Mul 这个前缀表示进行的是乘法运算。此时，动态计算图更新如图 2.5 所示。

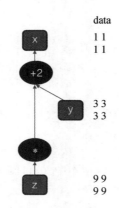

图 2.5   两步运算后的计算图

注意，这时计算图将两个运算节点连接到了一起，而没有将变量 z 和 y 相连，也没有将*运算连接到 y 的后面。一般而言，计算图每增加一次计算，就将相邻的两个运算节点连接在一起。图 2.5 中每个变量节点右侧的数字对应的是它们 data 属性里存储的值，所以 z 当前的 data 就是一个张量[[9, 9], [9, 9]]。

我们再加一步计算：

```
t = torch.mean(z)
```

torch.mean(z)表示对 z 求平均，而 z 相当于一个矩阵，于是对矩阵的每个元素求和再除以元素的个数，就得到了平均值 9。

在完成所有计算后，最终的计算图如图 2.6 所示。

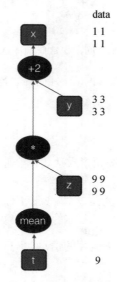

图 2.6   最后的计算图

至此，关于计算图，我们可以总结如下。

- 通过自动微分变量，PyTorch 可以将运算过程全部通过 .grad_fn 属性记录下来，构成一个计算图。
- 自动微分变量的运算结果存储在 data 中。
- 每进行一步运算，PyTorch 就将一个新的运算节点添加到动态计算图中，并与上一步的计算节点相连。

3. 自动微分与梯度计算

图 2.6 其实就是一个广义的神经网络，我们同样可以将反向传播算法应用于这个广义神经网络上，从而计算出每个变量节点的梯度信息。接下来，我们在这张图上完成简化版的反向传播算法，即计算每个节点的梯度信息。所谓的求梯度，就是高等数学中的求导运算，梯度信息就是导数数值。

实际上，图 2.6 所代表的是一个函数：

$$t(x) = m(x+2)^2$$

叶节点 x 就是自变量，而根节点 t 就是因变量，m 表示取平均计算。如果 x 发生了变化，那么 t 也会发生变化。如果我们观察到了 t 的小变化 δt，那么 x 的变化 δx 有多大呢？这个问题相当于问如下的导数为多少：

$$\partial t / \partial x$$

我们当然可以手动计算导数，但是 PyTorch 提供了一个非常方便的数值计算方案，即通过 .backward() 进行自动求导计算：

```
t.backward()
```

执行完这个命令之后，PyTorch 就会自动在图 2.6 上执行反向传播算法，从 t 到 x 计算梯度（导数）。这里所说的反向传播算法，是指沿着计算图从下往上计算每个变量节点梯度信息的过程。之后，我们可以用 .grad 来查看每个节点的梯度：

```
print(z.grad)
print(y.grad)
print(x.grad)
```

PyTorch 规定，只有计算图上的叶节点才可以通过 .backward() 获得梯度信息。z 和 y 不是叶节点，所以都没有梯度信息。于是，我们得到的输出如下：

```
None
None
tensor([[1.5000,  1.5000],
        [1.5000,  1.5000]])
```

因此，计算得到的 $\partial t / \partial x$ 的值为：

```
tensor([[1.5000,  1.5000],
        [1.5000,  1.5000]])
```

注意，因为 x 是一个张量，所以 t 对 x 的求导也是一个同维度的张量（不熟悉的读者可以参考多变量微积分）。

由此可见，梯度或导数的计算可以自动化地进行，非常方便。无论函数的依赖关系多么复杂，无论神经网络有多深，我们都可以通过 backward() 函数来完成梯度的自动计算，这就是 PyTorch 的优势。

为了说明 backward() 的厉害之处，也为了进一步理解动态计算图，我们再来看一个例子。

首先，创建一个 1×2 的自动微分变量（一维向量）s：

```
s = torch.tensor([[0.01, 0.02]], requires_grad = True)
```

再创建一个 2×2 的矩阵型自动微分变量 x：

```
x = torch.ones(2, 2, requires_grad = True)
```

用 s 反复乘以 x（矩阵乘法）10 次，注意 s 始终是自动微分变量：

```
for i in range(10):
    s = s.mm(x)
```

对 s 中的各个元素求均值，得到一个尺寸为(1, 1)的张量（也称标量，即 1×1 张量）：

```
z = torch.mean(s)
```

这个过程的动态计算图如图 2.7 所示。

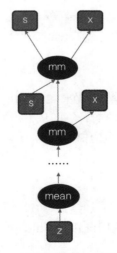

图 2.7   一个复杂计算过程的计算图

同样，我们可以很轻松地计算叶节点变量的梯度信息：

```
z.backward()
print(x.grad)
print(s.grad)
```

得到的结果是：

```
tensor([[37.1200, 37.1200],
        [39.6800, 39.6800]])
```

None

所以，z 对 x 的偏导数为上述张量。由于 s 不是叶节点，所以梯度信息是 None。x 和 z 在这里出现了多次，我们在计算梯度时，会为每一个节点计算梯度信息，之后再把同样命名的节点的梯度信息累加起来，作为该变量最终的梯度信息。

注意　只有叶节点才能计算 grad 信息，非叶节点不能计算。这是因为非叶节点大多是计算中间变量，只为了方便人类阅读，而不会影响计算，因此也不需要计算梯度信息。

2.3　PyTorch 实例：预测房价

为了更好地理解前面所讲的概念，本节将引入一个实例问题：根据历史数据预测未来的房价。我们将实现一个线性回归模型，并用梯度下降算法求解该模型，从而给出预测直线。

这个实例问题是：假如有历史房价数据，我们应如何预测未来某一天的房价？针对这个问题，我们的求解步骤包括：准备数据、设计模型、训练和预测。

2.3.1　准备数据

按理说，我们需要找到真实的房价数据来进行拟合和预测。简单起见，我们也可以人为编造一批数据，从而重点关注方法和流程。

首先，我们编造一批时间数据。假设我们每隔一个月能获得一次房价数据，那么时间数据就可以为 $0, 1, \cdots$，表示第 0、1、2……个月份，我们可以用 PyTorch 的 linspace 来构造 0~100 之间的均匀数字作为时间变量 x：

```
x = torch.linspace(0, 100).type(torch.FloatTensor)
```

然后，我们再来编造这些时间点上的历史房价数据。假设它就是在 x 的基础上加上一定的噪声：

```
rand =torch.randn(100)* 10
y = x + rand
```

这里的 rand 是一个随机数，满足均值为 0、方差为 10 的正态分布。torch.randn(100)这个命令可以生成 100 个满足标准正态分布的随机数（均值为 0，方差为 1）。于是，我们就编造好了历史房价数据：y。现在我们有了 100 个时间点 x_i 和每个时间点对应的房价 y_i。其中，每一个 x_i, y_i 称为一个样本点。

之后，我们将数据集切分成训练集和测试集两部分。所谓训练集，是指训练一个模型的所有数据；所谓测试集，则是指用于检验这个训练好的模型的所有数据。注意，在训练过程中，模型不会接触到测试集的数据。因此，模型在测试集上运行的效果模拟了真实的房价预测环境。

在下面这段代码中，:-10 是指从 x 变量中取出倒数第 10 个元素之前的所有元素；而-10:是指取出 x 中倒数 10 个元素。所以，我们就把第 0 到第 90 个月的数据当作训练集，把后 10 个月的数据当作测试集：

```
x_train = x[: -10]
x_test = x[-10 :]
y_train = y[: -10]
y_test = y[-10 :]
```

接下来，我们对训练数据点进行可视化：

```
import matplotlib.pyplot as plt # 导入画图的程序包

plt.figure(figsize=(10,8)) # 设定绘制窗口大小为 10 × 8 inch
# 绘制数据，由于 x 和 y 都是自动微分变量，因此需要用 data 获取它们包裹的 tensor，并转成 NumPy
plt.plot(x_train.data.numpy(), y_train.data.numpy(), 'o')
plt.xlabel('X') # 添加 X 轴的标注
plt.ylabel('Y') # 添加 Y 轴的标注
plt.show() # 画出图形
```

最终得到的输出图像如图 2.8 所示。

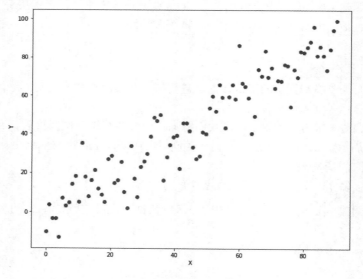

图 2.8　人造房价数据的散点图

通过观察散点图，可以看出走势呈线性，所以可以用线性回归来进行拟合。

2.3.2　设计模型

我们希望得到一条尽可能从中间穿越这些数据散点的拟合直线。设这条直线的方程为：

$$y = ax + b$$

接下来的问题是，求解参数 a、b 的数值。我们可以将每一个数据点 x_i 代入这个方程中，计算出一个 $\hat{y}_i$，即：

$$\hat{y}_i = ax_i + b$$

显然，这个点越靠近 y_i 越好。所以，我们只需要定义一个平均损失函数：

$$L = \frac{1}{N}\sum_{i}^{N}(y_i - \hat{y}_i)^2 = \frac{1}{N}\sum_{i}^{N}(y_i - ax_i - b)^2$$

并让它尽可能地小。其中 N 为所有数据点的个数，也就是 100。由于 x_i 和 y_i 都是固定的数，而只有 a 和 b 是变量，那么 L 本质上就是 a 和 b 的函数。所以，我们要寻找最优的 a、b 组合，让 L 最小化。

我们可以利用梯度下降法来反复迭代 a 和 b，从而让 L 越变越小。梯度下降法是一种常用的数值求解函数最小值的方法，它的基本思想就像是盲人下山。这里要优化的损失函数 $L(a, b)$ 就是那座山。假设有一个盲人站在山上的某个随机初始点（这就对应了 a 和 b 的初始随机值），他会在原地转一圈，寻找下降最快的方向来行进。所谓下降的快慢，其实就是 L 对 a、b 在这一点的梯度（导数）；所谓的行进，就是更新 a 和 b 的值，让盲人移动到一个新的点。于是，每到一个新的点，盲人就会依照同样的方法行进，最终到达让 L 最小的那个点。

我们可以通过下面的迭代计算来实现盲人下山的过程：

$$a_{t+1} = a_t - \alpha \left.\frac{\partial L}{\partial a}\right|a = a_t$$

$$b_{t+1} = b_t - \alpha \left.\frac{\partial L}{\partial b}\right|b = b_t$$

α 为一个参数，叫作学习率，它可以调节更新的快慢，相当于盲人每一步的步伐有多大。α 越大，a、b 更新得越快，但是计算得到的最优值 L 就有可能越不准。

在计算的过程中，我们需要计算出 L 对 a、b 的偏导数，利用 PyTorch 的 `backward()` 可以非常方便地将这两个偏导数计算出来。于是，我们只需要一步一步地更新 a 和 b 的数值就可以了。当达到一定的迭代步数之后，最终的 a 和 b 的数值就是我们想要的最优数值，$y=ax+b$ 这条直线就是我们希望寻找的尽可能拟合所有数据点的直线。

2.3.3　训练

接下来，我们将上述思路转化为 PyTorch 代码。首先，我们需要定义两个自动微分变量 a 和 b：

```
a = torch.rand(1, requires_grad = True)
b = torch.rand(1, requires_grad = True)
```

可以看到，在初始的时候，a 和 b 都是随机取值的。设置学习率：

```
learning_rate = 0.0001
```

然后，完成对 a 和 b 的迭代计算：

```
for i in range(1000):
# 计算在当前 a、b 条件下的模型预测值
    predictions = a.expand_as(x_train) * x_train + b.expand_as(x_train)
    # 将所有训练数据代入模型 ax+b，计算每个的预测值。这里的 x_train 和 predictions 都是(90, 1)的张量
    # Expand_as 的作用是将 a、b 扩充维度到和 x_train 一致
    loss = torch.mean((predictions - y_train) ** 2) # 通过与标签数据 y 比较计算误差，loss 是一个标量
    print('loss:', loss)
    loss.backward() # 对损失函数进行梯度反传
    # 利用上一步计算中得到的 a 的梯度信息更新 a 中的 data 数值
    a.data.add_(- learning_rate * a.grad.data)
    # 利用上一步计算中得到的 b 的梯度信息更新 b 中的 data 数值
    b.data.add_(- learning_rate * b.grad.data)
    # 增加这部分代码，清空存储在变量 a、b 中的梯度信息，以免在 backward 的过程中反复不停地累加
    a.grad.data.zero_() # 清空 a 的梯度数值
    b.grad.data.zero_() # 清空 b 的梯度数值
```

这个迭代计算了 1000 步，当然，我们可以调节数值。数值越大，迭代时间越长，最终计算得到的 a、b 就会越准确。在每一步迭代中，我们首先要计算 predictions，即所有点的 $\hat{y}_i$；然后计算平均误差函数 loss，即前面定义的 L；接着调用了 backward() 函数，求 L 对计算图中的所有叶节点（a、b）的导数。于是，这些导数信息分别存储在了 a.grad 以及 b.grad 之中；随后，通过 a.data.add_(-learning_rate * a.grad.data)完成对 a 数值的更新，也就是 a 的数值应该加上一个 -learning_rate 乘以刚刚计算得到的 L 对 a 的偏导数值，b 也进行同样的处理；最后，在更新完 a、b 的数值后，需要清空 a 中的梯度信息（a.grad.data.zero_()），否则它会在下一步迭代的时候自动累加而导致错误。于是，一步迭代完成。

整个计算过程其实是利用自动微分变量 a 和 b 来完成动态计算图的构建，然后在其上进行梯度反传的过程。所以，整个计算过程就是在训练一个广义的神经网络，a 和 b 就是神经网络的参数，一次迭代就是一次训练。

另外，有几点技术细节值得说明。

❏ 在计算 predictions 时，为了让 a、b 与 x 的维度相匹配，我们对 a 和 b 进行了扩维。我们知道，x_train 的尺寸是(90, 1)，而 a、b 的尺寸都是 1，它们并不匹配。我们可以通过 expand_as 增大 a、b 的尺寸，与 x_train 一致。a.expand_as(x_train)的作用是将 a 的维度调整为和 x_train 一致，所以函数的结果是得到一个尺寸为(90, 1)的张量，张量中的数值全为 a。

❏ PyTorch 规定，不能直接对自动微分变量进行数值更新，只能对它的 data 属性进行更新。所以在更新 a 的时候，我们是在更新 a.data，也就是 a 所包裹的张量。

❏ 在 PyTorch 中，如果某个函数后面加上了 "_"，就表明要用这个函数的计算结果更新当前的变量。例如，a.data.add_(3)的作用是将 a.data 的数值更新为 a.data 加上 3。

最后，将原始的数据散点联合拟合的直线画出来，如下所示：

```
x_data = x_train.data.numpy() # 将 x 中的数据转换成 NumPy 数组
plt.figure(figsize = (10, 7))    # 定义绘图窗口
xplot, = plt.plot(x_data, y_train.data.numpy(), 'o')    # 绘制 x 和 y 的散点图
yplot, = plt.plot(x_data, a.data.numpy() * x_data +b.data.numpy())    # 绘制拟合直线图
```

```
plt.xlabel('X')        # 给横坐标轴加标注
plt.ylabel('Y')        # 给纵坐标轴加标注
str1 = str(a.data.numpy()[0]) + 'x +' + str(b.data.numpy()[0])      # 将拟合直线的参数 a、b 显示出来
plt.legend([xplot, yplot],['Data', str1])        # 绘制图例
plt.show() # 绘制图形
```

最后得到的图像如图 2.9 所示。

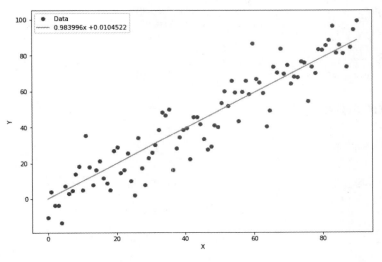

图 2.9　数据点与拟合曲线

看来我们得到的拟合结果还不错。

2.3.4　预测

最后一步就是进行预测。在测试数据集上应用我们拟合的直线来预测对应的 y，也就是房价。只需要将测试数据的 x 值带入我们拟合的直线即可：

```
predictions = a.expand_as(x_test) * x_test + b.expand_as(x_test) # 计算模型的预测结果
predictions # 输出
```

最终输出的预测结果为：

```
Variable containing:
 89.4647
 90.4586
 91.4525
 92.4465
 93.4404
 94.4343
 95.4283
 96.4222
 97.4162
 98.4101
[torch.FloatTensor of size 10]
```

那么，预测结果到底准不准呢？我们不妨把预测数值和实际数值绘制在一起，如下所示：

```
x_data = x_train.data.numpy() # 获得 x 包裹的数据
x_pred = x_test.data.numpy() # 获得包裹的测试数据的自变量
plt.figure(figsize = (10, 7)) # 设定绘图窗口大小
plt.plot(x_data, y_train.data.numpy(), 'o') # 绘制训练数据
plt.plot(x_pred, y_test.data.numpy(), 's') # 绘制测试数据
x_data = np.r_[x_data, x_test.data.numpy()]
plt.plot(x_data, a.data.numpy() * x_data + b.data.numpy())  # 绘制拟合数据
plt.plot(x_pred, a.data.numpy() * x_pred + b.data.numpy(), 'o') # 绘制预测数据
plt.xlabel('X') # 更改横坐标轴标注
plt.ylabel('Y') # 更改纵坐标轴标注
str1 = str(a.data.numpy()[0]) + 'x +' + str(b.data.numpy()[0]) # 图例信息
plt.legend([xplot, yplot],['Data', str1]) # 绘制图例
plt.show()
```

最终得到的图像如图 2.10 所示。

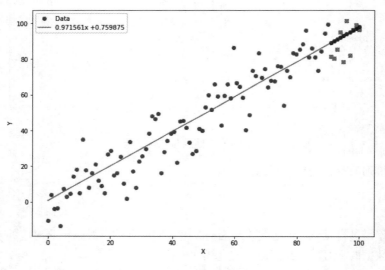

图 2.10　拟合曲线及其预测数据

图 2.10 中的方块点表示测试集中实际的房价数据，直线上的圆点则表示在测试集上预测的房价数据。我们还可以计算测试集上的损失函数，来检验模型预测的效果，在此不再赘述。

2.3.5　术语汇总

本节通过房价预测的线型回归模型说明了 **PyTorch** 的工作原理。实际上，这个简单的模型是各种复杂的神经网络模型的雏形。这个实例使用的一些基本概念在后续的章节中会反复出现，因此在此进行汇总，以便读者参考。

□ 模型：在本例中就是那条直线，这是我们对数据预测原理的基本假设。面对一组数据，我们可以假设它符合一条直线，也可以假设它符合一条更复杂的曲线，或者来自一个复杂的神经网络，总之基本假设就是模型。

□ 拟合：将模型应用到训练数据上，并试图达到最佳匹配的过程。

□ 特征变量：在本例中，x（月份）就是特征变量，在一般情况下，特征变量可以是多个，它们构成了模型的自变量集合。也就是说，我们是根据数据中的特征变量来进行预测的。

□ 目标变量：在本例中，y（房价）就是目标变量，它是模型要去拟合的目标。

□ 参数：在本例中，a 和 b 就是参数。在后续的例子中，神经网络的权重（weight）、偏置（bias）就是模型的参数。我们通过调整参数来改善拟合效果。参数越多，往往拟合得越准，但是也越容易引起过拟合现象（将在下一章中讲解）。

□ 损失函数：也就是本例中直线与数据点的平均距离 L。在一般的机器学习中，我们总需要定义一个衡量模型质量的损失函数（有时用平均误差，有时用交叉熵或似然函数），它通常是目标变量和模型预测值的函数，我们会根据这个函数来优化模型，求出最优的参数组合。

□ 训练：反复调整模型中参数的过程。

□ 测试：检验训练好的模型的过程。

□ 样本：每一个数据点就叫作一个样本。

□ 训练集：用于训练模型的数据集合。

□ 测试集：用于检验模型的数据集合。

□ 梯度下降算法：在本例中体现为迭代计算 a、b 的过程。根据梯度信息更新参数的算法，简单有效。

□ 训练迭代：反复利用梯度下降算法的循环过程。

除了这些在本例中涉及的概念外，还有一个重要的概念，这就是超参数。在本例中没有用到超参数，但后面的章节会反复提及这个术语。

假如我们扩展模型，它不再是简单的直线，而是一个二次方程、三次方程，或者更一般的，是一个多项式方程。例如，$y = a_0 + a_1 x + a_2 x^2 + \cdots + a_n x^n$，那么这里的 n，也就是最高的幂次，就是一个超参数。再例如，对于一个神经网络，网络每层的神经元个数就是超参数。超参数与参数的区别是参数会在训练中调节，而超参数则不会。

2.4　小结

本章我们对 PyTorch 进行了简介，讲解了一些基本的概念，包括张量、自动微分变量、动态计算图等，这些概念是理解后续章节的重要基石。

PyTorch 是与 TensorFlow、MXNet、Caffe 等平行的深度学习开源框架。然而，PyTorch 最大的特点就是简单易用，新手能够快速掌握。我们通过线性回归以及其他的简单示例代码展示了

PyTorch 的迷人优点：支持张量的计算和动态计算图，具有 Python 化的编程风格。

总的来看，PyTorch 可以利用自动微分变量将一般的计算过程全部自动转化为动态计算图。所以，一个完整的算法就可以搭建一个计算图，也就是一个广义的神经网络。之后可以利用 PyTorch 强大的 backward 功能自动求导，利用复杂的计算图进行梯度信息的反传，从而计算出每个叶节点对应的自动微分变量的梯度信息。有了这种值，我们就可以利用梯度下降算法来更新参数，也就是广义的训练或学习的过程。因此，PyTorch 可以非常方便地将学习问题自动化。这种思想将贯穿本书所有的运算实例。

然而，这仅仅是一个开始，在本书后续章节中，我们还会利用 PyTorch 编写各种各样的深度学习程序，请拭目以待。

## 第 3 章

单车预测器——你的第一个神经网络

在前两章中，我们了解了深度学习的背景知识和深度学习开源框架 PyTorch，本章我们将从预测某地的共享单车数量这个实际问题出发，带领读者走进神经网络的殿堂，运用 PyTorch 动手搭建一个共享单车预测器，在实战过程中掌握神经元、神经网络、激活函数、机器学习等基本概念，以及数据预处理的方法。此外，本章还会揭秘神经网络这个"黑箱"，看看它如何工作，哪个神经元起到了关键作用，从而让读者对神经网络的运作原理有更深入的了解。

3.1 共享单车的烦恼

大约从 2016 年起，我们的身边出现了很多共享单车。五颜六色、各式各样的共享单车遍布城市的大街小巷。

共享单车在给人们带来便利的同时，也存在一个麻烦的问题：单车的分布很不均匀。比如在早高峰的时候，一些地铁口往往聚集着大量的单车，而到了晚高峰却很难找到一辆单车了，这就给需要使用共享单车的人造成了不便。

那么如何解决共享单车分布不均匀的问题呢？目前的方式是，共享单车公司会雇一些工人来搬运单车，把它们运送到需要单车的区域。但问题是应该运多少单车？什么时候运？运到什么地方呢？这就需要准确地知道共享单车在整个城市不同地点的数量分布情况，而且需要提前做出安排，因为工人运送单车还有一定的延迟性。这对于共享单车公司来说是一个非常严峻的挑战。

为了更加科学有效地解决这个问题，我们需要构造一个共享单车预测器，用来预测某一时间、某一停放区域的单车数量，供共享单车公司参考，以实现对单车的合理投放。

巧妇难为无米之炊。要构建这样的预测器，就需要一定的共享单车数据。为了避免商业纠纷，也为了让本书的开发和讲解更方便，本例将会使用国外的一个共享单车公开数据集（Capital Bikeshare）来完成任务，数据集可从本书 GitHub 页面下载。

下载数据集之后，我们可以用一般的表处理软件或者文本编辑器直接打开，如图 3.1 所示。

instant	dteday	season	yr	mnth	hr	holiday	weekday	workingday	weathersit	temp	atemp	hum	windspeed	casual	registered	cnt
1	2011/1/1	1	0	1	0	0	6	0	1	0.24	0.2879	0.81	0	3	13	16
2	2011/1/1	1	0	1	1	0	6	0	1	0.22	0.2727	0.8	0	8	32	40
3	2011/1/1	1	0	1	2	0	6	0	1	0.22	0.2727	0.8	0	5	27	32
4	2011/1/1	1	0	1	3	0	6	0	1	0.24	0.2879	0.75	0	3	10	13
5	2011/1/1	1	0	1	4	0	6	0	1	0.24	0.2879	0.75	0	0	1	1
6	2011/1/1	1	0	1	5	0	6	0	2	0.24	0.2576	0.75	0.0896	0	1	1
7	2011/1/1	1	0	1	6	0	6	0	1	0.22	0.2727	0.8	0	2	0	2
8	2011/1/1	1	0	1	7	0	6	0	1	0.2	0.2576	0.86	0	1	2	3
9	2011/1/1	1	0	1	8	0	6	0	1	0.24	0.2879	0.75	0	1	7	8
10	2011/1/1	1	0	1	9	0	6	0	1	0.32	0.3485	0.76	0	8	6	14
11	2011/1/1	1	0	1	10	0	6	0	1	0.38	0.3939	0.76	0.2537	12	24	36
12	2011/1/1	1	0	1	11	0	6	0	1	0.36	0.3333	0.81	0.2836	26	30	56
13	2011/1/1	1	0	1	12	0	6	0	1	0.42	0.4242	0.77	0.2836	29	55	84
14	2011/1/1	1	0	1	13	0	6	0	2	0.46	0.4545	0.72	0.2985	47	47	94
15	2011/1/1	1	0	1	14	0	6	0	2	0.46	0.4545	0.72	0.2836	35	71	106
16	2011/1/1	1	0	1	15	0	6	0	2	0.44	0.4394	0.77	0.2985	40	70	110
17	2011/1/1	1	0	1	16	0	6	0	2	0.42	0.4242	0.82	0.2985	41	52	93
18	2011/1/1	1	0	1	17	0	6	0	2	0.44	0.4394	0.82	0.2836	15	52	67
19	2011/1/1	1	0	1	18	0	6	0	3	0.42	0.4242	0.88	0.2537	9	26	35
20	2011/1/1	1	0	1	19	0	6	0	3	0.42	0.4242	0.88	0.2537	6	31	37
21	2011/1/1	1	0	1	20	0	6	0	2	0.4	0.4091	0.87	0.2537	11	25	36
22	2011/1/1	1	0	1	21	0	6	0	2	0.4	0.4091	0.87	0.194	3	31	34
23	2011/1/1	1	0	1	22	0	6	0	2	0.4	0.4091	0.94	0.2239	11	17	28
24	2011/1/1	1	0	1	23	0	6	0	2	0.46	0.4545	0.88	0.2985	15	24	39
25	2011/1/2	1	0	1	0	0	0	0	2	0.46	0.4545	0.88	0.2985	4	13	17
26	2011/1/2	1	0	1	1	0	0	0	2	0.44	0.4394	0.94	0.2537	1	16	17
27	2011/1/2	1	0	1	2	0	0	0	2	0.42	0.4242	1	0.2836	1	8	9

图 3.1　Capital Bikeshare 共享单车原始数据

该数据是从 2011 年 1 月 1 日到 2012 年 12 月 31 日之间某地的单车使用情况，每一行都代表一条数据记录，共 17 379 条。一条数据记录了一个小时内某地的星期几、是否是假期、天气和风速等情况，以及该地区的单车使用量（用 cnt 变量表示），它是我们最关心的量。

我们可以截取一段时间的数据，将 cnt 随时间的变化关系绘制成图。图 3.2 是 2011 年 1 月 1 日到 2011 年 1 月 10 日的数据，横坐标是时间，纵坐标是单车的数量。单车数量随时间波动，并且呈现出一定的规律性。不难看出，工作日的单车数量高峰远高于周末的。

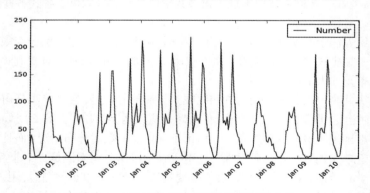

图 3.2　一段时间内单车数量随时间的变化

我们要解决的问题就是，能否根据历史数据预测接下来一段时间该地区单车数量的走势呢？在本章中，我们将学习如何设计神经网络模型来预测单车数量。对于这一问题，我们并不是一下子提供一套完美的解决方案，而是通过循序渐进的方式，尝试不同的解决方案。结合这一问题，我们将主要讲解什么是人工神经元、什么是神经网络、如何根据需要搭建一个神经网络，以及什么是过拟合、如何解决过拟合问题，等等。除此之外，我们还将学习如何对一个神经网络进行剖析，从而理解其工作原理以及与数据的对应。

3.2　单车预测器 1.0

　　本节将构建一个单车预测器，它是一个单一隐含单元的神经网络。我们将训练它拟合共享单车的波动曲线。

　　不过，在设计单车预测器之前，我们有必要了解一下人工神经网络的概念和工作原理。

3.2.1　人工神经网络简介

　　人工神经网络是一种受人脑的生物神经网络启发而设计的计算模型，非常擅长从输入的数据和标签中学习映射关系，从而完成预测或者分类问题。人工神经网络也称通用拟合器，因为它可以拟合任意的函数或映射。

　　前馈神经网络是最常用的一种网络，它一般包括 3 层人工神经元，即输入层、隐含层和输出层，如图 3.3 所示。其中，隐含层可以包含多层，这就构成了所谓的深度神经网络。

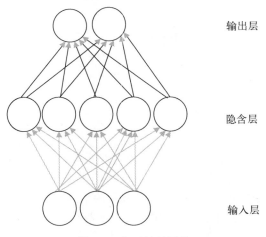

输出层

隐含层

输入层

图 3.3　人工神经网络

　　图 3.3 中的每一个圆圈代表一个人工神经元，连线代表人工突触，它将两个神经元联系了起来。每条连边上都包含一个数值，叫作权重，通常用 w 来表示。

　　神经网络的运行通常包含前馈的预测过程（或称为决策过程）和反馈的学习过程。

　　在前馈的预测过程中，信号从输入单元输入，并沿着网络连边传输，每个信号会与连边上的权重进行乘积，从而得到隐含单元的输入；接下来，隐含单元对所有连边输入的信号进行汇总（求和），然后经过一定的处理（具体处理过程将在下一节讲述）后输出；这些输出的信号再乘以从隐含层到输出的那组连线上的权重，从而得到输入给输出单元的信号；最后，输出单元对每一条输入连边的信号进行汇总，加工处理后输出。最后的输出就是整个神经网络的输出。神经网络在训练阶段将会调节每条连边上的权重 w 的数值。

　　在反馈的学习过程中，每个输出神经元会首先计算出它的预测误差，然后将这个误差沿着网络的所有连边进行反向传播，得到每个隐含层节点的误差，最后根据每条连边所连通的两个节点的误差计算连边上的权重更新量，从而完成网络的学习与调整。

下面，我们就从人工神经元开始详细讲述神经网络的工作过程。

3.2.2 人工神经元

人工神经网络类似于生物神经网络，由人工神经元（简称神经元）构成。神经元用简单的数学模型来模拟生物神经细胞的信号传递与激活。为了理解人工神经网络的运作原理，我们先来看一个最简单的情形：单神经元模型。如图 3.4 所示，它只有一个输入单元、一个隐含单元和一个输出单元。

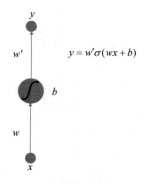

图 3.4   单神经元模型

x 表示输入的数据，y 表示输出的数据，它们都是实数。从输入单元到隐含层的权重 w、隐含单元偏置 b、隐含层到输出层的权重 w' 都是可以任意取值的实数。

我们可以将这个最简单的神经网络看成一个从 x 映射到 y 的函数，而 w、b 和 w' 是该函数的参数。该函数的方程如图 3.5 中的方程式所示，其中 σ 表示 sigmoid 函数。当 $w=1$、$w'=1$、$b=0$ 的时候，这个函数的图像如图 3.5 所示。

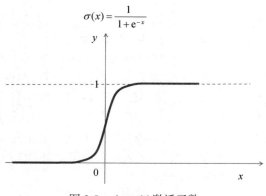

图 3.5   sigmoid 激活函数

这就是 sigmoid 函数的形状及 $\sigma(x)$ 的数学表达式。通过观察该曲线，我们不难发现，当 x 小于 0 的时候，$\sigma(x)$ 都是小于 1/2 的，而且 x 越小，$\sigma(x)$ 越接近于 0；当 x 大于 0 的时候，$\sigma(x)$ 都是大于 1/2 的，而且 x 越大，$\sigma(x)$ 越接近于 1。在 $x=0$ 的点附近存在一个从 0 到 1 的突变。

当我们变换 w、b 和 w' 这些参数的时候，函数的图像也会发生相应的改变。例如，保持 $w'=1$，$b=0$ 不变，而变换 w 的大小，其函数图像的变化如图 3.6 所示。

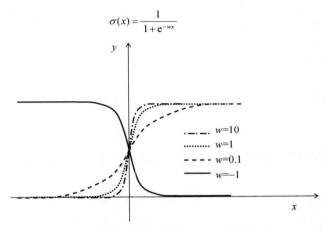

$$\sigma(x) = \frac{1}{1+e^{-wx}}$$

图 3.6　不同参数 w 下的 sigmoid 函数曲线

由此可见，当 $w>0$ 的时候，它的大小控制着函数的弯曲程度，w 越大，它在 0 点附近就越弯曲，因此从 $x=0$ 的突变也就越剧烈；当 $w<0$ 的时候，曲线发生了左右翻转，它会从 1 突变到 0。

再来看看参数 b 对曲线的影响。保持 $w=w'=1$ 不变，如图 3.7 所示。

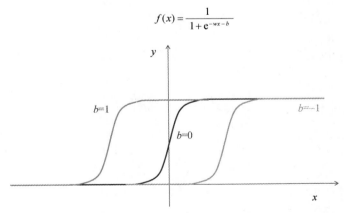

$$f(x) = \frac{1}{1+e^{-wx-b}}$$

图 3.7　不同参数 b 下的 sigmoid 函数曲线

可以清晰地看到，b 控制着 sigmoid 函数曲线的水平位置。$b>0$，函数图像往左平移；反之往右平移。最后，我们看看 w' 如何影响该曲线，如图 3.8 所示。

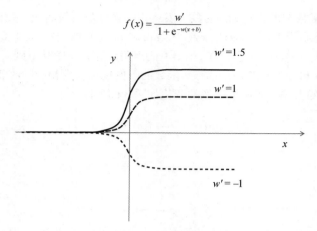

图 3.8　不同参数 w' 下的 sigmoid 函数曲线

　　不难看出，当 $w' > 0$ 的时候，w' 控制着曲线的高矮；当 $w' < 0$ 的时候，曲线的方向发生上下颠倒。

　　可见，通过控制 w、w' 和 b 这 3 个参数，我们可以任意调节从输入 x 到输出 y 的函数形状。但是，无论如何调节，这条曲线永远都是 S 形（包括倒 S 形）的。要想得到更加复杂的函数图像，我们需要引入更多的神经元。

3.2.3　两个隐含神经元

　　下面我们把模型做得更复杂一些，看看两个隐含神经元会对曲线有什么影响，如图 3.9 所示。

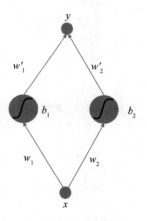

图 3.9　双神经元模型

　　输入信号进入网络之后会兵分两路，一路从左侧进入第一个神经元，另一路从右侧进入第二个神经元。这两个神经元分别完成计算后，通过 w'_1 和 w'_2 进行加权求和得到 y。所以，输出 y 实际上就是两个神经元的叠加。这个网络仍然是一个将 x 映射到 y 的函数，函数方程为：

$$y = w_1'\sigma(w_1 x + b_1) + w_2'\sigma(w_2 x + b_2)$$

在这个公式中，有 $w_1, w_2, w_1', w_2', b_1, b_2$ 这样 6 个不同的参数。它们的组合也会对曲线的形状有影响。

例如，我们可以取 $w_1 = w_2 = w_1' = w_2' = 1$，$b_1 = 1$，$b_2 = 0$，则该函数的曲线形状如图 3.10 所示。

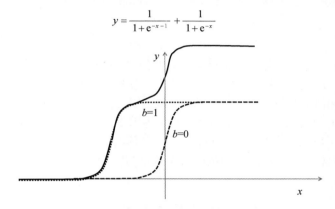

图 3.10　双神经元合成的阶梯曲线，b 控制着曲线的垂直位置

由此可见，合成的函数图像变为了一条具有两个阶梯的曲线。

我们再来看一个参数组合，$w_1 = w_2 = 1$，$b_1 = 0$，$b_2 = -1$，$w_1' = 1$，$w_2' = -1$，其函数图像如图 3.11 所示。

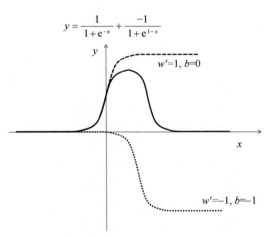

图 3.11　不同参数对双神经元曲线的影响，b 控制着曲线的垂直位置

由此可见，我们合成了一条具有单一波峰的曲线，有点儿类似于正态分布的钟形曲线。一般地，只要变换参数组合，我们就可以用两个隐含神经元拟合出任意具有单峰的曲线。

那么，如果有 4 个或者 6 个甚至更多的隐含神经元，不难想象，就可以得到具有双峰、三峰和任意多个峰的曲线，我们可以粗略地认为两个神经元可以用来逼近一个波峰（波谷）。事实上，对于更一般的情形，科学家早已从理论上证明，用有限多的隐含神经元可以逼近任意的有限区间内的曲线，这叫作通用逼近定理（universal approximation theorem）。

3.2.4　训练与运行

在前面的讨论中，我们看到，只要能够调节神经网络中各个参数的组合，就能得到想要的任何曲线。可问题是，我们应该如何选取这些参数呢？答案就在于训练。

要想完成神经网络的训练，首先要给这个神经网络定义一个损失函数，用来衡量网络在现有的参数组合下输出的表现。这就类似于第 2 章中利用线性回归预测房价中的总误差函数（即拟合直线与所有点距离的平方和）L。同样，在单车预测的例子中，我们也可以将损失函数定义为对于所有的数据样本，神经网络预测的单车数量与实际数据中单车数量之差的平方和的均值，即：

$$L = \frac{1}{N} \sum_{i=1}^{N} (\hat{y}_i - y_i)^2$$

这里，N 为样本总量，$\hat{y}_i$ 为神经网络计算得来的预测单车数量，y_i 为实际数据中该时刻该地区的单车数量。

有了这个损失函数 L，我们就有了调整神经网络参数的方向——尽可能地让 L 最小化。因此，神经网络要学习的就是神经元之间连边上的权重及偏置，学习的目的是得到一组能够使总误差最小的参数值组合。

这是一个求极值的优化问题，高等数学告诉我们，只需要令导数为零就可以求得。然而，由于神经网络一般非常复杂，包含大量非线性运算，直接用数学求导数的方法行不通，所以，我们一般使用数值的方式来进行求解，也就是梯度下降算法。每次迭代都向梯度的负方向前进，使得误差值逐步减小。参数的更新要用到反向传播算法，将损失函数 L 沿着网络一层一层地反向传播，来修正每一层的参数。我们在这里不会详细介绍反向传播算法，因为 PyTorch 已经自动将这个复杂的算法变成了一个简单的命令：backward。只要调用该命令，PyTorch 就会自动执行反向传播算法，计算出每一个参数的梯度，我们只需要根据这些梯度更新参数，就可以完成学习。

神经网络的学习和运行通常是交替进行的。也就是说，在每一个周期，神经网络都会进行前馈运算，从输入端运算到输出端；然后，根据输出端的损失值来执行反向传播算法，从而调整神经网络上的各个参数。不停地重复这两个步骤，就可以令神经网络学习得越来越好。

3.2.5　失败的神经预测器

在弄清楚了神经网络的工作原理之后，下面我们来看看如何用神经网络预测共享单车使用量。我们希望仿照预测房价的做法，利用人工神经网络来拟合一个时间段内的单车曲线，并给出在未来时间点单车使用量的曲线。

为了让演示更加简单清晰，我们仅选择了数据中的前 50 条记录，绘制成如图 3.12 所示的曲线。在这条曲线中，横坐标是数据记录的编号，纵坐标是对应的单车数量。

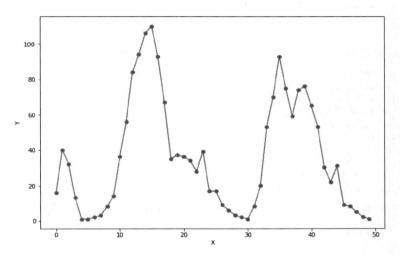

图 3.12　部分单车数据曲线

接下来，我们就要设计一个神经网络，它的输入 x 就是数据编号，输出则是对应的单车数量。通过观察这条曲线，我们发现它至少有 3 个峰，采用 10 个隐含单元就足以拟合这条曲线了。因此，我们的人工神经网络架构如图 3.13 所示。

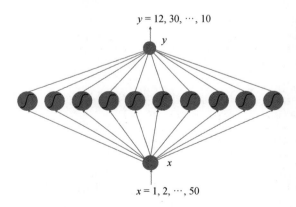

图 3.13　人工神经网络架构

接下来，我们动手编写程序实现这个网络。首先导入该程序所使用的所有依赖库。这里我们使用 pandas 库来读取和操作数据。读者需要先安装这个程序包，在 Anaconda 环境下运行 conda install pandas 即可：

```
import numpy as np
import pandas as pd  # 读取 CSV 文件的库
import torch
import torch.optim as optim
import matplotlib.pyplot as plt
# 直接在 Notebook 中显示输出图像
%matplotlib inline
```

接着，从硬盘文件中导入想要的数据。

```
data_path = 'hour.csv'  # 读取数据到内存，rides 为一个 dataframe 对象
rides = pd.read_csv(data_path)
rides.head()  # 输出部分数据
counts = rides['cnt'][:50]  # 截取数据
x = np.arange(len(counts))  # 获取变量 x
y = np.array(counts) # 单车数量为 y
plt.figure(figsize = (10, 7)) # 设定绘图窗口大小
plt.plot(x, y, 'o-')  # 绘制原始数据
plt.xlabel('X')  # 更改坐标轴标注
plt.ylabel('Y')  # 更改坐标轴标注
```

在这里，我们使用了 pandas 库，从 CSV 文件中快速导入数据到 rides 里面。rides 可以按照二维表的形式存储数据，并可以像访问数组一样对其进行访问和操作。rides.head()的作用是打印输出部分数据记录。

之后，我们从 rides 的所有记录中选出前 50 条，并只筛选出 cnt 字段放入 counts 数组中。这个数组就存储了前 50 条单车使用数量记录。接着，我们绘制前 50 条记录的图，如图 3.13 所示。

准备好了数据，我们就可以用 PyTorch 来搭建人工神经网络了。与第 2 章的线性回归例子类似，我们首先需要定义一系列的变量，包括所有连边的权重和偏置，并通过这些变量的运算让 PyTorch 自动生成计算图：

```
# 输入变量，1,2,3,...这样的一维数组
x = torch.FloatTensor(np.arange(len(counts), dtype = float))
# 输出变量，它是从数据 counts 中读取的每一时刻的单车数，共 50 个数据点的一维数组，作为标准答案
y = torch.FloatTensor(np.array(counts, dtype = float)))

sz = 10  # 设置隐含神经元的数量
# 初始化输入层到隐含层的权重矩阵，它的尺寸是(1,10)
weights = torch.randn((1, sz), requires_grad = True)
# 初始化隐含层节点的偏置向量，它是尺寸为 10 的一维向量
biases = torch.randn((sz), requires_grad = True)
# 初始化从隐含层到输出层的权重矩阵，它的尺寸是(10,1)
weights2 = torch.randn((sz, 1), requires_grad = True)
```

设置好变量和神经网络的初始参数，接下来迭代地训练这个神经网络：

```
learning_rate = 0.001 # 设置学习率
losses = [] # 该数组记录每一次迭代的损失函数值，以方便后续绘图
x = x.view(50,-1)
y = y.view(50,-1)
for i in range(100000):
```

```
# 从输入层到隐含层的计算
hidden = x * weights + biases
# 此时，hidden 变量的尺寸是(50,10)，即 50 个数据点，10 个隐含神经元

# 将 sigmoid 函数应用在隐含层的每一个神经元上
hidden = torch.sigmoid(hidden)
# 隐含层输出到输出层，计算得到最终预测值
predictions = hidden.mm(weights2)
# 此时，predictions 的尺寸为(50,1)，即 50 个数据点的预测值
# 通过与数据中的标准答案 y 做比较，计算均方误差
loss = torch.mean((predictions - y) ** 2)
# 此时，loss 为一个标量，即一个数
losses.append(loss.data.numpy())

if i % 10000 == 0: # 每隔 10 000 个周期打印一下损失函数数值
    print('loss:', loss)

# *****************************************
# 接下来开始执行梯度下降算法，将误差反向传播
loss.backward() # 对损失函数进行梯度反传

# 利用上一步计算中得到的 weights、biases 等梯度信息更新 weights 和 biases 的数值
weights.data.add_(- learning_rate * weights.grad.data)
biases.data.add_(- learning_rate * biases.grad.data)
weights2.data.add_(- learning_rate * weights2.grad.data)

# 清空所有变量的梯度值
weights.grad.data.zero_()
biases.grad.data.zero_()
weights2.grad.data.zero_()
```

在上面这段代码中，我们进行了 100 000 步训练迭代。在每一次迭代中，我们都将 50 个数据点的 x 作为数组全部输入神经网络，并让神经网络按照从输入层到隐含层、再从隐含层到输出层的步骤，一步步完成计算，最终输出对 50 个数据点的预测数组 prediction。

之后，计算 prediction 和标准答案 y 之间的误差，并计算出 50 个数据点的平均误差 loss，这就是我们前面提到的损失函数 L。接着，调用 loss.backward()完成误差沿着神经网络的反向传播过程，从而计算出计算图上每一个叶节点的梯度更新数值，并记录在每个变量的.grad 属性中。最后，我们用这个梯度数值来更新每个参数的数值，从而完成了一步迭代。

仔细对比这段代码和第 2 章中的线性回归代码就会发现，除了中间的运算过程和损失函数有所不同外，其他的操作全部相同。事实上，在本书中，几乎所有的机器学习案例都采用了这样的步骤，即前馈运算、反向传播计算梯度、根据梯度更新参数值。

我们可以打印出 Loss 随着一步步迭代下降的曲线，这可以帮助我们直观地看到神经网络训练的过程，如图 3.14 所示。

```
plt.plot(losses)
plt.xlabel('Epoch')
plt.ylabel('Loss')
```

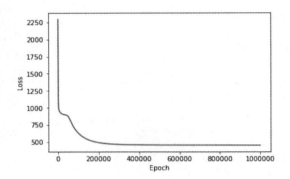

图 3.14　模型的 Loss 曲线

由该曲线可以看出，随着时间的推移，神经网络预测的误差的确在一步步减小。而且，大约到 20 000 步后，误差基本就不会出现明显的下降了。

接下来，我们可以把训练好的网络对这 50 个数据点的预测曲线绘制出来，并与标准答案 y 进行对比，代码如下：

```
x_data = x.data.numpy() # 获得 x 包裹的数据
plt.figure(figsize = (10, 7)) # 设定绘图窗口大小
xplot, = plt.plot(x_data, y.data.numpy(), 'o') # 绘制原始数据
yplot, = plt.plot(x_data, predictions.data.numpy()) # 绘制拟合数据
plt.xlabel('X') # 更改坐标轴标注
plt.ylabel('Y') # 更改坐标轴标注
plt.legend([xplot, yplot],['Data', 'Prediction under 1000000 epochs']) # 绘制图例
plt.show()
```

最后的可视化图像如图 3.15 所示。

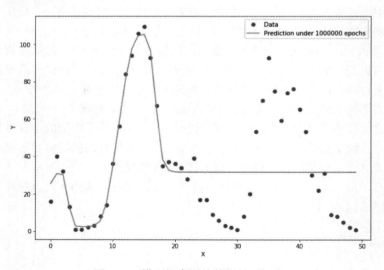

图 3.15　模型拟合训练数据的可视化

可以看到，我们的预测曲线在第一个波峰比较好地拟合了数据，但是在此后，它却与真实数据相差甚远。这是为什么呢？

我们知道，x 的取值范围是 1~50，而所有权重和偏置的初始值都是设定在(-1, 1)的正态分布随机数，那么输入层到隐含层节点的数值范围就成了-50~50，要想将 sigmoid 函数的多个峰值调节到我们期望的位置，需要耗费很多计算时间。事实上，如果让训练时间更长些，我们可以将曲线后面的部分拟合得很好。

这个问题的解决方法是将输入数据的范围做归一化处理，也就是让 x 的输入数值范围为 0~1。因为数据中 x 的范围是 1~50，所以，我们只需要将每一个数值都除以 50 就可以了：

```
x = torch.FloatTensor(np.arange(len(counts), dtype = float) / len(counts))
```

该操作会使 x 的取值范围变为 0.02, 0.04, ···, 1。做了这些改进后再来运行程序，可以看到这次训练速度明显加快，拟合效果也更好了，如图 3.16 所示。

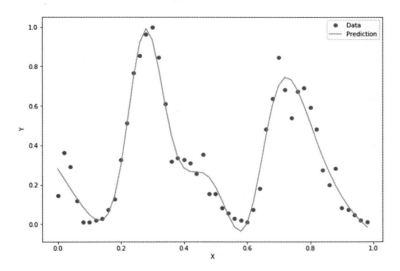

图 3.16　改进的模型拟合训练数据的可视化

我们看到，改进后的模型出现了两个波峰，也非常好地拟合了这些数据点，形成一条优美的曲线。

接下来，我们就需要用训练好的模型来做预测了。我们的预测任务是后面 50 条数据的单车数量。此时 x 取值是 51, 52, ···, 100，同样也要除以 50：

```
counts_predict = rides['cnt'][50:100]  # 读取待预测的后面 50 个数据点
x = torch.FloatTensor((np.arange(len(counts_predict), dtype = float) + len(counts)) / len(counts))
# 读取后面 50 个点的 y 数值，不需要做归一化
y = torch.FloatTensor(np.array(counts_predict, dtype = float))

# 用 x 预测 y
hidden = x.expand(sz, len(x)).t() * weights.expand(len(x), sz)  # 从输入层到隐含层的计算
```

```
hidden = torch.sigmoid(hidden)  # 将 sigmoid 函数应用在隐含层的每一个神经元上
predictions = hidden.mm(weights2)  # 从隐含层输出到输出层，计算得到最终预测值
loss = torch.mean((predictions - y) ** 2)  # 计算预测数据上的损失函数
print(loss)

# 将预测曲线绘制出来
x_data = x.data.numpy()  # 获得 x 包裹的数据
plt.figure(figsize = (10, 7)) # 设定绘图窗口大小
xplot, = plt.plot(x_data, y.data.numpy(), 'o') # 绘制原始数据
yplot, = plt.plot(x_data, predictions.data.numpy())  # 绘制拟合数据
plt.xlabel('X')  # 更改坐标轴标注
plt.ylabel('Y')  # 更改坐标轴标注
plt.legend([xplot, yplot],['Data', 'Prediction'])  # 绘制图例
plt.show()
```

最终，我们得到了如图 3.17 所示的曲线，直线是我们的模型给出的预测曲线，圆点是实际数据所对应的曲线。模型预测与实际数据竟然完全对不上！

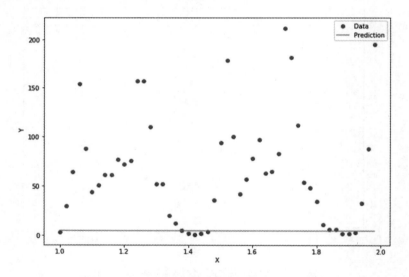

图 3.17   模型在测试数据上预测失败的曲线

为什么我们的神经网络可以非常好地拟合已知的 50 个数据点，却完全不能预测出更多的数据点呢？原因就在于——过拟合。

3.2.6   过拟合

所谓过拟合（overfitting）现象，是指模型可以在训练数据上进行非常好的预测，但在全新的测试数据上表现不佳。在这个例子中，训练数据就是前 50 个数据点，测试数据就是后面 50 个数据点。我们的模型可以通过调节参数顺利地拟合训练数据的曲线，但是这种刻意适合完全没有推广价值，导致这条拟合曲线与测试数据的标准答案相差甚远。我们的模型并没有学习到数据中

的模式。

这是为什么呢？原因就在于我们选择了错误的特征变量：我们尝试用数据的下标（1, 2, 3, …）或者它的归一化（0.1, 0.2, …）来对 y 进行预测。然而曲线的波动模式（也就是单车的使用数量）显然并不依赖于下标，而是依赖于诸如天气、风速、星期几和是否是节假日等因素。然而，我们不管三七二十一，硬要用强大的人工神经网络来拟合整条曲线，这自然就导致了过拟合的现象，而且是非常严重的过拟合。

由这个例子可以看出，一味地追求人工智能技术，而不考虑实际问题的背景，很容易让我们走弯路。当我们面对大数据时，数据背后的意义往往可以指导我们更加快速地找到分析大数据的捷径。

在这一节中，我们虽然费了半天劲也没有真正地解决问题，但是仍然学到了不少知识，包括神经网络的工作原理、如何根据问题的复杂度选择隐含层的数量，以及如何调整数据以加速训练。更重要的是，我们从教训中领教了什么叫作过拟合。

3.3 单车预测器 2.0

接下来，就让我们踏上正确解决问题的康庄大道。既然我们猜测利用天气、风速、星期几、是否是节假日等信息可以更好地预测单车使用数量，而且原始数据中包含了这些信息，那么不妨重新设计一个神经网络，把这些相关信息都输入进去，从而预测单车的数量。

3.3.1 数据的预处理过程

然而，在我们动手设计神经网络之前，最好还是再认真了解一下数据，因为增强对数据的了解会起到更重要的作用。

深入观察图 3.2 中的数据，我们发现，所有的变量可以分成两种：一种是类型变量，另一种是数值变量。

所谓的类型变量，是指这个变量可以在不同的类别中取值，例如星期（week）这个变量就有 1, 2, 3, …, 0 这几种类型，分别代表星期一、星期二、星期三……星期日这几天。而天气状况（weathersit）这个变量可以从 1~4 中取值，其中 1 表示晴天，2 表示多云，3 表示小雨/雪，4 表示大雨/雪。

另一种类型是数值类型，这种变量会从一个数值区间中连续取值。例如，湿度（humidity）就是一个从[0, 1]区间中连续取值的变量。温度、风速也是这种类型的变量。

我们不能将不同类型的变量不加任何处理地输入神经网络，因为不同的数值代表完全不同的含义。在类型变量中，数字的大小实际上没有任何意义。比如数字 5 比数字 1 大，但这并不代表周五会比周一更特殊。除此之外，不同的数值类型变量的变化范围也不一样。如果直接把它们混合在一起，势必会造成不必要的麻烦。综合以上考虑，我们需要对两种变量分别进行预处理。

1. 类型变量的独热编码

类型变量的大小没有任何含义，只是为了区分不同的类型而已。比如季节这个变量可以等于 1、2、3、4，即四季，数字仅仅是对它们的区分。我们不能将 season 变量直接输入神经网络，因为 season 数值并不表示相应的信号强度。我们的解决方案是将类型变量转化为"独热编码"，如表 3.1 所示。

表 3.1   将类型变量转化为独热编码

季节类型	独热编码
1	(1, 0, 0, 0)
2	(0, 1, 0, 0)
3	(0, 0, 1, 0)
4	(0, 0, 0, 1)

采用这种编码后，不同的数值就转变为了不同的向量，这些向量的长度都是 4，而只有一个位置为 1，其他位置都是 0。1 代表激活，于是独热编码的向量就对应了不同的激活模式。这样的数据更容易被神经网络处理。更一般地，如果一个类型变量有 n 个不同的取值，那么我们的独热编码所对应的向量长度就为 n。

接下来，我们只需要在数据中将某一列类型变量转化为多个列的独热编码向量，就可以完成这种变量的预处理了，如图 3.18 所示。

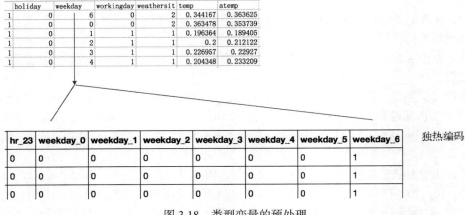

图 3.18   类型变量的预处理

因此，原来的 weekday 这个属性就转变为 7 个不同的属性，数据库一下就增加了 6 列。pandas 可以很容易实现上面的操作，代码如下：

```
dummy_fields = ['season', 'weathersit', 'mnth', 'hr', 'weekday'] # 所有类型编码变量的名称
for each in dummy_fields:
    # 取出所有类型变量，并将它们转变为独热编码
    dummies = pd.get_dummies(rides[each], prefix=each, drop_first=False)
```

```
# 将新的独热编码变量与原有的所有变量合并到一起
rides = pd.concat([rides, dummies], axis=1)
```

```
# 将原来的类型变量从数据表中删除
fields_to_drop = ['instant', 'dteday', 'season', 'weathersit', 'weekday', 'atemp', 'mnth', 'workingday',
                  'hr'] # 要删除的类型变量的名称
data = rides.drop(fields_to_drop, axis=1) # 将它们从数据库的变量中删除
```

经过这一番处理之后，原本只有 17 列的数据一下子变为了 59 列，部分数据片段如图 3.19 所示。

	yr	holiday	temp	hum	windspeed	casual	registered	cnt	season_1	season_2	...	hr_21	hr_22	hr_23	weekday_0	weekday_1	weekday_2	weekday_3
0	0	0	0.24	0.81	0.0	3	13	16	1	0	...	0	0	0	0	0	0	0
1	0	0	0.22	0.80	0.0	8	32	40	1	0	...	0	0	0	0	0	0	0
2	0	0	0.22	0.80	0.0	5	27	32	1	0	...	0	0	0	0	0	0	0
3	0	0	0.24	0.75	0.0	3	10	13	1	0	...	0	0	0	0	0	0	0
4	0	0	0.24	0.75	0.0	0	1	1	1	0	...	0	0	0	0	0	0	0

图 3.19　预处理后的部分数据

2. 数值类型变量的处理

数值类型变量的问题在于每个变量的变化范围都不一样，单位也不一样，因此不同的变量不能进行比较。我们采取的解决方法是对这种变量进行标准化处理，也就是用变量的均值和标准差来对该变量做标准化，从而把特征数值的平均值变为 0，标准差变为 1。比如，对于温度 temp 这个变量来说，它在整个数据库中取值的平均值为 mean(temp)，标准差为 std(temp)，那么，归一化的温度计算为：

$$temp' = \frac{temp - mean(temp)}{std(temp)}$$

temp′是一个位于[−1, 1]区间的数。这样做的好处是可以将不同取值范围的变量设置为处于平等的地位。

我们可以用以下代码来对这些变量进行标准化处理：

```
quant_features = ['cnt', 'temp', 'hum', 'windspeed'] # 数值类型变量的名称
scaled_features = {} # 将每一个变量的均值和方差都存储到 scaled_features 变量中
for each in quant_features:
    # 计算这些变量的均值和方差
    mean, std = data[each].mean(), data[each].std()
    scaled_features[each] = [mean, std]
    # 对每一个变量进行标准化
    data.loc[:, each] = (data[each] - mean)/std
```

3. 数据集的划分

预处理做完以后，我们的数据集包含了 17 379 条记录、59 个变量。接下来，我们将对这个数据集进行划分。

首先，我们将变量集合分为特征和目标两个集合。其中，特征变量集合包括：年份（yr）、

是否是节假日（holiday）、温度（temp）、湿度（hum）、风速（windspeed）、季节 1~4（season）、天气 1~4（weathersit，不同天气状况）、月份 1~12（mnth）、小时 0~23（hr）和星期 0~6（weekday），它们是输入给神经网络的变量。目标变量包括：用户数（cnt）、临时用户数（casual），以及注册用户数（registered）。其中我们仅仅将 cnt 作为目标变量，另外两个暂时不做任何处理。我们将利用 56 个特征变量作为神经网络的输入，来预测 1 个变量作为神经网络的输出。

接下来，我们将 17 379 条记录划分为两个集合：前 16 875 条记录作为训练集，用来训练我们的神经网络；后 21 天的数据（504 条记录）作为测试集，用来检验模型的预测效果，这部分数据是不参与神经网络训练的，如图 3.20 所示。

图 3.20   数据划分示意图

数据处理代码如下：

```
test_data = data[-21*24:] # 选出训练集
train_data = data[:-21*24] # 选出测试集

# 目标列包含的字段
target_fields = ['cnt','casual', 'registered']

# 将训练集划分成特征变量列和目标特征列
features, targets = train_data.drop(target_fields, axis=1), train_data[target_fields]

# 将测试集划分成特征变量列和目标特征列
test_features, test_targets = test_data.drop(target_fields, axis=1), test_data[target_fields]

# 将数据类型转换为 NumPy 数组
X = features.values  # 将数据从 pandas dataframe 转换为 NumPy
Y = targets['cnt'].values
Y = Y.astype(float)

Y = np.reshape(Y, [len(Y),1])
losses = []
```

3.3.2   构建神经网络

在数据处理完毕后，我们将构建新的人工神经网络。这个网络有 3 层：输入层、隐含层和输出层。每个层的尺寸（神经元个数）分别是 56、10 和 1（如图 3.21 所示）。其中，输入层和输出层的神经元个数分别由数据决定，隐含神经元个数则根据我们对数据复杂度的预估决定。通常，数据越复杂，数据量越大，需要神经元就越多。但是神经元过多容易造成过拟合。

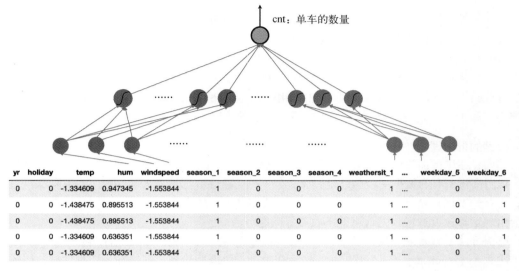

yr	holiday	temp	hum	windspeed	season_1	season_2	season_3	season_4	weathersit_1	...	weekday_5	weekday_6
0	0	-1.334609	0.947345	-1.553844	1	0	0	0	1	...	0	1
0	0	-1.438475	0.895513	-1.553844	1	0	0	0	1	...	0	1
0	0	-1.438475	0.895513	-1.553844	1	0	0	0	1	...	0	1
0	0	-1.334609	0.636351	-1.553844	1	0	0	0	1	...	0	1
0	0	-1.334609	0.636351	-1.553844	1	0	0	0	1	...	0	1

图 3.21　单车预测神经网络

除了前面讲的用手工实现神经网络的张量计算完成神经网络搭建以外，PyTorch 还实现了自动调用现成的函数来完成同样的操作，这样的代码更加简洁，如下所示：

```
# 定义神经网络架构，features.shape[1]个输入单元，10 个隐含单元，1 个输出单元
input_size = features.shape[1]
hidden_size = 10
output_size = 1
batch_size = 128
neu = torch.nn.Sequential(
    torch.nn.Linear(input_size, hidden_size),
    torch.nn.Sigmoid(),
    torch.nn.Linear(hidden_size, output_size),
)
```

在这段代码里，我们可以调用 torch.nn.Sequential()来构造神经网络，并存放到 neu 变量中。torch.nn.Sequential()这个函数的作用是将一系列的运算模块按顺序搭建成一个多层的神经网络。在本例中，这些模块包括从输入层到隐含层的线性映射 Linear(input_size, hidden_size)、隐含层的非线性 sigmoid 函数 torch.nn.Sigmoid()，以及从隐含层到输出层的线性映射 torch.nn.Linear(hidden_size, output_size)。值得注意的是，Sequential 里面的层次并不与神经网络的层次严格对应，而是指多步的运算，它与动态计算图的层次相对应。

我们也可以使用 PyTorch 自带的损失函数：

```
cost = torch.nn.MSELoss()
```

这是 PyTorch 自带的一个封装好的计算均方误差的损失函数，它是一个函数指针，赋予了变量 cost。在计算的时候，我们只需要调用 cost(x,y)就可以计算预测向量 x 和目标向量 y 之间的均方误差。

除此之外，PyTorch 还自带了优化器来自动实现优化算法：

```
optimizer = torch.optim.SGD(neu.parameters(), lr = 0.01)
```

torch.optim.SGD()调用了 PyTorch 自带的随机梯度下降算法（stochastic gradient descent，SGD）作为优化器。在初始化 optimizer 的时候，我们需要待优化的所有参数（在本例中，传入的参数包括神经网络 neu 包含的所有权重和偏置，即 neu.parameters()），以及执行梯度下降算法的学习率 lr=0.01。在一切都准备好之后，我们便可以实施训练了。

数据的批处理

然而，在进行训练循环的时候，我们还会遇到一个问题。在前面的例子中，在每一个训练周期，我们都将所有的数据一股脑儿地输入神经网络。这在数据量不大的情况下没有什么问题。但是，现在的数据量是 16 875 条，在这么大的数据量下，如果在每个训练周期都处理所有数据，则会出现运算速度过慢、迭代可能不收敛等问题。

解决方法通常是采取批处理（batch processing）的模式，也就是将所有的数据记录划分成一个批次大小（batch size）的小数据集，然后在每个训练周期给神经网络输入一批数据，如图 3.22 所示。批次的大小依问题的复杂度和数据量的大小而定，在本例中，我们设定 batch_size=128。

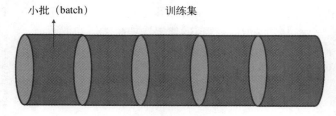

图 3.22　数据批处理

采用批处理后的训练代码如下：

```
# 神经网络训练循环
losses = []
for i in range(1000):
    # 每 128 个样本点划分为一批，在循环的时候一批一批地读取
    batch_loss = []
    # start 和 end 分别是提取一批数据的起始下标和终止下标
    for start in range(0, len(X), batch_size):
        end = start + batch_size if start + batch_size < len(X) else len(X)
        xx = torch.FloatTensor(X[start:end])
        yy = torch.FloatTensor(Y[start:end])
        predict = neu(xx)
        loss = cost(predict, yy)
        optimizer.zero_grad()
        loss.backward()
        optimizer.step()
        batch_loss.append(loss.data.numpy())

    # 每隔 100 步输出损失值
```

```
    if i % 100==0:
        losses.append(np.mean(batch_loss))
        print(i, np.mean(batch_loss))

# 打印输出损失值
plt.plot(np.arange(len(losses))*100,losses)
plt.xlabel('epoch')
plt.ylabel('MSE')
```

　　运行这段程序, 我们便可以训练这个神经网络了。图 3.23 展示的是随着训练周期的增加, 损失函数的下降情况。其中, 横坐标表示训练周期, 纵坐标表示平均误差。可以看到, 平均误差随训练周期的增加快速下降。

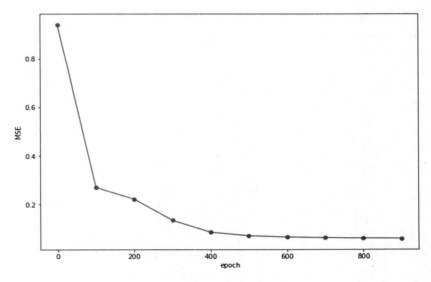

图 3.23　单车预测器的训练曲线

3.3.3　测试神经网络

　　接下来, 我们便可以用训练好的神经网络在测试集上进行预测, 并且将后 21 天的预测数据与真实数据画在一起进行比较:

```
targets = test_targets['cnt']  # 读取测试集的 cnt 数值
targets = targets.values.reshape([len(targets),1])  # 将数据转换成合适的张量形式
targets = targets.astype(float)  # 保证数据为实数

x = torch.FloatTensor(test_features.values)
y = torch.FloatTensor(targets)

# 用神经网络进行预测
predict = neu(x)
predict = predict.data.numpy()
```

```
fig, ax = plt.subplots(figsize = (10, 7))

mean, std = scaled_features['cnt']
ax.plot(predict * std + mean, label='Prediction')
ax.plot(targets * std + mean, label='Data')
ax.legend()
ax.set_xlabel('Date-time')
ax.set_ylabel('Counts')
dates = pd.to_datetime(rides.loc[test_data.index]['dteday'])
dates = dates.apply(lambda d: d.strftime('%b %d'))
ax.set_xticks(np.arange(len(dates))[12::24])
_ = ax.set_xticklabels(dates[12::24], rotation=45)
```

实际曲线与预测曲线的对比如图 3.24 所示。其中，横坐标是不同的日期，纵坐标是预测或真实数据的值，虚线为预测曲线，实线为实际数据。

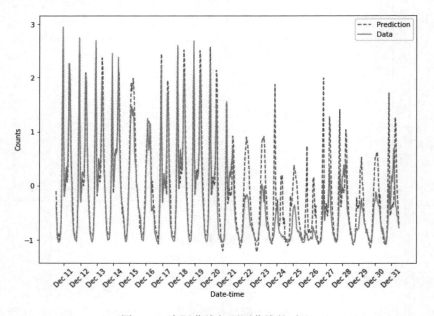

图 3.24　实际曲线与预测曲线的对比

可以看到，两条曲线基本是吻合的，但是在 12 月 25 日前后几天的实际值和预测值偏差较大。为什么这段时间的表现这么差呢？

仔细观察数据，我们发现 12 月 25 日正好是圣诞节。对于欧美国家来说，圣诞节就相当于我们的春节，在圣诞节假期前后，人们的出行习惯会与往日有很大的不同。但是，在我们的训练样本中，因为整个数据仅有两年的长度，所以包含圣诞节前后的样本仅有一次，这就导致我们没办法对这一假期的模式进行很好的预测。

3.4　剖析神经网络 Neu

按理说，目前我们的工作已经全部完成了。但是，我们还希望对人工神经网络的工作原理有更加透彻的了解。因此，我们将对这个训练好的神经网络 Neu 进行剖析，看看它究竟为什么在一些数据上表现优异，而在另一些数据上表现欠佳。

对于我们来说，神经网络在训练的时候发生了什么完全是黑箱，但是，神经网络连边的权重实际上就在计算机的存储中，我们可以把感兴趣的数据提取出来进行分析。

我们定义了一个函数 feature()，用于提取神经网络中存储在连边和节点中的所有参数，代码如下：

```python
def feature(X, net):
    # 定义一个函数，用于提取网络的权重信息，
    # 所有的网络参数信息全部存储在 Neu 的 named_parameters 集合中
    X = torch.from_numpy(X).type(torch.FloatTensor)
    dic = dict(net.named_parameters()) # 从这个集合中提取数据
    weights = dic['0.weight'] # 可以按照"层数.名称"来索引集合中的相应参数值
    biases = dic['0.bias']
    h = torch.sigmoid(X.mm(weights.t()) + biases.expand([len(X), len(biases)]))
    # 隐含层的计算过程
    return h # 输出层的计算
```

在这段代码中，我们用 net.named_parameters()命令提取出神经网络的所有参数，其中包括了每一层的权重和偏置，并且把它们放到 Python 字典中。接下来就可以通过如上代码来提取数据，例如可以通过 dic['0.weight']和 dic['0.bias']的方式得到第一层的所有权重和偏置。此外，我们还可以通过遍历参数字典 dic 获取所有可提取的参数名称。

由于数据量较大，因此我们选取了一部分数据输入神经网络，并提取网络的激活模式。我们知道，预测不准的日期有 12 月 22 日、12 月 23 日、12 月 24 日这 3 天。所以，就将这 3 天的数据聚集到一起，存入 subset 和 subtargets 变量中：

```python
bool1 = rides['dteday'] == '2012-12-22'
bool2 = rides['dteday'] == '2012-12-23'
bool3 = rides['dteday'] == '2012-12-24'

# 将 3 个布尔型数组求与
bools = [any(tup) for tup in zip(bool1,bool2,bool3) ]
# 将相应的变量取出
subset = test_features.loc[rides[bools].index]
subtargets = test_targets.loc[rides[bools].index]
subtargets = subtargets['cnt']
subtargets = subtargets.values.reshape([len(subtargets),1])
```

将这 3 天的数据输入神经网络中，用前面定义的 feature()函数读出隐含神经元的激活数值，存入 results 中。为了方便阅读，可以将归一化输出的预测值还原为原始数据的数值范围。

```python
# 将数据输入到神经网络中，读取隐含神经元的激活数值，存入 results 中
results = feature(subset.values, neu).data.numpy()
# 这些数据对应的预测值（输出层）
predict = neu(torch.FloatTensor(subset.values)).data.numpy()
```

```
# 将预测值还原为原始数据的数值范围
mean, std = scaled_features['cnt']
predict = predict * std + mean
subtargets = subtargets * std + mean
```

接下来，我们将隐含神经元的激活情况全部画出来。同时，为了比较，我们将这些曲线与模型预测的数值画在一起，可视化的结果如图 3.25 所示。

```
# 将所有的神经元激活水平画在同一张图上
fig, ax = plt.subplots(figsize = (8, 6))
ax.plot(results[:,:],'.:',alpha = 0.1)
ax.plot((predict - min(predict)) / (max(predict) - min(predict)),'bo-',label='Prediction')
ax.plot((subtargets - min(predict)) / (max(predict) - min(predict)),'ro-',label='Real')
ax.plot(results[:, 5],'.:',alpha=1,label='Neuro 6')

ax.set_xlim(right=len(predict))
ax.legend()
plt.ylabel('Normalized Values')

dates = pd.to_datetime(rides.loc[subset.index]['dteday'])
dates = dates.apply(lambda d: d.strftime('%b %d'))
ax.set_xticks(np.arange(len(dates))[12::24])
_ = ax.set_xticklabels(dates[12::24], rotation=45)
```

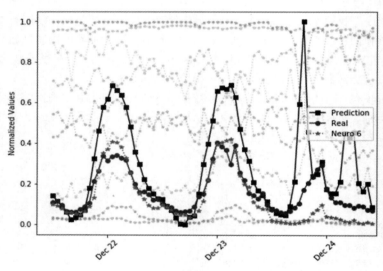

图 3.25　Neuro 6 激活（另见彩插）

图 3.25 中方块曲线是模型的预测值，圆点曲线是实际值，不同颜色和线型的虚线是每个神经元的输出值。可以发现，Neuro 6 的输出曲线与真实输出曲线比较接近。因此，我们可以认为该神经元对提高预测准确性有更大的贡献。

同时，我们还想知道 Neuro 6 为什么表现较好以及它的激活是由谁决定的。进一步分析它的影响因素，发现影响大小是通过输入层指向它的权重来判断的，如图 3.26 所示。

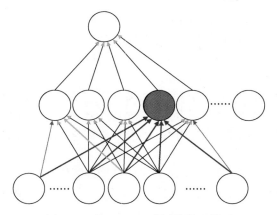

图 3.26   使 Neuro 6 激活的输入单元

我们可以通过下列代码将这些权重可视化：

```
# 找到与峰值对应的神经元，将其到输入层的权重输出
dic = dict(neu.named_parameters())
weights = dic['O.weight']
plt.plot(weights.data.numpy()[6, :],'o-')
plt.xlabel('Input Neurons')
plt.ylabel('Weight')
```

结果如图 3.27 所示。横轴代表不同的权重，也就是输入神经元的编号；纵轴代表神经网络训练后的连边权重。例如，横轴的第 10 个数对应输入层的第 10 个神经元，对应到输入数据中，是检测天气类别的类型变量。第 32 个数是小时数，也是类型变量，检测的是早 6 点这种模式。我们可以将其理解为，纵轴的值为正就是促进，值为负就是抑制。所以，图 3.27 中的波峰就是将该神经元激活，波谷就是神经元未激活。

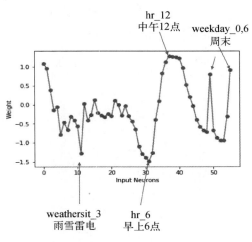

图 3.27   输入层权重可视化

　　我们看到，这条曲线在 hr_12 和 weekday_0,6 方面有较高的权重，这表示 Neuro 6 正在检测现在是不是中午 12 点，同时也在检测今天是不是周六或者周日。如果满足这些条件，则神经元就会被激活。与此相对的是，神经元在 weathersit_3 和 hr_6 这两个输入上的权重值为负值，并且刚好是低谷，这意味着该神经元会在下雨或下雪，以及早上 6 点的时候被抑制。通过翻看日历可知，2012 年的 12 月 22 日和 23 日刚好是周六和周日，因此 Neuro 6 被激活了，它们对正确预测这两天的正午高峰做了贡献。但是，由于圣诞节即将到来，人们可能早早回去为圣诞做准备，因此这个周末比较特殊，并未出现往常周末的大量骑行需求，于是 Neuro 6 给出的激活值导致了正午单车预测值过高。

　　与此类似，我们可以找到导致 12 月 24 日早晚高峰预测值过高的原因。我们发现 Neuro 4 起到了主要作用，因为它的波动刚好跟预测曲线在 24 日的早晚高峰负相关，如图 3.28 所示。

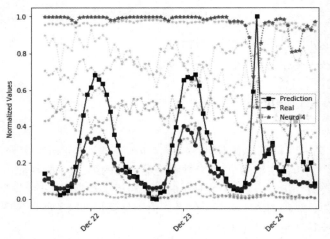

图 3.28　Neuro 4 的激活曲线（另见彩插）

　　同理，这个神经元对应的权重及其检测的模式如图 3.29 所示。

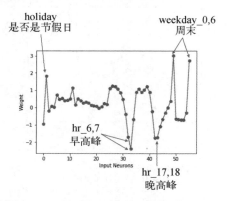

图 3.29　对 Neuro 4 输入层权重的可视化

这个神经元检测的模式和 Neuro 6 相似却相反，它在早晚高峰的时候受到抑制，在节假日和周末激活。进一步考察从隐含层到输出层的连接，我们发现 Neuro 4 的权重为负数，但是这个负值又没有那么小。所以，这就导致了 Neuro 4 在 12 月 24 日早晚高峰的时候被抑制，但是这个信号抑制的效果并不显著，无法导致预测尖峰出现。

所以，我们分析出神经预测器 Neu 在这 3 天预测不准的原因是圣诞假期的反常模式。12 月 24 日是圣诞夜，该网络对节假日早晚高峰抑制单元的抑制程度不够，所以导致了预测不准。如果有更多的训练数据，我们可以将 Neuro 4 的权重调节得更低，这样就有可能提高预测的准确率。

3.5　小结

本章我们以预测某地共享单车数量的问题作为切入点，介绍了人工神经网络的工作原理。通过调整神经网络中的参数，我们可以得到任意形状的曲线。接着，我们尝试用具有单输入、单输出的神经网络拟合共享单车数据并进行预测。

但是，预测的效果非常差。经过分析，我们发现，由于采用的特征变量为数据的编号，而这与单车的数量没有任何关系，因此完美拟合的假象只不过是一种过拟合的结果。所以，我们尝试了新的预测方式，利用每一条数据中的特征变量，包括天气、风速、星期几、是否是假期、时间点等特征来预测单车使用数量，并取得了成功。

在第二次尝试中，我们还学会了如何对数据进行划分，以及如何用 PyTorch 自带的封装函数来实现人工神经网络、损失函数以及优化器。同时，我们引入了批处理的概念，即将数据切分成批，在每一个训练周期中，都用一小批数据来训练神经网络并调整参数。这种批处理的方法既可以加速程序的运行，又能够让神经网络稳步地调节参数。

最后，我们对训练好的神经网络进行了剖析。了解了人工神经元是如何通过监测数据中的固有模式而在不同条件下激活的。我们也清楚地看到，神经网络之所以在一些数据上工作不好，是因为在数据中很难遇到假期这种特殊条件。

3.6　Q&A

本书内容源于张江老师在"集智学园"开设的网络课程"火炬上的深度学习"，为了帮助读者快速疏通思路或解决常见的实践问题，我们挑选了课程学员提出的具有代表性的问题，并附上张江老师的解答，组成"Q&A"，附于相关章节的末尾。如果读者在阅读过程中产生了相似的疑问，希望可以从中得到解答。

Q：神经元是不是越多越好？
A：当然不是。神经网络模型的预测能力不只和神经元的个数有关，还与神经网络的结构和输入数据有关。

Q：在预测共享单车使用量的实验中，为什么要清空梯度？
A：如果不清空梯度，backward()函数是会累加梯度的。我们在进行一次训练后，就立即进行梯度反传，所以不需要系统累加梯度。不清空梯度有可能导致模型无法收敛。

Q：对于神经网络来说，也可以逼近非收敛函数吗？

A：在一定的闭区间里是可以的。因为在闭区间里，一个函数不可能无穷发散，总会有一个界限，那么就可以使用神经网络模型进行逼近。对于一个无穷的区间来说，神经网络模型就不行了，因为它用于拟合的神经元数量是有限的。

Q：在预测共享单车的例子中，模型对圣诞节期间的单车使用量预测得不够准确。是不是可以通过增加训练数据的方法提高神经网络预测的准确性？

A：这种做法是可行的。如果使用更多的包含圣诞期间单车使用情况的训练数据训练模型，那么模型对圣诞节期间单车使用情况的预测会更加准确。

Q：既然预测共享单车使用量的模型可以被解析和剖析，那么是不是每个神经网络都可以这样剖析？

A：这个不一定。因为预测共享单车使用量的模型结构比较简单，隐藏神经元只有 10 个。当网络模型中神经元的个数较多或者有多层神经元的时候，神经网络模型的某个"决策"会难以归因到单个神经元里。这时就难以用"剖析"的方式来分析神经网络模型了。

Q：在训练神经网络模型的时候，讲到了"训练集/测试集=k"，那么比例 k 是多少才合理，k 对预测的收敛速度和误差有影响吗？

A：在数据量比较少的情况下，我们一般按照 10 : 1 的比例来选择测试集；而在数据量比较大的情况下，比如数据有十万条以上，就不一定必须按照比例来划分训练集和测试集了。

## 第 4 章

机器也懂感情——中文情绪分类器

在第 3 章中我们介绍了如何训练一个人工神经网络来预测共享单车使用量。本章将重点介绍如何利用人工神经网络进行分类。

同样，我们将结合一个具体的问题来讲解，这就是如何识别一段文字中的情绪，从而判断这句话是称赞还是抱怨。例如以下两句话。

❑ 老顾客了，东西还是一如既往地好，货真价实的日货尾单，性价比高。

❑ 一星都不想给，当时把包装袋随手扔了，现在想退货，不知道还能不能退得了。

这两句话是某购物平台上客户对店家的评语。很显然，第一句充满了溢美之词，而第二句则充满了抱怨和诟病。作为一个懂中文的人，你一眼就能识别出句子中蕴含的情绪，但是机器能做到这一点吗？

你可能会非常困惑，为什么要教会机器识别一段文字中的情绪呢？这是因为机器一旦学会，就可以帮我们做很多事情。例如，如果机器可以根据一只股票的关键词以及网络上包含这些关键词的句子所蕴含的情绪自动判断这只股票的走势，我们就可以让机器快速进行股票的买卖。

据说，这种自动交易软件会导致大盘走势忽起忽落。下面我们看一个典型事件。

2013 年 4 月 23 日 13 点 07 分，一名黑客用美国副总统的 Twitter 账号发文称"白宫遭袭，奥巴马受伤"。监控舆情的人工智能算法开始狂卖股票，导致道琼斯指数在 60 秒内狂跌 150 点，相当于损失了 1360 亿美元。13 点 10 分，副总统辟谣，算法开始反向操作；13 点 13 分，道琼斯指数又回来了。

事实上，这种文本自动识别的应用场景还有很多。运用这类技术，不仅可以识别语言中的情绪，而且可以对文本进行分类。比如，新闻分类、社交网络分析、广告精准投放等都是文本分类的应用领域。

本章我们将根据文本的词袋模型来对文本进行建模，然后利用一个神经网络来对文本进行分类。我们将使用从京东商城的大量商品评论中抓取的文本及分类标签来训练神经网络。最后，我们将分析这个神经网络，探究其分类原理，以及偶尔出错的原因。

4.1　神经网络分类器

首先，我们来学习用神经网络进行分类的一般方法。这是后续工作的重要基础。

那么，什么是分类问题呢？我们先看一个小例子。假设我们有一个关于病人基本信息及其是否患有恶性肿瘤的数据库，如表 4.1 所示。

表 4.1　病人信息数据库

年龄（岁）	肿瘤尺寸（厘米）	恶性/良性	类别的独热编码
40	1.4	0	1 0
58	2.0	1	0 1
43	1.0	1	0 1
24	0.5	0	1 0
64	0.2	0	1 0
35	2.5	1	0 1
70	1.5	?	?

表 4.1 中给出了若干病人年龄、肿瘤尺寸以及是否是恶性的诊断数据。此时，假如一个新的病人做了肿瘤检测，他的数据是：70 岁，肿瘤尺寸是 1.5 厘米。那么这个病人的肿瘤是否为恶性？人工智能能否帮助我们回答这个问题？

在这个例子中，年龄和肿瘤尺寸都是特征变量，而是否为恶性肿瘤就是我们关心的目标变量，只不过这种目标变量并不是连续取值的，而是在 0 和 1 这两个数值中取值，这种数据也叫标签。神经网络要学习的是从特征变量到目标变量之间的映射，在学到之后，我们就可以在测试数据中根据特征预测数据的标签了。

4.1.1　如何用神经网络做分类

像处理预测问题那样，我们搭建一个人工神经网络来进行分类，其中输入神经元对应特征变量的数量，输出神经元的数量一般要和目标类别数一致。比如，在前面肿瘤预测的例子中，我们要将结果分为两类，那么输出神经元的个数就是 2，第一个神经元对应第一个类别，第二个神经元对应第二个类别。

与预测神经网络的输出层不同，分类神经网络的输出层虽然也是一个实数，但它的取值范围是 (0,1) 区间中的一个实数，而且要求输出单元的所有输出值之和为 1。我们要从所有的输出中选择一个数值最大的进行输出，它所对应的神经元编号就是神经网络给出的最后类别。

为什么要让所有输出值之和为 1 呢？这是因为神经网络给出的判断必须是若干类别中的一个，而这些类别是互斥的，也就是说，如果给出的分类是 1，就不能再给出分类是 2。

比如，针对示例中的肿瘤分类问题，我们可以构造一个包含 2 个输入单元、3 个隐含单元、2 个输出单元的神经网络，如图 4.1 所示。输出单元的输出可以是 0.1 和 0.9，也可以是 0.8 和 0.2，但要让它们的和为 1。假如输出是 0.8 和 0.2，那么神经网络给出的类别判断就是 0，即"恶性"。

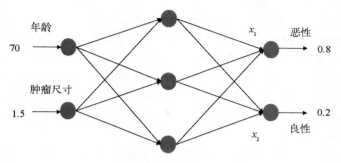

图 4.1　简单的分类神经网络

很显然，我们无法通过 sigmoid 函数完成输出单元的计算，因为 sigmoid 不能保证输出的两个神经元数值之和为 1。那么，应该选取什么函数来实现这种计算呢？这就是神经网络中经常用到的 softmax 函数（归一化指数函数），它的表达式是：

$$y_i = \frac{e^{x_i}}{\sum_{i=1}^{n} e^{x_i}}$$

假如输出单元的输入是 $x = [[x_1, x_2]]$，那么通过如下 PyTorch 语句就可以完成 softmax 函数。首先，导入 torch 包：

```
import torch
```

下面实现 softmax 运算：

```
torch.nn.functional.softmax(x, dim=1)
```

softmax 函数的数学表达式和当 $x_2=0$ 以及 $x_1=0$ 时的函数图像如图 4.2 所示。

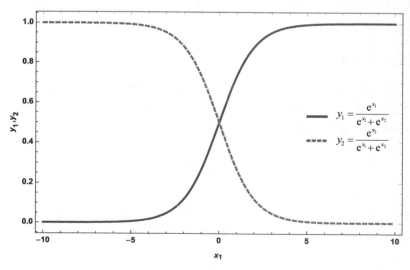

图 4.2　softmax 函数示意图（$x_2=0$）

可见当输出单元为 2 个的时候，softmax 函数是两条曲线。横坐标为 x_1，纵坐标为 y_1，y_2，分别表示第一个和第二个神经元的输出值。其中第一（二）个输出单元的输入值 x_1（x_2）从 [−10, 10] 中取值，而第二（一）个输出单元的输入值 x_2（x_1）始终等于 0。

我们看到，softmax 函数的输出函数图像与上一章介绍的 sigmoid 函数非常相似，因此 softmax 函数也起到了非线性映射的作用。同时，由于 softmax 函数包含了指数函数 exp，所以它的输出值必然大于 0；又因为 softmax 函数的每一项都要除以一个归一化因子，所以这种形式自然保证了输出值之和必然等于 1。

接下来，便可以按照输出值最大元素来做分类预测了，只需要使用如下语句便可以完成：

```
y = torch.nn.functional.softmax(x, dim=1)
c = torch.max(y, 0)[1]
```

c 对应了类别的编号。另外值得一提的是，由于 softmax 函数的输出始终位于 [0, 1] 区间，而且所有项之和等于 1，所以，我们通常可以将 softmax 的输出数值解释为概率。也就是说，输出 y_i 可以解释为神经网络"认为"当前样本被归为第 i 类的概率。

既然 softmax 的输出可以解释为概率，那么当神经网络在判别一个输入样本的时候，也可以依据概率来进行分类。也就是说，当给分类网络输入同样的数据时，网络给出的类别可以是随机的，它可以以 y_0 的概率输出 0 类别，以 y_1 的概率输出 1 类别，以此类推。这一点在后面要讲的序列生成任务中会特别有用。运用以下 PyTorch 语句，就可以非常方便地完成类别的随机输出：

```
y = torch.nn.functional.softmax(x, dim=1)
c = torch.multinomial(y,1)
```

torch.multinomial(y,1) 的作用是以 y_i 为概率输出类别编号，而且，对于同样的 x，每次运行得到的 c 都不一样。因此，multinomial 的作用就相当于一次依概率分布 y 的采样，第二个参数 1 表示我们需要的采样个数为 1。

4.1.2　分类问题的损失函数

搞清楚了分类神经网络的前馈运算过程，下面我们来看看它的反馈运算过程，也就是如何对分类网络进行训练。而这个问题的关键就是如何对分类网络定义损失函数。对于分类问题，我们通常采用交叉熵形式的损失函数：

$$L = -\sum_{i=1}^{N} \log y_{c_i}\ ^{[1]}$$

这里的求和是对所有的训练样本进行的，N 为训练样本数量。如果训练样本是分批的，那么 N 就是批的大小，求和号中的每一项就是样本 i 的损失值，c_i 是样本 i 的类别标签。所以，如果训练数据 i 的分类为恶性肿瘤，那么 c_i 就等于 0，y_{c_i} 就是神经网络第 c_i 个输出单元的输出值。

---

[1] 本书中对数的底数默认为自然常数 e。

为什么这样的损失函数是合理的呢？假如第一个病人的肿瘤是恶性的，那么根据损失函数的定义，我们只需要关心网络的第一个输出值 y_1 就可以了，值越大，该样本的损失就会越小。在极端条件下，网络的输出就应该是(0, 1)，也就是让 y_1 在这个样本上达到最大值。

从理论上来说，每一个样本上的损失函数值 $-\log y_{c_i}$ 衡量的是神经网络输出的概率分布（ $y_0, y_1, \cdots$ ）与标准答案的类别数的独热编码（表 4.1 最后一列也可以看作一个概率分布）这两个分布之间的差异程度，它在信息论中叫作交叉熵。

在 PyTorch 中，只需要输入：

```
func = torch.nn.LogSoftmax(dim=1)
y = func(x)
L = torch.nn.NLLLoss()
loss = L(y, z)
```

就可以计算出在预测输出 y 和目标标签 z 上的损失函数值了，它被存储在 loss 中。接下来，只需要调用 loss.backward()就可以完成反向传播算法的计算。

这里的 x 是一个尺寸为(N, c)的张量，它是 softmax 层的输入，N 为批的大小，c 为类别总数；y 也是尺寸为(N, c)的张量，是 softmax 层的输出；z 为目标变量的数据（也就是表 4.1 中最后一列的全体数据），它是一个长度为 N 的一维张量（向量）；而 loss 是一个数（标量），即这批样本的损失函数值。

在这几行代码中，我们首先调用 torch.nn.LogSoftmax()定义了一个抽象的函数 func（它相当于一个函数指针），然后把它应用到 x 上，得到神经网络最后的输出 y；接着调用 torch.nn.NLLLoss()定义了损失函数 L；最后，将 y 和 z 输入到 L 中，就能完成损失函数的计算。

需要指出的是，我们在第 1 行使用的是 LogSoftmax 函数，并非 softmax 函数，也就是 func 完成了 log(softmax(x))的计算；相应地，L 函数的计算也并非按照损失函数的定义式，而是完成了-y[z]的计算，并没有取对数。综合这两点来看，PyTorch 故意将对数运算前置到了 softmax 函数中，这可能是出于计算效率的考虑。

目前为止，我们对如何用神经网络完成分类问题、如何用 PyTorch 来实现，以及可能遇到的问题分别进行了详细的讲述。相比预测问题而言，分类问题有如下特点：

❏ 输出单元数为类别数；
❏ 每个输出单元的输出值为一个(0, 1)区间中的数，而且它们加起来等于 1；
❏ 最后一层计算为 softmax 函数；
❏ 最终的输出类别为使得输出值最大的类别，或者根据输出值概率大小随机选取输出类别；
❏ 采用了交叉熵这个特殊的损失函数形式。

其他方面则与预测问题没有区别。

4.2　词袋模型分类器

在了解了使用人工神经网络解决分类问题的基本原理和方法之后，我们就可以着手解决情绪分类器的问题了。

　　然而，当我们考虑如何用神经网络处理输入的文本数据的时候，就会发现一个大问题：输入的文本为不等长的符号序列，而神经网络的输入层通常具有固定的单元数，应该如何把不等长的文本输入到神经网络中呢？

　　其实这个问题等价于如何将一个不等长的符号序列向量化。一个比较容易想到的方法是利用上一章讲过的独热编码的方式将每一个字（或词）都进行向量化，然后再把所有字（词）的向量拼接起来输入神经网络。同时，为了能够应付所有的句子，我们可以用最长句的长度与字（词）编码长度的乘积作为输入神经元的数量。然而，这种做法非常浪费空间，因为只要一出现很长的句子，就要浪费很多神经元。更何况，假如字（词）数量很多，我们也需要很多的空间来存储。

　　有没有更好的方法呢？

4.2.1　词袋模型简介

　　词袋（bag of words）模型是一种简单而有效的对文本进行向量化表示的方法。早在 1954 年，美国著名语言学家泽里格·哈里斯（Zellig Harris）就提出了这个模型。

　　简单来讲，词袋模型就是将一句话中的所有单词都放进一个袋子（单词表）里，而忽略语法、语义，甚至单词之间的顺序等信息。我们只关心每一个单词的数量，然后根据数量建立对句子进行表征的向量。

　　这样说可能比较抽象，下面我们用一个例子来看一下词袋模型的建立方法。

　　假设我们的语料库有如下两个句子：

我 爱 北京 天安门
每个 人 都有 一个 爱 的 人

　　这里我们使用空格将不同的单词分开了。那么，针对任意一句话，我们如何快速分离出不同的单词呢？目前有很多非常方便的分词工具，只要输入一段中文文本，分词工具就会自动返回分词的结果，因此我们可以不关心分词的问题。于是，使用分词工具，我们可以得到每一个句子的词袋。

{我, 爱, 北京, 天安门}
{每个, 人, 都有, 一个, 爱, 的, 人}

　　由于我们不关心这些单词在句子中出现的顺序，只关心它们在句子中出现的个数，于是，统计可得：

{我：1, 爱：1, 北京：1, 天安门：1}
{每个：1, 人：2, 都有：1, 一个：1, 爱：1, 的：1}

　　这里每个单词后面的数字表示该词在当前句子出现的次数。注意，"人"在第二个句子中出现了两次，因此对应个数为 2。于是，我们得到了两组数字：

(1, 1, 1, 1)

(1, 2, 1, 1, 1, 1)

那么，能不能用这两组数字作为对句子的向量表示呢？答案是"不能"，因为每个句子的单词并没有按照顺序排列，而且向量的长度也不一致。所以，我们还需要通过建立单词表来向量化句子。

首先，把两个句子中所有出现过的单词组成一个集合：

{我, 爱, 北京, 天安门, 每个, 人, 都有, 一个, 的}

这是一个包含 9 个单词的单词表，并且每个单词都不重复，它构成了我们向量化的参考。

然后，根据这个单词表，按顺序统计出每一个单词在每一个句子中出现的次数，构成一个向量，如表 4.2 所示。

表 4.2　每个句子的向量表示

所 有 词	我	爱	北京	天安门	每个	人	都有	一个	的
我爱北京天安门	1	1	1	1	0	0	0	0	0
每个人都有一个爱的人	0	1	0	0	1	2	1	1	1

这样一来，这两个句子的向量表示就具有了相同的长度，也就很容易让神经网络来处理了。例如，当单词表中的单词数量是 9 的时候，神经网络输入单元的数量就是 9，便可以用神经网络来处理每一句话。为了让计算更精确，我们还可以将每个向量都归一化，如表 4.3 所示。

表 4.3　向量归一化

所 有 词	我	爱	北京	天安门	每个	人	都有	一个	的
我爱北京天安门	1/4	1/4	1/4	1/4	0	0	0	0	0
每个人都有一个爱的人	0	1/7	0	0	1/7	2/7	1/7	1/7	1/7

也就是让每个数字除以这个句子的单词总数，就得到了(0, 1)区间中的数，并且每个句子向量的数值加起来都为 1。这样归一化后的句子向量会让神经网络的训练更快，因为数字的范围是统一的。

4.2.2　搭建简单文本分类器

我们已经了解了如何使用词袋模型将一个文本进行向量化表征，接下来就通过一个前馈神经网络来进行分类。

以京东商城为例，我们首先下载大量客户评价的语料（这些语料可以从本书 GitHub 页面的 04_Text_classification 文件夹中下载）。接下来，对这些语料进行预处理（去除标点符号、分词），从而构建出一个拥有 7133 个单词的单词表；然后，通过上述方法将每一条评价都向量化为 7133 维的向量。

我们构建的简单神经网络分类器是一个 3 层的神经网络，第一层由 7133 个输入节点构成，中间层由 10 个节点构成，最后一层由两个节点的输出构成，这可以帮助我们判断评论中的情绪。文本情绪分类神经网络的架构如图 4.3 所示。

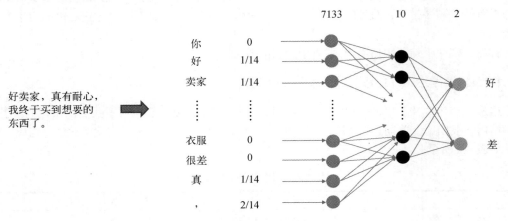

图 4.3   文本情绪分类神经网络结构

那么，为什么使用这样的方法构造出的分类器是合理的呢？我们知道，当判断一个句子是包含正面情绪还是负面情绪的时候，是根据句子中包含的敏感词来做出判断的。例如在下面这句话中：

老顾客了，东西还是一如既往地好，货真价实的日货尾单，性价比高。

我们会看到"好""货真价实""性价比高"等含有褒义的词，所以很容易判断出这句话包含的情绪总体上是正面的。而词袋模型恰恰就是把握住了这一点，它可以对每一个单词进行计数，这样，只要一个句子中出现了大量正面意义的单词，那么最后的分类就为正面，反之亦然。

4.3   程序实现

下面我们就用 PyTorch 来实现这样一个情绪分类器，教会机器识别语言中的情绪。我们使用的数据来自京东商城的商品评论页，图 4.4 是京东某商品评论示例。数据包括两部分，一部分是评论本身，另一部分是对这个评论所打的标签，当用户的评价超过三星的时候，我们就标记这条评论为正，否则为负。该语料数据可以从本书 GitHub 页面的 04_Text_classification 文件夹中下载，正面评价数据存储在 data/good.txt 文件中，负面评价数据存储在 data/bad.txt 文件中。

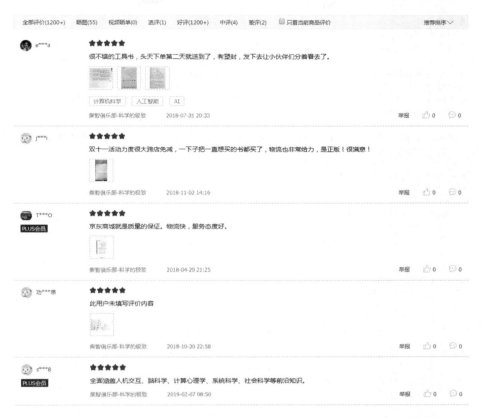

图 4.4 京东商品评论示例

　　程序的实现主要包括数据处理、文本数据向量化、划分数据集和建立神经网络这 4 个步骤，下面我们分别进行介绍。

4.3.1 数据处理

　　在获得了原始数据后，我们就要对数据进行预处理了，这包括 3 个步骤：过滤标点符号、分词和建立单词表。

　　过滤标点符号的操作我们通过 filter_punc()函数完成，它通过调用正则表达式的相应程序包，替换了所有中英文的标点符号。

　　然后，通过调用"结巴"分词包来对原始文本进行分词。我们只需要调用 jieba.lcut(x)就可以将 x 中的字符分成若干个单词，并存储在一个列表中。

　　最后，通过调用 Python 的字典（diction）来建立单词表，其中字典中存储了每个单词作为键（key），一对数字分别表示单词的编号以及单词在整个语料中出现的次数。存储第一个数值的目的是用数字来替换文字，存储第二个数值的目的是方便查看不同单词出现的频率。代码如下：

```
# 数据来源文件
good_file = 'data/good.txt'
bad_file  = 'data/bad.txt'

# 将文本中的标点符号过滤掉
def filter_punc(sentence):
    sentence = re.sub("[\s+\.\!\/_,$%^*(+\"\'""《》?"]+|[+——！，。？、~@#¥%……&*(): ]+", "", sentence)
    return(sentence)

# 扫描所有的文本，分词并建立词典，分出正面还是负面的评论，is_filter 可以过滤标点符号
def Prepare_data(good_file, bad_file, is_filter = True):
    all_words = [] # 存储所有的单词
    pos_sentences = [] # 存储正面评论
    neg_sentences = [] # 存储负面评论
    with open(good_file, 'r', encoding='utf-8') as fr:
        for idx, line in enumerate(fr):
            if is_filter:
                # 过滤标点符号
                line = filter_punc(line)
            # 分词
            words = jieba.lcut(line)
            if len(words) > 0:
                all_words += words
                pos_sentences.append(words)
    print('{0} 包含 {1} 行，{2} 个单词.'.format(good_file, idx+1, len(all_words)))

    count = len(all_words)
    with open(bad_file, 'r', encoding='utf-8') as fr:
        for idx, line in enumerate(fr):
            if is_filter:
                line = filter_punc(line)
                words = jieba.lcut(line)
            if len(words) > 0:
                all_words += words
                neg_sentences.append(words)
    print('{0} 包含 {1} 行，{2} 个单词.'.format(bad_file, idx+1, len(all_words)-count))

    # 建立词典，diction 的每一项为{w:[id，单词出现次数]}
    diction = {}
    cnt = Counter(all_words)
    for word, freq in cnt.items():
        diction[word] = [len(diction), freq]
    print('字典大小：{}'.format(len(diction)))
    return(pos_sentences, neg_sentences, diction)

# 调用 Prepare_data，完成数据处理工作
pos_sentences, neg_sentences, diction = Prepare_data(good_file, bad_file, True)
st = sorted([(v[1], w) for w, v in diction.items()])
```

　　除此之外，我们还编写了两个函数，分别用于快速查找每个单词的编码，以及根据编码获得对应的单词，方便后面查询：

```
# 查找单词的编码
def word2index(word, diction):
```

```
    if word in diction:
        value = diction[word][0]
    else:
        value = -1
    return(value)

# 根据编码获得对应的单词
def index2word(index, diction):
    for w,v in diction.items():
        if v[0] == index:
            return(w)
    return(None)
```

4.3.2 文本数据向量化

现在我们已经获取到了京东的评论数据，并且将评论分为了正样本和负样本，接下来就使用词袋模型将文本数据向量化。我们会通过一个函数 sentence2vec() 来实现。

接下来，我们遍历所有的评论，将其转化为词袋向量。然后，将所有数据分成训练集、校验集和测试集。代码如下：

```
# 输入一个句子和相应的词典，得到这个句子的向量化表示
# 向量的尺寸为词典中单词的个数，向量中位置i的值表示第i个单词在 sentence 中出现的频率
def sentence2vec(sentence, dictionary):
    vector = np.zeros(len(dictionary))
    for l in sentence:
        vector[l] += 1
    return(1.0 * vector / len(sentence))

# 遍历所有句子，将每一个单词映射成编码
dataset = [] # 数据集
labels = [] # 标签
sentences = [] # 原始句子，用于调试
# 处理正面评论
for sentence in pos_sentences:
    new_sentence = []
    for l in sentence:
        if l in diction:
            new_sentence.append(word2index(l, diction))
    dataset.append(sentence2vec(new_sentence, diction))
    labels.append(0) #正标签为 0
    sentences.append(sentence)

# 处理负面评论
for sentence in neg_sentences:
    new_sentence = []
    for l in sentence:
        if l in diction:
            new_sentence.append(word2index(l, diction))
    dataset.append(sentence2vec(new_sentence, diction))
    labels.append(1) # 负标签为 1
    sentences.append(sentence)
```

```
# 打乱所有数据的顺序，形成数据集
# indices 为所有数据下标的排列
indices = np.random.permutation(len(dataset))

# 根据打乱的下标，重新生成数据集 dataset、标签集 labels，以及对应的原始句子 sentences
dataset = [dataset[i] for i in indices]
labels = [labels[i] for i in indices]
sentences = [sentences[i] for i in indices]
```

4.3.3　划分数据集

与上一章不同，这里我们定义了 3 种数据集——训练集、校验集（validation 或 develop）和测试集，如图 4.5 所示。其中训练集占大多数，校验集和测试集占比较少。通常情况下，这 3 种数据集的大小比例大概是 10：1：1。

为什么要多出一个校验集呢？这是为了检验模型是否会产生过拟合现象。过拟合现象，通俗地说，就是指模型过于"死记硬背"，而无法将学到的知识活学活用，举一反三。在神经网络中，这种"死记硬背"就体现为网络可以很好地拟合训练集数据，却无法泛化到测试集。

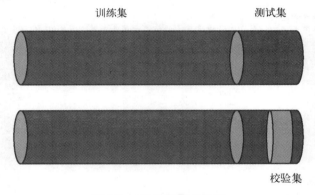

图 4.5　3 种数据集的关系

于是，我们需要减少模型的超参数或者提高数据量，从而提升模型的泛化能力。那么，怎么知道模型调整到什么时候为止呢？这就需要用到校验集了。首先，在训练模型的时候，是不使用校验集的。其次，在一组超参数下，当我们训练好模型之后，可以利用校验集的数据来测试模型的表现，如果误差与训练数据同样低或差不多，就说明模型的泛化能力很强，否则就说明出现了过拟合的现象。

通常用如图 4.6 所示的曲线来监测模型在训练过程中是否发生了过拟合现象。也就是说，在每一个训练周期，我们都对训练集和测试集计算损失函数值或者错误率，并绘制如图 4.6 所示的曲线。当校验集的损失或误差曲线明显高于训练集曲线，甚至还在上升的时候，就说明当前的模型已经过拟合了。我们可以通过改变超参数、增加 dropout 层（后面会介绍）或者增加训练数据等方式来避免过拟合。

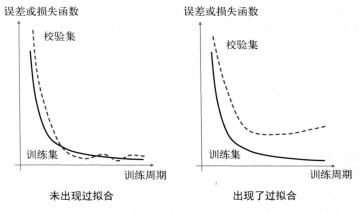

图 4.6 未过拟合与过拟合情况的判断

为什么不能用测试集来调节超参数，而一定要使用校验集呢？这是因为当我们刻意调节超参数，使模型在校验集上有突出表现的时候，可能会导致模型加调试员这个人机系统在训练集加校验集这个整体上过拟合。也就是说，我们不能保证调节超参数后的模型能够很好地泛化到真实世界中。因此，为了验证不存在这种"超过拟合"，我们需要使用测试集这个独立的数据集来检验模型的表现。从原则上讲，是不能用测试集来调节超参数的，否则它就起不到检验的作用了。

因此，综合这 3 种数据集来看，训练集用于训练参数，校验集用于调整网络的超参数，比如网络结构、学习率等，测试集用于测试模型的能力。相应地，如果训练错误率较高，说明发生了欠拟合，我们就得使用更大的模型；如果校验错误率较高，我们就得使用一系列防止过拟合的手段来调整模型超参数。总之，需要根据不同的情况动态调整。

最后，我们来看看划分数据集的代码：

```
# 将整个数据集划分为训练集、校验集和测试集，其中校验集和测试集的大小都是整个数据集的十分之一
test_size = int(len(dataset)//10)
train_data = dataset[2 * test_size :]
train_label = labels[2 * test_size :]

valid_data = dataset[: test_size]
valid_label = labels[: test_size]

test_data = dataset[test_size : 2 * test_size]
test_label = labels[test_size : 2 * test_size]
```

4.3.4 建立神经网络

前面我们将文本数据进行了向量化，并且对数据集进行了划分。现在终于可以开始搭建神经网络了。它包括一个输入层（7133 个单元）、一个隐含层（10 个单元），以及一个输出层（2个单元），代码如下所示：

```
# 一个简单的前馈神经网络，共 3 层
# 第一层为线性层，加一个非线性 ReLU，第二层为线性层，中间有 10 个隐含神经元

# 输入维度为词典的大小：每一条评论的词袋模型
model = nn.Sequential(
    nn.Linear(len(diction), 10),
    nn.ReLU(),
    nn.Linear(10, 2),
    nn.LogSoftmax(dim=1),
)
```

接下来，我们定义一个计算分类准确率的函数。输入模型预测张量和正确的标签张量，输出模型判断正确的次数和标签张量中的数据量：

```
# 自定义的计算一组数据分类准确率的函数
# predictions 为模型给出的预测结果，labels 为数据中的标签。比较二者以确定整个神经网络当前的表现
def rightness(predictions, labels):
    '''计算预测错误率的函数，其中 predictions 是模型给出的一组预测结果，batch_size 行 num_classes 列的
矩阵，labels 是数据中的正确答案'''
    # 对任意一行（一个样本）的输出值的第 1 个维度求最大，得到每一行最大元素的下标
    pred = torch.max(predictions.data, 1)[1]
    # 将下标与 labels 中包含的类别进行比较，得到正确标签的数量
    rights = pred.eq(labels.data.view_as(pred)).sum()
    return rights, len(labels) # 返回正确的数量和这一次一共比较了多少元素
```

在这里，我们仍然利用 PyTorch 自带的 Sequential 命令来建立多层前馈神经网络。其中，Sequential 中的每一个部件都是 PyTorch 的 nn.Module 模块继承而来的对象。

值得注意的是，这里的激活函数用的是 ReLU 函数。它的函数图像和表达式如图 4.7 所示。

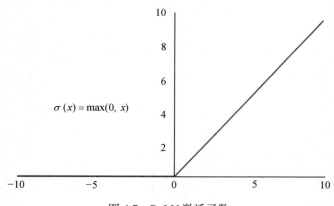

图 4.7　ReLU 激活函数

可以看到，这个函数在输入大于 0 的时候完全是一个恒等函数，相当于没有完成任何计算，因此，与传统的 sigmoid 函数相比，它具有计算快、方便反向误差传播等优良特征。同时，由于它在 0 的位置分成了两个不连续的部分，因此它具备与 sigmoid 函数同样的非线性特征。该函数特别适合用在深度的前馈神经网络中，计算效果比 sigmoid 函数好得多。

建立好神经网络之后，我们就可以进行训练了。首先定义损失函数 cost 和优化器 optimizer，然后开始训练循环。这里训练部分的代码与上一章预测神经网络的训练部分的代码没有太大的区别：

```python
# 损失函数为交叉熵
cost = torch.nn.NLLLoss()
# 优化算法为 SGD，可以自动调节学习率
optimizer = torch.optim.SGD(model.parameters(), lr = 0.01)
records = []

# 循环 10 个 epoch
losses = []
for epoch in range(10):
    for i, data in enumerate(zip(train_data, train_label)):
        x, y = data

        # 将输入的数据进行适当的变形，使得增加一个维度，作为 batch_size
        x = torch.tensor(x,requires_grad = True, dtype = torch.float).view(1,-1)
        # x 的尺寸：(1, len_dictionary)
        # 标签也需要增加一个维度，作为 batch_size
        y = torch.tensor(np.array([y]), dtype = torch.long)
        # y 的尺寸：(1,1)

        # 清空梯度
        optimizer.zero_grad()
        # 模型预测
        predict = model(x)
        # 计算损失函数
        loss = cost(predict, y)
        # 将损失函数数值加入列表中
        losses.append(loss.data.numpy())
        # 开始进行梯度反传
        loss.backward()
        # 开始对参数进行一步优化
        optimizer.step()

        # 每隔 3000 步运行一次校验集的数据，输出临时结果
        if i % 3000 == 0:
            val_losses = []
            rights = []
            # 在所有校验集上进行实验
            for j, val in enumerate(zip(valid_data, valid_label)):
                x, y = val
                x = torch.tensor(x, requires_grad = True, dtype = torch.float).view(1,-1)
                y = torch.tensor(np.array([y]), dtype = torch.long)
                predict = model(x)
                # 调用 rightness 函数计算准确率
                right = rightness(predict, y)
                rights.append(right)
                loss = cost(predict, y)
                val_losses.append(loss.data.numpy())
```

```
# 计算校验集上的平均准确率
right_ratio = 1.0 * np.sum([i[0] for i in rights]) / np.sum([i[1] for i in rights])
print('第{}轮，训练损失：{:.2f}，校验损失：{:.2f}，校验准确率：{:.2f}'.format(epoch,
    np.mean(losses), np.mean(val_losses), right_ratio))

records.append([np.mean(losses), np.mean(val_losses), right_ratio])
```

4.4　运行结果

接下来，我们看一下运行结果。首先，绘制损失函数和准确率的曲线，如图 4.8 所示。

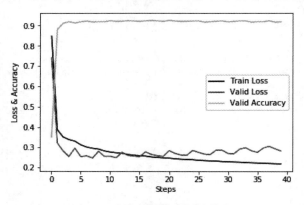

图 4.8　文本情绪分类训练曲线

我们看到，随着训练周期的增加，训练数据和校验数据的损失函数曲线都在快速下降，在大概第 15 个周期的时候，训练数据的损失函数已经低于校验数据的损失函数了。这说明 15 步训练已经足以把模型训练好了，更多的训练可能会导致神经网络产生一定程度的过拟合。除此之外，校验数据上的分类准确率也在快速提高，达到了 92% 的水平。

进一步，通过下面的代码，我们可以看到模型在测试数据上的结果：

```
# 在测试集上分批运行，并计算总的准确率
vals = [] # 记录准确率所用列表

# 对测试集进行循环
for data, target in zip(test_data, test_label):
    data, target =torch.tensor(data, dtype = torch.float).view(1,-1), torch.tensor(np.array([target]),
                                                                    dtype = torch.long)
    output = model(data) # 将特征数据输入网络，得到分类的输出
    val = rightness(output, target) # 获得正确样本数以及总样本数
    vals.append(val) # 记录结果

# 计算准确率
rights = (sum([tup[0] for tup in vals]), sum([tup[1] for tup in vals]))
right_rate = 1.0 * rights[0].data.numpy()  / rights[1]
```

计算输出的分类准确率达到 90%。至此，我们训练好了一个分类神经网络，可以比较准确地

识别京东商品评论所含情绪。

当然，这仅能说明我们的神经网络针对网上购物评论效果很好，它不一定能够判断出一般的自然语言中的情绪。这是因为神经网络的工作严重依赖于训练数据。如果换一组不同风格的新数据，它的准确率就会有所下降。

4.5　剖析神经网络

尽管模型在测试集上的分类准确率已经高达 90%，但是毕竟没有达到百分之百。那么，究竟是什么原因造成了少数样本分类错误呢？

接下来，我们像上一章那样详细剖析这个训练好的神经网络。首先，通过下列代码查看模型有哪些参数：

```
# 打印出神经网络的架构，方便后续访问
model.named_parameters
```

得到的返回值为：

```
<bound method Module.named_parameters of Sequential (
    (0): Linear (7133 -> 10)
    (1): ReLU ()
    (2): Linear (10 -> 2)
    (3): LogSoftmax ()
)>
```

可以看到神经网络各层的计算单元。值得注意的是，这里的层和神经网络的神经元层并不一致。这里返回的是计算图上的各个计算节点，它将每一个神经元层拆成了线性运算（Linear）和非线性运算（例如 ReLU 和 LogSoftmax）两部分。在各个运算前面都有一个数字，我们可以用这些数字 i 和语句 model[i] 来访问训练好的神经网络权重值。

那么，我们把隐含层节点到输出层节点的各个权重显示出来：

```
# 绘制第二个全连接层的权重大小
# model[2]即提取第 2 层
# 网络一共有 4 层，第 0 层为线性神经元，第 1 层为 ReLU，第 2 层为第二层神经元连接，第 3 层为 LogSoftmax
plt.figure(figsize = (10, 7))
for i in range(model[2].weight.size()[0]):
    if i == 1:
        weights = model[2].weight[i].data.numpy()
        plt.plot(weights, 'o-', label = i)
        plt.legend()
        plt.xlabel('Neuron in Hidden Layer')
        plt.ylabel('Weights')
```

绘制的曲线如图 4.9 所示。

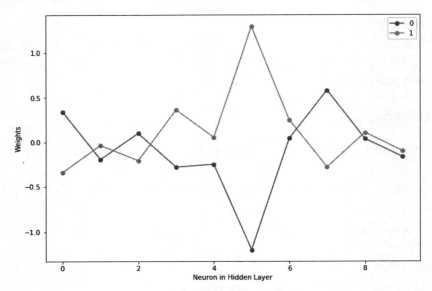

图 4.9　隐含层到输出层两个节点的连边权重

　　图 4.9 中横坐标为隐含层 10 个单元的编号, 纵坐标为神经网络训练好的权重值, 两条曲线分别对应第 1 个和第 2 个输出神经元。我们看到, 这两条曲线呈现出相反的波动模式, 这说明两类是互补的。另外, 有些神经元 (例如第 5 个) 的权重值非常大 (或者非常小), 这说明该神经元对于输出的决策起到了至关重要的作用。

　　我们当然也可以打印出从输入层到隐含层的各个权重, 但由于曲线过多, 会无法看清楚。由于我们采用的词袋模型的特点是每一个输入神经元都对应一个单词, 因此我们希望将每一个隐含神经元所对应的最大权重和最小权重 (有可能为负值) 所对应的单词打印出来。代码如下所示:

```
# 对于第二层各个神经元与输入层的连接权重, 挑出最大权重和最小权重, 考察并打印每一个权重所对应的单词
# model[0]是取出第一层的神经元

for i in range(len(model[0].weight)):
    print('\n')
    print('第{}个神经元'.format(i))
    print('max:')
    st = sorted([(w,i) for i,w in enumerate(model[0].weight[i].data.numpy())])
    for i in range(1, 20):
        word = index2word(st[-i][1],diction)
        print(word)
    print('min:')
    for i in range(20):
        word = index2word(st[i][1],diction)
        print(word)
```

部分运行结果如下所示:

第 0 个神经元:

权重最大的词: 耐心, nbsp, 划算, 上档次, quot, 期望值, 掌柜的, 完全一致, 棒棒, 棒, 我用, 亲身经历,

款，仔细，试，超值，惊喜，亲身

权重最小（负）的词：垃圾，上当，差劲，不好，不如，很差，一句，明明，发错，烂，差，痒，地摊货，骗人，好差，难看，烂货，申请，千万别，千万

第 1 个神经元：

权重最大的词：表面，象，回事，看不清，多洗，品，变长，丰满，绵，好玩，有味，挺准，41，粘胶，感激涕零，第二次，款项，公

权重最小（负）的词：这件，还，不错，忘记，掂量，下雨，公民，1500，品质，ing，以，分袖，太希刚，第一次，懒，保养，顶多，不论，理由，东西

第 5 个神经元：

权重最大的词：严重，地摊货，很差，不如，丢，玩意，差差，找，却，千万，不了，发错，差劲，差评，要死，明明，退款，好差，假货

权重最小（负）的词：完全一致，不错，物有所值，挺，力，棒，物超所值，谢谢，购，精细，一家，号准，继续，广西南宁，没得说，挺不错，还会来，正合适，惊喜，试穿

由此可见，对于第 0 个神经元来说，当输入文本中充斥着大量的褒义词（例如"棒""惊喜"等）时，它就会更容易被激活；而当输入文本中充斥着诸如"好差""难看"等贬义词的时候，它就会被抑制，所以，第 0 个神经元正在监测输入文本中好和差的评语。再来看第 1 个神经元，它的权重最大词和最小词没有特别明显的特征，因此它比较中性。结合图 4.10 来看，第 0 个神经元比第 1 个神经元起到了更重要的作用，而且更有效。根据图 4.10 我们知道，第 5 个神经元对于最后的输出起到了最重要的作用，而这个神经元给负面词如"差劲""假货"等赋予了较大的权重，而给"不错""棒""物超所值"等正面词赋予了较小的权重，因此该神经元也在区分正面或负面的评价。

有了这些准备工作和认识之后，我们就可以把测试集中判断错误的句子都挑出来，代码如下：

```
# 收集在测试集中判断错误的句子
wrong_sentences = []
targets = []
j = 0
sent_indices = []
for data, target in zip(test_data, test_label):
    predictions = model(torch.tensor(data, dtype = torch.float).view(1,-1))
    pred = torch.max(predictions.data, 1)[1]
    target = torch.tensor(np.array([target]), dtype = torch.long).view_as(pred)
    rights = pred.eq(target)
    indices = np.where(rights.numpy() == 0)[0]
    for i in indices:
        wrong_sentences.append(data)
        targets.append(target[i])
        sent_indices.append(test_size + j + i)
    j += len(target)
```

这样，判断错误的句子就全部存到了 sent_indices 中。可以使用如下代码把它们打印出来：

```
# 逐个查看判断出错的句子是什么
idx = 1
print(sentences[sent_indices[idx]], targets[idx].numpy())
lst = list(np.where(wrong_sentences[idx]>0)[0])
mm = list(map(lambda x:index2word(x, diction), lst))
print(mm)
```

我们只需要变换上述代码中的 idx 数值，就可以打印输出不同句子的所有词及其对应的标签。

那么，针对每一个输入数据，被激活的隐含神经元有哪些呢？可以使用如下代码获得：

```
# 观察第一层的权重与输入向量的内积结果，也就是对隐含神经元的输入
# 最大数值对应的项就是被激活的神经元，负值最小的神经元就是被抑制的神经元
model[0].weight.data.numpy().dot(wrong_sentences[idx].reshape(-1, 1))
```

这段代码会打印一串数字，对应每个隐含神经元在当前输入数据下的激活状态。数字较大（负）的项就对应了第几个隐含神经元被激活（抑制）。比如输入的句子是："好好甘嗑炸年糕，年糕。"这句话基本上是一个比较正面的评价。将这个句子带入之前的代码，输出的权重就是：

```
array([[ 1.18946460e+00],
       [-4.83022380e-03],
       [ 4.84001041e-03],
       [ 2.49631095e-01],
       [ 3.68549518e-04],
       [ 3.90755272e-01],
       [-1.39899657e-03],
       [ 7.90470704e-01],
       [-4.40390320e-03],
       [-5.58433810e-03]])
```

由此可见，第 0 个神经元的数值最大，而我们通过之前的分析也已经知道，第 0 个神经元基本就是在监测正面的词，所以，该输入数据应能被归类为好评。所以，程序符合我们的判断。

我们采用这样的方法对大量分类错误的句子进行了分析，总结出了几种出错的原因，如表 4.4 所示。

表 4.4　分类错误原因分析

错误类型	例　子	原　　因
数据标注错误	一分钱，一分货，穿着也舒服，大小合身……	原始数据的标注出错（我们检查发现测试集中有不少判断错误的句子是因为原始标签出错）
稀少或无意义的词	asdasdas，甘嗑炸	当这些词单独出现在输入文本中时，很难判别其意义
神经网络出错	不合适穿，给人了；物流太不给力了	通过分析发现神经网络分配给一些无关词的权重过高，如第一句中的"给""人"和第二句中的"了"权重过高
词语前后相关性	面料不是很好，样式还可以	这是一个贬义的句子，神经网络却给"好""可以"分配了较高权重。但其实"很好"前面有"不是"，"可以"前面有"还"，这些都使句子含义发生了一定变化

由此看来，我们的词袋模型出错可能包含多种原因，必须要具体问题具体分析，其中最后一种原因是词袋模型的致命弱点。词袋模型由于打乱了输入词之间的前后顺序，因此无法理解句子中前后相关的词语。不过，我们后面可以通过第 10 章讲到的 RNN 模型加以改进。

4.6 小结

本章我们构建了一个能够识别京东商品评论所含情绪的分类神经网络模型。通过将输入的文字转化为词袋向量，我们就可以用一个普通的前馈神经网络来对文本进行分类。

在解决这个问题的过程中，我们首先介绍了如何利用人工神经网络来解决分类问题，然后介绍了词袋模型及其便利性。在数据处理部分，我们介绍了对数据集进行详细划分的重要性，即不仅要有测试集，还要有校验集，而且校验集是调节超参数、判断是否过拟合的重要标准。在程序实现部分，我们通过剖析训练好的神经网络，进一步理解了神经网络分类器的工作原理，并分析了导致错误的几种原因。

其实，我们可以利用更好用的技术（例如 RNN 和 LSTM）来完成这一文本分类任务，不过本章所介绍的都是必须掌握的基础内容，是后续学习的重要基石。等我们打牢基础之后，再学习更多强大的深度学习技术吧。

4.7 Q&A

Q：词袋模型有什么劣势吗？

A：词袋模型最明显的劣势就是相关性很差，无法准确地表征词与词之间的关系。

Q：在处理语料数据的时候，如何选择性地丢弃一些无意义的单词？

A：可以建立一个类似于"Stop Word"的列表，遇到列表中的单词就直接抛弃。还有一种方法是参考"TF-IDF"指标，这个指标可以衡量某个单词的重要程度。有时候我们可以根据这个指标来判断是否抛弃某个单词。

Q：对于训练集、校验集和测试集的数据比例，在设置上有没有一些基本经验？对训练测试精度有什么样的影响？

A：在数据集数据量小于 1 万的情况下，我们通常只区分训练集和测试集；在数据集数据量大于 1 万的情况下，通常给测试集和校验集各分配总数据集十分之一的数据。在数据集数据量非常大的情况下，比如大于 10 万，就不需要严格按照上面的比例来划分数据集了。

## 第 5 章

手写数字识别——
认识卷积神经网络

5

当我们熟悉了神经网络如何解决预测与分类问题这些基础知识以后，便可以开始学习第一个真正意义上的深度网络了，这就是卷积神经网络（convolutional neural network，CNN）。

深度学习让计算机视觉有了长足的进步，计算机不仅在人脸识别、物体识别、图像分割等任务上达到了媲美人类的准确度，甚至可以做到一些深层次的图像理解，例如数出一张图像中狗的个数、针对图像进行问答等。而这都得益于深度卷积神经网络的发展。

早在 20 世纪 50 年代，大卫·休伯尔（David Hunter Hubel）和托斯坦·维厄瑟尔（Torsten Wiesel）等人通过研究猫与猴子的视觉皮层，对视觉系统有了全新的认识，提炼出感受野（receptive field）、视觉域（visual field）等概念，这为卷积神经网络的出现奠定了基础。20 世纪 80 年代，日本学者福岛邦彦（Kunihiko Fukushima）等人仿照休伯尔等人发现的视觉结构，构建了一个多层次的人工神经网络模型 Neocognitron。第一个卷积神经网络的出现则是在 1998 年，杨立昆（Yann LeCun）设计了一个 7 层的卷积神经网络 LeNet，应用于监测支票上的手写数字识别，并成功申请了专利。然而，之后卷积神经网络却长期被学术界冷落，直到 2012 年在 ImageNet 比赛中大获全胜，才一炮而红。接着，学术界提出了越来越深的卷积神经网络，从 AlexNet、VGG，到 ResNet、Inception 等，使得图像分类任务的准确度不断飙升，促成了深度学习革命的大爆发。

以卷积神经网络作为基础架构，我们不仅可以解决图像分类这样的传统问题，而且可以让计算机对图像进行一定程度的理解，这极大地推动了人工智能的发展。比如图像的语义分割（semantic segmentation），目的是确定一张图片中的不同实体，再划分不同实体之间的边界，并给各个实体加以标注。一些有趣的应用还可以让机器看图说话（image captioning）——通过卷积神经网络将图像处理成一个隐含向量的编码，再用循环神经网络解读这段编码。AlphaGo Zero 也采用了曾经在 ImageNet 上大放异彩的 ResNet 架构（卷积神经网络的扩展）。卷积神经网络可以进行局部分析并且不断加深抽象层次的模型很符合围棋的规则，所以能击败人类棋手也在意料之中了。

卷积神经网络之所以突然获得如此成功，是因为它能够自动从数据中提取特征。其实，早在它出现之前，人们已经设计出了与之相似的网络结构。只不过，这些网络都需要设计人员手动设计识别的模板。因此，针对不同的数据和不同的任务，人们都需要重新设计模板，这一过程往往要耗费设计人员 80% 甚至 90% 的时间。这一过程在传统的机器学习中被称为特征工程，它强烈依赖于设计人员的经验，于是成了整个识别任务的瓶颈。卷积神经网络的突破在于它可以将整个特征工程自动化：无须实验人员的参与，就能自动从数据中学习出识别模板。当大数据时代来临的时候，这一特性立刻显现出了威力。

本章将围绕手写数字识别这一具体任务，深入浅出地介绍卷积神经网络的工作原理。我们会展示如何用 PyTorch 来实现一个卷积神经网络，完成手写数字识别任务。在此基础上，引出过滤器、特征匹配与特征图的概念，揭示卷积神经网络的工作原理。

5.1　什么是卷积神经网络

首先，我们从直观上认识一下卷积神经网络，如图 5.1 所示。

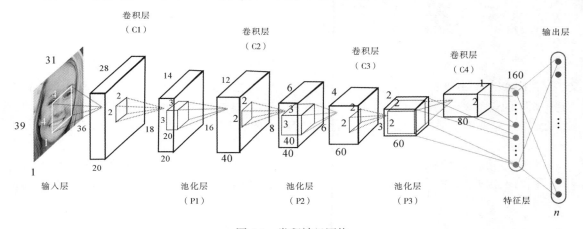

图 5.1　卷积神经网络

我们看到，卷积神经网络由若干个方块盒子构成，盒子从左到右仿佛越来越小，但越来越厚；最左边是一张图像，最右边则变成了两排圆圈。其实，每一个方块都是由大量神经元构成的，只不过它们排成了立方体的形状。左边图像上的每个元素相当于一个神经元，构成了这个卷积神经网络的输入单元。最右侧的圆圈也是神经元，它们排列成了两条直线，构成了该网络的输出，这与普通神经网络中的神经元没有区别。

卷积神经网络其实也是一种前馈神经网络，承载了深层的信息处理过程。信息从左侧输入，经过层层加工处理，最后从右侧输出。对于图像分类任务而言，输入的是一张图像，历经一系列卷积层、池化层和完全连接层的运算，最终输出一组分类的概率，要分成多少类别，就有多少个输出神经元。相邻两层的神经元连接如图 5.1 中的小立体锥形近似表示，实际上这种锥形遍布更高一层（右侧）立方体中的所有神经元。低层（左侧）到高层（右侧）的运算主要分为两大类：卷积和池化。一层卷积，一层池化，这两种运算交替进行，直到最后一层，我们又把立方体中的神经元拉平成了线性排列的神经元，与最后的输出层进行全连接。

5.1.1   手写数字识别任务的卷积神经网络及运算过程

我们以手写数字识别任务为例来进一步认识卷积神经网络。该任务的输入是一张 28×28 的灰度图像，如图 5.2 所示，图中包含了一个手写的数字，输出就是卷积神经网络识别出来的数字。

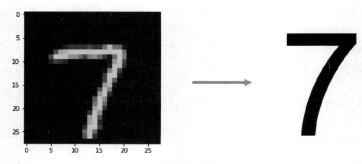

图 5.2   手写数字识别任务示意

在计算机中，这张输入的图像被表示成了一个尺寸为(28, 28)的张量（一个 28 行 28 列的矩阵），其中张量的任意一个元素都是一个 0~255 的数字，表示该像素点的灰度值，越接近 255，这个点就会越白。这些输入像素点自然构成了卷积神经网络的输入神经元，因此，输入神经元排布成了一个正方形。

为了完成这个手写数字识别任务，我们设计了如图 5.3 所示架构的卷积神经网络（在具体设计网络架构的时候，网络有多少层，每一层有多少神经元，这些都可以作为超参数而重新选择）。

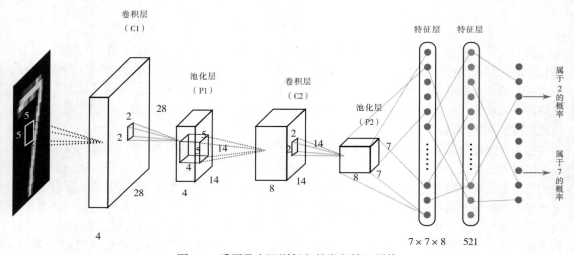

图 5.3   手写数字识别任务的卷积神经网络

整个架构可以分为两大部分，第一部分是由输入图像和4个立方体构成的图像处理部分，其中图像被不断加工成尺寸更小、数量更多的图像；第二部分则是由一系列线性排布的神经元构成的普通前馈多层神经网络，这与前两章介绍的神经网络没有太大区别。

接下来，我们更深入地看看这个卷积神经网络的信息处理过程。首先，输入图像经过一层卷积运算，变成了图中第一个立方体，尺寸为(28, 28, 4)。实际上，这是4张28×28的图像。之后，这些图像经过池化运算，尺寸缩小了一半，变成了4张14×14的小图，排布成了厚度为4、长宽为14的立方体；之后，这些图像又经历了一次卷积运算，变成了8张图像，尺寸仍然为14×14；最后，这8张图像又经历了一次池化运算，尺寸又变小一半，成为8张7×7的小图片。

至此，第一部分的图像运算完成，下面进入第二部分。第二部分的结构和运算过程与前一章的分类神经网络没有本质区别。首先，我们将392（8×7×7）像素的神经元拉伸为一个长度为392的向量，这些神经元构成了前馈神经网络部分的输入单元，之后经过一层隐含层，再映射到输出单元，输出10个(0, 1)区间中的小数，表示隶属于0~9这10个数字的概率，且这些数字加起来等于1。最后，我们再选取最大的数值所对应的数字，作为最后的分类输出。

所有的卷积、池化运算都是依靠两层之间的神经元连接完成的（在图5.3中，这些连接表示为小立方锥体），这些连接与普通的前馈神经网络的连接并无本质区别，也对应了一组权重值。我们用这组权重值乘以相应的输入神经元就得到了计算结果。同理，第二部分网络的一层层运算也是由层与层之间的神经元连接完成的，它们也有相应的权重值。

整个卷积神经网络的运作与前两章介绍的神经网络一样，也分成了两个阶段：前馈运算阶段和反馈学习阶段。在网络的前馈阶段（从输入图像到输出数字），所有连接的权重值都不改变，系统会根据输入图像计算输出分类，并根据网络的分类与数据中的标签（标准答案）进行比较，计算出交叉熵作为损失函数。接下来，在反馈阶段，根据前馈阶段的损失函数调整所有连接上的权重值，从而完成神经网络的学习过程。整个过程与前一章介绍的前馈神经网络类似。

在了解了卷积神经网络的运算过程之后，我们发现，它与普通的神经网络不同的在于引入了卷积和池化这两种新的运算。所以，接下来我们就进一步认识卷积和池化这两种运算。

5.1.2　卷积运算

卷积（convolution）是一个数学概念，它定义为一个卷积核（convolutional kernel，也叫过滤器）函数在输入信号上序列化的积分运算。这听起来似乎很高深，但其实并不复杂，它本质上是一套模板匹配的过程，很像大家熟悉的一个游戏：《找你妹》。

1. 何为卷积

《找你妹》这个游戏的任务是从一堆物品中快速找出目标物体。如图5.4所示，给你一张充满了各式物品的图，请找出图中所有的鞋。

图 5.4   《找你妹》游戏

经过观察，相信你不难找出这些鞋，如图 5.5 所示。

图 5.5   图中鞋的位置

那么，你是如何找出这些鞋的呢？其实，人的视觉活动在这个游戏中大体上经历了以下几个步骤。

首先，你的眼睛需要扫描图像。与计算机不同，人的视线是随机跳跃的。

其次，在视线跳跃的同时，你在用头脑中已经存在的鞋的样子去搜索图中的鞋，这实际上是一个模板匹配的过程，即把鞋的图像与记忆中鞋的样子进行匹配。

如果你的头脑中有拖鞋的模板（如图 5.6 所示），那么你就会用它与图像中的物品一一匹配。

图 5.6 头脑中拖鞋的模板

当然，你头脑中的模板可以有多个，除了拖鞋，还有皮鞋，如图 5.7 所示。

图 5.7 头脑中皮鞋的模板

最后，当找到鞋后，你会记住每只鞋出现的位置，并在头脑中对其进行标记。

其实，卷积神经网络中的卷积运算就是一个与此类似的过程。如图 5.8 所示，假设卷积神经网络接收的原始输入图像是一张包含了几个"十"字的图像，它由一系列包含灰度信息的像素构成。与此同时，卷积神经网络的一次卷积运算需要有相应的卷积核。这个卷积核可以看作一张小图，这相当于《找你妹》游戏里你头脑中的模板。卷积运算就是在原始图像中搜索与卷积核相似的区域，即用卷积核从左到右、从上到下地进行逐个像素的扫描和匹配，并最终将匹配结果表示成一张新的图像，通常称为特征图。特征图上有灰有白，每个像素灰度的高低代表了模板与原始图像相应位置的匹配程度，相似程度越高，就越白。这个特征图就相当于我们在头脑中标记出来与模板匹配的拖鞋的位置。

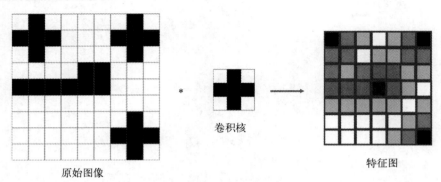

图 5.8　卷积核与特征图

2. 数学上的卷积运算

那么，这个过程在数学上是如何进行的呢？首先，我们要把图像数值化，变成矩阵，其中数值是 0~255 的整数；其次，我们要把卷积核数值化，也可以将其看作一张 3×3 的小图像，每个像素都是一个实数值，对应卷积层神经网络的权重，也就是图 5.3 中锥体所表示的连边。其中，一条连边就对应卷积核（模板）中的一个像素，连边上的权重大小就对应了卷积核（模板）中每个像素的数值。

卷积运算实际上是一个多步的过程。第一步，卷积核与原始图像左上角第一片 3×3 的区域做内积，也就是把对应位置相乘，然后再把这些数字相加，结果就会输出为特征图左上角的第一个像素，如图 5.9 所示。

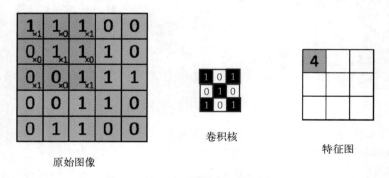

图 5.9　第一步卷积计算的数字表示

第二步，卷积核与原始图像左上角第二片 3×3 的区域做内积，也就是让卷积核内的数值与每一个位的原始图像像素数值相乘，并把最后的结果相加，于是就得到了特征图上第二个像素的数值，如图 5.10 所示。

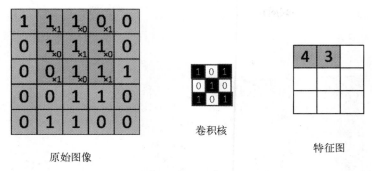

图 5.10 第二步卷积计算的数字表示

第三步，卷积核与原始图像左上角第三片 3×3 的区域做内积。

第四步，当做完第一行每个 3×3 区域的内积之后，再往下滑动一格，做第二行 3×3 区域的内积，如图 5.11 所示。

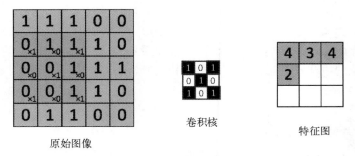

图 5.11 第四步卷积计算的数字表示

卷积核不断从左到右、从上到下地移动，与下一个对应的原始图像做相应运算，得到特征图的下一个像素的输出……就这样，卷积核不断移动计算输出，得到特征图的像素，直到覆盖原始图像，特征图的计算就完成了。结果如图 5.12 所示。

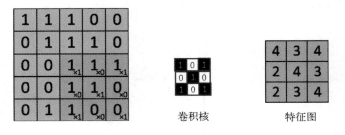

图 5.12 完成一次卷积计算

假设原始图像的尺寸是 n，卷积核的宽度是 w，特征图的大小一般是 $(n-w+1)\times(n-w+1)$，所以特征图会比原始图像小一些。如果不想让特征图变小，就需要采用补齐（padding）技术将原始图扩大，并用 0 来填充补充的区域，如图 5.13 所示。这样卷积以后得到的特征图与原始图大小一样，还是 5×5。

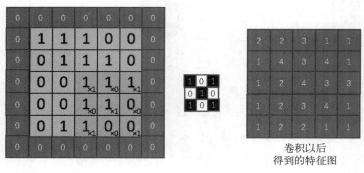

卷积以后
得到的特征图

图 5.13　补齐技术

3. 多个卷积核与特征图

对于同一张原始输入图像，我们可以用不同的卷积核与其相作用，每个卷积核就相当于不同的模板（如游戏中的拖鞋或皮鞋）。每一个卷积核在原始图像的运算结果都可以得到一个不同的特征图，如图 5.14 所示。

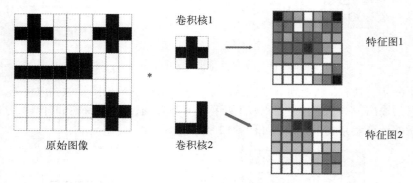

卷积核1

特征图1

原始图像

卷积核2

特征图2

图 5.14　多卷积核对应多特征图

从神经网络的角度看，特征图上每一个像素（神经元）都和原图上 3×3 大小的一个方形区域的像素相连（即 9 个连接），每条连边对应卷积核小矩阵的一个单元，数的大小对应连边上的数字，称为权重值。该权重值可学习，可调节。一层卷积可能有多个卷积核，用不同颜色表示，如图 5.15 所示。

我们可以将多个特征图拼在一起组成立方体，从而表示多个特征图。因此，立方体的厚度是多少，就有多少特征图，也就有多少个卷积核。厚度为 2，就有两个特征图、两个卷积核。如图 5.16 所示，特征图的厚度是 100，即 100 个 125×125 的特征图，也就有 100 个卷积核。

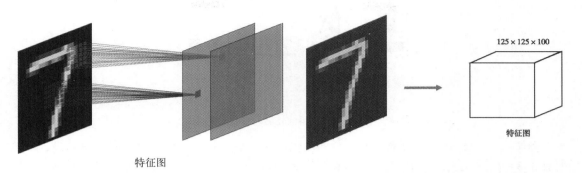

图 5.15　多个卷积核、特征图和神经网络权重　　　图 5.16　多个特征图组成一个立方体

这就不难理解图 5.3 中那些立方体是怎么回事儿了。

5.1.3　池化运算

讲解完了卷积运算，下面我们进入第二步——池化（pooling）运算，如图 5.17 所示。

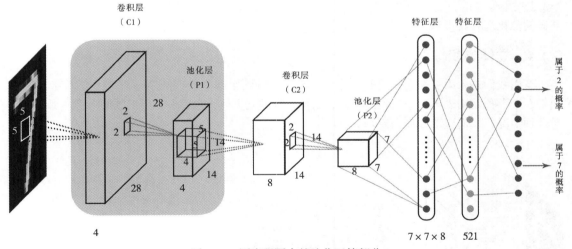

图 5.17　原流程图中的池化运算部分

图 5.17 阴影区域所示就是池化运算部分，图 5.18 所示是经过 3 步池化运算的结果。每一步池化都将图像中的一片 3×3 区域变为一个像素点，新像素的取值按照最大原则，即对原 3×3 的图像所有像素取最大。

池化的作用实际上就是获取粗粒度信息，因此它可以将原始图变小。这个过程模拟了人类从更宏观的尺度观察事物，即俯瞰整个森林而不是树木的过程。这里这种模糊化的运算就体现为将多个方格的原始图像压缩为一格像素点，从而忽略信息。

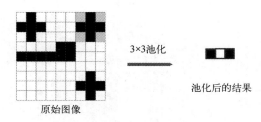

图 5.18　3 步池化之后的结果

　　例如，对一张 9×9 的原始图像做 3×3 的池化运算，就是对每一个 3×3 的小块压缩信息，即取所有 3×3 中的最大值，从而作为一格像素点输出。我们可以想象一个 3×3 的小窗口在原图上从左到右、从上到下地间隔 3 个格跳动（无重叠地移动，这一点与卷积不同），从而每一步形成一个局部 3×3 小块的信息汇总，输出到右侧的池化结果图中。最终扫描完整张图像，就会得到一张池化结果的小图，这张图是对原始图像的缩略与抽象。这个过程相当于我们只能知道 3×3 的小块里有个东西，无法看清其中的细节。然后，我们对所有不重叠的 3×3 区域都做这个运算，就会得到一张 3×3 的输出图像，它的大小是原始图像的 1/9。

　　池化时，我们不仅可以求窗口像素的最大值，而且可以求平均值，这些都只是一种粗略地看 3×3 小块里像素的方法。当输入为一个立方体，即有多张图像的时候，我们只要对每一张图像做同样的池化运算就可以了。

5.1.4　立体卷积核

　　下面我们进入第二个卷积层的运算（图 5.19 中的阴影部分）。它与第一层卷积运算最大的不同就在于卷积的输入不再是二维的图片，而是三维的立方体，也就是一组二维的图像。那么，针对这种情况，我们应该如何做卷积呢？

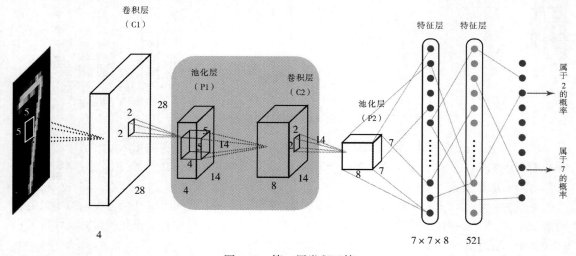

图 5.19　第二层卷积运算

在这种情况下，卷积核不再是二维的小图像，而是三维的小长方体。如图 5.20 所示，假设卷积核的窗口大小仍然是 5×5，输入的特征图厚度是 4，那么一个卷积核就是一个尺寸为 $(4, 5, 5)$ 的三维张量，即一个长方体。

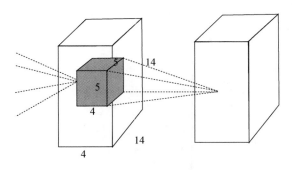

图 5.20　立体卷积核

与第一层卷积类似，这里的一个卷积核就体现为从左侧输入特征图到右侧输出特征图之间的连接，只不过，右侧的一个像素点要连接左侧的一个 4×5×5 的小长方体中的所有像素点。

在做卷积运算的时候，我们同样是将每一个长方体中的像素与相应的连接权重相乘，然后再把所有的乘积相加，得到输出特征图上一点的像素值。

需要注意的是，输出特征图有多少层，这一层卷积就有多少个卷积核，每一个卷积核会完全独立地进行运算。

另外，对于原始输入图像有多个通道的情况（例如，一般的彩色图像就有 RGB 这 3 个通道），我们将其等同于输入为长方体的情况。

之后，卷积神经网络会再做一次窗口为 2×2 的池化运算，过程与上一节介绍的类似，在此不再赘述。

5.1.5　超参数与参数

目前我们已经介绍完所有的基本运算了，因此只要不断地重复卷积和池化这两种运算，就可以得到整个卷积神经网络的运算过程。那么，接下来，我们综合计算一下整个网络中有多少个超参数和参数。

所谓的超参数，就是指人为设定的参数值，它往往决定了整个网络的架构。在卷积神经网络中，除了网络有多少层、每层有多少神经元之外，我们还需要指定卷积核的窗口大小、每一个卷积层卷积核的数量、填充格点的大小，以及池化运算中池化窗口大小。当然，全连接层也有相应的层数和神经元数量作为超参数。

在神经网络中，所谓的参数，就是指那些不需要人为设定、在网络的训练过程中网络自动学到的数值。那么，一个卷积神经网络有多少个参数呢？

首先，来看一下每一层卷积运算有多少个参数。我们知道，一层卷积运算就是将原始图像与卷积核做内积，然后平移所有的像素点。因此，参数的数量其实就是卷积核的尺寸，以及这一层有多少个卷积核。

假设输入的特征图的尺寸为(c, w, h)，即厚度 c、长 w、宽 h；输出特征图尺寸为(b, u, v)，卷积的窗口大小都为 s，那么这一层的参数数量就是 $b \cdot c \cdot s^2$，跟输入输出图像的长宽没有关系。

作为对比，假设这两层特征图是按照传统的神经网络方式进行了全连接，那么参数数量就是 $c \cdot w \cdot h \cdot b \cdot u \cdot v$。假设 c=32，w=h=u=v=128，s=5，那么卷积神经网络的参数有 51 200 个，全连接的神经网络却有 5.5×10^9 个参数，两者完全不在一个数量级上。

其次，针对池化层，由于所有的运算都是固定的，即求最大像素值或者求窗口内的像素平均值，这一运算过程不需要设定任何参数，因此池化层是没有参数的。

由此可见，尽管卷积神经网络看起来比普通神经网络具有更复杂的架构和神经元连接，但是它的参数很少，因此学习会更加高效，可以很轻易地叠加组成更深的网络，完成艰巨的任务。

5.1.6 其他说明

1. 卷积神经网络上的反向传播算法

前面讲述了卷积神经网络的前馈运算过程。在网络的训练过程中，我们还需要计算反向传播的误差，应该怎样计算呢？

卷积运算虽然与普通的神经网络运算非常相似，但卷积核会沿着输入图像平移；池化运算则会将图像压缩。因此，看起来普通神经网络的反向传播（BP）算法并不能直接用在卷积和池化运算上，而需要使用适合它们的特殊 BP 算法。

所幸，卷积与池化以及构建卷积神经网络过程中的所有计算都是可微分的，这样我们就可以利用 PyTorch 的动态计算图调用 backward 函数自动计算出每个参数的梯度，并最终完成 BP 算法。

2. 为什么卷积神经网络可以很好地工作

为什么卷积神经网络可以利用如此少的参数实现非常好的学习效果呢？这主要有两点原因。

首先，卷积运算可以实现各种各样的图像运算。我们知道，绝大部分的图像处理运算，诸如锐化图像（强调细节）、模糊图像（减少细节），可以看作特定权重的卷积核在原始图像上的卷积运算。换句话说，这些运算都是可被卷积神经网络学习到的。于是，学好的卷积核就能对图像进行去噪、提炼等信息过滤和提取工作。

例如，处理一幅时装的图片，如果想要区分衣服的样式，那么衣服的颜色、商标之类的就不重要了，最重要的可能是衣服的外观。通常，夹克、T恤和裤子的外观大为不同。如果过滤掉这些多余的噪声，我们的算法就不会因颜色、商标等信息而分心了。因此，我们可以通过卷积轻松实现这种处理，利用卷积核自动找出最合适的特征。

其次，卷积神经网络中的池化运算可以提取大尺度特征。池化运算就是忽略图像中的细节信息，从而提炼出图像中的大尺度信息。这些信息可以帮助卷积神经网络从整体上把握图像的分类。

这样,当我们把多层的卷积和池化运算串联起来形成一个多层卷积神经网络的时候,它就可以逐个尺度地处理信息了,如图 5.21 所示。

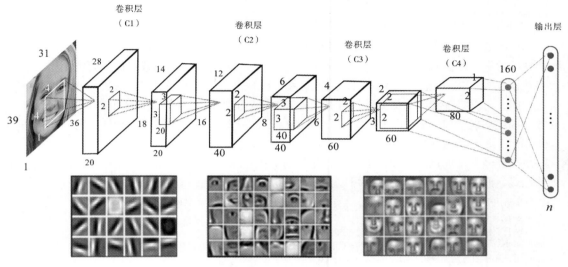

图 5.21 卷积神经网络提取多尺度的信息

5.2 手写数字识别器

在讲解完卷积神经网络的基本原理之后,下面我们尝试用 PyTorch 搭建一个卷积神经网络,并用它来解决手写数字识别的问题。

5.2.1 数据准备

首先导入所有需要的库:

```
# 导入所需要的包,请保证 torchvision 已经在环境中安装好
# 在 Windows 中,需要单独安装 torchvision 包,在命令行运行 pip install torchvision 即可
import torch
import torch.nn as nn
import torch.optim as optim
import torch.nn.functional as F

import torchvision.datasets as dsets
import torchvision.transforms as transforms

import matplotlib.pyplot as plt
import numpy as np

# 以下语句可以让 Jupyter Notebook 直接输出图像
%matplotlib inline
```

接着定义一些训练用的超参数：

```
image_size = 28  # 图像的总尺寸为 28×28
num_classes = 10  # 标签的种类数
num_epochs = 20  # 训练的总循环周期
batch_size = 64  # 一个批次的大小，64 张图片
```

然后需要导入数据，在前面的章节中，我们都是手工编写处理数据的代码，将其预处理成需要的训练数据和测试数据。事实上 PyTorch 自带了一系列数据集，其中就包括我们将使用的手写数字数据集 MNIST（这是一组手写数字的图像），还开发了数据处理的包，封装了处理数据集的常用功能，可以将各种数据类型转换成张量，方便以后的批训练。下面我们将学习 PyTorch 自带的数据加载功能，包括 dataset、sampler 和 data loader 这 3 个对象组成的套件，它们定义在了torch.util.data 数据集对象里。

由于神经网络的训练需要对数据进行分批前馈传递和反向传播，所以需要将原始数据处理成批的形式，而接下来的数据加载器可以很好地解决这个问题：

```
# 加载 MNIST 数据，如果没有下载过，系统就会在当前路径下新建/data 子目录，
# 并把文件存放其中（压缩的格式）
# MNIST 数据是 torchvision 包自带的，可以直接调用
# 当用户想调用自己的图像数据时，可以用 torchvision.datasets.ImageFolder
# 或 torch.utils.data.TensorDataset 来加载
train_dataset = dsets.MNIST(root='./data',  # 文件存放路径
                            train=True,  # 提取训练集
                            # 将图像转化为张量，在加载数据时，就可以对图像做预处理
                            transform=transforms.ToTensor(),
                            download=True) # 当找不到文件的时候，自动下载


# 加载测试集
test_dataset = dsets.MNIST(root='./data',
                           train=False,
                           transform=transforms.ToTensor())


# 训练集的加载器，自动将数据切分成批，顺序随机打乱
train_loader = torch.utils.data.DataLoader(dataset=train_dataset,
                                           batch_size=batch_size,
                                           shuffle=True)


'''我们希望将测试数据分成两部分，一部分作为校验数据，另一部分作为测试数据。
校验数据用于检测模型是否过拟合并调整参数，测试数据用于检验整个模型的工作'''


# 首先，定义下标数组 indices，它相当于对所有 test_dataset 中数据的编码
# 然后，定义下标 indices_val 表示校验集数据的下标，indices_test 表示测试集的下标
indices = range(len(test_dataset))
indices_val = indices[:5000]
indices_test = indices[5000:]


# 根据下标构造两个数据集的 SubsetRandomSampler 采样器，它会对下标进行采样
```

```
sampler_val = torch.utils.data.sampler.SubsetRandomSampler(indices_val)
sampler_test = torch.utils.data.sampler.SubsetRandomSampler(indices_test)

# 根据两个采样器定义加载器
# 注意将 sampler_val 和 sampler_test 分别赋值给了 validation_loader 和 test_loader
validation_loader = torch.utils.data.DataLoader(dataset =test_dataset,
                                                batch_size = batch_size,
                                                shuffle = False,
                                                sampler = sampler_val
                                                )
test_loader = torch.utils.data.DataLoader(dataset=test_dataset,
                                          batch_size=batch_size,
                                          shuffle= False,
                                          sampler = sampler_test
                                          )
```

PyTorch 提供了管理数据集的工具包，方便我们对数据集进行切分、采样和统一管理。

❑ 数据集（dataset）是对整个数据的封装，无论原始数据是图像还是张量，数据集都将对其进行统一处理。我们可以像访问数组的元素一样访问数据集中的元素。

❑ 加载器（dataloader）主要负责在程序中对数据集的使用。例如，我们在训练神经网络的过程中需要逐批加载训练数据，加载器就会自动帮我们逐批输出数据。使用加载器比直接使用张量手动加载数据更好，因为当数据集超大的时候，我们无法将所有数据全部装载到内存中，必须从硬盘上加载数据，而加载器可以让这一过程自动化。

❑ 采样器（sampler）为加载器提供了一个每一批抽取数据集中样本的方法。我们可以按照顺序将数据集中的数据逐个抽取到加载器中，也可以完全随机地抽取，甚至可以依某种概率分布抽取。

总之，数据集、加载器和采样器可以让数据的处理过程更加便捷和标准。

对于已经处理好的数据，我们可以直接根据索引去提取，并通过 Python 的绘图处理包将手写数字显示出来：

```
# 随便从数据集中读入一张图片，并绘制出来
idx = 100

# dataset 支持下标索引，其中提取出来的元素为 features、target 格式，即属性和标签
# [0]表示索引 features
muteimg = train_dataset[idx][0].numpy()
# 一般的图像包含 RGB 这 3 个通道，而 MNIST 数据集的图像都是灰度的，只有一个通道
# 因此，我们忽略通道，把图像看作一个灰度矩阵
# 用 imshow 画图，会将灰度矩阵自动展现为彩色，不同灰度对应不同的颜色：从黄到紫

plt.imshow(muteimg[0,...])
print('标签是: ',train_dataset[idx][1])
```

得到的图像如图 5.22 所示。

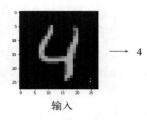

输入

图 5.22   输入数据示例

5.2.2   构建网络

处理完数据集之后，我们将构建一个经典的卷积神经网络来进行图片识别。这里将主要调用 PyTorch 强大的 nn.Module 类来构建卷积神经网络，步骤如下。

首先，构造 ConvNet 类，它是对 nn.Module 类的继承，即 nn.Module 是父类，ConvNet 为子类。nn.Module 中包含了绝大部分关于神经网络的通用计算，如初始化、前传等，用户可以重写 nn.Module 中的部分函数以实现定制化，如 __init__()构造函数和 forward()函数。

其次，复写 __init__()和 forward()这两个函数。__init__()为构造函数，每当类 ConvNet 被具体化一个实例的时候就会被调用。forward()函数则是在正向运行神经网络时被自动调用，它负责数据的向前传递过程，同时构造计算图。

再次，定义一个 retrieve_features()函数，它可以提取网络中各个卷积层的权重。在后面对训练好的神经网络进行剖析的时候，我们会用到这个函数。

最后，我们自定义一些方法，方便训练模型和衡量其性能。

```python
# 定义卷积神经网络：4和8为人为指定的两个卷积层的厚度（feature map 的数量）
depth = [4, 8]
class ConvNet(nn.Module):
    def __init__(self):
        # 该函数在创建一个 ConvNet 对象即调用语句 net=ConvNet()时会被调用
        # 首先调用父类相应的构造函数
        super(ConvNet, self).__init__()

        # 其次构造 ConvNet 需要用到的各个神经模块
        # 注意，定义组件并不是真正搭建组件，只是把基本建筑砖块先找好
        # 定义一个卷积层，输入通道为1，输出通道为4，窗口大小为5，padding 为2
        self.conv1 = nn.Conv2d(1, 4, 5, padding = 2)
        self.pool = nn.MaxPool2d(2, 2) # 定义一个池化层，一个窗口为2×2的池化运算
        # 第二层卷积，输入通道为 depth[0]，输出通道为 depth[1]，窗口为5，padding 为2
        self.conv2 = nn.Conv2d(depth[0], depth[1], 5, padding = 2)
        # 一个线性连接层，输入尺寸为最后一层立方体的线性平铺，输出层 512 个节点
        self.fc1 = nn.Linear(image_size // 4 * image_size // 4 * depth[1] , 512)

        self.fc2 = nn.Linear(512, num_classes) # 最后一层线性分类单元，输入为512，输出为要分类的类别数

    def forward(self, x): # 该函数完成神经网络真正的前向运算，在这里把各个组件进行实际的拼装
```

```
# x 的尺寸: (batch_size, image_channels, image_width, image_height)
x = self.conv1(x)  # 第一层卷积
x = F.relu(x) # 激活函数用 ReLU, 防止过拟合
# x 的尺寸: (batch_size, num_filters, image_width, image_height)

x = self.pool(x) # 第二层池化, 将图片缩小
# x 的尺寸: (batch_size, depth[0], image_width/2, image_height/2)

x = self.conv2(x) # 第三层卷积, 窗口为 5, 输入输出通道分别为 depth[0]=4, depth[1]=8
x = F.relu(x) # 非线性函数
# x 的尺寸: (batch_size, depth[1], image_width/2, image_height/2)

x = self.pool(x) # 第四层池化, 将图片缩小到原来的 1/4
# x 的尺寸: (batch_size, depth[1], image_width/4, image_height/4)

# 将立体的特征图 tensor 压成一个一维的向量
# view 函数可以将一个 tensor 按指定方式重新排布
# 下面这个命令就是让 x 按照 batch_size * (image_size//4)^2*depth[1]的方式来排布向量
x = x.view(-1, image_size // 4 * image_size // 4 * depth[1])
# x 的尺寸: (batch_size, depth[1]*image_width/4*image_height/4)

x = F.relu(self.fc1(x)) # 第五层为全连接, 使用 ReLU 激活函数
# x 的尺寸: (batch_size, 512)

# 以默认 0.5 的概率对这一层进行 dropout 操作, 防止过拟合
x = F.dropout(x, training=self.training)
x = self.fc2(x) # 全连接
# x 的尺寸: (batch_size, num_classes)

# 输出层为 log_softmax, 即概率对数值 log(p(x))
# 采用 log_softmax 可以使后面的交叉熵计算更快
x = F.log_softmax(x, dim=1)
return x

def retrieve_features(self, x):
    # 该函数用于提取卷积神经网络的特征图, 返回 feature_map1,
    # feature_map2 为前两层卷积层的特征图
    feature_map1 = F.relu(self.conv1(x)) # 完成第一层卷积
    x = self.pool(feature_map1)  # 完成第一层池化
    # 第二层卷积, 两层特征图都存储到了 feature_map1、feature_map2 中
    feature_map2 = F.relu(self.conv2(x))
    return (feature_map1, feature_map2)
```

在这段代码中,我们用到了 dropout()函数。神经网络在训练中具有强大的拟合数据的能力,因此常常会出现过拟合的情形,这会使得神经网络局限在见过的样本中。dropout 正是一种防止过拟合的技术。简单来说,dropout 就是指在深度网络的训练过程中,根据一定的概率随机将其中的一些神经元暂时丢弃,如图 5.23 所示。这样在每个批的训练中,我们都是在训练不同的神经网络,最后在测试的时候再使用全部的神经元,以此增强模型的泛化能力。我们可以把这个过程想象成一小组学生,平时做小组作业的时候总是随机有几个人不在,于是每个人承担的任务更重了,每个人锻炼得也更强了,最后在集体考核的时候,大家到齐了,水平自然也上去了。

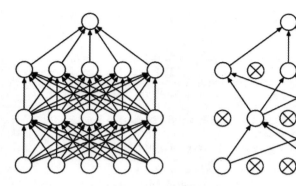

图 5.23 神经网络使用 dropout 前后的对比

5.2.3 运行模型

构建好我们的 ConvNet 之后，就可以读取数据并开始训练了。

```
net = ConvNet() # 新建一个卷积神经网络的实例，此时 ConvNet 的__init__()函数会被自动调用

criterion = nn.CrossEntropyLoss() # Loss 函数的定义，交叉熵
optimizer = optim.SGD(net.parameters(), lr=0.001, momentum=0.9)
# 定义优化器，普通的随机梯度下降算法

record = [] # 记录准确率等数值的容器
weights = [] # 每若干步就记录一次卷积核

# 开始训练循环
for epoch in range(num_epochs):

    train_rights = [] # 记录训练集上准确率的容器

    ''' 下面的 enumerate 起到构造一个枚举器的作用。在对 train_loader 做循环迭代时，enumerate 会自动输
出一个数字指示循环次数，并记录在 batch_idx 中，它就等于 0, 1, 2, ...train_loader 每迭代一次，就会输出
一对数据 data 和 target，分别对应一个批中的手写数字图像及对应的标签。'''

    for batch_idx, (data, target) in enumerate(train_loader): # 对容器中的每一个批进行循环
        data, target = data.clone().requires_grad_(True), target.clone().detach()
        # 给网络模型做标记，标志着模型在训练集上训练
        # 这种区分主要是为了打开/关闭 net 的 training 标志，从而决定是否运行 dropout
        net.train()

        output = net(data) # 神经网络完成一次前馈的计算过程，得到预测输出 output
        loss = criterion(output, target) # 将 output 与标签 target 比较，计算误差
        optimizer.zero_grad() # 清空梯度
        loss.backward() # 反向传播
        optimizer.step() # 一步随机梯度下降算法
        right = rightness(output, target) # 计算准确率所需数值，返回数值为（正确样例数，总样本数）
        train_rights.append(right) # 将计算结果装到列表容器 train_rights 中
```

```
if batch_idx % 100 == 0: # 每间隔 100 个 batch 执行一次打印操作

    net.eval() # 给网络模型做标记，标志着模型在训练集上训练
    val_rights = [] # 记录校验集上准确率的容器

    # 开始在校验集上做循环，计算校验集上的准确率
    for (data, target) in validation_loader:
        data, target = data.clone().requires_grad_(True), target.clone.detach()
        # 完成一次前馈计算过程，得到目前训练的模型 net 在校验集上的表现
        output = net(data)
        # 计算准确率所需数值，返回数值为（正确样例数，总样本数）
        right = rightness(output, target)
        val_rights.append(right)

    # 分别计算目前已经计算过的测试集以及全部校验集上模型的表现：分类准确率
    # train_r 为一个二元组，分别记录训练集中分类正确的数量和总的样本数
    # train_r[0]/train_r[1]是训练集上的分类准确率，
    # val_r[0]/val_r[1]是校验集上的分类准确率
    train_r = (sum([tup[0] for tup in train_rights]), sum([tup[1] for tup in train_rights]))
    # val_r 为一个二元组，分别记录校验集中分类正确的数量和总的样本数
    val_r = (sum([tup[0] for tup in val_rights]), sum([tup[1] for tup in val_rights]))

    # 打印数值，其中准确率为本训练周期 epoch 开始后到目前批的准确率的平均值
    print('训练周期: {} [{}/{} ({:.0f}%)]\t, Loss: {:.6f}\t, 训练准确率: {:.2f}%\t, 校验
准确率: {:.2f}%'.format(
        epoch, batch_idx * len(data), len(train_loader.dataset),
        100. * batch_idx / len(train_loader), loss.data,
        100. * train_r[0] / train_r[1],
        100. * val_r[0] / val_r[1]))

    # 将准确率和权重等数值加载到容器中，方便后续处理
    record.append((100 - 100. * train_r[0] / train_r[1], 100 - 100. * val_r[0] / val_r[1]))

    # weights 记录了训练周期中所有卷积核的演化过程，
    # net.conv1.weight 提取出了第一层卷积核的权重
    # clone 是将 weight.data 中的数据做一个备份放到列表中
    # 否则当 weight.data 变化时，列表中的每一项数值也会联动
    # 这里使用 clone 这个函数很重要
    weights.append([net.conv1.weight.data.clone(), net.conv1.bias.data.clone(),
                    net.conv2.weight.data.clone(), net.conv2.bias.data.clone()])
```

在这段代码中，我们需要关注两个细节：一个是出现在训练数据循环中的 net.train()，另一个是出现在校验数据循环中的 net.eval()。它们的作用是什么呢？原来，它们都是为了打开或关闭 dropout()，net.train() 相当于把所有的 dropout 层打开，而 net.eval() 相当于把它们关闭。为了防止过拟合，dropout 操作可以在训练阶段将一部分神经元随机关闭，而在校验和测试的时候再打开。

运行这段程序之后，我们创建的这个卷积神经网络识别手写数字的准确率已经提高到 98% 左右了。如果我们增加卷积层，或者使用其他卷积模型，识别准确率将会更高。

5.2.4   测试模型

我们还可以尝试用训练过的模型在测试集上做测验，发现准确率可以达到 99%：

```
# 在测试集上分批运行，并计算总的准确率
net.eval() # 标志着模型当前为运行阶段
vals = [] # 记录准确率所用列表

# 对测试集进行循环
for data, target in test_loader:
    data, target = data.clone().detach().requires_grad_(Ture), target.clone().detach()
    output = net(data) # 将特征数据输入网络，得到分类的输出
    val = rightness(output, target) # 获得正确样本数以及总样本数
    vals.append(val) # 记录结果

# 计算准确率
rights = (sum([tup[0] for tup in vals]), sum([tup[1] for tup in vals]))
right_rate = 1.0 * rights[0] / rights[1]
right_rate
```

最后，绘制训练过程中的误差曲线：

```
# 绘制训练过程中的误差曲线，校验集和测试集上的错误率
plt.figure(figsize = (10, 7))
plt.plot(record) # record 记录了每一个打印周期记录的训练集和校验集上的准确率
plt.xlabel('Steps')
plt.ylabel('Error rate')
```

如图 5.24 所示，我们的模型在测试集和校验集上的表现都很不错，卷积神经网络的泛化能力也很强。

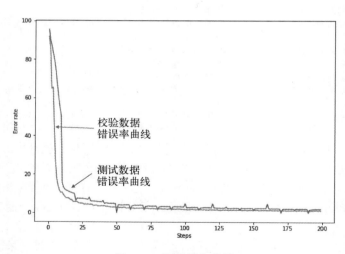

图 5.24   训练损失曲线

接下来，我们就剖析这个卷积神经网络，看看卷积层是怎么模拟人类视觉的。

5.3 剖析卷积神经网络

本节我们将对训练好的卷积神经网络进行剖析，并主要关注以下几个问题。

☐ 第一层卷积核训练得到了什么？

☐ 在输入特定图像的时候，第一层卷积核所对应的 4 个特征图是什么样的？

☐ 第二层卷积核都是什么？

☐ 对于给定输入图像，第二层卷积核所对应的特征图是什么样的？

5.3.1 第一层卷积核与特征图

在之前对 ConvNet 的定义中，我们将第一层 conv2d 定义成 4 个输出通道，使用了 4 个不同的卷积核，输出 4 个特征图作为第一层的输出：

```
# 提取第一层卷积层的卷积核
plt.figure(figsize = (10, 7))
for i in range(4):
    plt.subplot(1,4,i + 1)
    # 提取第一层卷积核中的权重值，注意 conv1 是 net 的属性
    plt.imshow(net.conv1.weight.data.numpy()[i,0,...])
```

我们可以把这 4 个卷积核进行可视化，如图 5.25 所示。

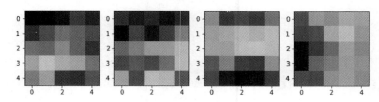

图 5.25 第一层卷积核的可视化

这些格子有着不同数值的方块，就是我们第一层的卷积核，它们各不相同。但是，我们并不能读懂这些卷积核，而需要结合每个卷积核对应的特征图，才能进行解读。

当输入图像 4 之后，我们可以将 4 个卷积核对应的 4 个特征图打印出来，结果如图 5.26 所示。

```
# 调用 net 的 retrieve_features 方法可以抽取出输入当前数据后输出的所有特征图（第一个和第二个卷积层）

# 首先定义读入的图片，它是从 test_dataset 中提取第 idx 个批次的第 0 个图

# 其次 unsqueeze 的作用是在最前面添加一维
# 目的是让这个 input_x 的 tensor 是四维的，这样才能输入给 net。补充的那一维表示 batch
input_x = test_dataset[idx][0].unsqueeze(0)
# feature_maps 是有两个元素的列表，分别表示第一层和第二层卷积的所有特征图
feature_maps = net.retrieve_features(input_x)

plt.figure(figsize = (10, 7))

# 打印出 4 个特征图
for i in range(4):
```

```
plt.subplot(1,4,i + 1)
plt.imshow(feature_maps[0][0, i,...].data.numpy())
```

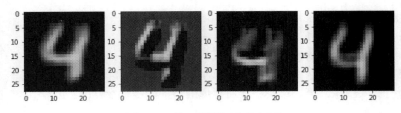

图 5.26　第一层的 4 个特征图

从第一层的特征图可以看到，有些卷积核会对图像做模糊化处理。如果读者熟悉计算机视觉，就会知道均值滤波可以达到这样的效果；有些卷积核会强化边缘并进行提取，对应经典的 Gabor 滤波或者 Sobel 滤波。由此可见，我们的卷积核确实可以通过学习样本获得提取边缘的能力，从而实现一些传统计算机视觉中经典算法的效果。

5.3.2　第二层卷积核与特征图

类似地，我们可以对第二层所有的卷积核进行可视化，如图 5.27 所示。

```
# 绘制第二层的卷积核，每一列对应一个卷积核，一共有 8 个卷积核
plt.figure(figsize = (15, 10))
for i in range(4):
    for j in range(8):
        plt.subplot(4, 8, i * 8 + j + 1)
        plt.imshow(net.conv2.weight.data.numpy()[j, i,...])
```

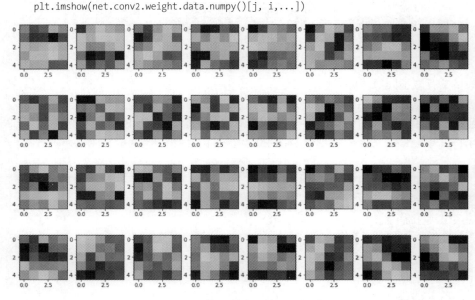

图 5.27　第二层卷积核的可视化

图 5.27 中每一列为一个卷积核（注意，由于第二层卷积层的输入尺寸是(28, 28, 4)，所以每个卷积核是一个(5, 5, 4)的张量）。第二层一共有 8 个卷积核，因此一共有 8 列。接下来绘制在输入手写数字 4 之后第二层的特征图，如图 5.28 所示。

```
# 绘制第二层的特征图，一共有 8 个
plt.figure(figsize = (10, 7))
for i in range(8):
    plt.subplot(2,4,i + 1)
    plt.imshow(feature_maps[1][0, i,...].data.numpy())
```

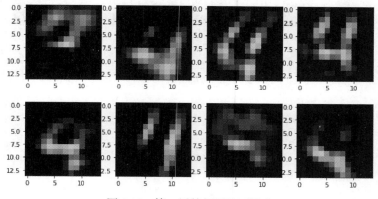

图 5.28　第二层特征图的可视化

从图 5.28 中可以看出，图像的抽象程度更高了。由于池化的作用，一些多余的图像信息被丢弃了，这也证明了多层卷积神经网络的抽象提取能力。

5.3.3　卷积神经网络的健壮性实验

卷积神经网络的特征提取能力已经得到了验证，接下来，我们再看看它的健壮性，即它消除局部相关性的能力。我们将进行一个实验：当输入的数字在图像上进行一定程度的平移之后，模型能否辨认这个数字。

我们随机挑选一张测试图像，把它往左平移 w 个单位，然后观察分类结果是否有变化，以及两层卷积对应的特征图有何变化。

平移输入图像中的数字，部分代码如下所示：

```
# 提取 test_dataset 中第 idx 个批次第 0 张图第 0 个通道对应的图像，定义为 a
a = test_dataset[idx][0][0]

# 将平移后的新图像放到 b 中，根据 a 给 b 赋值
b = torch.zeros(a.size()) # 全 0 的 28×28 的矩阵
w = 3 # 平移的长度为 3 个像素

# b 中的任意像素 i,j，等于 a 中的 i,j+w 位置的像素
for i in range(a.size()[0]):
    for j in range(0, a.size()[1] - w):
        b[i, j] = a[i, j + w]
```

```
# 绘制 b
muteimg = b.numpy()
plt.imshow(muteimg)
```

我们把数字 4 平移了 3 个像素，效果如图 5.29 所示。

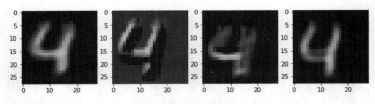

图 5.29　平移数字输入后的第一层特征图

可以看到，第一层特征图上的数字 4 也有了相应的平移。接下来我们查看预测结果和第二层的特征图。

```
# 把 b 输入神经网络，得到分类结果 pred（prediction 是预测的每一个类别的概率的对数值）并打印
prediction = net(b.unsqueeze(0).unsqueeze(0))
pred = torch.max(prediction.data, 1)[1]
print(pred)

# 提取 b 对应的 featuremap 结果
feature_maps = net.retrieve_features(b.unsqueeze(0).unsqueeze(0))

plt.figure(figsize = (10, 7))
for i in range(4):
    plt.subplot(1,4,i + 1)
    plt.imshow(feature_maps[0][0, i,...].data.numpy())

plt.figure(figsize = (10, 7))
for i in range(8):
    plt.subplot(2,4,i + 1)
    plt.imshow(feature_maps[1][0, i,...].data.numpy())
```

平移数字输入后，第二层的特征图如图 5.30 所示。

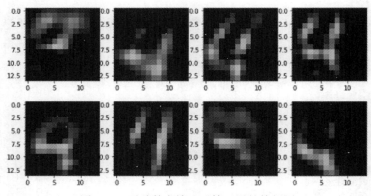

图 5.30　平移数字输入后第二层的特征图

网络最后打印的结果是 4，这说明我们的模型能够识别输入数字 4，它对 3 像素点的平移具有很好的抗干扰性。通过对比图 5.30 和图 5.28 我们发现，它们的特征图几乎没有什么差别。这说明池化运算进行了更大尺度的特征提取，所以局部的小变化并不会引起高层特征图的更大变化。因此，卷积神经网络具有很强的健壮性，即抗干扰能力。

5.4 小结

本章我们搭建了一个小型的卷积神经网络来进行手写数字的识别。在整个过程中，我们对卷积神经网络做了全面的介绍。

所谓的卷积运算，其实可以看作一种模板匹配的过程。卷积核就是模板，特征图则是这个模板匹配的结果显示。池化运算则是一种对原始图像进行更大尺度的特征提取过程，它可以提炼出数据中的高尺度信息。将卷积和池化交替组装成多层的卷积神经网络模型，便有了强大的多尺度特征提取能力。这种能力使得卷积神经网络能够在图像识别、图像处理等领域获得突破性进展。

除了卷积、池化等基本概念之外，我们还学习了一些小的技术。

❑ dropout 技术：防止过拟合的一种方法。

❑ PyTorch 中对数据集、加载器和采样器的封装和使用。

本章介绍的内容是我们运用深度学习技术从事计算机视觉和图像处理工作的基础，希望读者能够好好掌握。

5.5 Q&A

Q：卷积核的数量是如何确定的？有依据吗？

A：没有特别固定的依据，通常是依靠经验来选定的。一般情况下，底层卷积运算的特征核数量少，越往后越多。

Q：卷积神经网络中的神经元可以看作输入图像或特征图像的一个神经元吗？

A：在输入层，这两者是一一对应的，把每个像素当成一个输入神经元。在后续的网络中，特征图上的一个像素就是一个神经元。

5.6 扩展阅读

手写数字识别器的实现代码可参考 GitHub 上 pytorch-tutorial 下的 convolutional_neural_network（yunjey）。

第 6 章

手写数字加法机——迁移学习

在 2016 年的神经信息处理系统大会（Conference and Workshop on Neural Information Processing Systems，NIPS）上，前百度首席科学家、斯坦福大学教授吴恩达表示："在监督学习之后，迁移学习将引领下一波机器学习技术商业化浪潮。"

什么是迁移学习？简单来讲就是机器能够"举一反三"。例如，原本能够分辨猫和狗的神经网络在经过少量的训练后能够很好地分辨老虎和狮子，这就叫迁移学习。

传统的机器学习通常可以在给定充分的训练数据的基础上学习一个模型，然后利用这个模型进行分类或预测。然而，这种学习算法存在一个关键的问题：无法应对某些新兴领域中训练数据的缺失。迁移学习可以将在一个领域训练的机器学习模型应用到另一个领域，在某种程度上提高了训练模型的利用率，解决了数据缺失的问题。

有了迁移学习技术，我们便可以将神经网络像软件模块一样进行拼装和重复利用。例如，我们可以将在大数据集上训练好的大型网络迁移到小数据集上，从而只需经过少量的训练就能达到良好的效果。我们也可以将两个神经网络同时迁移过来，组合成一个新的网络，这两个神经网络就像软件模块一样被组合了起来。

本章我们就来详细介绍迁移学习，包括迁移学习的概念、如何利用神经网络进行迁移学习，以及为什么说它会引领下一波机器学习技术商业化浪潮。我们还列举了一个利用迁移学习解决贫困地区的定位问题的案例，从而展示迁移学习广阔的用武之地。

为了说明如何将已经训练好的大型网络迁移到小数据集上，我们以"蚂蚁还是蜜蜂"为例，介绍了如何迁移大型公开网络（如 VGG、AlexNet、ResNet 等），从而为我们所用。令人吃惊的是，当我们迁移了训练好的大型网络之后，仅利用几百个训练数据就能区分出蚂蚁还是蜜蜂。这个例子很好地说明了迁移学习使不依赖于大数据的深度学习成为可能。

为了说明如何利用迁移学习将神经网络像软件模块一样组装起来，我们提出了一个"手写数字加法机"的任务：将两张手写数字图像输入手写数字加法机，它就能输出这两个数字的和。在这个任务中，手写数字加法机既要能识别输入的两张手写图像，还要学会加法的计算。为了减轻网络的学习负担，我们将上一章训练好的手写数字识别网络作为模块迁移进来。

除此之外，本章还介绍了如何使用 GPU 来加速模型的训练、如何保存和加载一个训练好的神经网络等技术。

6.1　什么是迁移学习

我们常说的"迁移"一般有两层含义：一是指物理空间中的移动，二是指心理学中一种学习对另一种学习的影响。而在机器学习领域，迁移学习更偏向于心理学上迁移的含义，就是将已经训练好的模型应用到其他领域或应用，让机器进行"举一反三"的过程。

6.1.1　迁移学习的由来

我们都知道，监督学习（前几章介绍的机器学习都是监督学习）是目前应用最多的一种机器学习技术。在这种学习任务中，我们会将数据集分为训练集和测试集两类，从而让模型在训练集上学习，在测试集上应用。然而，我们很容易忽略的一个重要因素是，监督学习要求训练集和测试集上的数据具有相同的分布特性。这是什么意思呢？下面我们以猫和狗的识别为例来说明。两个数据集具有相同的分布就意味着，两者中猫和狗的比例（甚至胖猫、瘦猫和胖狗、瘦狗的分布比例）大体相同，这样才能保证模型在训练集中学习到稳定的特征，从而应用到测试集中。

而迁移学习则不同，它允许训练集和测试集的数据有不同的分布、目标，甚至领域。因此，对比传统的机器学习可以发现，迁移学习不需要我们对每一个领域都标注大量的训练数据，这就节省了大量的人力和物力；迁移学习也不需要假定训练数据与测试数据服从相同的分布。在现实世界中，我们可以看到人类进行迁移学习的许多例子。例如，小朋友在学会了弹电子琴之后，就很容易学会弹钢琴。迁移学习的灵感就来源于人类举一反三的能力。

2005 年，DARPA 信息处理技术办公室（IPTO）赋予了机器学习一项新的使命。他们研发了一种拥有特殊能力的系统，这个系统可以将学习到的知识迁移到新的任务上，这实际上就是我们今天说的迁移学习，如图 6.1 所示。

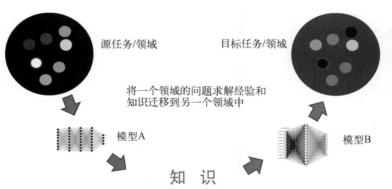

源任务/领域　　　目标任务/领域

将一个领域的问题求解经验和知识迁移到另一个领域中

模型A　　　　　模型B

知　识

图 6.1　迁移学习示例

在机器学习领域，迁移学习是在1995年NIPS会议上首先被提出并被热烈讨论的。在这次会议上，迁移学习被提出用于探索机器学习方法的可复用性（reuse）和长效性（lifelong）。此后，迁移学习的研究受到越来越广泛的关注，同时也发展出了许多"别称"，如知识转移（knowledge transfer）、多任务学习（multitask learning）等。其中，与迁移学习最接近的是多任务学习，这意味着即使不尽相同的多个任务，也可以同时被训练。

6.1.2　迁移学习的分类

根据2010年 *A Survey on Transfer Learning* 中 Pan 和 Yang 的综述，我们可以对迁移学习进行分类。首先，一般的监督学习可以表示为在特定领域 D 上执行某种任务 T。其中，领域 D = {X, P(X)} 包括领域空间及其数据分布。例如，在区分猫狗的例子里，X 就是所有的猫和狗，P(X) 就是各种猫和狗的分布。任务 T 通常包括一个标签空间 Y 以及一个从 X 到 Y 的映射 $y = f(x)$，其中 x 是一个数据样本，y 是相应的标签。机器学习的任务就是要通过有限的样本学到这个映射 f。

迁移学习涉及两个领域（分别用 D_s 和 D_t 来表示）和两个任务（分别用 T_s 和 T_t 来表示）。迁移学习的任务就是要将在 D_s 领域中学习到的任务 T_s 迁移到目标领域 D_t 的相应任务 T_t 上。那么，根据不同要素的组合，我们发现存在下列4种情形。

- $X_s \neq X_t$，即源领域和目标领域的特征空间不同。例如，一个训练任务是所有的动物图像，另一个是所有的人物图像。
- $P_s(X) \neq P_t(X)$，即源领域和目标领域的概率分布不同。例如，同样是动物的数据集，黑猫白猫的比例在两个数据集上可能有所不同。
- $y_s \neq y_t$，即源任务和目标任务的标签空间不同。例如，一个区分猫和狗，另一个是区分老虎和狮子。
- $f_s \neq f_t$，即源任务和目标任务的函数映射不同。例如，同样是区分好人和坏人，不同的人具有不同的标准。我们让机器学习向不同人学习好人坏人分类的时候，就会遇到这种情形。

6.1.3　迁移学习的意义

吴恩达在2016年NIPS会议上展示了不同类型的机器学习算法在未来商业中的应用趋势，如图6.2所示。他认为，由于深度学习的进步、计算资源的增长以及大量标签数据集的出现，近年来监督学习获得了巨大的商业成功，并呈现出持续的指数式增长，而迁移学习的发展趋势仅次于监督学习。

在技术研究和分析公司 Gigaom 的专访中，吴恩达表示迁移学习会是一个有活力、有前途的领域。一方面，迁移学习具有广泛的应用领域，但是相关的理论和实践应用仍处于早期探索阶段；另一方面，迁移学习的研究有可能减轻我们对数据的依赖。

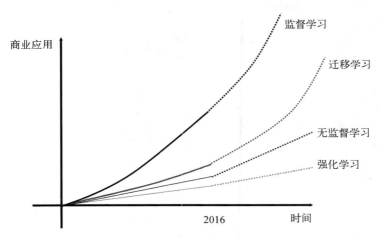

图 6.2 不同机器学习算法的应用趋势

未来，随着迁移学习的大量应用，可能会出现一种新的商业形态：大公司运用大数据训练大模型，再将这些模型迁移到小公司擅长的特定垂直领域中。一方面，大公司提供了泛化的模型，但缺少某个细分垂直领域的特定数据（一般来讲，泛化的大模型往往并不能在某个细分垂直领域充分发挥优势，必须重新积累数据进行训练）；另一方面，小公司具有细分垂直领域的特定数据，但缺乏泛化领域的模型。因此，运用迁移学习技术将二者进行结合将会是大势所趋。

以语音识别为例，大公司可以运用大规模语料训练大的语音识别模型，这种模型在99%的日常应用场景中能达到很高的准确度，但是对于一个充斥着大量数学专业术语的学术会议的情景，这种通用的语音识别模型可能识别98%的常用词汇，但是另外2%的学术术语反而是这个学术会议的关键。在这种情形下，如果我们结合大语音识别模型，运用迁移学习技术，再去训练一个专门针对数学领域的语音识别模型，则有可能实现关键性的突破。

6.1.4 如何用神经网络实现迁移学习

下面我们就结合人工神经网络讲一讲如何实现迁移学习。对于神经网络来说，我们只需要将一个训练好的神经网络从中间切开，再拼接到其他网络上，就可以实现迁移学习了。为什么可以这样呢？

因为深度神经网络会在不同的层学到数据中不同尺度的信息，所以可以将不同的层视作不同尺度的特征提取器。于是，当我们将一个深度神经网络从中间切开，拼接到一个新的网络上的时候，就相当于将低层的特征提取功能看作一种特殊的软件模块，而拼接就相当于将这个软件模块安插到一个新的软件之中。

下面以卷积神经网络为例来说明迁移学习的过程。图 6.3 所示为一个识别猫或狗的卷积神经网络，我们将卷积部分视作一个特征提取器，并迁移到一个新的全连接网络中，从而使这个网络经过简单的训练就能够很好地区分老虎和狮子。

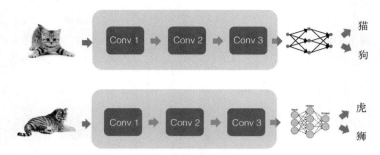

图 6.3　卷积神经网络的迁移

图 6.3 中的 Conv 1、Conv 2、Conv 3 分别代表一个卷积模块，即一个卷积层配上一个池化层。中间的阴影区域就是要进行迁移的部分，它可以视作一个独立的特征提取器。

在迁移的过程中，我们不仅保持了这些卷积模块的架构不变，还保证了迁移模块的所有权重不变，这就将猫狗识别器的训练过程形成的固化知识——神经网络上的权重——成功转换到了识别虎与狮的任务上。

在训练阶段，迁移模块的拓扑结构和所有超参数都可以保持不变，但是权重有可能使用新的数据重新训练。是否要更新这些旧模块的权重取决于我们采取的迁移学习方式，一般有两种：预训练模式和固定值模式。

1. 预训练模式

在这种模式下，我们将迁移过来的权重视作新网络的初始权重，但是它在训练的过程中会被梯度下降算法改变数值。

使用这种模式，我们既可以保留迁移过来的知识（已被编码到了权重中），又可以保证足够的灵活性和适应性，使迁移过来的知识可以通过新网络在新数据上的训练得到灵活调整。在预训练模式下，梯度反传信息可以传播到整个大型网络，如图 6.4 所示。

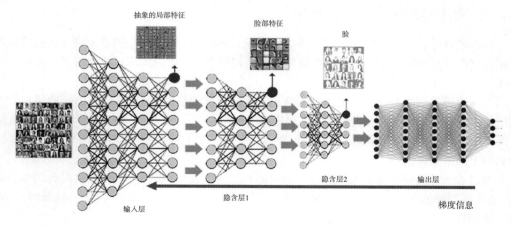

图 6.4　预训练模式（梯度反传至迁移网络）

2. 固定值模式

在这种模式下，迁移过来的部分网络在结构和权重上都保持固定的数值，训练过程仅针对迁移模块后面的全连接网络。

当我们使用反向传播算法的时候，误差反传过程会在迁移模块中停止，从而不改变迁移模块中的权重数值。采用这种方式，我们可以在很大程度上保证迁移部分的知识不被破坏，对新信息的适应完全体现在迁移模块后面的全连接网络上。因此，它的适应性会差一些。

如图 6.5 所示，梯度反传过来的信息仅限于后面的全连接层，而被阻隔在隐含层之外。然而，由于迁移模块不需要信息，因此，需要调节的参数少了很多，学习的收敛速度理应会更快。

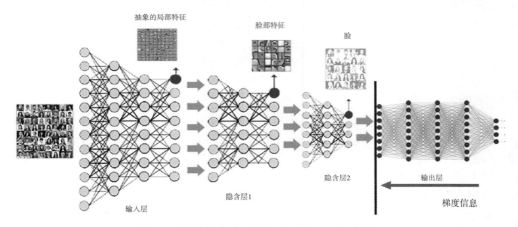

图 6.5   固定值方式（梯度不反传至迁移参数）

我们应根据实际问题的需要选择使用更适合的迁移学习模式。

6.2 应用案例：迁移学习如何抗击贫困

在介绍了大量有关迁移学习的概念之后，下面我们通过一个具体的案例来展示如何应用这种技术来解决贫困预测问题。这个案例来自《科学》杂志，作者来自斯坦福大学，他们巧妙地运用迁移学习技术，对非洲贫困地区的分布进行了更加准确的预测。

6.2.1 背景介绍

贫困一直是阻碍国家或地区发展且难以根治的通病，目前非洲仍然有许多贫困国家。半个多世纪以来，联合国为非洲的发展提供了很多援助和支持。从 1990 年至 2012 年，非洲的贫困人口比例从 56% 下降至 43%。但是 20 多年间贫困人口比例仅下降 13%，与联合国及相关组织大量的援助并不相对应。而且，大量资金援助反而在一定程度上加剧了非洲的贫富差距。这是因为大量物资援助似乎并未完全送到真正需要帮助的人手中，反而引发了不公正。

因此，如何精确地定位待救助的贫困地区就成为了解决非洲贫困的首要问题。

6.2.2　方法探寻

社会经济参数对于政府决策和科学研究具有重要价值。由于贫困，相关政府或机构无力展开对扶贫资助情况的相关调查和研究；同时，传统的统计调查方式存在诸多局限，获取的社会经济参数往往存在较大的误差和信息缺失，即无法获取高精度的贫困数据和有效的资助反馈信息。因此，解决非洲贫困问题面临着数据方面的阻碍。

近年来，夜光遥感数据的引入使研究地区发展程度的量化成为可能。在夜间，遥感卫星可以捕捉到地球上的可见光辐射源，夜光遥感影像就是在夜间无云条件下获取的地球可见光的影像。不同于日间遥感，夜间遥感对于反映人类社会活动具有独特的作用。有研究表明，夜光数据可以用来辅助预测国民生产总值（GDP）或区域生产总值（GRP）。欧盟、中国和美国的一些研究分析发现，夜光总量与 GDP 和 GRP 的相关性可达 0.8~0.9。

但是，该方法存在一个显著的缺陷：虽然一个地区夜间越亮表明这个地区越富有，但是一个地区夜间越暗并不一定意味着这个地区越贫困，因为可能该地区无人居住（如撒哈拉沙漠地区夜间永远都是暗的）。因此，仅使用夜光遥感的方法无法准确地推断一个地区的贫困程度。

有什么其他方法吗？研究人员想到了卫星遥感影像数据。

近年来，随着遥感技术的发展，人们已经获得了地球表面各个地区的卫星遥感数据，例如谷歌地图上的街景数据。这些数据精度高，准确度高，规模大。那么，我们能否使用卫星遥感数据来定位贫困地区呢？

一个地区的遥感图像大体能够反映该地区的贫困状况，因为贫困地区的街道布置往往更加混乱。但是，要想训练一个深度卷积神经网络来预测贫困地区，除了需要大量输入图像，还需要对每一张图像进行贫困程度的标注。

由于非洲贫困地区可获得的贫困数据非常少，仅有大概 600 多个数据点，这对于训练一个大型的卷积神经网络来说远远不够（对于一个 8 层的卷积神经网络来说，训练数据的量级至少要达到数百万）。所以，我们需要对遥感图像进行手工标注。然而，这种标注工作量巨大，简直就是一个不可能完成的任务。

这时，迁移学习就派上了用场。

6.2.3　迁移学习方法

应用迁移学习技术，斯坦福的这个团队想到了解决标注数据缺失问题的方法。其实思路很简单，首先，训练一个卷积神经网络，用遥感图像来预测夜光亮度；然后，将训练好的网络迁移到运用遥感图像预测贫困地区的任务中，这样即使训练数据仅有几百个，我们照样可以进行更准确的预测。

具体的预测过程如图 6.6 所示。

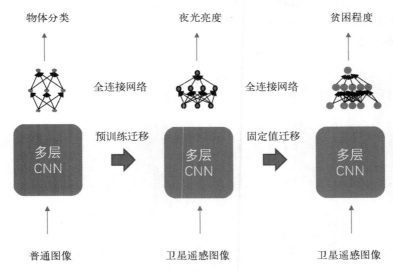

图 6.6　使用卫星遥感图像进行贫困预测

首先，他们使用预训练的方法，将用于图像分类的大型卷积神经网络 VGG F（包含 8 个卷积层）迁移过来，作为初始分类网络。物体分类网络 VGG F 是经过千万张图像训练而成的，它已经学会了如何对图像进行特征提取，例如提取物体的边缘等。

其次，在预训练好的 VGG F 网络上，应用卫星遥感影像数据和夜光影像数据对其进行训练。该模型的输入为某地区的卫星遥感图像，输出为该地区夜间明暗程度的预测。由于夜光数据很容易获得，因此将它作为标签，可以轻松获得数十万个成对的训练数据。另外，当卷积神经网络尝试预测夜光时，它需要学会有效地从卫星遥感图像中提取特定的特征，例如街道、房屋屋顶、混凝土建筑等。这样学到的网络就是一个能从卫星遥感图像中有效提炼特征的特征提取器。

然后，我们将用于预测夜光的神经网络的卷积层迁移过来，拼接一个新的全连接网络，用于预测一个地区的贫困程度。在这一部分，我们将采取固定值迁移方法，仅训练全连接网络部分。这样便可以应用仅有的数百个贫困数据来训练这个预测器。在这一步，我们相当于在原始图像中提取有关特征，据此预测贫困程度。

最后，运用不同地区的图像来预测其贫困程度。该方法最终的预测结果与真实数据的相关性可达 75%，这比使用传统方法的准确率提高了 13% 左右。

6.3　蚂蚁还是蜜蜂：迁移大型卷积神经网络

下面我们动手实现迁移学习。说来可能令人难以置信，这么酷炫的迁移学习技术在实践中是非常简单的，我们仅需要保留训练好的神经网络整体或者部分网络，再在使用迁移学习的情况下把保留的模型重新加载到内存中，就完成了迁移的过程。之后，我们就可以像训练普通神经网络那样训练迁移过来的神经网络了。

接下来，我们将通过两个完全不同的例子来展示迁移学习的应用。在第一个例子中，我们使用已经训练好的大型图像分类卷积神经网络来做一个分类任务：区分画面上的动物是蚂蚁还是蜜蜂。

6.3.1　任务描述与初步尝试

我们的训练数据来源于 Hymenoptera Genome Database，图像都是如图 6.7 所示的照片，尺寸为 224×224 像素。我们的任务是对图像进行分类，分辨图中展示的是蚂蚁还是蜜蜂。

图 6.7　蚂蚁和蜜蜂的图像数据

这是一个标准的图像分类任务，我们只需要训练一个卷积神经网络，问题就迎刃而解了。

我们将上一章用于识别手写数字的卷积神经网络应用到这个分类任务中，如图 6.8 所示。但是，无论我们怎么训练，网络在测试集上的分类准确率始终在 50% 左右，这与完全胡猜没有任何区别。

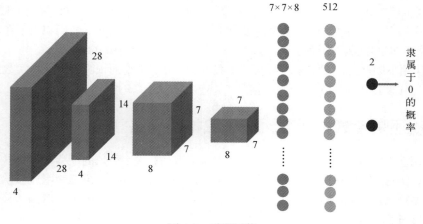

图 6.8　对照网络

究其原因：一是这些图像极其复杂，人类肉眼都不太容易一下子区分出画面中是蚂蚁还是蜜蜂，简单的卷积神经网络无法应付这个分类任务；二是整个训练集仅有 244 个样本，这么小的数据量无法训练大的卷积神经网络。

那么，能不能借助迁移学习的方法来解决这个问题呢？

6.3.2 ResNet 与模型迁移

我们知道，在计算机视觉领域，现在已经有大量大型的卷积神经网络在 ImageNet（大型物体识别图像库）等数据集上有非常好的表现。那么，能不能将一个训练好的大型卷积神经网络迁移到这个区分蚂蚁还是蜜蜂的小数据问题上来呢？答案是肯定的。

本节我们会迁移一个 18 层的残差网络（ResNet）。ResNet 是微软亚洲研究院何凯明团队开发的一种特殊的卷积神经网络。该网络曾号称"史上最深的网络"，有 152 层，在物体分类等任务上具有较高的准确度。

考虑到原始的 ResNet 较为复杂，我们在实验中迁移的是一个 18 层的"精简版"ResNet。该网络由 18 个串联在一起的卷积模块构成，其中每一个卷积模块都包括一层卷积和一层池化。

深度网络在增加更多层时往往会表现得更差，因此人们通常认为直接映射是难以学习的。那么，为什么 ResNet 可以做得如此之深，竟然可以达到数百甚至上千个卷积模块呢？ResNet 的秘诀就在于为每两个相邻的模块之间加上了一条"捷径"。如图 6.9 所示，这条"捷径"将第一个模块的输入和第二个模块的输出连接到了一起，并与模块的输出进行张量求和，从而将这两个模块"短路"。这样就大大提高了学习效率，使网络变得非常深。

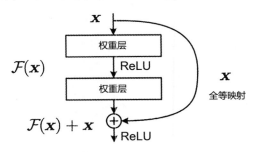

图 6.9　ResNet 模块

PyTorch 系统提供多种层数（18、34、50、101、152）的 ResNet 模型，都是已经在 ImageNet 数据集上训练完毕的网络，因此可以直接拿来进行迁移学习。

于是，我们的新模型就是一个深层的 ResNet 与两层全连接的组合，结构如图 6.10 所示。我们把 ResNet18 中的卷积模块作为特征提取层迁移过来，用于提取局部特征。同时，构建一个包含 512 个隐含节点的全连接层，后接两个节点的输出层，用于最后的分类输出，最终构建一个包含 20 层的深度网络。

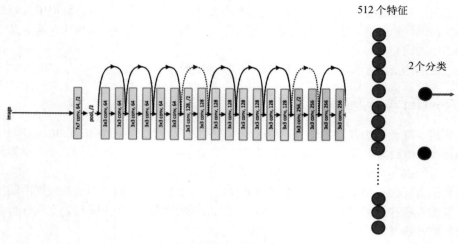

图 6.10   模型拼接

接下来，我们分别应用预训练和固定值两种方式来对这个深度网络进行训练。

6.3.3   代码实现

首先，导入所有有关的包：

```
# 加载程序所需要的包

import torch
import torch.nn as nn
import torch.optim as optim
import torch.nn.functional as F
import numpy as np
import torchvision
from torchvision import datasets, models, transforms
import matplotlib.pyplot as plt
import time
import copy
import os
```

然后，加载需要的数据：

```
# 从硬盘文件夹中加载图像数据集

# 数据存储总路径
data_dir = 'data'
# 图像的大小为 224×224
image_size = 224
# 从 data_dir/train 加载文件
# 加载的过程将会对图像进行如下增强操作：
# 1. 随机从原始图像中切下来一块 224×224 大小的区域
```

```
# 2. 随机水平翻转图像
# 3. 将图像的色彩数值标准化
train_dataset = datasets.ImageFolder(os.path.join(data_dir, 'train'),
                                     transforms.Compose([
                                         transforms.RandomSizedCrop(image_size),
                                         transforms.RandomHorizontalFlip(),
                                         transforms.ToTensor(),
                                         transforms.Normalize([0.485, 0.456, 0.406], [0.229, 0.224, 0.225])
                                     ])
                                    )

# 加载校验数据集，对每个加载的数据进行如下处理：
# 1. 放大到 256×256
# 2. 从中心区域切割下 224×224 大小的区域
# 3. 将图像的色彩数值标准化
val_dataset = datasets.ImageFolder(os.path.join(data_dir, 'val'),
                                   transforms.Compose([
                                       transforms.Scale(256),
                                       transforms.CenterCrop(image_size),
                                       transforms.ToTensor(),
                                       transforms.Normalize([0.485, 0.456, 0.406], [0.229, 0.224, 0.225])
                                   ])
                                  )

# 创建相应的数据加载器
train_loader = torch.utils.data.DataLoader(train_dataset, batch_size = 4, shuffle = True, num_workers=4)
val_loader = torch.utils.data.DataLoader(val_dataset, batch_size = 4, shuffle = True, num_workers=4)

# 读取数据中的分类类别数
num_classes = len(train_dataset.classes)
```

注意，在这段代码中，我们展示了如何将硬盘上的数据成批加载到数据集中。每加载一张图像，transfoms 就会对图像进行一系列的变换：包括将图像扩大到 256×256 大小，以中心对称对图像进行裁剪（当图像不规则的时候会有用），将图像转化为张量，以及对图像的色彩数值进行标准化等步骤。

1. 模型迁移

PyTorch 的 torchvision 包提供了 models 模块，该模块封装了大量已训练好的网络模型和模型操作方法，供开发者调用。我们可以直接加载 ResNet18 这个网络：

```
net = models.resnet18(pretrained=True)
```

接下来，使用预训练的方式将这个网络迁移过来：

```
num_ftrs = net.fc.in_features
net.fc = nn.Linear(num_ftrs, 2)
criterion = nn.CrossEntropyLoss()
optimizer = optim.SGD(net.parameters(), lr = 0.0001, momentum=0.9)
```

其中，`num_ftrs` 存储了 ResNet18 最后的全连接层的输入神经元个数。事实上，以上代码所做的就是将原来的 ResNet18 最后两层全连接层替换成一个输出单元为 2 的全连接层，这就是 net.fc。之后，我们按照普通的方法定义损失函数和优化器。因此，这个模型首先会利用 ResNet 预训练好的权重，提取输入图像中的重要特征，然后利用 net.fc 这个线性层，根据输入特征进行分类。

为了比较，当我们使用固定值的方式进行迁移的时候，可以使用下列代码：

```
net = models.resnet18(pretrained=True)
for param in net.parameters():
    param.requires_grad = False
num_ftrs = net.fc.in_features
net.fc = nn.Linear(num_ftrs, 2)
criterion = nn.CrossEntropyLoss()
optimizer = optim.SGD(net.fc.parameters(), lr = 0.001, momentum=0.9)
```

通过对比我们发现，这段代码多出来一个对 net.parameters() 中元素的循环。我们知道，net.parameters() 返回的是网络中所有可训练参数的集合，包括权重和偏置。我们将原始的 ResNet 中的所有参数都设置成不需要计算梯度的属性（param.requires_grad = False），这就避免了在执行反向传播算法过程中对 ResNet 中各参数的更新。之后，我们再将 ResNet 最后的全连接层换成只有两个输出单元的新的全连接层。

至此，我们展示了两种方式下的模型迁移代码，都非常简单。

2. GPU 加速

由于规模很大，因此最好利用 GPU 来加速基于卷积的运算。近年来，以 NVIDIA Tesla 为代表的异构芯片（协处理器）逐渐被引入通用计算领域中。GPU 具有超强的浮点计算能力，除了应用于传统领域（如图形显示多用于游戏），也被越来越多地应用在科学计算领域，并且逐渐进入高性能计算的主流。使用 GPU 的配置方案后，计算性能可以提升数十倍。

在 PyTorch 中，我们可以很容易地在 GPU 上完成与深度学习相关的一系列张量运算。当使用 GPU 的时候，通常会采取 3 个步骤：首先，判明当前系统是否已经安装了 GPU；其次，将比较费时的计算加载到 GPU 中；最后，当显示结果的时候，将 GPU 上的结果变量再转回到 CPU 上。

首先，判断当前机器是否有可用的 GPU：

```
# 建立布尔变量，判断是否可以用 GPU
use_cuda = torch.cuda.is_available()
# 如果可以用 GPU，则设定 Tensor 的变量类型支持 GPU
dtype = torch.cuda.FloatTensor if use_cuda else torch.FloatTensor
itype = torch.cuda.LongTensor if use_cuda else torch.LongTensor
```

其次，我们可以很方便地将一个定义好的深度网络（只要这个网络继承自 torch.Module）加载到 GPU 上，只需要利用.cuda()命令即可完成：

```
# 如果存在 GPU，就将网络加载到 GPU 上
net = net.cuda() if use_cuda else net
```

我们也可以将训练数据加载到 GPU 上：

```
# 将数据复制出来，然后加载到 GPU 上
data, target = data.clone().detach().requires_grad(True),target.clone().detach()
if use_cuda:
    data, target = data.cuda(), target.cuda()
```

最后，我们使用.cpu()将 GPU 上的计算结果再次转回内存中：

```
# 待计算完成后，需将数据放回 CPU
loss = loss.cpu() if use_cuda else loss
```

其中，loss 是损失函数值。在 PyTorch 中使用 GPU 可以加快大型张量的运算，从而显著加快模型的训练速度。但是 GPU 相比 CPU 而言，内存十分有限，因此使用 GPU 存在一些瓶颈。在应用 GPU 时，应尽量减少 GPU 与 CPU 之间的数据交换，同时还应保证 GPU 存储的数据不能过多，建议不要使用 GPU 存储数据，计算结束后即将数据放回 CPU。

3. 训练

最后，我们对整个网络进行训练（注意，训练的过程可以不用区分两种迁移学习方式），代码如下：

```
record = [] # 记录准确率等数值的容器
# 开始训练循环
num_epochs = 20 # 训练 20 个 epoch
net.train(True) # 给网络模型做标记，说明模型在训练集上训练
for epoch in range(num_epochs):
    train_rights = [] # 记录训练集上的准确率的容器
    train_losses = [] # 记录训练数据损失函数的容器
    for batch_idx, (data, target) in enumerate(train_loader): # 针对容器中的每一个批进行循环
        data, target = data.clone().detach().requires_grad_(True),
                        target.clone().detach() # data 为图像，target 为标签
        output = net(data) # 完成一次预测
        loss = criterion(output, target) # 计算误差
        optimizer.zero_grad()  # 清空梯度
        loss.backward() # 反向传播
        optimizer.step() # 一步随机梯度下降
        # 计算准确率所需数值，返回数值为（正确样例数，总样本数）
        right = rightness(output, target)
        train_rights.append(right)  # 将计算结果装到列表容器中
        train_losses.append(loss.data.numpy()) # 将计算结果装到列表容器中
```

6.3.4 结果分析

我们构建的迁移模型具有较好的识别或预测效果。如图 6.11 所示，即使是一些十分隐晦的图像，也可以准确识别。

图 6.11　迁移模型预测结果

图像上方就是我们的分类器网络给出的识别结果。

我们对迁移学习的两种方式进行比较，如图 6.12 所示，在该实验中，预训练与固定值这两种方式并未表现出明显的差别。也就是说当网络很大的时候，采用预训练的方式或固定值的方式训练效果相近。

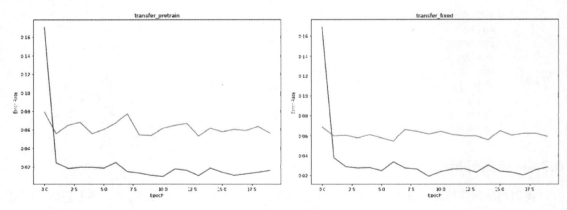

图 6.12　两种迁移方式的比较

结果表明，当采用了 ResNet 迁移学习后，我们的模型的分类准确率非常高，错误率可以下降到 6% 左右。因此，有了迁移学习，数据的限制就不那么明显了。

6.3.5 更多的模型与数据

通过前面的例子，我们已经领略了迁移现成模型的优势。那么，应该从哪里获取更多的迁移模型呢？torchvision 包中包含了目前流行的数据集和模型结构，除了本实验中应用的 ResNet 外，还包括 AlexNet、VGG、SqueezeNet 和 DenseNet 等。我们只需要熟悉 torchvision 这个库，就可以学到大量的知识。

另外，我们还可以从互联网上获取神经网络模型，例如从 NanoNets Models 上就可以下载大量不同种类预训练好的神经网络。有了这些方式，我们就可以像使用软件模块一样来组合和拼接各种模型了。

6.4 手写数字加法机

现在，我们已经学会了如何迁移一个现成的大型网络。在下面的例子中，我们将学习如何迁移自己定义并训练好的模型，以及如何像使用软件模块一样对神经网络进行加载和拼接。除此之外，我们还将通过丰富的计算机实验来展示不同的迁移学习在什么情况下会工作得更好。

为了更好地理解迁移学习的概念及实现方法，本节我们会尝试完成一个新的小项目——手写数字加法机。它可以将两张输入的手写数字图像转化为这两个数字之和。

6.4.1 网络架构

这个任务不算难，我们只需要利用图 6.13 所示的深度网络架构，就可以实现对两个手写数字图像的操作，并计算出最后的数字之和。

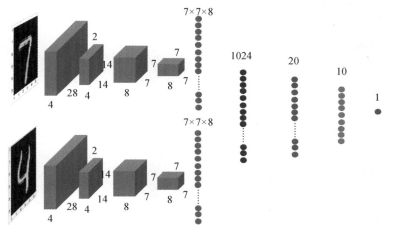

图 6.13 手写数字加法机网络架构

这个架构是由两个并列的卷积神经网络以及 4 个全连接网络层构成的深度神经网络。我们用这两个卷积部件分别处理输入的两张手写数字图像，然后在卷积神经网络的输出端将它们的特征向量合并，作为总的特征向量，最后接入全连接层并输出预测的加法数值。

仔细观察就会发现，两个卷积神经网络部分与上一章设计的手写数字识别器网络的卷积层一模一样。既然架构一样，那么网络上的权重能不能迁移过来呢？

答案是可以的，我们可以将训练好的手写数字识别网络的卷积层部分作为一个特征提取器，将其迁移到本章的手写数字加法机模块中，分别从第一张图和第二张图中提取特征。

具体到迁移中，我们分别尝试了预训练和固定值两种方式，并与不使用迁移学习、完全从头训练的卷积神经网络进行了对比。

接下来，我们就动手实现这个手写数字加法机。

6.4.2　代码实现

本节我们将介绍如何用代码实现数字加法机以及不同的迁移学习步骤。

1. 包与数据的加载

首先，加载所有依赖的 Python 包，定义基本的全局变量：

```
# 导入所需要的包，请保证 torchvision 已经在环境中安装好
import torch
import torch.nn as nn
import torch.optim as optim
import torch.nn.functional as F

import torchvision.datasets as dsets
import torchvision.transforms as transforms

import matplotlib.pyplot as plt
import numpy as np
import copy

%matplotlib inline

# 设置图像读取器的超参数
image_size = 28  # 图像的总尺寸为 28×28
num_classes = 10  # 标签的种类数
num_epochs = 20  # 训练的总循环周期
batch_size = 64  # 批处理的大小

# 如果系统中存在 GPU，则用 GPU 完成张量的计算
use_cuda = torch.cuda.is_available() # 定义一个布尔型变量，标识当前的 GPU 是否可用

# 如果当前 GPU 可用，则优先在 GPU 上进行张量计算
dtype = torch.cuda.FloatTensor if use_cuda else torch.FloatTensor
itype = torch.cuda.LongTensor if use_cuda else torch.LongTensor
```

接下来加载模型所需要的训练数据。由于数字加法机需要成对的手写数字图像作为输入，所以我们同时使用两组采样器和加载器，这样每一组都可以从原始的手写数字集中独立对图像进行抽样，我们就可以获得大量不重复的手写数字图像对，从而输入神经网络。加载数据部分的代码如下：

```python
# 加载 MINIST 数据，如果未下载过，就会在当前路径下新建/data 子目录，并把文件存放其中
# MNIST 数据是 torchvision 包自带的，可以直接调用

train_dataset = dsets.MNIST(root='./data',  # 文件存放路径
                            train=True,  # 提取训练集
                            transform=transforms.ToTensor(),  # 将图像转化为张量
                            download=True)

# 加载测试集
test_dataset = dsets.MNIST(root='./data',
                           train=False,
                           transform=transforms.ToTensor())


# 定义两个采样器，每一个采样器都独立且随机地从原始数据集中抽样一张图像
# 生成任意一个下标重排，利用下标来提取 dataset 中的数据
sampler1 = torch.utils.data.sampler.SubsetRandomSampler(
    np.random.permutation(range(len(train_dataset))))
sampler2 = torch.utils.data.sampler.SubsetRandomSampler(
    np.random.permutation(range(len(train_dataset))))

# 定义两个加载器，分别封装了前两个采样器，实现采样
train_loader1 = torch.utils.data.DataLoader(dataset = train_dataset,
                                            batch_size = batch_size,
                                            shuffle = False,
                                            sampler = sampler1
                                            )
train_loader2 = torch.utils.data.DataLoader(dataset = train_dataset,
                                            batch_size = batch_size,
                                            shuffle = False,
                                            sampler = sampler2
                                            )

# 对校验数据和测试数据进行类似的处理
val_size = 5000
val_indices1 = range(val_size)
val_indices2 = np.random.permutation(range(val_size))
test_indices1 = range(val_size, len(test_dataset))
test_indices2 = np.random.permutation(test_indices1)
val_sampler1 = torch.utils.data.sampler.SubsetRandomSampler(val_indices1)
val_sampler2 = torch.utils.data.sampler.SubsetRandomSampler(val_indices2)

test_sampler1 = torch.utils.data.sampler.SubsetRandomSampler(test_indices1)
test_sampler2 = torch.utils.data.sampler.SubsetRandomSampler(test_indices2)
```

```
val_loader1 = torch.utils.data.DataLoader(dataset = test_dataset,
                                          batch_size = batch_size,
                                          shuffle = False,
                                          sampler = val_sampler1
                                          )
val_loader2 = torch.utils.data.DataLoader(dataset = test_dataset,
                                          batch_size = batch_size,
                                          shuffle = False,
                                          sampler = val_sampler2
                                          )
test_loader1 = torch.utils.data.DataLoader(dataset = test_dataset,
                                           batch_size = batch_size,
                                           shuffle = False,
                                           sampler = test_sampler1
                                           )
test_loader2 = torch.utils.data.DataLoader(dataset = test_dataset,
                                           batch_size = batch_size,
                                           shuffle = False,
                                           sampler = test_sampler2
                                           )
```

有了这段代码，在训练网络的时候，我们就可以非常容易地动态加载成对的图像数据了。

2. 手写数字加法机的实现

根据图 6.13 所示的网络架构图，整个手写数字加法机的代码实现如下：

```
depth = [4, 8]
class Transfer(nn.Module):
    def __init__(self):
        super(Transfer, self).__init__()
        # 两个并行的卷积通道，第一个通道
        # 1 个输入通道，4 个输出通道（4 个卷积核），窗口 5，填充 2
        self.net1_conv1 = nn.Conv2d(1, 4, 5, padding = 2)
        self.net_pool = nn.MaxPool2d(2, 2) # 2×2 池化
        # 4 个输入通道，8 个输出通道（8 个卷积核），窗口大小为 5，填充 2
        self.net1_conv2 = nn.Conv2d(depth[0], depth[1], 5, padding = 2)

        # 第二个通道，注意池化运算不需要重复定义
        # 1 个输入通道，4 个输出通道（4 个卷积核），窗口大小为 5，填充 2
        self.net2_conv1 = nn.Conv2d(1, 4, 5, padding = 2)
        # 4 个输入通道，8 个输出通道（8 个卷积核），窗口大小为 5，填充 2
        self.net2_conv2 = nn.Conv2d(depth[0], depth[1], 5, padding = 2)

        # 全连接层
        # 输入为处理后的特征图压平，输出 1024 个单元
        self.fc1 = nn.Linear(2 * image_size // 4 * image_size // 4 * depth[1] , 1024)
        self.fc2 = nn.Linear(1024, 2 * num_classes) # 输入 1024 个单元，输出 20 个单元
        self.fc3 = nn.Linear(2 * num_classes, num_classes) # 输入 20 个单元，输出 10 个单元
        self.fc4 = nn.Linear(num_classes, 1) # 输入 10 个单元，输出为 1

    def forward(self, x, y, training = True):
```

```python
# 网络的前馈过程，输入两张手写图像 x 和 y，输出一个数字表示两个数字的和
# x、y 都是 batch_size*image_size*image_size 形状的三阶张量
# 输出为 batch_size 长的列向量

# 首先，第一张图像进入第一个通道
# x 的尺寸: (batch_size, image_channels, image_width, image_height)
x = F.relu(self.net1_conv1(x)) # 第一层卷积
# x 的尺寸: (batch_size, num_filters, image_width, image_height)

x = self.net_pool(x)    # 第一层池化
# x 的尺寸: (batch_size, depth[0], image_width/2, image_height/2)

x = F.relu(self.net1_conv2(x))  # 第二层卷积
# x 的尺寸: (batch_size, depth[1], image_width/2, image_height/2)

x = self.net_pool(x) # 第二层池化
# x 的尺寸: (batch_size, depth[1], image_width/4, image_height/4)

x = x.view(-1, image_size // 4 * image_size // 4 * depth[1]) # 将特征图张量压平
# x 的尺寸: (batch_size, depth[1]*image_width/4*image_height/4)

# 然后，第二张图像进入第二个通道
# y 的尺寸: (batch_size, image_channels, image_width, image_height)
y = F.relu(self.net2_conv1(y)) # 第一层卷积
# y 的尺寸: (batch_size, num_filters, image_width, image_height)

y = self.net_pool(y) # 第一层池化
# y 的尺寸: (batch_size, depth[0], image_width/2, image_height/2)

y = F.relu(self.net2_conv2(y)) # 第二层卷积
# y 的尺寸: (batch_size, depth[1], image_width/2, image_height/2)

y = self.net_pool(y) # 第二层池化
# y 的尺寸: (batch_size, depth[1], image_width/4, image_height/4)

y = y.view(-1, image_size // 4 * image_size // 4 * depth[1]) # 将特征图张量压平
# y 的尺寸: (batch_size, depth[1]*image_width/4*image_height/4)

# 将两个卷积过来的铺平向量拼接在一起，形成一个大向量
z = torch.cat((x, y), 1) # cat 函数为拼接向量操作，1 表示拼接的为第 1 个维度 (0 维度对应 batch)
# z 的尺寸: (batch_size, 2*depth[1]*image_width/4 * image_height/4)

z = self.fc1(z) # 第一层全连接
z = F.relu(z)   # 对于深度网络来说，激活函数用 relu 效果会比较好
z = F.dropout(z, training=self.training) # 默认以 0.5 的概率对该层进行 dropout 操作
# z 的尺寸: (batch_size, 1024)

z = self.fc2(z) # 第二层全连接
z = F.relu(z)
# z 的尺寸: (batch_size, 2*num_classes)
```

6

```
z = self.fc3(z) # 第三层全连接
z = F.relu(z)
# z 的尺寸: (batch_size, num_classes)

z = self.fc4(z) # 第四层全连接
# z 的尺寸: (batch_size, 1)
return z
```

可以发现，PyTorch 允许自由拼接不同的神经网络组件，它会自动在内存中构建出动态计算图。因此，我们完全没有体会到拼接神经网络和拼接软件代码有何不同。

3. 模型迁移

下面我们进入迁移神经网络的阶段。通过前面的学习我们知道，模型的参数代表了模型学到的知识，迁移学习在算法层面上实际上是网络结构和参数的迁移，即用一组训练好的参数去初始化另一个模型的相应参数。这个过程中的数量转移涉及参数复制，并且与迁移学习的方式密切相关。

我们知道，神经网络有两种迁移方式：预训练和固定值。如图 6.14 所示，整个模型迁移过程包括如下 3 个步骤。

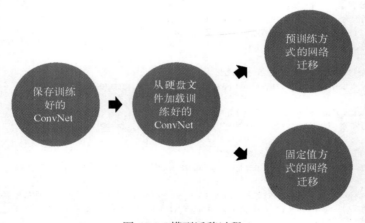

图 6.14　模型迁移过程

(1) 首先，将上一章训练好的可以识别手写数字的卷积神经网络 ConvNet 保存到磁盘文件中，这包括网络架构以及训练好的权重参数；

(2) 然后，将硬盘上的网络加载到内存中，形成 original_net 神经网络；

(3) 最后，用预训练或固定值的迁移方式将 original_net 中的部分层迁移到手写数字加法机中。下面，我们具体介绍这几个过程的代码实现。

(1) 保存模型

与普通文件的存储和提取类似，PyTorch 提供了方便的命令保存训练好的模型。

```
torch.save(net,'minst_conv_checkpoint')    # 将模型 net 另存为文件 minst_conv_checkpoint
```

这行代码需要在上一章的程序最后运行。在训练好 net 之后，我们可以将它保存到文件 minst_conv_checkpoint 中。运行以上代码，即可将 net 存储到硬盘文件 minst_conv_checkpoint 中。

(2) 从文件加载模型

我们可以随时从硬盘文件加载一个训练好的网络。但是，在加载的时候，需要重新定义源网络的类。因此，首先要在新的 Notebook 中重新定义 ConvNet 类。

```
# 定义待迁移的网络框架，所有的神经网络模块包括 Conv2d 和 MaxPool2d
# Linear 等模块不需要重新定义，系统会自动加载，网络的 forward 功能没有办法自动实现，需要重写
# 一般加载网络只加载网络的属性，不加载方法
depth = [4, 8]
class ConvNet(nn.Module):
    def __init__(self):
        super(ConvNet, self).__init__()
    def forward(self, x):
        x = F.relu(self.conv1(x))
        x = self.pool(x)
        x = F.relu(self.conv2(x))
        x = self.pool(x)
        # 将立体的张量全部转换成一维的张量。两次池化运算，所以图像维度减少了 1/4
        x = x.view(-1, image_size // 4 * image_size // 4 * depth[1])
        x = F.relu(self.fc1(x)) # 全连接，激活函数
        x = F.dropout(x, training=self.training) # 以默认 0.5 的概率对该层进行 dropout 操作
        x = self.fc2(x) # 全连接，激活函数
        x = F.log_softmax(x) # log_softmax 可以理解为概率对数值
        return x
```

然后，只需要调用 torch.load()函数，就可以从 minst_conv_checkpoint 文件中自动加载网络到 original_net 中：

```
original_net = torch.load('minst_conv_checkpoint')
```

其中，original_net 是承接加载模型的对象，它必须是与被保存模型相同的类，即 ConvNet 类。当运行 load 的时候，ConvNet 的架构以及相应的属性会自动加载。

需要注意的是，PyTorch 在加载网络时，只加载网络的属性，而不加载方法，因此，在迁移网络时只迁移了源网络的架构和参数，源网络的方法（如 init()和 forward()）需要在新的 Notebook 中重新定义。

(3) 预训练方式的迁移

在这种迁移方法中，加法机网络的卷积部分是两个相对独立的子网络 net1 和 net2。在迁移权重时，如果采用普通的赋值（=）或者 copy 方法，则复制过程相当于将同一组参数数值赋给了两组参数，这两组参数实际上共享了迁移源中参数的地址。这就导致对于 net1 的训练默认用到了 net2 中，即 net1 和 net2 的权重数据会同步变化，但实际上我们希望它们是互相独立的，并且它们相对于源网络是独立的——新网络参数的变化不会引起源网络相应的变化。因此，在赋值时需要采用 Python 提供的 copy 包中的 deepcopy()方法，直接将参数数值复制到目标参数中，而不是复制地址，从而将目标网络与源网络分隔开来。

首先，我们需要在 Transfer 类中添加一个方法 set_filter_values()，代码如下：

```
# 定义权重复制函数
def set_filter_values(self, net):
    self.net1_conv1.weight.data=copy.deepcopy(net.conv1.weight.data)
    self.net1_conv1.bias.data = copy.deepcopy(net.conv1.bias.data)
    self.net1_conv2.weight.data = copy.deepcopy(net.conv2.weight.data)
    self.net1_conv2.bias.data = copy.deepcopy(net.conv2.bias.data)
    self.net2_conv1.weight.data = copy.deepcopy(net.conv1.weight.data)
    self.net2_conv1.bias.data = copy.deepcopy(net.conv1.bias.data)
    self.net2_conv2.weight.data = copy.deepcopy(net.conv2.weight.data)
    self.net2_conv2.bias.data = copy.deepcopy(net.conv2.bias.data)
```

注意，在复制权重的时候，我们使用了 deepcopy() 函数，从而实现数值的复制。

接下来，通过如下代码实现预训练方式的迁移：

```
net = Transfer()   # 构造网络

# 数据迁移
net.set_filter_values(original_net)

if use_cuda:
    net = net.cuda()
criterion = nn.MSELoss()

# 将 new_parameters 加载到优化器中
optimizer = optim.SGD(net.parameters(), lr=0.0001, momentum=0.9)
```

首先创建一个 Transfer 网络实例，然后调用 net.set_filter_values() 方法将 original_net 中的各个参数复制到 Transfer 实例的两个新网络 net1 和 net2 上，之后将 net 加载到 GPU 中，接着定义损失函数为最小均方误差，最后定义一个优化器。

(4) 固定值方式的迁移

固定值迁移权重的方式与预训练相同，也是用 deepcopy() 方法。由于在训练过程中不调整卷积层权重，因此还应设置卷积层参数不接收梯度反传，实现方法是将该部分参数的 requires_grad 属性设为 False，即不接受反传的梯度信息。

首先，我们还是在 Transfer 类中添加下列代码，定义新的方法 set_filter_values_nograd()：

```
# 定义权重值复制函数
def set_filter_values_nograd(self, net):
    # 调用 set_filter_values() 对全部卷积核进行赋值
    self.set_filter_values(net)

    # 设定每一个变量的 requires_grad 为 False, 即不需要计算梯度值
    self.net1_conv1.weight.requires_grad = False
    self.net1_conv1.bias.requires_grad = False
    self.net1_conv2.weight.requires_grad = False
    self.net1_conv2.bias.requires_grad = False

    self.net2_conv1.weight.requires_grad = False
    self.net2_conv1.bias.requires_grad = False
    self.net2_conv2.weight.requires_grad = False
    self.net2_conv2.bias.requires_grad = False
```

在这个方法中，我们首先调用了之前的 set_filter_values()方法来复制网络的权重值，接着将网络中所有卷积层的权重设置为不更新梯度信息。

然后，我们将 ConvNet 的网络权重全部迁移到加法机的两个卷积部件中，且训练时固定权重值，只允许全连接层的权重可训练。代码如下：

```
net = Transfer()

# 迁移网络，并设置卷积部件的权重和偏置都不计算梯度
net.set_filter_values_nograd(original_net)
if use_cuda:
    net = net.cuda()

criterion = nn.MSELoss()

# 只将可更新的权重值加载到优化器中
new_parameters = []
for para in net.parameters():
    if para.requires_grad:
        new_parameters.append(para)
optimizer = optim.SGD(new_parameters, lr=0.0001, momentum=0.9)
```

注意，这与前面的预训练迁移方式有两点不同，一是 set_filter_values_nograd()的调用，二是 new_parameters 下面的这段代码。它的作用是遍历 net.parameters()集合中的所有可学习参数，并将需要更新梯度的参数加入 new_parameters 集合中。我们将优化器的优化参数集合设置为 new_parameters，这样在梯度反传时，事实上只更新了那些 requires_grad = True 的参数。

6.4.3 训练与测试

接下来，我们只需要通过如下代码即可完成对模型的训练：

```
# 开始训练网络
num_epochs = 20 # 定义训练周期，每一周期跑遍所有的训练数据
records = [] # 该变量用于数据记录
for epoch in range(num_epochs):
    losses = []

    # 用 zip 命令同时从两个数据加载器中加载数据，用 enumerate 为迭代附加计数
    for idx, data in enumerate(zip(train_loader1, train_loader2)):
        # 为了比较数据量大小对迁移学习的影响，我们只加载了部分数据
        ((x1, y1), (x2, y2)) = data
        if use_cuda:
            x1, y1, x2, y2 = x1.cuda(), y1.cuda(), x2.cuda(), y2.cuda()
        optimizer.zero_grad()
        net.train()
        outputs = net(x1.clone().detach(), x2.clone().detach())
        outputs = outputs.squeeze()
        labels = y1 + y2
```

```
        loss = criterion(outputs,labels.type(torch.float))
        loss.backward()
        optimizer.step()
        loss = loss.cpu() if use_cuda else loss
        losses.append(loss.data.numpy())
        if idx % 100 == 0:
            # 计算校验数据上的准确率
            val_losses = []
            rights = []
            net.eval()
            for val_data in zip(val_loader1, val_loader2):
                ((x1, y1), (x2, y2)) = val_data
                if use_cuda:
                    x1, y1, x2, y2 = x1.cuda(), y1.cuda(), x2.cuda(), y2.cuda()
                outputs = net(x1.clone().detach(), x2.clone().detach())
    outputs = outputs.squeeze()
                labels = y1 + y2
                loss = criterion(outputs, labels.type(torch.float))
                loss = loss.cpu() if use_cuda else loss
                val_losses.append(loss.data.numpy())

                right = rightness(outputs.data, labels)
                rights.append(right)
                right_ratio = 1.0 * np.sum([i[0] for i in rights]) / np.sum([i[1] for i in rights])
                print('第{}周期，第({}/{})个撮，训练误差: {}, 校验误差: {:.2f},
                    准确率: {:.2f}'.format(
                    epoch, idx, len(train_loader1),
                    np.mean(losses), np.mean(val_losses), right_ratio))
            records.append([np.mean(losses), np.mean(val_losses), right_ratio])
```

这里的 rightness() 是一个负责计算准确率的函数，它的定义如下：

```
def rightness(y, target):
    # 计算分类准确率的函数，y 为模型预测的标签，target 为数据的标签
    # 输入的 y 为一个矩阵，行对应 batch 中的不同数据记录，列对应不同的分类选择，数值对应概率
    # 函数输出分别为预测与数据标签相等的个数，以及本次判断的所有数据个数
    out = torch.round(y).type(itype)
    out = out.eq(target).sum()
    out1 = y.size()[0]
    return(out, out1)
```

最后，当训练完成后，我们用以下代码在数据集上进行测试：

```
# 测试集上的准确率
rights = []
net.eval()
for test_data in zip(test_loader1, test_loader2):
    ((x1, y1), (x2, y2)) = test_data
    if use_cuda:
        x1, y1, x2, y2 = x1.cuda(), y1.cuda(), x2.cuda(), y2.cuda()
```

```
outputs = net(x1.clone().detach(), x2.clone().detach())
outputs = outputs.squeeze()
labels = y1 + y2
loss = criterion(outputs, labels.type(torch.float))
right = rightness(outputs.data, labels)
rights.append(right)
right_ratio = 1.0 * np.sum([i[0] for i in rights]) / np.sum([i[1] for i in rights])
```

6.4.4　结果

这 3 种方法的训练结果如图 6.15 所示。可以看到，采用迁移学习的两种训练方式均比无迁移学习的准确率高（错误率低），且训练速度大幅提升；预训练方式的准确率高于固定值方式。

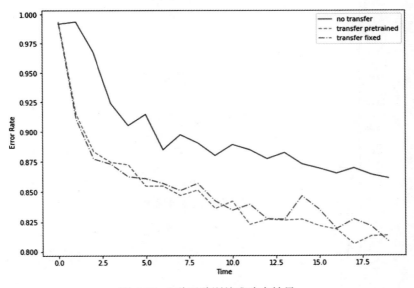

图 6.15　3 种迁移训练准确率结果

然而，这个结论仅仅是针对一个很小的训练集（原数据集的 1/30，即 2000 张图像）而言的。当训练集变大时，3 条曲线的顺序将会发生很大的变化，其中无迁移学习的实线跑到了两条曲线的下方，这意味着不利用迁移学习会得到更好的学习效果。

6.4.5　大规模实验

我们已经看到，数据量、网络结构、迁移方式等因素都会影响迁移学习的效果。因此，为了更全面地考察迁移学习，我们进行了更大规模的实验，希望将影响学习的各种因素都搞清楚。

本实验的设计思路是先找到可能影响迁移学习的因素，包括数据量、网络的规模以及迁移学习的方式。因此，本次实验共设计了以下 3 组变量。

❑ 迁移训练方式：无迁移、预训练迁移和固定值迁移 3 种方式。

❑ 数据量：训练数据分别占总训练数据量的 5%、10%、12.5%、16.7%、25%、33%、50%、100%。

❑ 网络规模：含有 2 层全连接层的小模型和含有 4 层全连接层的大模型。

1. 大模型实验结果分析

实验结果如图 6.16 所示。

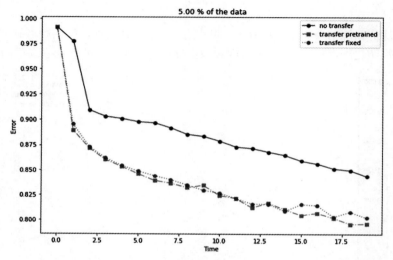

图 6.16(a)   大模型下 3 种迁移方式的准确率曲线（数据量 5%）

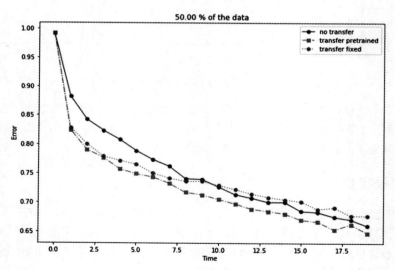

图 6.16(b)   大模型下 3 种迁移方式的准确率曲线（数据量 50%）

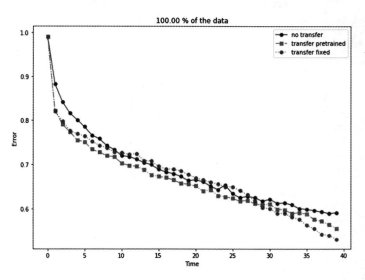

图 6.16(c)　大模型下 3 种迁移方式的准确率曲线（数据量 100%）

　　可以看到，迁移学习的误差下降明显比无迁移学习要快；当数据量较小时，迁移学习比无迁移学习的优越性更显著，随着数据量增大，这种优越性逐渐不明显；预训练迁移方式的优势大于固定值迁移方式。

　　图 6.17 从另一角度展现了数据量对测试结果的影响（横坐标为训练数据的数据量，纵坐标为模型错误率），更直观地体现了当数据量较小时，迁移学习比无迁移学习在准确率上有明显优势；而当数据量较大时，这一优势会逐渐减弱。这说明迁移学习特别适用于样本比较稀缺时的训练。

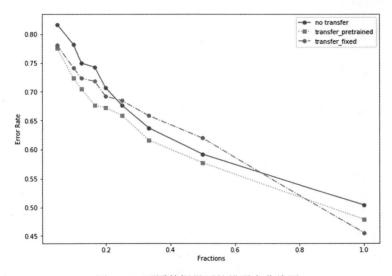

图 6.17　不同数据量下的错误率曲线图

2. 小模型实验结果分析

与大模型（4 层全连接层）的训练类似，图 6.18 展示了小模型（2 层全连接层）的训练结果，图 6.19 展示了不同数据量下的错误率曲线。

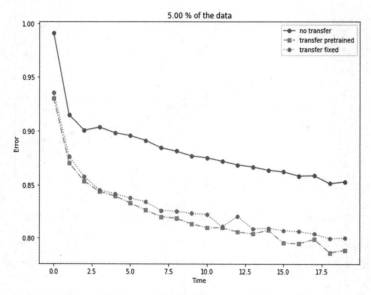

图 6.18(a)   不同数据量对小模型训练结果的影响（数据量 5%）

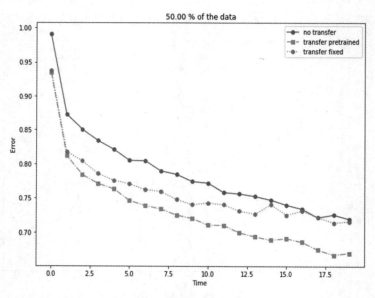

图 6.18(b)   不同数据量对小模型训练结果的影响（数据量 50%）

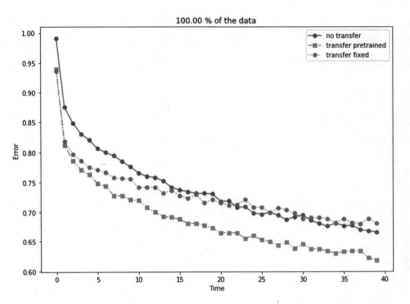

图 6.18(c)　不同数据量对小模型训练结果的影响（数据量 100%）

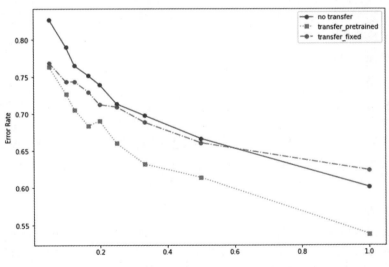

图 6.19　不同数据量下的错误率曲线

　　由图 6.18 和图 6.19 可知，训练方式对小模型的影响与对大模型的影响规律相似。但是在小模型下，迁移学习模型（尤其是预训练迁移方式）的优势更大。在使用小模型时，在 100% 的训练数据量下，固定值迁移方式相对于无迁移方式的准确率提高较小，而预训练迁移方式的准确率显著提高，因此我们认为预训练迁移方式优于固定值迁移方式。

　　本节通过手写数字加法机的实例展示了如何具体运用迁移学习进行训练,分析了不同变量对迁移学习效果的影响。实验结果一方面说明了迁移学习对提升模型性能具有显著作用,其中预训练迁移方式比固定值迁移方式有更好的表现;另一方面展示了迁移学习在训练数据量较少时的优越性能。

　　迁移学习的这些特性为现实生活中很多数据不充分的问题(如非洲贫困地区预测)提供了解决方案,这也加深了我们对于吴恩达所说的"迁移学习将引领下一波机器学习技术商业化浪潮"的认识。随着迁移学习实践的积累和理论的创新,它必将更广泛地影响我们的生活。

6.5　小结

　　本章我们介绍了深度学习领域又一个重要的研究方向——迁移学习,并且详细讲解了它的定义、发展及其在深度学习研究和现代产业中的重要意义。在了解了迁移学习的基本概念之后,我们应用 PyTorch 实现了两个迁移学习的实例:蚂蚁蜜蜂识别器和手写数字加法机,这让我们又一次感受到了 PyTorch 框架的便捷和强大。相信大家通过本章的学习对迁移学习有了更深的认识,但在实践过程中,还有以下几点需要注意。

1. 迁移学习的应用

　　在机器学习盛行的时代,面对许多新兴领域中训练数据稀缺的问题,迁移学习就是一种将一个领域训练的机器学习模型应用到另一个领域中的技术手段,它在某种程度上提高了训练模型的利用率,解决了数据稀缺的问题。与传统的机器学习方法不同,迁移学习允许训练集和测试集的数据有不同的领域、目标甚至分布。

2. 卷积神经网络的迁移学习

　　对于卷积神经网络而言,迁移学习是把在特定数据集上训练得到的"知识"应用到新的领域。在应用之前,通常首先利用相关领域的大型数据集对网络中的随机初始化参数进行训练;然后利用训练好的卷积神经网络,针对特定应用领域的数据进行特征提取;最后利用提取的特征,针对特定应用领域的数据训练卷积神经网络或分类器。由于卷积神经网络具有较好的可分割性和适应性,因此迁移学习在卷积神经网络中有大量的研究和应用。

3. 两种迁移方式

　　迁移学习主要有预训练和固定值两种迁移方式。预训练模型是将网络的结构和参数迁移到新的任务中,参数的初始化取值设定为源网络的数值,在新的网络中,所有的参数将重新训练;对应地,固定值模型是将源网络的结构和参数迁移到新的任务中,新网络中参数的取值设定为源网络的数值,且始终不变。在实际应用过程中,预训练方式的迁移效果往往会更好。

6.6　实践项目:迁移与效率

　　请各位读者按照实践项目的要求独立完以下任务。

(1) 固定总的训练周期数量（epoch）为 100，比较如下不同的训练方式。

❑ 先用 0~4 这 5 个数字训练卷积神经网络 ConvNet，再用 5~9 这 5 个数字训练 ConvNet；

❑ 先用 0~4 这 5 个数字训练卷积神经网络 ConvNet，再用 0~9 全部 10 个数字训练 ConvNet；

❑ 直接用 0~9 这 10 个数字训练 ConvNet。

(2) 从以下角度比较以上 3 种训练方式。

❑ 比较它们的误差曲线形状；

❑ 比较训练完之后在测试集上的分类准确率。

注意：需要多次（至少 5 次）实验取平均值，以得出较为准确的结论。

## 第 7 章

你自己的 Prisma—— 图像风格迁移

当我们掌握了卷积神经网络和迁移学习技术之后，再来看看卷积神经网络加迁移学习的更高级"晚宴"——图像风格迁移（image style transfer）。

"打开 Prisma，做个艺术家！"这是俄罗斯计算机工程师阿列克谢·莫伊谢延科夫（Alexei Moiseyenkov）推广其团队研发的应用 Prisma 时的广告语。Prisma 是 2016 年初推出的一款图片处理应用，它使用新技术对照片进行"再创作"，能够赋予一张普通照片特定艺术风格。一张平淡无奇的照片，借助它就能摇身一变，堪比画家笔下的艺术品。

Prisma 的横空出世，是俄罗斯互联网圈子的高光时刻。2016 年 6 月中旬，这款应用在苹果应用商店上发布后，15 天内下载量就超过了 750 万，火遍了 40 多个国家。Prisma 内置了 20 种艺术风格供用户选择。不管你是欣赏现代派还是印象派，喜欢表现主义还是毕加索、梵高、蒙克、葛饰北斋等大师风格，这款应用都能助你一"点"而就，秒入画魂。

而 Prisma 所应用的就是深度学习的图像风格迁移技术。本章我们就来介绍风格迁移的概念，回顾其研究历程，剖析其算法思路，最后通过一个案例给出其 PyTorch 的代码实现，从而打造一款你自己的 Prisma——这是对卷积神经网络的一次高超、酷炫的实践。

7.1 什么是风格迁移

近年来，由深度学习所引领的人工智能技术浪潮在社会各个领域都受到了越来越广泛的关注。而人工智能与艺术的交叉碰撞，不仅在相关技术和艺术领域引发了高度关注，还促使研究人员开发出了各种图像处理软件和滤镜应用。在各种神奇应用的背后，最核心的就是基于深度学习的图像风格迁移技术。

7.1.1 什么是风格

要解释风格迁移，首先我们要理解"风格"一词。作为一个艺术概念，"风格"是一个高度抽象而无法精确定义的词。百度百科上将"风格"概括为"艺术作品在整体上呈现的有代表性的面貌"，这是一种描述性定义，非常抽象，却有着丰富的含义。风格可以是图像的颜色、纹理和画家的笔触，甚至是图像本身所表现出的某些难以言表的感觉。虽然图像风格十分抽象且没有严格的数学定义，但是画家、美术家或那些经过训练的专业绘画人员可以充分感受和描述图像风格，因此图像风格迁移问题是与人类认知相关的，在一定程度上可以触及人工智能与神经认知科学的交叉领域。

一直以来，印象主义、后印象主义、野兽主义等艺术风格都是十分抽象的概念，而到了人工智能时代，各种艺术风格都被证实是可以"量化"的，通过机器学习，可以源源不断地产生新的作品。Prisma 为普通人利用计算机进行艺术创作提供了机会和便利。

7.1.2 风格迁移的含义

下面我们就来看看什么是风格迁移。要了解风格迁移的含义，首先要明白它解决的问题是什么：指定一幅输入图像作为基础图像，也称内容图像，同时指定另一幅或多幅图像作为目标图像风格，算法在保证内容图像大体结构的同时，获得了目标图像风格，使最终输出的合成图像呈现出输入图像内容和目标风格的完美结合，这就是风格迁移。其中，图像的风格可以是某一艺术家的作品，也可以是由个人拍摄的照片所呈现出来的风格。图 7.1 所示的是图像风格迁移的一个实例，其中，左边两幅图分别是原图和待迁移的风格图，右边是迁移后的效果图。可以看到，原图是一幅风景图，风格图是梵高的星空画，右边是迁移后的"星空化"的风景图。

图 7.1 梵高星空的风格迁移（图片来源：Ostagram）

为求直观，我们可以给出风格迁移的一种描述性定义：它是一种将目标图像的风格转移到特定图像上，同时（最大限度地）保持该图内容不变的技术。

本章讨论的主要是图像领域的风格迁移技术，更广泛的风格迁移也可以指其他种类艺术作品的风格学习和转换。图像风格迁移技术推动了人们对内容、风格等认知概念的深入省察，一定程度上促进了相关认知领域的研究发展，是技术和理论互相促进的范例。

7.2　风格迁移技术发展简史

风格迁移在发展成形之前有着不同的分支。早期的风格迁移主要针对图像的局部特征（图片纹理生成）或者特定风格/场景建立模型（单一风格模型），迁移时通过套用模型提取图片纹理或转换风格。这些模型的缺点是特征/风格单一而无法通用。此外，虽然神经网络经过多年的技术积淀，在特征提取、物体识别等方面取得了长足的进步，但没有对特征进一步提炼形成风格。

2015 年，利昂·盖提斯（Leon Gatys）尝试用卷积神经网络做风格迁移，在当时获得了一定的成功，并成为当前风格迁移技术的基础和主流。以盖提斯的研究为分水岭，风格迁移技术的发展可分为神经网络之前的风格迁移和神经网络之后的风格迁移。

本节我们先来看看神经网络之前的风格迁移技术，它包括纹理生成、特定风格的实现等技术。下面分别进行介绍。

1. 纹理生成

这种风格迁移方法是将物体表面的纹理视作一种风格，从而将纹理赋予其他物体表面，因此我们可以运用物理过程模拟等手段来实施纹理贴图。

现实世界中的物体表面往往具有各种纹理，即表面细节。一种纹理是由于物体表面不规则的细小凹凸造成的，称为凹凸纹理；另一种则是通过颜色中的色调、亮度变化体现出来的表面细节，称为颜色纹理。纹理通常可以用图像局部统计特征来描述。因此，早期研究者可以应用复杂的数学模型来归纳和生成不同的纹理，效果如图 7.2 所示。

图 7.2　早期纹理生成效果（图片来源：Portilla J, Simoncelli E P. A Parametric Texture Model Based on Joint Statistics of Complex Wavelet Coefficients. International Journal of Computer Vision, 2000.）

早期纹理生成的方法通常可分为 3 类：纹理映射、过程纹理合成和基于样图的纹理合成。

- 纹理映射（texture mapping）是绘制真实感图形最为常用的技术，它可以通过纹理来表现丰富的几何和光照细节，甚至可以通过映射后纹理的变形来表现物体的几何形状。
- 过程纹理合成（procedural texture synthesis）通过在计算机中模拟物理过程直接在曲面上生成纹理。例如生物的羽毛、皮肤或鳞片等，都可以通过细致的计算机模拟来实现。
- 基于样图的纹理合成（texture synthesis from samples）基于给定的小区域纹理样本，按照表面的几何形状，拼合生成整个曲面的纹理，它在视觉上是相似而连续的。利用纹理合成技术可以进行纹理填充（如修复破损的图片、重现原有图片效果）、纹理转移（把一张图的纹理贴到另一张图中）等。

2. 特定风格的实现

不同艺术家创作的作品具有不同的风格。在神经网络风格迁移出现之前，图像的风格迁移算法大多基于一个共同的思路：分析某种风格的图像，建立该风格的数学模型或统计模型，然后调整要迁移的图像，使其更好地拟合模型。基于这种方法生成的图像具有不错的效果，但是存在一个很大的缺点：一种算法基本只适用于某种风格的迁移，这便限定了传统风格迁移研究的实际应用场景。

传统风格迁移研究通常包括油画风格迁移和人物肖像风格迁移等。

油画风格迁移是指将一张照片通过特定的艺术图像渲染算法转化为某种风格的油画形式。图 7.3 是一个油画风格迁移的示例，该过程包含了边缘提取、线条绘制、上色、颜色精细化等多个步骤，对油画具有较强的针对性，而不一定适用于其他类型的图像。

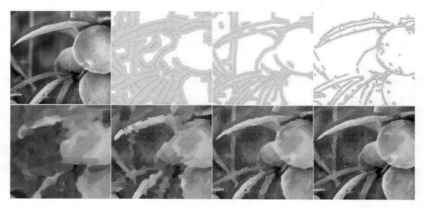

图 7.3 油画风格迁移（图片来源：Hays J, Essa I. Image and Video Based Painterly Animation. Proceedings of the 3rd International Symposium on Non-photorealistic Animation and Rendering. ACM, 2004:113.）

人物肖像风格迁移是指为一张普通的头部特写摄影图片赋予专业摄影师的摄影风格，输入一幅人物肖像图片和一张模板图片，然后通过特定的算法，把输入图片的光照风格转换成模板图片的风格，如图 7.4 所示。

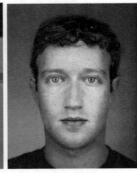

图 7.4　人物肖像风格迁移（图片来源：Shih Y C, Paris S, Barnes C, et al. Style Transfer for Headshot Portraits, 2014.）

在现实生活中，人物肖像风格迁移具有十分广阔的应用空间。如天天 P 图、美妆等一系列热门化妆软件的一键化妆功能就是依靠这类算法实现的。用户输入一张人物肖像图片和一张化妆好的模板图片，就可以实现"自动化妆"，将模板图片的化妆风格转换到用户图片上。除此之外，人物肖像风格迁移还可以实现人物瞳孔的光照转换，例如美图秀秀上的"亮眼"功能。

7.3　神经网络风格迁移

风格迁移的研究经过曲折发展之后，终于在 2015 年迎来了重大转机。盖提斯等人将神经网络和风格迁移有机地结合起来，提出了神经网络风格迁移技术。该技术巧妙运用卷积神经网络分离出图像内容和风格，内容不动，迁移风格，于是这一问题便迎刃而解了。

7.3.1　神经网络风格迁移的优势

在本书第 5 章中，我们充分认识了卷积神经网络在图像特征提取上的优越表现：给定一张输入图像，卷积神经网络能够逐层提取图像的特征。层级越低，网络提取的特征越反映细节（像素）特征；层级越高，网络提取的特征就越反映整体（内容）特征。图 7.5 是卷积神经网络识别人脸的例子。在这个过程中，每层神经元及神经元的组合起到了特征过滤器的作用。由神经元提取的特征比传统方法提取的特征更加丰富，提取也更加灵活。

更为重要的是，卷积神经网络的这种特征提取能力使我们在处理图像任务时可以进一步对特征图进行操作，而不是仅停留在像素空间做分析，这就拓展了图像处理领域的广度和深度，为很多复杂的图像处理问题提供了新的方法。以风格迁移问题为例，图像风格就是在特征图的基础上定义的，没有特征图则风格无从谈起。

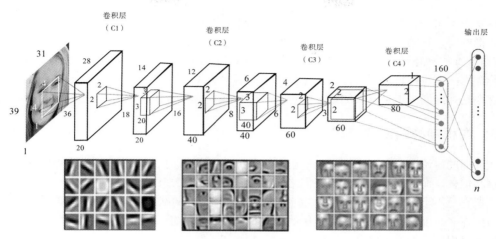

图 7.5 卷积神经网络可以提取多尺度的信息

7.3.2 神经网络风格迁移的基本思想

正如前文对风格迁移算法的描述中提及的，我们要生成一张在内容上与原始图像相似而在风格上与目标风格图像相似的图，关键是要解决如何刻画这种相似性的问题。

首先，以内容相似性为例，我们显然不能按照逐个像素点来计算原始图像和生成图像的误差。这是因为这里的内容相似性并不是指微观细节一模一样，而是指在宏观视觉感受上的相似。这种宏观视觉感受恰恰可以被卷积神经网络的高层特征图所捕获，因为层级越高的卷积神经网络越能反映输入图像在整体尺度上的特征。这样我们也许可以通过比较高层特征图的误差来捕获内容上的差异。具体来讲，我们可以将原始图像和目标图像同时输入相同的卷积神经网络，并考察该网络在高层的特征图输出，然后逐个像素地计算这两张特征图的误差，就反映了图像之间在整体尺度下的内容相似度。

其次，看看图像风格相似度的计算。在对风格迁移历史的回顾中，我们看到物体的纹理可以看作一种图像风格。而纹理的本质就是某种图像模式在空间中的不断重复和平铺。回想第 5 章卷积运算部分的内容，我们会发现，卷积运算恰好能够捕捉这种空间中的重复模式。因此，如果一张图像具有某种风格，它就会在不同的卷积核形成的特征图上反映出来。由于风格显然与空间位置独立，遍布于整个画布空间，因此它只能与不同卷积核有关，而与特征图的空间分布模式无关。所以，一幅画作的风格就体现为它与所有卷积核之间的关系，而这又可以被任意两个特征图的相关性所刻画，这便是 Gram 矩阵的由来。

有了内容相似性和风格相似性的度量，我们就不难找到实现风格迁移的算法。对于固定的卷积神经网络，我们可以不断地调节生成图像，使其与原始图像之间的内容相似性和风格相似性同时实现最小化。

因此，我们将风格迁移的问题成功地转化成了函数优化的问题。只不过，在这个任务中，待优化的变量不再是神经网络的权重（在风格迁移中，卷积神经网络的权重不会发生变化），而是生成图像本身，它的每一个像素都是可变的。

PyTorch 的动态计算图为这类优化问题提供了统一的解决方案，我们只需要定义好损失函数，反向传播算法就可以自动调节生成图像的每个像素，从而让损失值最小。

这便是神经网络风格迁移的基本思想。接下来，我们看一看迁移过程中的细节是如何实现的。

7.3.3   卷积神经网络的选取

在前面的讨论中，我们注意到一个重要的事实：在算法的执行过程中，卷积神经网络并不会被调整和优化，而是固定的。这与我们之前接触到的各种网络很不一样。

既然它是不可以学习的，那么我们究竟应该选取什么样的网络呢？问题的关键是这种卷积神经网络要在多尺度正确地提炼输入图像的内容特征和风格特征，因此我们通常选取那些能够在分类任务上表现良好的大型网络。

风格迁移常用的一种卷积神经网络架构是由牛津视觉几何组（Visual Geometry Group）提出的 VGG 网络。VGG 在 2014 年的 ILSVRC（ImageNet Large Scale Visual Recogniton Competition）上大放异彩，取得定位任务第一名和分类任务第二名的成绩，与同期的 GoogleNet 并称双雄。

与之前的模型相比，VGG 的特点是卷积核小（3×3）而网络很深。VGG 的作者发现，当固定其他参数，逐步加深网络至一定层数时，网络在 ImageNet 上的识别能力会随之持续提高，且具有良好的泛化能力。按含有参数的总层数（weight layers）可以对 VGG 进行区分。本节所用的 VGG 19 表示共有 19 层的 VGG，架构如图 7.6 所示。

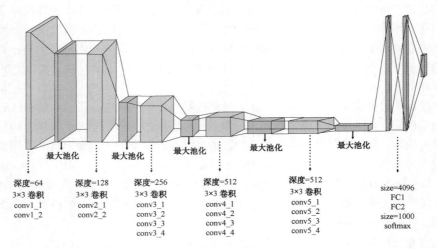

图 7.6   VGG 19 的架构

VGG 19 共含有 16 个卷积层和 3 个全连接层，其中 16 个卷积层分为 5 组，每组是 2 个或 4 个连续的卷积层，如 conv4_3 表示第 4 组的第 3 个卷积层。由图 7.6 可见，每组卷积层大小保持不变，这是由于各层卷积核尺寸均为 3×3，而 padding=1，卷积时生成的特征图与原图大小相等。

7.3.4 内容损失

图像的内容是图像呈现的空间场景或事物，可以直接用特征图作为图像内容的重构。同时由于内容是图像整体性的特征，因此可以从卷积神经网络的较高层级提取特征图作为表示。VGG 的作者经过对比验证指出，卷积层 conv4_1（即第 4 层卷积）的输出可以作为内容的较好表示。

我们分别将原始图像和生成图像输入 VGG 网络，并计算该网络在第 4 层的两组输出，它们之间的均方误差可以定义为它们之间的内容损失。

记原始图像第 l 层的特征图为 F^l，其中每一行对应一个卷积核，每一列对应一个像素；同时，当我们将生成图像输入 VGG 网络时，得到的第 l 层的特征图为 F''^l，N_l 为特征图的数量，D_l 为特征图的尺寸，则第 l 个特征图的内容损失函数为：

$$L_c^l = \frac{1}{2N_l D_l} \sum_{ij} (F_{ij}^l - F_{ij}''^l)^2$$

即对所有卷积核所有像素求均方误差。根据经验，在风格迁移的计算中，我们通常仅需关心第 4 层的结果 L_c^4。这就是所谓的内容损失，它度量了两张图像在高层次上的内容差异度。

7.3.5 风格损失

风格相对于内容更为抽象，它反映了图像特征（如线条、色块）的结构关系。盖提斯将风格理解为特征图之间的相关性（correlation），这既包括同一个特征图的相关性，也包括同一层不同特征图之间的相关性。我们通常用同一层不同特征图的 Gram 矩阵来表示。Gram 矩阵定义如下：设某层 l 共有 N_l 个特征图，将每个特征图向量化，第 i 个向量化的特征图记为 F_i^l，则第 i 个和第 j 个向量的内积就是 Gram 矩阵的第 (i, j) 号元素：

$$\boldsymbol{G}_{ij}^l = \sum_k F_{ik}^l F_{jk}^l$$

类似地，风格损失函数定义为目标风格图像在同一层的特征图的 Gram 矩阵与生成图像相应 Gram 矩阵的均方误差：

$$L_s^l = \frac{1}{4N_l^2 D_l^2} \sum_{ij} (\boldsymbol{G}_{ij}^l - \boldsymbol{G}_{ij}''^l)^2$$

由于风格既反映较低层特征的相关性，又反映较高层特征的相关性，是一个多尺度（multi-scale）因素，因此定义风格对应计算多层的 Gram 矩阵以及每一层的风格损失。最后，还需要对不同层的风格损失求平均，得到整张图像的平均风格损失。

风格需在多个特征层上计算，因而图像风格损失表示为各层风格损失的加权和：

$$L_s = \sum_{l}^{L} w_l L_s^l$$

其中，w_l 为一组参数，表示第 l 层损失的相对重要性。

7.3.6　风格损失原理分析

风格损失和 Gram 矩阵大概是整个风格迁移算法中最令人费解的概念了。为什么我们可以用 Gram 矩阵来反映风格呢？又为什么可以用风格矩阵的差异来刻画两张图像之间风格的差异呢？在此，我们进一步讲解和分析风格损失的原理，以便让读者能有更加透彻的理解。

风格在一定程度上可以看作纹理，而纹理与模板或者卷积核十分类似，它可以看作某个局部的模式在空间中不断重复。我们可以把风格理解成小的卷积核在整个画面上重复的结果，就像图 7.2 展示的纹理一样。这种纹理特征可以用卷积核提炼出来，不同的卷积核提炼的特征图虽然不同，但是存在明显的相关性。

下面，我们用一个具体的例子来说明。假设用同一个基本模式可以生成两张风格一样的图，如图 7.7 所示。

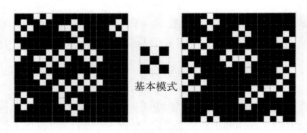

基本模式

图 7.7　同一风格的两张图

那么，我们把每一张图输入一个卷积神经网络，这个神经网络有两个卷积核，如图 7.8 所示。

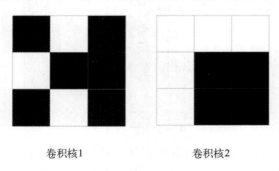

卷积核1　　　　　　　卷积核2

图 7.8　两个卷积核

在这两个卷积核下，每张图都可以生成两个特征图。图 7.9 所示是第一张图在两个卷积核下生成的特征图。

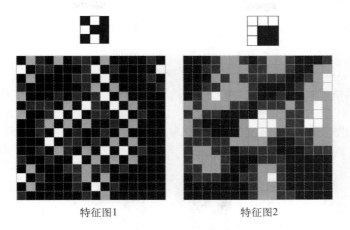

图 7.9 在输入图 7.7 中第一张图时，两个卷积核对应的特征图

虽然这是同一个输入图像，但现在肉眼看不出有什么关联。我们可以计算这第一张图的 Gram 矩阵：

$$\boldsymbol{G}_1 = \begin{pmatrix} 318 & 253 \\ 258 & 471 \end{pmatrix}$$

其中，矩阵左上角的元素为特征图 1 和特征图 1 做内积的结果，右下角的元素为特征图 2 和特征图 2 做内积的结果；剩下的两个元素是特征图 1 和特征图 2 做内积的结果。

第二张图的两个特征图如图 7.10 所示。

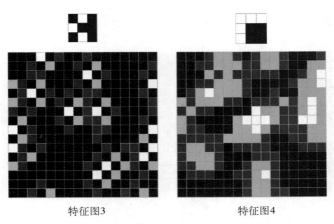

图 7.10 图 7.7 中第二张图的两个特征图

这两个特征图与图 7.9 中的两个特征图看起来差异很大，但是，计算第二张图的 Gram 矩阵，得到：

$$G_2 = \begin{pmatrix} 263 & 210 \\ 210 & 387 \end{pmatrix}$$

我们会发现，这个 Gram 矩阵 G_2 和第一张图的 Gram 矩阵 G_1 差别并不大。这就说明，如果两张图来源于同一个风格（此处体现为由同一种类似于卷积核的小块纹理图形生成的图像），那么它们在两个卷积核下生成的特征图可能差异比较大，但是 Gram 矩阵的差异不大。

为了与这两张图做对比，下面我们再来生成一张全新的图，如图 7.11 所示。这张图用了完全不同的基本模式，因此它和前两张图风格迥异。用于生成的基本模式是一个全白的方块，右边是得到的新图像。

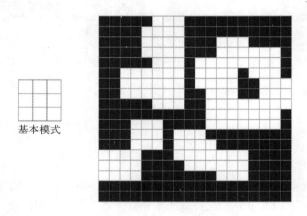

基本模式

图 7.11　全白的卷积核作为基本模式生成的新图像

我们再把这张图输入同样的两组卷积核中，得到的两个特征图如图 7.12 所示。

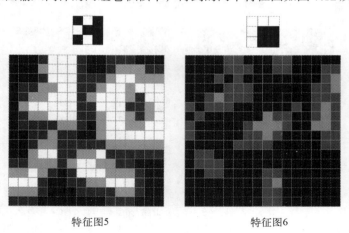

特征图5　　　　　　　　　　　特征图6

图 7.12　新图像的两个特征图

计算这张图的 Gram 矩阵为：

$$\boldsymbol{G}_3 = \begin{pmatrix} 909 & 1415 \\ 1415 & 2409 \end{pmatrix}$$

这张图的 Gram 矩阵度量了任意两个特征图的相关性，与之前的两张图的 Gram 矩阵差异非常大，因此可以用 Gram 矩阵来反映风格之间的差异性。

以上我们用实例展示了用 Gram 的相似程度来度量风格差异的合理性。从另一个角度讲，用不同的卷积核做卷积相当于把图像往不同的风格空间投影，因此风格相似的图像在风格空间中应该是相似的，这反映了它们的卷积结果特征图上的相似模式。这就是 Gram 矩阵尝试计算的量。

7.3.7 损失函数与优化

我们在综合考虑风格和内容损失时，可以将二者加权平均，从而得到一个总损失函数：

$$L = \alpha L_C + \beta L_S$$

其中 α 和 β 为加权权重，分别调节内容损失和风格损失的相对重要性。

有了损失函数，我们只需要利用反向传播算法，调用 backward() 函数，系统就会进行自动优化求解。但值得注意的是，对于风格迁移来说，我们的卷积神经网络并不会发生变化，所要调节的是输入的生成图像，因此，我们需要对这张图像上的每个像素点求梯度。于是，在反向传播算法的作用下，我们的生成图像会逐渐发生变化，直到达到令我们满意的效果为止。

7.4 神经网络风格迁移实战

本节我们将通过实例具体讲解如何用 PyTorch 实现风格迁移。实战流程大体分为读入图片、构建网络、迭代优化、得到输出 4 个阶段。

7.4.1 准备工作

我们需要完成导入包、导入实验图像、展示图像等基本操作。首先配置环境，导入需要的软件包，如果有 GPU，则在 GPU 上计算：

```
from __future__ import print_function

import torch
import torch.nn as nn
import torch.optim as optim

from PIL import Image
import matplotlib.pyplot as plt

import torchvision.transforms as transforms
import torchvision.models as models
import copy
```

```
# 是否用 GPU 计算——如果检测到安装了 GPU，则利用它来计算
use_cuda = torch.cuda.is_available()
dtype = torch.cuda.FloatTensor if use_cuda else torch.FloatTensor
```

然后，准备两张同样大小、正方形的图像（必须是正方形），一张作为风格参照图，一张作为内容参照图。将图像转化为张量：

```
# 风格图像的路径，自行设定
style = 'images/escher.jpg'

# 内容图像的路径，自行设定
content = 'images/portrait1.jpg'

# 风格损失所占比重
style_weight=1000

# 内容损失所占比重
content_weight=1

# 希望得到的图片大小（越大越清晰，计算越慢）
imsize = 128

loader = transforms.Compose([
    transforms.Scale(imsize),  # 将加载的图像转变为指定的大小
    transforms.ToTensor()])  # 将图像转化为张量

# 图片加载函数
def image_loader(image_name):
    image = Image.open(image_name)
    image = loader(image).clone().detach().requires_grad_(True)
    # 为了适应卷积神经网络的需要，虚拟一个 batch 的维度
    image = image.unsqueeze(0)
    return image

# 载入图像并检查尺寸
style_img = image_loader(style).type(dtype)
content_img = image_loader(content).type(dtype)

assert style_img.size() == content_img.size(), \
    "我们需要输入相同尺寸的风格图像和内容图像"

# 绘制图像的函数
def imshow(tensor, title=None):
    image = tensor.clone().cpu()  # 复制张量防止改变
    image = image.view(3, imsize, imsize)  # 删除添加的 batch 层
    image = unloader(image)
    plt.imshow(image)
    if title is not None:
        plt.title(title)
    plt.pause(0.001) # 停一会儿以便更新视图

# 绘制图片并查看
unloader = transforms.ToPILImage()  # 将其转化为 PIL (Python Imaging Library) 图像
```

```
plt.ion()

plt.figure()
imshow(style_img.data, title='Style Image')

plt.figure()
imshow(content_img.data, title='Content Image')
```

7.4.2　建立风格迁移网络

做完了准备工作,紧接着需要加载 VGG 网络,定义内容损失函数、风格损失函数和计算 Gram 矩阵的函数。

1. 加载 VGG 网络

首先,利用 PyTorch 自带的计算机视觉包 torchvision 加载 VGG 19网络,只需要输入下列代码即可完成加载:

```
cnn = models.vgg19(pretrained=True).features
# 如果有 GPU 就用 GPU 计算
if use_cuda:
    cnn = cnn.cuda()
```

2. 定义内容损失和风格损失模块

接下来,定义计算内容损失、风格损失以及 Gram 矩阵的函数:

```
# 内容损失模块
class ContentLoss(nn.Module):

    def __init__(self, target, weight):
        super(ContentLoss, self).__init__()
        # 由于网络的权重都是从 target 上迁移过来的, 所以在计算梯度时需要把它和原始计算图分离
        self.target = target.detach() * weight
        self.weight = weight
        self.criterion = nn.MSELoss()

    def forward(self, input):
        # 输入 input 为一个特征图
        # 功能就是计算误差, 误差是当前计算的内容与 target 之间的均方误差
        self.loss = self.criterion(input * self.weight, self.target)
        self.output = input
        return self.output

    def backward(self, retain_graph=True):
        # 开始执行反向传播算法
        self.loss.backward(retain_graph=retain_graph)
        return self.loss

class StyleLoss(nn.Module):

    # 计算风格损失的神经模块
    def __init__(self, target, weight):
```

```
        super(StyleLoss, self).__init__()
        self.target = target.detach() * weight
        self.weight = weight
        self.gram = GramMatrix()
        self.criterion = nn.MSELoss()

    def forward(self, input):
        # 输入 input 是一个特征图
        self.output = input.clone()
        # 计算本图像的 Gram 矩阵，并与 target 对比
        input = input.cuda() if use_cuda else input
        self_G = Gram(input)
        self_G.mul_(self.weight)
        # 计算损失函数，即输入特征图的 Gram 矩阵与目标特征图的 Gram 矩阵之间的差异
        self.loss = self.criterion(self_G, self.target)
        return self.output

    def backward(self, retain_graph=True):
        # 反向传播算法
        self.loss.backward(retain_graph=retain_graph)
        return self.loss


# 定义 Gram 矩阵
def Gram(input):
    # 输入一个特征图，计算 Gram 矩阵
    a, b, c, d = input.size()  #a=batch size(=1)
    # b 是特征图的数量
    # (c,d)=特征图的图像尺寸为(N=c*d)

    features = input.view(a * b, c * d)  # 将特征图图像扁平化为一个向量

    G = torch.mm(features, features.t())  # 计算任意两个向量的乘积

    # 通过除以特征图中的像素数量来将特征图归一化
    return G.div(a * b * c * d)
```

注意，在这段代码中使用了 target.detach()，它的作用是将 target 与当前的动态计算图解耦，也就是设置它的 grad_fn 为空。这样后续的操作将重新构造一个独立的动态计算图，而与以前的计算图无关。

然后，定义需要计算风格损失的层以及内容损失的层。我们可以通过这些层的名称在 VGG 网络中找到相应的模块：

```
content_layers = ['conv_4'] # 只考虑第 4 个卷积层的内容
# 计算第 1、2、3、4、5 层的风格损失
style_layers = ['conv_1', 'conv_2', 'conv_3', 'conv_4', 'conv_5']
```

3. 动态建立计算图
之后，在基本部件都准备完毕后，我们就可以完成整个图像的优化过程了。

我们希望利用 PyTorch 的动态计算图和强大的 backward() 函数自动完成对生成图像的优化，思路是在原有的 VGG 网络基础上重新定义一个动态计算图。在这个新的计算图中，除了原有

VGG 网络的一层接一层的计算步骤以外，还包括内容损失和风格损失的计算步骤。我们通过一层层地遍历 VGG 网络，将每一层的神经模块（nn.Module）同时添加到新的计算图中，然后在相应的卷积层之后，添加内容损失和风格损失的计算模块来构建新的计算图。之后，我们只需要在这个新的动态计算图上执行反向传播算法，就可以对生成图像进行优化了。

下列代码展示了整个优化过程：

```
# 定义列表存储每一个周期的计算损失
content_losses = []
style_losses = []

model = nn.Sequential()  # 一个新的序贯网络模型

# 如果有 GPU 就把计算挪到 GPU 上
if use_cuda:
    model = model.cuda()

# 循环 VGG 的每一层，同时加入风格计算层和内容计算层，构造一个全新的神经网络 model
# 将每层卷积核的数据都加载到新的网络模型 model 上来

i = 1
for layer in list(cnn):
    if isinstance(layer, nn.Conv2d):
        name = "conv_" + str(i)
        # 将已加载的模块放到 model 中
        model.add_module(name, layer)

        if name in content_layers:
            # 如果当前层模型位于定义好的要计算内容的层
            target = model(content_img).clone() # 将内容图像当前层的 feature 信息复制到 target 中
            content_loss = ContentLoss(target, content_weight) # 定义 content_loss 的目标函数
            content_loss = content_loss.cuda() if use_cuda else content_loss
            model.add_module("content_loss_" + str(i), content_loss)
            # 在新网络上加入 content_loss 层
            content_losses.append(content_loss)

        if name in style_layers:
            # 如果当前层在指定的风格层中，则计算风格层损失
            target_feature = model(style_img).clone()
            target_feature = target_feature.cuda() if use_cuda else target_feature
            target_feature_gram = Gram(target_feature)
            style_loss = StyleLoss(target_feature_gram, style_weight)
            style_loss = style_loss.cuda() if use_cuda else style_loss
            model.add_module("style_loss_" + str(i), style_loss)
            style_losses.append(style_loss)

    if isinstance(layer, nn.ReLU):
        # 如果不是卷积层，则做同样的处理
        name = "relu_" + str(i)
        model.add_module(name, layer)

        i += 1
```

```
    if isinstance(layer, nn.MaxPool2d):
        name = "pool_" + str(i)
        model.add_module(name, layer)
```

在本实例中，我们建立的神经网络架构的前 5 层如图 7.13 所示。

```
Sequential (
  (conv_1): Conv2d(3, 64, kernel_size=(3, 3), stride=(1, 1), padding=(1, 1))
  (style_loss_1): StyleLoss (
    (criterion): MSELoss (
    )
  )
  (relu_1): ReLU (inplace)
  (conv_2): Conv2d(64, 64, kernel_size=(3, 3), stride=(1, 1), padding=(1, 1))
  (style_loss_2): StyleLoss (
    (criterion): MSELoss (
    )
  )
  (relu_2): ReLU (inplace)
  (pool_3): MaxPool2d (size=(2, 2), stride=(2, 2), dilation=(1, 1))
  (conv_3): Conv2d(64, 128, kernel_size=(3, 3), stride=(1, 1), padding=(1, 1))
  (style_loss_3): StyleLoss (
    (criterion): MSELoss (
    )
  )
  (relu_3): ReLU (inplace)
  (conv_4): Conv2d(128, 128, kernel_size=(3, 3), stride=(1, 1), padding=(1, 1))
  (content_loss_4): ContentLoss (
    (criterion): MSELoss (
    )
  )
  (style_loss_4): StyleLoss (
    (criterion): MSELoss (
    )
  )
  (relu_4): ReLU (inplace)
  (pool_5): MaxPool2d (size=(2, 2), stride=(2, 2), dilation=(1, 1))
  (conv_5): Conv2d(128, 256, kernel_size=(3, 3), stride=(1, 1), padding=(1, 1))
  (style_loss_5): StyleLoss (
    (criterion): MSELoss (
    )
  )
```

图 7.13   风格迁移网络描述代码（前 5 层）

7.4.3   风格迁移训练

接下来，我们在这个新的计算图上执行反向传播算法。

1. 原始输入

首先，随机生成一张原始的生成图像，将其转换为自动微分变量（因为要对它进行调解）并加载到 GPU 中：

```
# 原始输入图像，这里采用随机生成的噪声图
input_img = torch.randn(content_img.data.size()).requires_grad_(True)

if use_cuda:
    input_img = input_img.cuda()
    content_img = content_img.cuda()
    style_img = style_img.cuda()
# 将选中的待调整图打印出来
plt.figure()
imshow(input_img.data, title='Input Image')
```

得到的初始噪声图如图 7.14 所示。

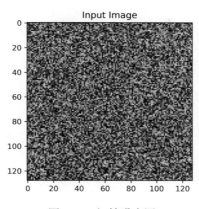

图 7.14 初始噪声图

2. 迭代训练

接下来，我们就一步步迭代整个计算图，对图像进行优化：

```python
# 首先将输入图像变成神经网络的参数，这样我们就可以用反向传播算法来调节该输入图像了
input_param = nn.Parameter(input_img.data)

# 定义优化器，采用 L-BFGS 优化算法来优化
optimizer = optim.LBFGS([input_param])

# 迭代步数
num_steps=300


# 运行风格迁移的主算法过程
print('正在构造风格迁移模型..')

print('开始优化..')
for i in range(num_steps):
    # 每一个训练周期

    # 限制输入图像的色彩取值范围在 0 到 1 之间
    input_param.data.clamp_(0, 1)

    # 清空梯度
    optimizer.zero_grad()
    # 将图像输入构造的神经网络中
    model(input_param)
    style_score = 0
    content_score = 0

    # 每个损失函数层都开始执行反向传播算法
    for sl in style_losses:
        style_score += sl.backward()
```

```
        for cl in content_losses:
            content_score += cl.backward()

        # 每隔 50 个周期打印一次训练数据
        if i % 50 == 0:
            print("运行 {}轮: ".format(i))
            print('风格损失: {:4f}, 内容损失: {:4f}'.format(
                style_score.item(), content_score.item()))
            print()
        def closure():
            return style_score + content_score
        # 一步优化
        optimizer.step(closure)

# 做一些修正, 防止数据超界
output = input_param.data.clamp_(0, 1)

# 打印结果图
plt.figure()
imshow(output, title='Output Image')

plt.ioff()
plt.show()
```

在这段代码中，我们采用了 L-BFGS 优化算法来定义优化器。之所以选择这个算法，是因为它是擅长计算大规模数据的梯度下降算法。

最后，在经过 300 步的反复迭代后，便可以得到最终的图像。图 7.15 所示是一系列采用不同艺术风格和不同内容图像作为输入得到的实验结果。

图 7.15　一系列风格迁移实验结果

请读者自行发挥，创造更多的风格迁移图像吧。

7.5　小结

本章我们对风格迁移技术进行了全面的介绍，简要回顾了它的发展历史，并将整个过程分为两大阶段：神经网络之前的风格迁移和神经网络之后的风格迁移。在早期的研究中，人们主要是利用纹理生成的方法，对特定问题的迁移方法进行了一定的探索。

2015 年，风格迁移技术有了重大突破，盖提斯等人提出了基于神经网络的风格迁移算法。该算法具有以下几个重要创新点：

- ❑ 使用训练好的深度卷积神经网络来提取图像中高级、抽象的特征；
- ❑ 在高层特征图上定义内容损失；
- ❑ 在高层特征图的 Gram 矩阵上定义风格损失；
- ❑ 综合考虑了内容损失和风格损失两种因素，将风格迁移问题转化为优化问题；
- ❑ 利用反向传播算法对生成图像进行反复的训练调整。

通过对这个算法的认识，我们可以获得更多有关卷积神经网络的知识：

- ❑ 训练好的大型卷积神经网络，例如 VGG、AlexNet、ResNet 等都可以看作独立的特征提取器，从而完成内容提取、风格提取等工作；
- ❑ 不仅可以用反向传播算法优化神经网络上的权重，还可以直接优化输入数据。

最后，我们用 PyTorch 实现了基于神经网络的风格迁移算法，并将其应用到自定义的数据上。尽管我们的算法还没有调节到最酷炫的状态，但是在学完本章的内容后，开发一款属于你自己的 Prisma 程序将不再是梦。

7.6　扩展阅读

[1] 盖提斯的论文：Gatys L A, Ecker A S, Bethge M. A Neural Algorithm of Artistic Style. arXiv: 1508.06576, 2015。

[2] 有关风格迁移的 PyTorch 代码，详见 PyTorch 官方教程。

[3] 有关风格迁移的研究历史，可见李嘉铭的知乎专栏：图像风格迁移（Neural Style）简史。

[4] 有关人脸风格迁移算法的文章：Shih Y C, Paris S, Barnes C, et al. Style Transfer for Headshot Portraits. ACM Transactions on Graphics, 2014, 33(4):1-14。

## 第 8 章

人工智能造假术—— 图像生成与对抗学习

通过前面几章的学习，我们已经领略了深度学习技术的强大，特别是卷积神经网络是如何在图像识别、迁移学习、图像风格迁移等任务上一展身手的。近年来，深度学习的关注焦点又转移到了生成模型上。生成模型是指由神经网络再造出图像、文本或音频。我们当然希望机器伪造的图像、文本和声音越逼真越好，因此，我们称之为：人工智能造假术。

人工智能造假术在最近几年发展迅猛。下面我们通过一些例子，看看目前的人工智能造假已经发展到了什么程度。

我们知道，给真实图像打上马赛克很容易，还原却很难。然而生成模型却可以完成这件"不可能"的事。图 8.1 所示就是从马赛克图像恢复原始图像的一个例子。

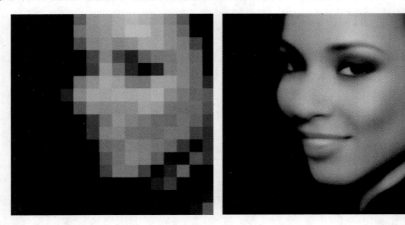

图 8.1　针对人脸的超分辨率技术（图片来源：Shizhan Zhu, Sifei Liu, Chen Change Loy, et al. Deep Cascaded Bi-Network for Face Hallucination, 2017. ）

虽然与真实的图像相比还存在差异，但这种效果已经相当清晰了。这种技术叫作超分辨率重建，即将分辨率很低的图转变为分辨率更高的图。

另外，计算机还可以自动补全残缺的图像，如图 8.2 所示。

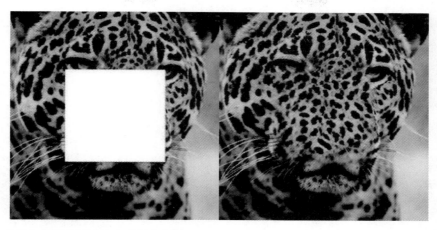

图 8.2　将缺失的部分图像补全（图片来源：Chao Yang, Xin Lu, Zhe Lin, et al. High-Resolution Image Inpainting using Multi-Scale Neural Patch Synthesis, 2017.）

　　这种曾出现在科幻片中的技术目前已经实现，经过大量图像的训练，图像生成神经网络就可以做到这一点。

　　FaceApp 是另一款由俄罗斯人开发的应用，开发者将各种各样的变脸技术全部安置到这款手机应用中，给用户带来了无穷的乐趣。如图 8.3 所示，它可以将一张无表情的脸变成很自然的笑脸，也可以让你提前看到衰老的样子，甚至可以让你过一把返老还童的瘾，还能够为你虚拟化妆，让你瞬间变换一种风格。

图 8.3　FaceApp 的变脸游戏（图片来自 FaceApp）

而看到下面这项技术，不知道各位漫画设计师是该高兴还是该为自己的职业前途而担忧呢。通过 PainterChainer 这款技术，人工智能可以自动给漫画上色，而且颜色的配置是由人类设计师引导的，如图 8.4 所示。

图 8.4　给二次元画作自动上色（图片来自 petalica paint 网站）

下面这项"绝技"似乎更有用途，这就是根据文字描述生成相关的图像，如图 8.5 所示。

图 8.5　根据文字生成符合描述的图像（图片来源：Scott Reed, Zeynep Akata, Xinchen Yan, et al. Generative Adversarial Text to Image Synthesis. arXiv:1605.05396v2.）

下面的图像都是根据上面的文字描述生成的。未来我们只需要描述想要的图，计算机就能够自动生成这样的图像。

所有这些应用全部用到了一项关键性技术：图像生成。这一任务可以描述为：当我们给机器输入一个向量（可以代表一串文字、一张图像或一个标签）时，机器就能输出一张符合我们要求的图像。

本章我们就来详细讲解图像生成技术。首先，我们会介绍基于反卷积神经网络的图像生成技术；其次，会引入 GAN（generative adversial network，生成对抗网络）。GAN 在最近几年发展非常迅猛，它不仅能够在实际的图像生成中大放异彩，而且已经形成了一种新型的机器学习方式。

在理论介绍完毕之后，我们会以生成逼真的手写数字图像为任务，详细介绍如何动手搭建一个图像生成系统。从基于均方误差的生成器，到生成器—识别器，再到生成器—判别器，我们会一步步带领读者走向成功，并解决一系列实际问题。

8.1 反卷积与图像生成

事实上，生成模型在深度学习中具有相当漫长的发展历史。早在 2006 年，辛顿在《科学》杂志上提出的第一个深度神经网络就是生成模型。受限玻尔兹曼机（Restricted Boltzmann Machine）、自动编码器（AutoEncoder）、变分自编码器（Variational AutoEncoder）、反卷积神经网络（De-convolutional Neural Network）等都是生成模型，都可以用在图像生成任务上。

本章我们主要介绍一种特殊的生成模型——基于反卷积的图像生成技术。之所以重点介绍这个模型，是因为它是专为图像生成而打造的，而且与我们反复介绍的卷积神经网络密切相关——反卷积技术可以看作卷积技术的镜像。

如图 8.6 所示，总体来看，基于卷积神经网络的识别和预测模型是一个从大尺度图像逐渐变换到小尺度图像，最后到一个标签的数据加工过程；而反卷积神经网络生成模型是从一个向量到小尺度图像，再逐渐转化成大尺度图像的过程。二者刚好形成了镜面对称的结构。事实上，这种镜像关系可以更加具体而微妙，我们可以给每个卷积运算找到镜像的反卷积运算。

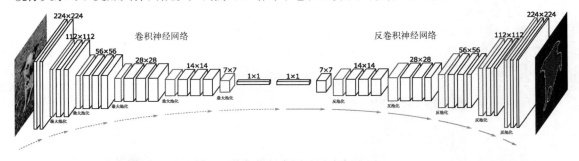

图 8.6　卷积神经网络与反卷积神经网络架构示意图（图片来源：Hyeonwoo Noh, Seunghoon Hong, Bohyung Han. Learning Deconvolution Network for Semantic Segmentation, 2015.）

8.1.1　卷积神经网络回顾

在介绍反卷积神经网络之前，我们先来简单回顾一下卷积神经网络的架构和计算过程。

卷积神经网络是具有特殊结构的前馈神经网络，输入一张图像，输出一个分类标签或一组预测数值。

如图 8.7 所示，每一个立方体是一系列神经元排列成立方体的形状，每一个切片是一个特征图，每一个特征图对应一个卷积核，而每一个卷积核可以对上一层的输入进行卷积运算。

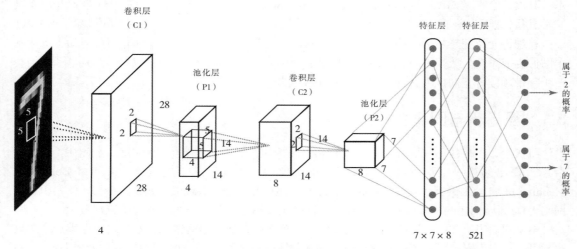

图 8.7　执行手写数字识别任务的卷积神经网络

网络交替进行两种操作：卷积和池化。卷积相当于用一系列不同的模板去匹配图像中的不同区域，从而抽取出模式。池化相当于对原始输入进行大尺度的抽象和简化，从而使图像越来越小，以便得到更大尺度的信息。

在整个卷积神经网络的计算过程中，最重要的运算莫过于卷积运算了。它是将一个卷积核与输入图像上的所有区域进行乘积加和的运算过程。

如图 8.8 所示，左边图像是原始输入，中间的黑白方块就是某一个卷积层对应的卷积核，卷积核的尺寸是固定的（在实验前就已确定），而卷积核中的每一个元素的具体数值是在实验中通过反向传播算法不断调节、计算出来的（一开始只要进行随机初始化即可）。

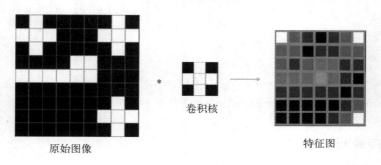

图 8.8　卷积核与特征图

在计算的过程中，卷积核会从左到右、从上到下依次滑动所有与其大小相等的图像小块区域，对每一个小块做乘积与加和运算，并将运算结果放置到右侧，最后得到的特征图就是一步卷积运算的输出。

8.1.2　反卷积运算

反卷积（deconvolution）运算可以看作卷积运算的镜像，每一个卷积运算都有一个对应的反卷积运算。

我们以图 8.9 所示的卷积核为例，看看它所对应的反卷积应该如何运算。首先，需要搞清楚，反卷积运算与卷积运算一样，它的输入输出一般也都是图像。只不过，在卷积运算中，输出图像通常会比输入图像小，而在反卷积运算中，输出图像通常会比输入图像大。如何得到这个新的输出图像呢？

$$
\begin{array}{ccc}
1 & 1 & 0 \\
0 & 1 & 1 \\
0 & 1 & 0
\end{array}
$$

图 8.9　卷积核的矩阵表示

第一步，将卷积运算的卷积核转换为反卷积运算的卷积核，它是如图 8.10 所示的矩阵。

$$
\begin{array}{ccc}
0 & 1 & 0 \\
1 & 1 & 0 \\
0 & 1 & 1
\end{array}
$$

图 8.10　图 8.9 对应的反卷积核

注意观察就会发现，这个反卷积的卷积核，相对于原卷积核来说是进行了"上下颠倒、左右翻转"的操作。

更一般地，只要卷积核是一个方形的矩阵，我们就需要沿着矩阵的水平中心轴上下翻转，然后再沿着矩阵的竖直对称轴左右翻转，如图 8.11 所示。

原始卷积核　　　　　　上下、左右　　　　　　对应反卷积
　　　　　　　　　　　　翻转动作　　　　　　　的卷积核

图 8.11　卷积核的翻转以得到反卷积核

　　第二步，将反卷积对应的输入图像用 0 在两边补齐成更大的图像，使得用反卷积的卷积核作用到这张补齐的图像后，得到的输出图像是一张与卷积运算的输入图像同等大小的图像。

　　我们知道，对于卷积运算来说，输入图像尺寸为 w，卷积核窗口大小为 s，往外对称地填补 c 个空白格，输出就是 $w-s+2c+1$ 大小的图像。

　　所以，要想输出一张 w 大小的图像，而输入图像大小是 v，那么我们的填补大小 c 就应该为 $(s+w-v-1)/2$。

　　例如，在这个例子中，由于反卷积的输入图像是 3×3 大小，输出是 5×5 大小，那么就需要在四周向外补充两排全 0 的元素。

　　第三步，用反卷积的卷积核与填充后的输入图像做卷积，得到反卷积核的卷积运算结果。计算过程如图 8.12 所示。

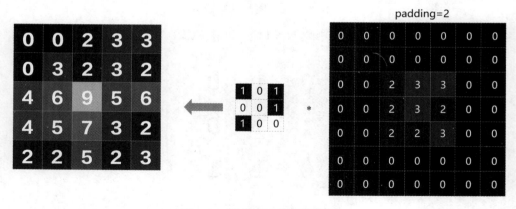

图 8.12　反卷积运算结果示例

　　值得注意的是，反卷积并不是卷积的逆运算，即如果把卷积的结果再输入反卷积，并不能得到与输入图像一模一样的图像。

　　然而，值得肯定的是，反卷积运算也是一种卷积运算，只不过它通常能够通过补齐元素的方式对一张小的输入图像进行卷积得到一张大的图像，这就是它的特别之处。

事实上，在反卷积神经网络的训练和运算过程中，我们就是把反卷积当作卷积来看待的，只不过卷积往往能够让图像越变越小，而反卷积可以让图像越变越大。

读者读到这里可能会觉得很奇怪，既然反卷积就是一种卷积，只不过它会把图越变越大，那么，为什么我们还要单独提出"反卷积"操作呢？从卷积的卷积核到反卷积的卷积核为何用如此怪异的手段来转化？

这要追溯到神经网络训练的基本方法（即反向传播算法）才能找到答案。事实上，反卷积的定义是根据反向传播算法给出的。

我们知道，与神经网络的前馈过程类似，误差反传过程就是将误差值（或者叫梯度值）沿着网络反向传播。其中，每一时刻每一个神经元上都会有一个误差值。那么，在卷积神经网络中，既然所有的特征图上排布的都是神经元，它们自然都有自己的误差，那么这些误差就会组成一张图像，我们称之为误差图。于是：

❑ 在反传误差时，需要从 l+1 层将误差反传回第 l 层，从而得到第 l 层的误差值；
❑ 可以从数学上证明，在反传误差时，第 l 层的误差图就是用这层的卷积核的翻转（即反卷积的卷积核）在第 l+1 层的误差图上做卷积得到的。

这个从高层的误差图计算得到低层误差图的运算就叫作反卷积运算。

8.1.3 反池化过程

讨论完卷积之后，下面我们来考虑池化。在反卷积神经网络中，是不是也要定义一种反池化运算呢？答案是肯定的。

反池化有许多方法，下面介绍的是其中一种。在介绍这个方法之前，我们首先要扩展一下卷积运算，为其增加一个叫步伐（striding）的参数。

通过这个参数可以废除卷积神经网络中的池化运算，因为卷积加池化的整体效果非常接近步伐大于1的卷积效果。

步伐参数就是卷积核在输入图像上滑动做卷积的过程中，每一步所跳跃的格点数量。在一般的卷积运算中，这个间隔是1，即每做完一次内积运算，窗口就会往右或往下平移一格。但是，当步伐为2的时候，卷积核窗口就会每间隔2个像素移动一步，就相当于卷积加池化了，如图8.13所示。

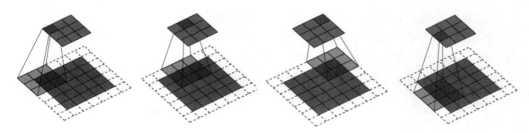

图 8.13　步伐为 2 时的卷积运算［图片来自 GitHub 上的 conv_arithmetic（vdumoulin）］

显然，步伐越大，卷积运算的每一步跳跃就越大，得到的输出特征图就会越小，而且中间被跳跃过的那些像素直接被忽略了，如图 8.14 所示。一般而言，假如输入图像尺寸是 w，卷积窗口大小是 s，填充数为 c，步伐为 d，那么输出的特征图大小为 $[(w+2c-s+1)/d]$，其中中括号表示向下取整。

原始图像和卷积核　　　　striding=1时输出的特征图，　　striding>1时输出
　　　　　　　　　　　　灰色格点是striding>1时的　　　的特征图
　　　　　　　　　　　　卷积忽略的格点

图 8.14　步伐大于 1 的卷积效果等同于卷积加池化

所以，当单纯使用步伐大于 1 的卷积运算时，就可以达到卷积加池化的效果了。于是，我们便可以利用这种方式把一层卷积和池化合并为一个卷积运算。这种合并不仅简化了流程，而且还使反卷积的定义更直接了。

8.1.4　反卷积与分数步伐

前面讲过，每一个卷积运算都可以对应一个反卷积运算，我们只需要将卷积核进行上下、左右翻转就可以得到反卷积对应的卷积核了。那么，当我们把步伐考虑进来后，步伐大于 1 这种情形又应该怎样做反卷积呢？

既然当步伐大于 1 的时候卷积会忽略一些格点，那么在做反卷积的时候，我们就要填补一些格点，这样就可以与卷积的过程形成镜像了。这种通过填补格点做反卷积的过程称为分数步伐（fractional striding）。如果卷积的步伐是 2，那么相应的反卷积就被定义为步伐为 1/2 的卷积。

具体应该怎么做呢？如图 8.15 所示，假如我们要对一张 2×2 的图像做 1/2 步长的卷积运算，那么需要进行以下操作。

- 在任意 2 个格点之间插入 1 个空白：这里体现了分数步伐（一般地，当卷积的步伐为 d 的时候，任意两个像素之间加入 $d-1$ 个空白格）；
- 在扩充的图上做卷积，此时卷积的步伐 striding 值为 1。

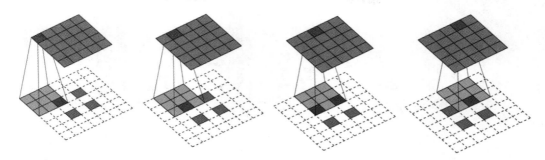

图 8.15 步伐大于 1 时的反卷积运算［图片来自 GitHub 上的 conv_arithmetic（vdumoulin）］

之后便可以完成反卷积了。所以，反卷积神经网络是彻头彻尾全部是卷积的网络。

我们还需要注意一点细节：在 PyTorch 中，反卷积运算是要调用 nn.ConvTranspose2d() 函数的。当我们执行 1/2 步伐的卷积运算的时候，应将步伐值仍设为整数值，即 nn.ConvTranspose2d() 对应的参数仍设为 striding=2。这样，我们就同时完成了反卷积和反池化的过程。

8.1.5 输出图像尺寸公式

借助卷积和反卷积，我们可以将图像进行各种尺度的变换。在设计卷积神经网络或反卷积神经网络的时候，我们不必关心卷积和反卷积如何计算，只需要关心每一步输入输出的张量大小（特别是输入和输出图像的尺寸）就可以了。实际上，这些图像的尺寸早已被这些卷积、反卷积运算中的参数所决定了。所以，了解卷积、反卷积中各种参数与输出图像尺寸关系十分重要。

下面给出卷积和反卷积参数与输出图像尺寸之间关系的数学表达式。首先来看卷积运算，假设输入图像的尺寸为 w 的方形图像，卷积核窗口大小为 s，卷积间隔为 d，四周填充方格个数为 c，那么，一次卷积运算得到的输出图像大小就是：

$$w' = \left\lfloor \frac{w+2c-s-2}{d} - 1 \right\rfloor$$

再来看反卷积运算。假设输入图像的尺寸为 w，卷积核窗口大小为 s，卷积间隔为 $1/d$，输入端四周填充方格个数为 c，输出端图像四周填充方格个数为 c'，那么，在这张图上进行反卷积得到的图像大小就是：

$$w' = (w-1) \cdot d - 2c + s + c'$$

根据这两个公式以及每一次卷积或反卷积运算的输出图像的尺寸，我们就可以反推出每一步卷积或反卷积的参数是多少。

了解了每一次反卷积的操作，我们就很容易扩展到多个反卷积层，把它们按照一定的次序拼接起来，就可以做成一个图像生成器，如图 8.16 所示。

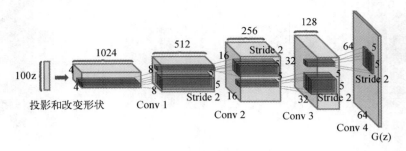

图 8.16　多层反卷积神经网络

最左侧的输入为一个 100 维的随机向量，把这个向量输入到一层层的反卷积神经网络中，就能从无到有地生成一张图像了。

8.1.6　批正则化技术

生成问题比识别问题难度大得多，因为它要"无中生有"地产生符合要求的丰富信息。在实际操作过程中，生成网络非常难以训练。

人们开发了很多方法来解决这一问题。其中，批正则化（batch normalization，通常简称为 Batch Norm）就是一个常用的方法。

我们知道，对于一个深度网络来说，反复迭代很容易让输出结果发生很大的数值漂变，产生比较大的方差。特别是在生成网络中，由于网络本身就是在放大信息，所以很容易让输出数值产生大的漂变。而通过在每一层网络加入一个 Batch Norm 操作，就能将这一层的输出值限定在给定的范围内，从而避免其波动过大。

Batch Norm 的工作原理很简单，如图 8.17 所示。

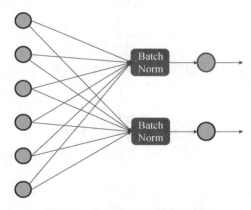

图 8.17　Batch Norm 原理示意图

它是加在每一层神经网络非线性激活函数之前的一层运算节点，所进行的运算就是将输入的数值进行归一化处理，然后映射到我们想要的范围，即：

$$BN(x_i) = \alpha \frac{x_i - \mu_b}{\sigma_b} + \beta$$

其中，α、β 是学习的参数，它们会在反向传播算法执行时自动更新，μ_b 和 σ_b 则分别是输入数值在一个批次中的均值和方差，即：

$$\mu_b = \sum_{i \in b} x_i / N$$
$$\sigma_b = \sum_{i \in b} (x_i - \mu_b)^2 / N$$

这里 N 是一个批次的大小。

所以，无论输入数据的变化范围有多么大，Batch Norm 操作后的输出结果始终会局限在 $[\beta - \alpha, \beta + \alpha]$ 这个范围内，而 α、β 又是可以学习的，因此既限定了神经网络输出数值的变化范围，又不失灵活性。

在实践中，人们发现在生成器中加入 Batch Norm 操作的效果非常明显。有时候，如果没有 Batch Norm，生成的图像会漆黑一片，但是加上以后会立即显示出正常的图像。

8.2　图像生成实验 1——最小均方误差模型

在讲解了反卷积原理之后，我们用它来实现一个真正的图像生成器。这个实验的任务是输出一张逼真的手写数字图像。

要完成这个任务并非看上去那么简单。接下来，我们将陆续介绍一系列方法，每一种方法都会比前一种方法更好，也会遇到新的问题，最终我们将通过 GAN 方法来实现一个手写数字图像生成器。

8.2.1　模型思路

我们首先想到的做法是搭建一个反卷积神经网络，它接受的输入信息是一个单独的数字，输出则是一张这个数字所对应的手写数字图像。我们搭建的网络的整体架构如图 8.18 所示。

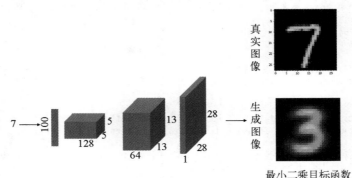

图 8.18　手写数字生成的最小平方误差模型

数字输入网络后首先被扩充为一个 100 维的向量（每个维度都是同一个数字），之后经过第一层反卷积的作用变成一个尺寸为(128, 5, 5)的张量，之后是尺寸为(64, 13, 13)的张量，最后是一个单通道的 28×28 大小的图像。

当我们训练这个网络的时候，需要给它成对的数字标签和对应的手写数字图像，只不过标签作为输入，图像作为输出提供监督信息。损失函数可以直接用生成图像与真实图像之间的差异来衡量，最直接的差异函数就是每个像素点色彩值的均方误差，因此我们称这个模型为最小均方误差模型。

8.2.2　代码实现

接下来，我们用 PyTorch 来实现这个思路。首先，导入所有要用到的包：

```
# 导入需要的包，请保证 torchvision 已经在环境中安装好
# 在 Windows 中需要单独安装 torchvision 包，在命令行运行 pip install torchvision 即可
import torch
import torch.nn as nn
import torch.optim as optim
import torch.nn.functional as F

import torchvision.datasets as dsets
import torchvision.transforms as transforms
import torchvision.utils as vutil


import matplotlib.pyplot as plt
import numpy as np

import os

%matplotlib inline
```

接下来，定义一些全局变量，并加载训练模型所需要的数据：

```
# 定义超参数
image_size = 28 # 输出图像尺寸
input_dim = 100 # 输入给生成器的向量维度，增加维度可以提高生成器输出样本的多样性
num_channels = 1 # 图像通道数
num_features = 64 # 生成器中的卷积核数量
batch_size = 64 # 批次大小

# 如果系统中有 GPU，则用 GPU 完成张量的计算
use_cuda = torch.cuda.is_available() # 定义一个布尔型变量，标志当前的 GPU 是否可用

# 如果当前 GPU 可用，则优先在 GPU 上进行张量计算
dtype = torch.cuda.FloatTensor if use_cuda else torch.FloatTensor
itype = torch.cuda.LongTensor if use_cuda else torch.LongTensor

# 加载 MINIST 数据，如果没有下载过，就会在当前路径下新建/data 子目录，并把文件存放其中
# MNIST 数据是 torchvision 包自带的，可以直接调用
# 在调用自己的数据时，可以用 torchvision.datasets.ImageFolder 或者
# torch.utils.data.TensorDataset 来加载
```

```
train_dataset = dsets.MNIST(root='./data',  # 文件存放路径
                            train=True,    # 提取训练集
                            # 将图像转化为张量，在加载数据时就可以对图像做预处理
                            transform=transforms.ToTensor(),
                            download=True) # 当找不到文件的时候，自动下载

# 加载测试集
test_dataset = dsets.MNIST(root='./data',
                           train=False,
                           transform=transforms.ToTensor())

# 训练集的加载器，自动将数据分割成 batch，顺序随机打乱
train_loader = torch.utils.data.DataLoader(dataset=train_dataset,
                                           batch_size=batch_size,
                                           shuffle=True)

'''我们希望将测试数据分成两部分，一部分作为校验数据，一部分作为测试数据。
校验数据用于检测模型是否过拟合，并调整参数，测试数据用于检验整个模型的工作'''

# 首先定义下标数组 indices，它相当于对所有 test_dataset 中数据的编码
# 然后定义下标 indices_val 表示校验数据的下标，indices_test 表示测试数据的下标
indices = range(len(test_dataset))
indices_val = indices[:5000]
indices_test = indices[5000:]

# 根据下标构造两个数据集的 SubsetRandomSampler 采样器，它会对下标进行采样
sampler_val = torch.utils.data.sampler.SubsetRandomSampler(indices_val)
sampler_test = torch.utils.data.sampler.SubsetRandomSampler(indices_test)

# 根据两个采样器定义加载器
# 注意将 sampler_val 和 sampler_test 分别赋值给 validation_loader 和 test_loader
validation_loader = torch.utils.data.DataLoader(dataset =test_dataset,
                                                batch_size = batch_size,
                                                sampler = sampler_val
                                                )
test_loader = torch.utils.data.DataLoader(dataset=test_dataset,
                                          batch_size=batch_size,
                                          sampler = sampler_test
                                          )
```

之后，定义新的网络类来实现反卷积的功能：

```
class ModelG(nn.Module):
    def __init__(self):
        super(ModelG,self).__init__()
        self.model=nn.Sequential() # model 为一个内嵌的序列化的神经网络模型

        # 利用 add_module 增加一个反卷积层，输入为 input_dim 维，输出为 2*num_features 维
        # 窗口大小为 5，padding=0
        # 输入图像大小为 1，输出图像大小为 W'=(W-1)S-2P+K+P'=(1-1)*2-2*0+5+0=3, 5*5
        self.model.add_module('deconv1',nn.ConvTranspose2d(input_dim, num_features*2, 5, 2, 0, bias=False))
        # 增加一个 batchnorm 层
        self.model.add_module('bnorm1',nn.BatchNorm2d(num_features*2))
        # 增加非线性层
        self.model.add_module('relu1',nn.ReLU(True))
        # 增加第二层反卷积层，输入为 2*num_features 维，输出为_features 维，窗口大小为 5，padding=0
```

```
            # 输入图像大小为 5, 输出图像大小为 W'=(W-1)S-2P+K+P'=(5-1)*2-2*0+5+0=13, 13*13
            self.model.add_module('deconv2',nn.ConvTranspose2d(num_features*2, num_features, 5, 2, 0,
                                                               bias=False))
            # 增加一个 batchnorm 层
            self.model.add_module('bnorm2',nn.BatchNorm2d(num_features))
            # 增加非线性层
            self.model.add_module('relu2',nn.ReLU(True))

            # 增加第二层反卷积层, 输入为 2*num_features 维, 输出为 num_features 维, 窗口大小为 4, padding=0
            # 输入图像大小为 13, 输出图像大小为 W'=(W-1)S-2P+K+P'=(13-1)*2-2*0+4+0=28, 28*28
            self.model.add_module('deconv3',nn.ConvTranspose2d(num_features, num_channels, 4, 2, 0,bias=False))
            self.model.add_module('sigmoid',nn.Sigmoid())
    def forward(self,input):
        output = input

        # 遍历网络的所有层, 一层层输出信息
        for name, module in self.model.named_children():
            output = module(output)
        # 输出一张 28 像素×28 像素的图像
        return output


def weight_init(m):
    # 模型参数初始化
    # 默认的初始化参数卷积核的权重均值大约是 0, 方差在 10^{-2}左右
    # BatchNorm 层的权重均值大约是 0.5, 方差在 0.2 左右
    # 使用如下初始化方式可以让方差更小, 收敛更快
    class_name=m.__class__.__name__
    if class_name.find('conv')!=-1:
        m.weight.data.normal_(0,0.02)
    if class_name.find('norm')!=-1:
        m.weight.data.normal_(1.0,0.02)


def make_show(img):
    # 将张量变成可以显示的图像
    img = img.data.expand(batch_size, 3, image_size, image_size)
    return img


def imshow(inp, title=None):
    # 在屏幕上绘制图像
    """Imshow for Tensor."""
    if inp.size()[0] > 1:
        inp = inp.numpy().transpose((1, 2, 0))
    else:
        inp = inp[0].numpy()
    mvalue = np.amin(inp)
    maxvalue = np.amax(inp)
    if maxvalue > mvalue:
        inp = (inp - mvalue)/(maxvalue - mvalue)
    plt.imshow(inp)
    if title is not None:
        plt.title(title)
    plt.pause(0.001)  # 稍微暂停, 打印图像
```

值得注意的是，我们可以调用 PyTorch 自带的函数 nn.ConvTranspose2d()来完成反卷积的操作。

另外，在 forward()方法中，我们并未显式编码每一层运算，而是直接循环遍历当前神经网络中所有的子模块，并利用 module(output)的方式自动执行这些子模块，将结果保存到 output 这个张量中。这一操作展示了 PyTorch 在拼装神经网络运算组件过程中的灵活性。

此外，保证权重在开始时的多样与丰富，也有利于生成图像的多样化。

最后，我们用下面的代码来进行训练：

```
# 训练模型

print('Initialized!')

# 定义生成器模型
net = ModelG()
# 加载到 GPU
net = net.cuda() if use_cuda else net

# 目标函数采用最小均方误差
criterion = nn.MSELoss()
# 定义优化器
optimizer = optim.SGD(net.parameters(), lr=0.0001, momentum=0.9)

# 随机选择生成 0~9 的数字，用于每个周期打印并查看结果
samples = np.random.choice(10, batch_size)
samples = torch.from_numpy(samples).type(dtype)
# 开始训练
step = 0 # 计数经历了多少时间步
num_epochs = 100 # 总的训练周期
record = []
for epoch in range(num_epochs):
    train_loss = []

    # 加载数据批次
    # 注意数据中的 data（图像）转化为了要预测的 target,
    # 数据中的 target（标签）则转化成了输入网络的数据
    for batch_idx, (data, target) in enumerate(train_loader):

        # data 为一批图像，target 为一批标签
        target, data = data.clone().detach().requires_grad_(True), target.clone().detach()
        # 将数据加载到 GPU 中
        if use_cuda:
            target, data = target.cuda(), data.cuda()
        # 将输入的数字标签转化为生成器 net 能够接受的(batch_size, input_dim, 1, 1)维张量
        data = data.type(dtype)
        data = data.resize(data.size()[0], 1, 1, 1)
        data = data.expand(data.size()[0], input_dim, 1, 1)

        # 给网络模型做标记，标志模型正在训练集上训练
        # 这种区分主要是为了打开/关闭 net 的 training 标志
        net.train()
        output = net(data) # 神经网络完成一次前馈的计算过程，得到预测输出 output
        loss = criterion(output, target) # 将 output 与标签 target 比较，计算误差
```

```
optimizer.zero_grad() # 清空梯度
loss.backward() # 反向传播
optimizer.step() # 一步随机梯度下降算法
step += 1
# 记录损失函数值
if use_cuda:
    loss = loss.cpu()
train_loss.append(loss.data.numpy())


if step % 100 == 0: # 每隔 100 个 batch 执行一次打印操作
    net.eval() # 给网络模型做标记，标志模型在校验集上运行
    val_loss = [] # 记录校验集上的准确率的容器

    # 开始在校验集上进行循环，计算校验集上的准确率
    idx = 0
    for (data, target) in validation_loader:
        target, data = data.clone().detach().requires_grad_(True), target.clone().detach()
        idx += 1
        if use_cuda:
            target, data = target.cuda(), data.cuda()
        data = data.type(dtype)
        data = data.resize(data.size()[0], 1, 1, 1)
        data = data.expand(data.size()[0], input_dim, 1, 1)
        output = net(data) # 完成一次前馈计算过程，得到训练后的模型 net 在校验集上的表现
        loss = criterion(output, target) # 比较 output 与标签 target，计算误差
        if use_cuda:
            loss = loss.cpu()
        val_loss.append(loss.data.numpy())
    # 打印误差等数值，其中准确率为本训练周期 epoch 开始后到目前批的准确率的平均值
    print('训练周期：{} [{}/{} ({:.0f}%)]\t, 训练数据 Loss: {:.6f}\t, 校验数据 Loss:
{:.6f}'.format(
        epoch, batch_idx * batch_size, len(train_loader.dataset),
        100. * batch_idx / len(train_loader), np.mean(train_loss), np.mean(val_loss)))
    record.append([np.mean(train_loss), np.mean(val_loss)])


# 产生一组图像，保存到 temp1 文件夹（需要事先建立），检测生成器当前的效果
# 改变输入数字图像的尺寸，适应于生成器网络
with torch.no_grad():
    samples.resize_(batch_size,1,1,1)
samples = samples.data.expand(batch_size, input_dim, 1, 1)
samples = samples.cuda() if use_cuda else samples # 加载到 GPU
fake_u=net(samples) # 用原始网络作为输入，得到伪造的图像数据
fake_u = fake_u.cpu() if use_cuda else fake_u
img = make_show(fake_u) # 将张量转化成可绘制的图像
os.makedirs('temp1', exist_ok=True)
vutil.save_image(img,'temp1/fake%s.png'% (epoch)) # 保存生成的图像
```

8.2.3 运行结果

接下来，我们看看这个模型的运行结果。训练误差曲线如图 8.19 所示。

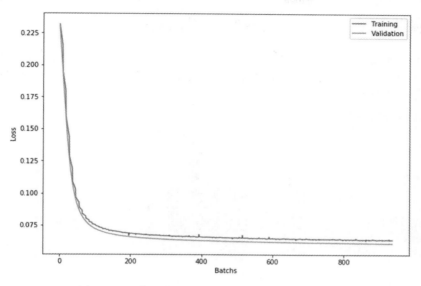

图 8.19 图像生成器最小均方误差模型的训练曲线

我们训练了 100 轮（epoch），两条误差曲线都在下降，说明模型一直都在学习新东西。校验曲线一直在测试曲线下面，说明模型一直处于欠拟合状态。如果持续不断地向它输入数据，它还能持续地下降，但是下降得已经越来越不明显了。

而当我们实际看输出图像时，却发现生成结果很不乐观，如图 8.20 所示。

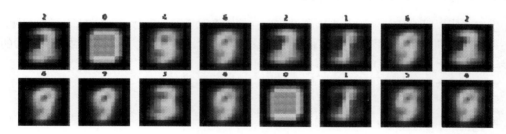

图 8.20 最小均方误差模型的生成结果

每张图像的上方是输入网络的真实数字，我们看到除了 1、3、9 等数字以外，其他图像都很模糊。为什么会这样呢？

不难发现，最小化均方误差会让模型在每一个输入数字下学习到一个平均的手写数字图像。由于同一个数字的手写数字图像可能差异很大，这就导致学出来的平均数字非常模糊。而且，即便是同一个数字的两张不同的手写数字图像，在经过均方误差的计算后，也会存在相当大的误差。

也许等待更长的训练时间，数字可能更清晰，但我们想尝试更高效的设计。

8.3　图像生成实验 2——生成器—识别器模型

既然我们之前实现过一个效果相当不错的手写数字识别器，那么能不能通过使识别器成为正确数字的判断标准，来改善 MSE 损失函数导致的过于平均的情况？也就是将生成器的结果输入识别器，让它来矫正生成器。

我们的新网络架构如图 8.21 所示。

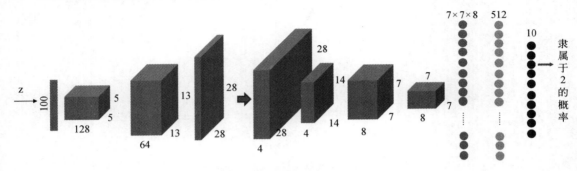

图 8.21　生成器—识别器网络模型

我们将识别器最后的交叉熵损失函数放进来，既训练识别器，又训练生成器。使用 PyTorch 的动态计算图就可以非常方便地操作。

8.3.1　生成器—识别器模型的实现

生成器代码没有任何变化，识别器的代码在第 5 章已经给出，因此这里就不再详细展示了。

为了减少训练周期，我们使用了固定值迁移学习技术，即将训练好的手写数字识别器的网络直接迁移过来。从文件中加载识别器的代码如下：

```
# 定义待迁移的网络框架，所有的神经网络模块包括：Conv2d、MaxPool2d，
# Linear 等模块不需要重新定义，会自动加载
# 但是网络的 forward 功能没有办法自动实现，需要重写
# 一般地，加载网络只加载网络的属性，不加载方法
depth = [4, 8]
class ConvNet(nn.Module):
    def __init__(self):
        super(ConvNet, self).__init__()
    def forward(self, x):
        x = F.relu(self.conv1(x))
        x = self.pool(x)
        x = F.relu(self.conv2(x))
        x = self.pool(x)
        # 将三维的张量全部转换成一维的张量
        x = x.view(-1, image_size // 4 * image_size // 4 * depth[1])
        x = F.relu(self.fc1(x)) # 全连接，激活函数
        x = F.dropout(x, training=self.training) # 默认以 0.5 的概率对该层进行 dropout
        x = self.fc2(x) # 全连接，激活函数
        x = F.log_softmax(x) # log_softmax 可以理解为概率对数值
```

```
        return x
    def retrieve_features(self, x):
        # 该函数专门用于提取卷积神经网络的特征图，
        # 返回 feature_map1、feature_map2 为前两层卷积层的特征图
        feature_map1 = F.relu(self.conv1(x)) # 完成第一层卷积
        x = self.pool(feature_map1)  # 完成第一层池化
        feature_map2 = F.relu(self.conv2(x)) # 第二层卷积，两层特征图都存储到了 feature_map1,
                                          # feature_map2 中
        return (feature_map1, feature_map2)

def rightness(predictions, labels):
    """计算预测错误率的函数，其中 predictions 是模型给出的一组预测结果，batch_size 行 num_classes 列的
    矩阵，labels 是数据之中的正确答案"""
    pred = torch.max(predictions.data, 1)[1] # 对于任意一行（一个样本）的输出值的第 1 个维度求最大，
                                          # 得到每一行的最大元素的下标
    rights = pred.eq(labels.data.view_as(pred)).sum() # 将下标与 labels 中包含的类别进行比较，
                                          # 并累计得到比较正确的数量
    return rights, len(labels) # 返回正确的数量和这一次比较的元素数量

netR = torch.load('minst_conv_checkpoint') # 读取硬盘上的 minst_conv_checkpoint 文件
netR = netR.cuda() if use_cuda else netR # 加载到 GPU 中
for para in netR.parameters():
    para.requires_grad = False # 将识别器的权重设置为固定值
```

新的训练代码如下：

```
# 开始训练

print('Initialized!')

netG = ModelG() # 新建一个生成器
netG = netG.cuda() if use_cuda else netG # 加载到 GPU 中
netG.apply(weight_init) # 初始化参数

criterion = nn.CrossEntropyLoss() # 用交叉熵作为损失函数
optimizer = optim.SGD(netG.parameters(), lr=0.001, momentum=0.9) # 定义优化器

# 随机选择 batch_size 个数字，用来生成数字图像
samples = np.random.choice(10, batch_size)
samples = torch.from_numpy(samples).type(dtype)

num_epochs = 100 # 总训练周期
statistics = [] # 数据记载器
for epoch in range(num_epochs):
    train_loss = []
    train_rights = []

    # 加载数据
    for batch_idx, (data, target) in enumerate(train_loader):
        # 注意图像和标签互换了
        # data 为一批标签，target 为一批图像
        target, data = data.clone().detach().requires_grad_(True), target.clone().detach()
        if use_cuda:
            target, data = target.cuda(), data.cuda()
        # 复制标签变量放到 label 中
        label = data.clone()
```

```
data = data.type(dtype)
# 改变张量大小以适应生成器网络
data = data.resize(data.size()[0], 1, 1, 1)
data = data.expand(data.size()[0], input_dim, 1, 1)

netG.train() # 给网络模型做标记，标识模型正在训练集上训练
netR.train()
output1 = netG(data) # 神经网络完成一次前馈的计算过程，得到预测输出 output
output = netR(output1) # 用识别器网络来做分类
loss = criterion(output, label) # 将 output 与标签 target 比较，计算误差
optimizer.zero_grad() # 清空梯度
loss.backward() # 反向传播
optimizer.step() # 一步随机梯度下降算法
step += 1
if use_cuda:
    loss = loss.cpu()
train_loss.append(loss.data.numpy())
right = rightness(output, label) # 计算准确率所需数值，返回数值为（正确样例数，总样本数）
train_rights.append(right) # 将计算结果装到列表容器 train_rights 中

if step % 100 == 0: # 每间隔 100 个 batch 执行一次打印操作

    netG.eval() # 给网络模型做标记，标识模型正在校验集上运行
    netR.eval()
    val_loss = [] # 记录校验集上的准确率的容器
    val_rights = []

    # 开始在校验集上进行循环，计算校验集上的准确率
    for (data, target) in validation_loader:
        # 注意 target 是图像，data 是标签
        target, data = data.clone().detach().requires_grad_(True), target.clone().detach()
        if use_cuda:
            target, data = target.cuda(), data.cuda()
        label = data.clone()
        data = data.type(dtype)
        # 改变张量大小以适应生成器网络
        data = data.resize(data.size()[0], 1, 1, 1)
        data = data.expand(data.size()[0], input_dim, 1, 1)

        output1 = netG(data) # 神经网络完成一次前馈的计算过程，得到预测输出 output
        output = netR(output1) # 利用识别器来识别
        loss = criterion(output, label) # 将 output 与标签 target 比较，计算误差
        if use_cuda:
            loss = loss.cpu()
        val_loss.append(loss.data.numpy())
        # 计算准确率所需数值，返回数值为（正确样例数，总样本数）
        right = rightness(output, label)
        val_rights.append(right)
    # 分别计算使用过的测试集，以及全部校验集上模型的表现：分类准确率
    # train_r 为一个二元组，分别记录经历过的所有训练集中分类正确的数量和该集合中总的样本数
    # train_r[0]/train_r[1]是训练集上的分类准确率，val_r[0]/val_r[1]是校验集上的分类准确率
    train_r = (sum([tup[0] for tup in train_rights]), sum([tup[1] for tup in train_rights]))
    # val_r 为一个二元组，分别记录校验集中分类正确的数量和该集合中总的样本数
    val_r = (sum([tup[0] for tup in val_rights]), sum([tup[1] for tup in val_rights]))
    print(('训练周期: {} [{}/{} ({:.0f}%)]\t, 训练数据 Loss: {:.6f}, 准确率: {:.2f}%\t, '
```

```
                '校验数据 Loss：'+'{:.6f}，准确率：{:.2f}%').format(epoch, batch_idx * batch_size,
                                        len(train_loader.dataset),
                                        100. * batch_idx / len(train_loader),
                                        np.mean(train_loss),
                                        100. * train_r[0] / train_r[1],
                                        np.mean(val_loss),
                                        100. * val_r[0] / val_r[1]))

        # 记录中间的数据
        statistics.append({'loss':np.mean(train_loss),'train': 100. * train_r[0] / train_r[1],
                        'valid':100. * val_r[0] / val_r[1]})

# 产生一组图像并保存到 temp1 文件夹（需要事先建立），检测生成器当前的效果
with torch.no_grad():
    samples.resize_(batch_size,1,1,1)
samples = samples.data.expand(batch_size, input_dim, 1, 1)
samples = samples.cuda() if use_cuda else inputs
fake_u=netG(samples)
fake_u = fake_u.cpu() if use_cuda else fake_u
img = make_show(fake_u)
os.makedirs('temp1', exist_ok=True)
vutil.save_image(img,'temp1/fake%s.png'% (epoch))
```

　　这里的关键代码在于 output1 = netG(data) 和 output = netR(output1) 这两句，也就是将生成器的结果交给了识别器，识别器最后给出预测的数字。使用如此简单的方式就可以将两个神经网络首尾连接起来，这都是拜 PyTorch 的动态计算图所赐。

　　那么结果如何呢？

8.3.2　对抗样本

　　我们先来看看训练 Loss 的情况，如图 8.22 所示。

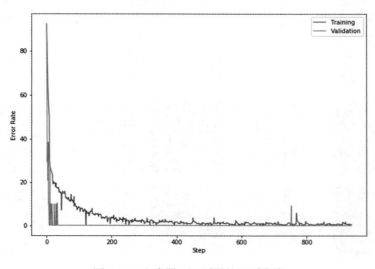

图 8.22　生成器—识别器的识别曲线

可以看到，不管是训练集还是校验集，错误率都降到了相当低的水平，甚至有时可以达到 0%。接下来再看看生成图像的结果，如图 8.23 所示。

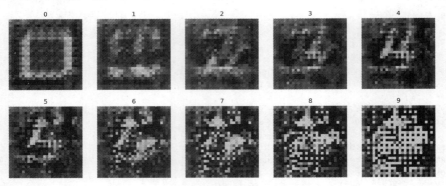

图 8.23　生成器—识别器的生成图像结果

结果简直"惨不忍睹"！数字 3~9 几乎都在不同程度上糊成了一团，只有 0 和 2 勉强像回事儿，显然这并不是我们想要的结果。那么这个生成器—识别器的问题出在哪里？这样的图像是如何被准确率高达 100%的识别器判别为正常数字的呢？

为了检验程序，我们将这些杂乱无章的数字重新输入识别器中，一个看似不可思议的事实是，这样糊成一团的图像经过识别器的分类计算后，真的能被识别成为正常的手写数字，而且还与输入的标签一模一样！

看来，恰恰是识别器误把生成器产生的模糊图像判断为正确的数字，从而导致传递给生成器的误差变小甚至变没了，因此生成器的效果很差。

要想弄明白识别器为什么会犯这样的错误，我们首先看看图像被输进识别器后，经过卷积和池化后的特征图是什么样的。

图 8.24 是输进识别器后的第一层特征图对比。上面一排是生成器生成图像输入识别器中产生的特征图（最左边的图为生成器伪造的 9，输入给了识别器），下面一排是正常的数字图像输入识别器产生的特征图（最左边的图为真实的手写数字 9，输入给了识别器）。

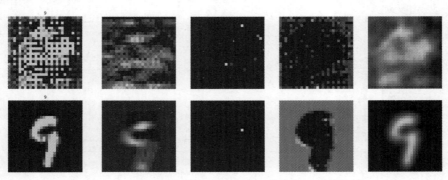

图 8.24　输入对抗样本和正常样本后的第一层特征图

可以看到，两张图像的第一层特征图区别非常大，下面一排都是肉眼可辨的清晰的数字，而上面一排则是杂乱无章的一团。

接下来我们看第二层特征图。由于第二层有 8 个卷积核，所以有 8 个特征图，我们分别把伪造的 9 和真实的 9 所对应的特征图都画出来，如图 8.25 所示。

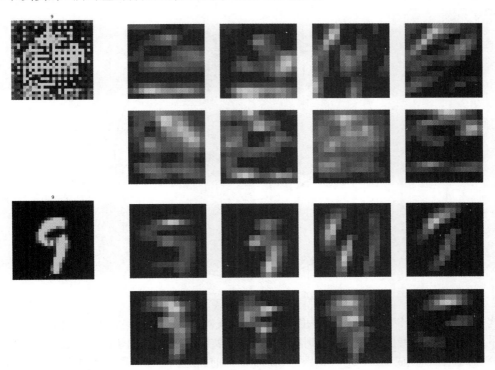

图 8.25　输入对抗样本和正常样本后的第二层特征图

意外的事情发生了，在第二层的 8 张特征图中，居然有很多部分非常相似。这就不难理解为什么生成器生成的图像会令识别器混淆了，因为识别器是根据第二层特征图做出最后判断的，生成器生成的图像骗过了识别器的"眼睛"。

一张是混乱不堪的伪造图像，一张是清晰的手写数字图像，两张图区别如此之大，为什么在输入同样的识别器后竟然会在第二层特征图中得到相似的结果呢？

事实上，导致识别器产生某个数字（如 9）的输出所对应的输入图像不止一张，而是对应了非常大的空间。然而，在我们用标准的手写数字图像进行训练的时候，实际上只关注了一类比较靠近手写数字图像的区域，我们根本就没有看到更大的空间。而当我们训练一个生成器生成这样的图像时，实际上生成器找到了这个空间的一些角落，在这里，识别器会误判。这些图像骗不过人类的眼睛，却能骗过识别器，我们称其为识别器的对抗样本。事实上，任何深度学习识别器（例如人脸识别器）都存在这样的对抗样本。这就使人脸识别存在安全隐患。于是，如何防止对抗样本骗过识别器也成了现代深度学习研究的一个前沿问题。

各个图像集合之间的关系如图 8.26 所示。可以看到，真实手写数字图像实际上是一个比判别器能够生成的图像更小的集合。当然，也可能存在一些真实图像是无法用生成器生成的。这也进一步说明了为什么真实图像生成问题实际上比图像识别问题难得多，因为真实图像集合更加微妙而难以寻找。

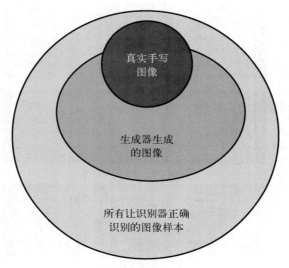

图 8.26   各种图像集合之间的关系

这一段讨论也启发我们新的改进思路：既然生成器生成的图像集合很可能比真实图像大得多，那么，为什么不专门训练一个判别器来区分是真实图像还是生成图像呢？注意，这个判别器只区分真实图像和生成图像，而不识别标签，所以与前面的识别器不同。如果能想到这一点，说明你也可以像天才青年科学家伊恩·古德菲洛（Ian Goodfellow）一样发明生成对抗网络这样的机器学习框架了。

8.4   图像生成实验 3——GAN

接下来我们介绍大名鼎鼎的 GAN，即生成对抗网络（generative adversial network）。与其说这是一种特殊的机器学习算法，不如说是一种全新的机器学习框架。利用这样的设计框架，我们能够将对抗式学习应用到各种领域中。

GAN 是谷歌大脑的科学家伊恩·古德菲洛在 2014 年提出的机器学习框架。他把博弈论的基本思想引入机器学习问题中，对传统的生成式模型起到了很大的改进作用。

GAN 的思路很像一个猫鼠游戏——老鼠希望用更敏捷的动作躲过猫的追捕，而猫则希望用更敏锐的感知尽早发现老鼠的行踪。两者处于一种博弈之中，一方能力的提高必然会引发另一方能力的提高，否则就无法赢得这场比赛。于是，这种对抗性使得猫和鼠共同进化。

8.4.1　GAN 的总体架构

在图像生成的例子中，我们希望老鼠扮演的是造假者的角色，它的任务是每次随机生成一张手写数字图像，并且让这张图像尽可能地像人手写的；而猫则扮演警察的角色，它负责辨别图像究竟是老鼠伪造出来的还是真的手写数字图像。它们的关系如图 8.27 所示。

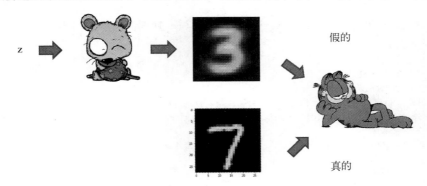

图 8.27　GAN 的架构关系

在这个系统中，老鼠的目标就是尽其所能地生成"逼真"的手写数字图像，去欺骗猫。而猫则会尽其所能地区别出老鼠"伪造"的那些图像。在这个系统的训练过程中，老鼠会变得越来越强，伪造出来的图像会越来越逼真，越来越像真实的手写数字图像；而猫呢，也就是我们的判别器，也会变得越来越厉害，识别能力会越来越强。

需要特别指出的是，从判别器的角度来看，这是一个监督学习问题，需要标注好哪些是真实的图像、哪些不是。这一点并不复杂，因为我们的数据中所有样本都是真实的，生成器造出的所有图像都是伪造的。而在 GAN 识别器的训练过程中，我们只需要让识别器去识别真假即可。换句话说，我们并不需要知道这些手写数字图像对应的数字标签是什么。所以，从系统的整体来看，它是无监督学习，我们不用花过多的时间和精力去做人工标注。整个 GAN 就是这样用监督学习的方式实现无监督学习。

总体的模型架构如图 8.28 所示。

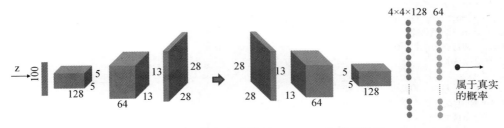

图 8.28　手写数字生成模型——GAN 的模型框架

注意，系统最后的损失函数是判别器输出与真实/伪造标签的交叉熵，它既可以作为判别器的损失函数，又可以作为生成器的目标函数。同一个交叉熵，生成器的目标是让它越高越好，识别器的目标则是让它越低越好，这是真正的零和博弈。

8.4.2 程序实现

下面，我们来实现这个 GAN 框架。首先，需要写下判别器网络的代码：

```
# 构造判别器
class ModelD(nn.Module):
    def __init__(self):
        super(ModelD,self).__init__()
        self.model=nn.Sequential() # 序列化模块构造的神经网络
        self.model.add_module('conv1',nn.Conv2d(num_channels, num_features, 5, 2, 0, bias=False))
        # 卷积层
        self.model.add_module('relu1',nn.ReLU()) # 激活函数使用了 ReLU

        # 第二层卷积
        self.model.add_module('conv2',nn.Conv2d(num_features, num_features * 2, 5, 2, 0, bias=False))
        self.model.add_module('bnorm2',nn.BatchNorm2d(num_features * 2))
        self.model.add_module('linear1', nn.Linear(num_features * 2 * 4 * 4, num_features))
        # 全连接网络层
        self.model.add_module('linear2', nn.Linear(num_features, 1)) # 全连接网络层
        self.model.add_module('sigmoid',nn.Sigmoid())
    def forward(self,input):
        output = input
        # 对网络中的所有神经模块进行循环，并挑选出特定的模块 linear1，将 feature map 展平
        for name, module in self.model.named_children():
            if name == 'linear1':
                output = output.view(-1, num_features * 2 * 4 * 4)
            output = module(output)
        return output
```

可以看到，判别器就是一个普通的卷积神经网络分类器。接下来我们实例化生成器和判别器，为训练做好准备：

```
# 构建一个生成器模型并加载到 GPU 上
netG = ModelG().cuda() if use_cuda else ModelG()
# 初始化网络的权重
netG.apply(weight_init)
print(netG)

# 构建一个判别器网络并加载到 GPU 上
netD=ModelD().cuda() if use_cuda else ModelD()
# 初始化权重
netD.apply(weight_init)

# 要优化两个网络，所以需要两个优化器
```

```
optimizerD=optim.Adam(netD.parameters(),lr=0.0002,betas=(0.5,0.999))
optimizerG=optim.Adam(netG.parameters(),lr=0.0002,betas=(0.5,0.999))

# 模型的输入和输出
# 生成一个随机噪声输入给生成器
noise=torch.tensor((batch_size, input_dim, 1, 1), dtype = torch.float)
# 固定噪声用于评估生成器结果，它在训练过程中始终不变
fixed_noise= torch.FloatTensor(batch_size, input_dim, 1, 1).normal_(0,1)
if use_cuda:
    noise = noise.cuda()
    fixed_noise = fixed_noise.cuda()


# BCE 损失函数
criterion=nn.BCELoss() # 这是另一种定义交叉熵损失函数的方法，只适用于二分类问题
error_G = None # 总误差
num_epochs = 100 # 训练周期
results = []
```

在这段代码中，有两个地方需要注意。第一个地方是优化器改为了 Adam 算法，而不是常用的随机梯度下降（SGD）算法。Adam 算法的好处是它可以自适应地调节学习率，这避免了我们手动调整学习率的麻烦。

第二个地方是，在损失函数中我们使用了 BCELoss，而不是以前一直使用的 NLLLoss。其实 BCELoss 跟 NLLLoss 一样，也是交叉熵。不同的是，BCELoss 只用于二分类问题，而且它只接收一个输入值，代表属于其中一类的概率（注意判别器网络的输出单元数也必须为 1）。而如果用 NLLLoss 解决二分类问题，则需要有两个输入值，分别代表属于两个类别的概率。但我们知道两个概率加起来要等于 1，所以实际上两个输入值的设计是冗余的。

接下来实现 GAN 的训练流程。这个流程稍微有一些复杂，每一个 epoch 中的训练迭代如图 8.29 所示。

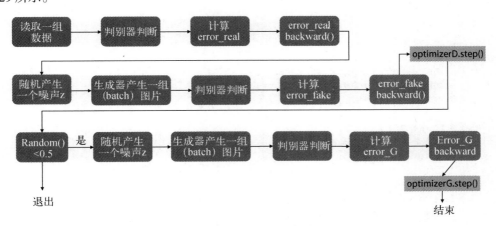

图 8.29　GAN 体系的流程图

整个程序分成了两部分，以 optimizerD.step()为分界线，在此之前是训练判别器的部分，之后是训练生成器的部分。

在第一部分，我们先读取一批真实的图像让判别器判断真伪，并计算判别器上各个参数的梯度；之后再让生成器随机生成一批图像让判别器判断真伪，并计算第二次的梯度。PyTorch 会自动将各个参数的两次梯度相加。然后，optimizerD.step()会根据总的梯度更新判别器网络上的各个参数。

在第二部分，生成器随机生成一批假图像让判别器判别，判别器上误差值的负数作为生成器的损失函数，再计算生成器的梯度，然后 optimizerG.step()开始更新生成器的参数。

另外，值得注意的是，Random()<0.5 这个判断保证了训练判别器的次数差不多是训练生成器次数的 2 倍。这样可以先让判别器达到比较好的精度，再让生成器进化。

具体代码如下：

```
for epoch in range(num_epochs):

    for batch_idx, (data, target) in enumerate(train_loader):

        # 训练判别器网络
        # 清空梯度
        optimizerD.zero_grad()
        # 1. 输入真实图片
        data, target = data.clone().detach().requires_grad_(True), target.clone().detach()
        # 用于鉴别赝品还是真品的标签
        label = torch.ones(data.size()[0]) # 正确的标签是 1 (真实)
        label = label.cuda() if use_cuda else label

        if use_cuda:
            data, target, label = data.cuda(), target.cuda(), label.cuda()
        netD.train()
        output=netD(data) # 放到判别器里辨别


        # 计算损失函数
        label.data.fill_(1)
        error_real=criterion(output, label)
        error_real.backward() # 判别器的反向误差传播
        D_x=output.data.mean()

        # 2. 用噪声生成一张假图像
        # 噪声是一个 input_dim 维度的向量
        with torch.no_grad():
            noise.resize_(data.size()[0], input_dim, 1, 1).normal_(0, 1)
        # 输入生成器生成图像
        fake_pic=netG(noise).detach() # detach 是为了让生成器不参与梯度更新
        output2=netD(fake_pic) # 用判别器识别假图像
        label.data.fill_(0) # 正确的标签应该是 0 (伪造)
```

```
error_fake=criterion(output2,label) # 计算损失函数
error_fake.backward() # 反向传播误差
error_D=error_real + error_fake # 计算真实图像和生成图像的总误差
optimizerD.step() # 开始优化
# 单独训练生成器网络
if error_G is None or np.random.rand() < 0.5:
    optimizerG.zero_grad() # 清空生成器梯度

    # 注意生成器的目标函数与判别器的相反，因此当判别器无法辨别的时候为正确
    label.data.fill_(1) # 分类标签全部标为 1，即真实图像
    noise.data.normal_(0,1) # 重新随机生成一个噪声向量
    netG.train()
    fake_pic=netG(noise) # 生成器伪造一张图像
    output=netD(fake_pic) # 判别器进行分辨
    error_G=criterion(output,label) # 判别器的损失函数
    error_G.backward() # 反向传播
    optimizerG.step() # 优化网络
if use_cuda:
    error_D = error_D.cpu()
    error_G = error_G.cpu()
# 记录数据
results.append([float(error_D.data.numpy()), float(error_G.data.numpy())])

# 打印分类器损失等指标
if batch_idx % 100 == 0:
    print ('第{}周期，第{}/{}批，分类器 Loss：{:.2f}，生成器 Loss：{:.2f}'.format(
        epoch,batch_idx,len(train_loader), error_D.data.item(), error_G.data.item()))
# 生成一些随机图片，输出到文件
netG.eval()
fake_u=netG(fixed_noise)
fake_u = fake_u.cpu() if use_cuda else fake_u
img = make_show(fake_u)

# 挑选一些真实数据中的图像进行保存
data, _ = next(iter(train_loader))
os.makedirs('temp', exist_ok=True)
os.makedirs('net', exist_ok=True)
vutil.save_image(img,'temp/fake%s.png'% (epoch))
# 将网络状态保存到硬盘文件
torch.save(netG.state_dict(), '%s/netG_epoch_%d.pth' % ('net', epoch))
torch.save(netD.state_dict(), '%s/netD_epoch_%d.pth' % ('net', epoch))
if epoch == 0:
    img = make_show(data.clone().detach().requires_grad_(True))
    vutil.save_image(img,'temp/real%s.png' % (epoch))
```

8.4.3　结果展示

下面，我们来看看 GAN 的训练效果如何。图 8.30 展示的是生成器和判别器的 Loss 曲线。

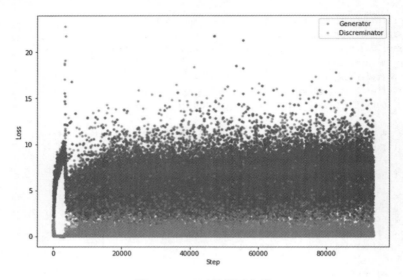

图 8.30　GAN 的学习曲线

与我们熟悉的 Loss 曲线有很大不同，GAN 的曲线在经过初期相对稳定的一个阶段之后，很快就进入了剧烈且快速振荡的阶段。这是由于生成器与判别器构成了零和博弈。当进入振局面的时候，说明二者正在进行激烈的竞争。因此，我们无法简单地根据 Loss 曲线来判别一个 GAN 系统的训练过程。

再来看看最后的数字生成效果，如图 8.31 所示。

图 8.31　GAN 的手写数字生成效果

效果明显比以前好了很多，已经可以清晰地看到手写数字的样子了，这也是我们在有限的训练周期内达到的最好效果了。

我们终于利用 GAN 方法实现了一个合格的手写数字图像生成器。美中不足的是，当前这个版本还无法做到根据指定标签生成指定数字。限于篇幅，这里我们就不给出具体的解决方案了，希望能激发各位读者进行更多的思考。

8.5 小结

本章我们对图像生成技术进行了全面介绍。首先，通过与卷积神经网络的对比，我们引入了反卷积运算和反卷积神经网络，利用这种网络可以很容易地生成图像。

然后，我们以生成仿真手写数字图像为目标，在实验中探索了最小平方误差模型、生成器—识别器模型，以及 GAN 方法，一步步克服了各种困难，最终实现了目标。这个连续的探索过程不仅能够让读者掌握具体使用的各种技术手段，而且可以让读者领略遇到问题后的思考路径，寻求解决方案。

最终，我们采用 GAN 框架解决了仿真手写数字图像的生成问题。然而，这仅仅是对 GAN 方法非常初步的尝试。事实上，GAN 方法已经演化成为一种通用的机器学习技术，它通过将传统的单体学习问题转化为两体的博弈问题，大大提高了学习效率。另外，更多的研究论文指出，我们还可以利用 GAN 生成各种图像，比如根据输入文本输出图像、进行图到图的转换等。

令人兴奋的是，GAN 方法不仅仅局限于图像生成领域，还可以应用在声音、文本、视频等生成性任务中。生成模型也已经成为近年来人工智能发展的焦点。

8.6 Q&A

Q：在进行反卷积的时候，为什么要翻转卷积核呢？
A：这和卷积神经网络上的反向传播算法有关，参见 8.2.2 节。

Q：在反卷积的例子中，原始图像（小图）已经归一化了吗？
A：在反卷积的时候，我们用到了 Batch Norm 技术，它是一种"批归一化"的操作手段。

Q：在 striding 的例子中，横向移动步数为 1，纵向移动步数为 2，这种在横向和纵向上不同的间隔步数有什么意义吗？
A：横向移动步数为 1，代表 striding 操作不压缩图片中横向分布的像素。而纵向移动步数为 2，意味着纵向分布的像素会被采样压缩。当输入图像不是方形的时候，这种方法就会派上用场了。

Q：在分数步伐的讲解中，为什么要在每个空白的单元中补 0？涉及什么不变性吗？可不可以补 1？
A：补 0 是比较直观的办法。如果补 1，理论上应该也是可以的，因为系统总会进行自适应学习。但是不可以补随机数，因为如果每次补不一样的随机数，就会导致每次的运算结果都不一样。

Q：可以总结一下反卷积在对抗神经网络的例子中起到了什么作用吗？

A：起到了"无中生有"的作用。在图像生成的过程中，如果要"无中生有"，就要从一个 100 维的噪声向量中生成一张 28×28 的图像，那么就需要使用反卷积。

Q：在生成对抗网络模型中，生成器的输入是什么？

A：输入是一个 100 维的噪声向量，其中的数据都是从一个均值为 0、方差为 0.1 的正态分布中随机采集的。之所以要输入这么大维度的向量，是因为要让生成样本尽可能多样化。

Q：在生成对抗网络模型中，生成器可以从随机噪声向量中生成图像，那么生成图像所需的信息来自哪里？

A：在训练的过程中，生成图像所需的信息由输入的图像存储到了网络权重中。

8.7　扩展阅读

[1] Goodfellow I J, Pouget-Abadie J, Mirza M, et al. Generative Adversarial Networks. arXiv: 1406.2661, 2014.

[2] 反卷积：GitHub 上的 conv_arithmetic（vdumoulin）。

[3] 本项目的源代码参考自 GitHub 上的 pytorch-GAN（chenyuntc）。

## 第 9 章

词汇的星空——神经语言模型与 Word2Vec

经过前几章的学习，我们掌握了使用 PyTorch 处理图像的能力。然而，在当前深度学习领域，除了图像处理之外，还有一个非常有趣也非常有挑战性的研究方向，这就是自然语言处理（natural language processing，NLP）。人类从感性的角度发明并发展了语言，计算机则从纯理性的角度来理解、计算语言，挖掘语言中的信息，进行语言生成。现在，自然语言处理技术被越来越广泛地应用于各行各业，比如聊天机器人、智能客服、手机上的智能助理，等等。甚至有时，你已经无法区分和你对话的那一端是人还是机器。这在几十年前，听起来就像是天方夜谭，但是今天，我们已经有很多方法来创造这些令人激动的人工智能程序了。

2017 年 5 月，微软旗下人工智能机器人"小冰"的第一本诗集《阳光失了玻璃窗》出版，这本书中的全部诗句都是由小冰自动生成的。2017 年 6 月，学霸君研发的高考机器人 Aidam 在高考数学中得到了 134 分。2020 年，OpenAI 发布的 GPT3 更是有多达 1750 亿个参数，几乎可以处理所有的英语问题。这些有趣的程序全部依赖于自然语言处理技术。

那么，这些应用是怎样被创造出来的呢？通常，在一个自然语言处理任务中，我们要做的第一步，就是使用词向量技术将语言中的基本单位（词）转化为计算机可以理解的单位（向量）。

本章我们将学习自然语言处理的第一步——词向量技术，包括为什么需要词向量，怎样评判一个词向量的好坏，以及非常高效的词向量技术 Word2Vec（Word to Vector）的原理和运作过程。最后，我们将通过代码实现一个词对词的翻译器，实现中英文词语互译。

9.1 词向量技术介绍

词向量技术是自然语言处理领域的关键技术之一。该技术的每一次突破都会推动自然语言处理领域诸多研究的进展。本质上，该技术的目的是找到一种编码方式，来实现词语到向量的合理转换。

9.1.1 初识词向量

我们为什么需要词向量？这个问题不难理解。当我对计算机说"你好。"的时候，计算机并不能理解我说了什么。要想对我的话做出反应，计算机必须首先以某种约定的规则对"你好。"这两个字和一个句号进行编码——比如用"1"代表"你"，用"2"代表"好"，用"0"代表"句号"。编码过后，计算机才可以对这句话进行运算。

在英语中，单词是最基本的语言单位。因为单词可以表达意义，而更小的单位（如字符）却不能。在中文世界中，我们既可以用汉字作为基本的编码单位，因为汉字本身足以表达非常丰富的语义信息，也可以用词作为编码的基本单位，而这就涉及对一句话的分词。实际上，汉语的分词问题是一个非常重要的研究课题，但分词并不是本章的讨论重点，所以不做过多介绍。

词向量就是以词为单位进行的编码，通常是用一组实数来编码，例如 sun 的编码是$(1.0, 2.1, 3.1)$，earth 的编码是$(1.3, 2.9, 1.9)$。而词向量技术（也叫作词嵌入）的目的就是找到一种最合适的编码方式。那么，怎样的编码方式才算"合适"呢？历史上又有过什么编码方式呢？

从 1940 年至今，人们发明了许多模型来解决词语到向量的转化问题，下面我们选取几个典型的模型进行讨论。

词袋（bag of words，BOW）模型是一个很经典的模型。从字面上理解，词袋模型就像一个袋子，将词语装进来，而被装进一个袋子的词语会失去语序信息。词袋模型在情绪识别、文本分类等任务中有着非常重要的作用。然而，它可以对一句话进行向量编码，却不能对单词进行编码。当然，我们也可以将一个单词看作一个由字符构成的袋子，从而使用词袋模型的思想来对单词进行编码。但是，这种做法的缺点也是显而易见的，字符袋模型的向量虽然很大，但是经转化的向量可能无法区分出不同的单词，因为字母的顺序被打乱了。

神经概率语言模型（neural probabilistic language model，NPLM）是一个非常重要的模型，不但能够将词语转化成维度可控制的向量，而且能表示语义信息。比如，两个近义词在向量空间中的位置也是相近的。本章将对这个模型进行详细的讲解。当然，该模型也有一定的缺陷：运算速度较慢。因此 2003 年出现的 NPLM 并没有推动词向量技术的广泛应用和普及。

Word2Vec 模型是本章的另一个主角，它是 NPLM 的增强版，对 NPLM 进行了优化，提升了运算速度和运算精度，非常实用。Word2Vec 的出现大大推进了自然语言处理技术的发展。

9.1.2　传统编码方式

在学习 NPLM 和 Word2Vec 模型之前，我们有必要简单了解传统的单词编码方式。这有助于我们更好地理解 Word2Vec 模型的工作原理和优势。

1. 字符编码方式

现在，我们考虑一个基础的问题：如何对一个单词进行编码？

例如对单词"student"进行编码。首先，很容易想到：将 26 个字母分别编号，比如"a"对应 0 号，"z"对应 25 号。这样"student"就可以编码为如下向量：

[18,19,20,3,4,13,19]

这种编码方式的优点是运算速度比较快，但是缺点也很明显：编码后的向量长度不固定，很难交给神经网络处理；而且产生的向量没有语义关系，我们无法看出"student"（学生）和

"teacher"（老师）关系更接近，而和"cat"（猫）的关系则相对疏远。

2. 排序编码

另一种比较直接的编码方式是先将整个单词表中的单词排序，然后直接用序号作为单词的编码。这个顺序可以有很多种，例如某单词在语料库中出现的顺序，或者就用字典顺序排序，即先按照首字符顺序排序，再按照第二个字符排序，等等。总之，只要有了一种排序，我们就能得到每个单词的编码，这就是它的序号。

这种编码的方式很简单，但是我们仍然不能简单地将它输入神经网络做计算，原因就是这个序号的大小实际上没有任何含义，但会影响神经网络的激活模式。

3. 独热编码

独热（one-hot）编码也是一种很常用的编码模型，它可以很好地对离散的类型变量进行编码。独热编码的核心思想是：假设一门语言中一共有 n 个单词，那么首先给每个单词一个排序编码，然后对于每个待编码单词，生成一个 n 维向量，这个向量中的每一位都被初始化为 0，然后找到这个单词的排序编码所对应的位置，将其更改为"1"。最终，向量由 $n-1$ 个"0"和一个"1"组成，因此这种编码被称为独热编码。

具体来说，假设词典中的第一个词（即第 0 位）是"cat"，第二个词（即第 1 位）是"teacher"，而"student"在词典中的第 k 位，词典共有 n 个词，在对"student"编码后，得到的向量如图 9.1 中的方框所示。

[0	0	0	⋯	1	⋯	0]
cat	teacher	drink	⋯	student	⋯	life
0	1	2	⋯	k	⋯	n

图 9.1 "student"经独热编码后的结果

独热编码解决了直接编码无法解决的长度问题：现在每个单词编码后的向量长度都一样，可以输入神经网络训练了；但是依然没有解决语义问题，即相似语义的单词对应的独热编码向量非常不相似。除此之外，独热编码也浪费了大量的存储空间（词典越大，表示一个词所需的空间就越大），非常不利于实际操作。

9.2 NPLM：神经概率语言模型

我们需要一种能避免以上几种编码方式缺陷的模型。我们希望，经这个模型编码后的词向量长度固定，但不要太长。另外，最好向量是密集的，也就是 0 元素要尽可能少，不要浪费存储空间。实际上，NPLM 刚好可以满足我们的要求。首先来看几个可能的例子：

- ❑ "太阳"经 NPLM 编码后的词向量可能是[0.40, 0.34, –0.17, 0.88]；
- ❑ "月亮"经同样的 NPLM 编码后的词向量可能是[0.41, 0.30, 0.55, 0.90]；

❑ "猫"经同样的 NPLM 编码后的词向量可能是[0.01, –0.50, –0.95, 0.20]。

每个词向量的维度都是一样的。从语义上来说,"太阳"和"月亮"在向量空间中的距离更近。"猫"与"太阳"和"月亮"的距离都很远。这正是我们想要的结果。那么 NPLM 是怎样找到这种编码方式的呢?

9.2.1　NPLM 的基本思想

NPLM 是一个基于神经网络的语言模型,有趣的是,这个模型的原本的目标并不是获取词向量,而是用读到的前几个词去预测下一个词。词向量只不过是 NPLM 的副产品。

在学习 NPLM 之前,我们需要先简单了解自然语言处理中一个非常重要的概念——N-gram 模型,也叫 N 元语言模型。N-gram 模型假设一个词语的出现只和它前面的 N 个词相关。按照这个假设,我们可以根据前 N 个词去预测当前的词。比如在"天空的颜色是____"这句话中,我们根据"天空""的""颜色""是"这 4 个词,很容易预测下一个词是"蓝色"。如果将这个过程抽象为 N-gram 模型运算过程,我们可以知道此处的 N 被设置为 4。也就是说,一个 4-gram 模型就可以解决当前问题。

N-gram 模型在自然语言处理领域中的应用非常广泛。理论上,我们希望能够以非常大的 N 来建立 N-gram 模型,因为有的词和前面的联系非常远,例如,"最近小镇旁边建立的工厂违规排放废气,造成了严重的大气污染,这里的天空的颜色是____"。此处,如果用 4-gram 模型,它依然会在空白处填"蓝色",但是如果 N 被设置得非常大,模型就可能会考虑"污染""废气"等词的影响,而将此处填为"灰色"。

事实上,在实际应用中,将 N 设置得越大,模型运算得就越慢,所以在一般的项目中,我们通常将 N 设置为 2 或 3。将 N 设置为 3 即可在大部分自然语言处理任务中取得较好的效果。在下面的例子中,我们就选用 3-gram 模型,将其应用到 NPLM 中,即我们假设当前词的出现与它前面的 3 个词有关。

由此可见,N-gram 模型的本质就是一个映射函数,它把前 N 个词映射到下一个词:

$$f(w_1, w_2, \cdots, w_N) = w_{N+1}$$

而 NPLM 想要做的,就是用一个神经网络通过机器学习的方式来学到这个映射函数 f。

非常有意思的是,在 NPLM 完成这个学习任务之后,我们就可以在这个神经网络中"读出"每个单词的向量编码了。换句话说,词向量不过是 NPLM 的一个副产品。

9.2.2　NPLM 的运作过程详解

下面我们来看看 NPLM 的详细运作过程。

假设有一句语料:"我们一起去图书馆学习吧"。我们将这句话放入 NPLM 中进行训练。

首先,假设我们已经通过分词工具对这句话进行了分词,结果为:"我们""一起""去""图书馆""学习""吧"。

在训练的过程中，NPLM 首先用"我们""一起""去"这 3 个词去预测"图书馆"，然后后移一位，用"一起""去""图书馆"去预测"学习"。我们通常把标点符号也看作一个词，从而用同样的模型来预测。NPLM 的网络结构及其输入、输出如图 9.2 所示。

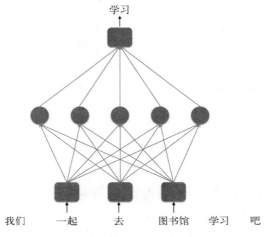

图 9.2 NPLM 网络结构

由图 9.2 可知，这个神经网络有一个输入层、一个隐含层和一个输出层，输入层有 3 个单元（我们稍后会讨论这 3 个单元的内部结构），我们需要将"一起""去""图书馆"这 3 个词输入这 3 个单元中。隐含层的神经元数量可以由我们定义，输出层有一个单元，这个单元对应下一个词，在当前情况下，下一个词就是"学习"。

当我们给 NPLM 输入大量句子的时候，NPLM 就会在这个句子上从前往后地滑动。在滑动的同时，它会反复尝试用前 N 个词预测下一个词，并以事实上下一个词是什么来作为标签，训练这个神经网络。当网络的权重进行调整的时候，我们就可以将下一个词预测得越来越准了。

1. NPLM 的输入层

然而，这又回到了我们的老问题：如何将一个单词输入神经网络？答案是"独热编码"！事实上，图 9.2 中的每一个输入单元都是一个小的神经网络，如图 9.3 所示。

如果我们将每一个输入单元展开，就能看到右图部分的小神经网络，该图展示了将一个独热编码转化为特定维度向量的过程。其中，输入层单元内部有两层神经元：一层用于接收词语的独热编码，这一层的神经元数量和词典维度相同；另一层神经元数量则是可以人为设置的，图中这一层设置了 4 个神经元。

这 3 个输入单元如果完全展开，就是一个具有 $N \times V$（V 为单词表的尺寸）个输入神经元、$4N$ 个输出神经元的网络结构。而且，每个输入单元展开的网络之间的权重值是共享的，也就是说，对应位置上的权重始终保持相等。

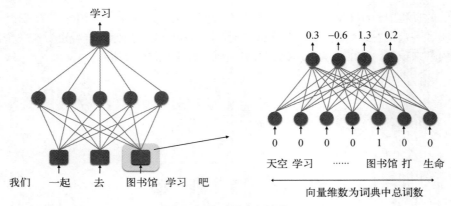

图 9.3　输入层内部结构

2. NPLM 的输出层

NPLM 的输出层相对简单，神经元数目也为 V（单词表的尺寸）。事实上，NPLM 将预测下一个词的问题转化成为一个 V 分类问题（参见第 4 章），即选择 V 个单词中的一个作为预测输出。经过 softmax 函数作用后，输出层输出的是一个向量，其中每个数值都是一个位于[0, 1]的值，表示隶属于第 i 个单词的概率大小。然后，我们在 V 个概率数值中选择一个最大的元素作为当前神经网络的最后预测，如图 9.4 所示的"学习"。

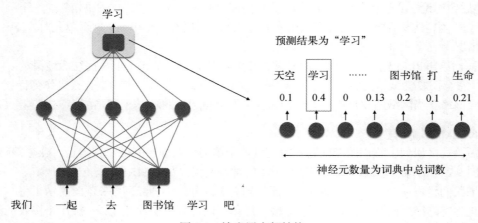

图 9.4　输出层内部结构

在获取到输出后，NPLM 将会计算本次的损失函数，我们采用适用于分类问题的交叉熵。假设句子中下一个词真的是"学习"，则读出这个词对应的神经网络输出数值。在本例中计算损失的方法如图 9.5 所示。

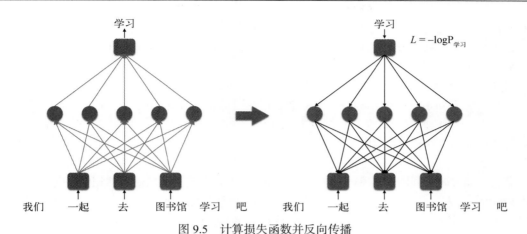

图 9.5 计算损失函数并反向传播

最后，它会将这个损失函数进行反向传播，更新网络中各个连边上的权重。

NPLM 就是一个这样的神经网络。它所做的事情就是用语料库的第一、第二、第三个词去预测第四个词，并反向传播调整参数，然后用第二、第三、第四个词去预测第五个词，并反向传播调整参数。周而复始，神经网络的预测将会越来越准确。

那么，我们想要的词向量在哪里呢？

9.2.3 读取 NPLM 中的词向量

答案就在输入层。当我们训练好 NPLM 以后，任意一个输入节点对应的连边权重所构成的向量，就是这个节点所对应的单词的词向量编码，如图 9.6 所示。

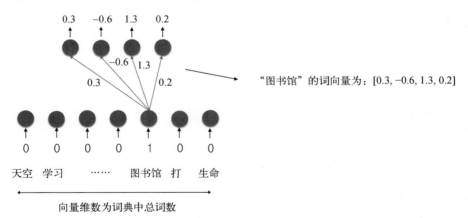

图 9.6 输入词"图书馆"所对应的词向量

为什么权重可以组成词向量呢？我们可以这样理解：当网络训练好了之后，它不仅能够预测下一个词，而且能够获得精确的编码。那么当输入一个词"图书馆"的时候，输入层的输出就应该是对该词的准确编码，否则它做不出准确的预测。而由于每个词在输入的时候都是独热编码，因此输入层的输出向量就对应了"图书馆"这个词所对应的独热位置连边上的权重值。

那么，为什么按照如此方式得到的词向量是合理的呢？这是因为这种词向量会把语义上相似的词对应为相似的编码。

首先，我们知道，两个词的意义越相似，就越可能出现在相同的上下文中，比如"太阳"和"月亮"，很可能同时出现在天文杂志中。这意味着有比较大的概率发生这样的情况："太阳"之前的 3 个词与"月亮"之前的 3 个词是相似或相同的（例如，"天上有一个太阳""天上有一个月亮"）。

其次，如果两个词要想经常预测出相同的词，那么，它们的词向量必然相似。例如，我们考虑这两句话："太阳是一个天体""月亮是一个天体"。假如我们用前 3 个词预测最后一个词，要想预测成功，那么"太阳"和"月亮"的编码就必须相似或相同。相对而言，"太阳"和"猫"由于很少出现在相似的上下文中，因而它们在向量空间中的距离就会远得多。

9.2.4　NPLM 的编码实现

下面我们用 PyTorch 来编码实现一个 NPLM 网络，并输入一些语料，让它学习词向量。这里我们使用的语料是发表在集智俱乐部公众号上的一百篇科普文章。集智俱乐部公众号长期关注复杂性科学与人工智能研究，追踪学术进展，推介学习资源，聚焦科普交叉前沿，ID 是 swarma_org，欢迎大家关注。

1. 准备工作

首先，导入所有需要的包：

```
# 加载必要的程序包
# PyTorch 的程序包
import torch
import torch.nn as nn
import torch.nn.functional as F
import torch.optim as optim

# 数值运算和绘图的程序包
import numpy as np
import matplotlib.pyplot as plt
import matplotlib


# 加载机器学习的软件包
from sklearn.decomposition import PCA

# 加载"结巴"中文分词软件包

import jieba

# 加载正则表达式处理的包
```

```
import re

%matplotlib inline
```

sklearn 是一个常用的统计学习方法库，里面包含了我们即将用到的 PCA 降维算法；jieba 是用来进行中文分词的包（参见第 4 章）。这两个包都需要另外安装，在命令行环境下分别运行： pip install sklearn 和 pip install jieba。接下来，做一系列的预处理工作，包括读取文件、分词、准备好基本的预测数据对，等等。

首先，读入原始文件：

```
# 读入原始文件

f = open("swarma_article.txt", 'r', encoding='utf-8')
text = str(f.read())
f.close()
```

接着，用"结巴"分词工具来分词，并过滤掉所有的标点符号：

```
# 分词
temp = jieba.lcut(text)
words = []
for i in temp:
    # 过滤掉所有的标点符号
    i = re.sub("[\s+\.\!\/_,$%^*(+\"\'“”《》 ?"]+|[+——！，。？、~@#￥%……&*():]+", "", i)
    if len(i) > 0:
words.append(i)
print(len(words))
words
```

然后，构建三元组，形成训练数据：

```
# 构建三元组列表。每一个元素为：（[i-2 位置的词，i-1 位置的词]，下一个词）
# 我们选择的 Ngram 中的 N，即窗口大小为 2
trigrams = [([words[i], words[i + 1]], words[i + 2]) for i in range(len(words) - 2)]
# 打印出前 3 个元素
print(trigrams[:3])
```

之后，建立词典，按照单词在语料中出现的先后顺序给所有出现过的单词进行排序编码。编码的办法就是充分利用 Python 字典的特性，扫描整个语料，如果遇到当前单词表中没有的单词，就将该词加入字典，并用当前字典中单词的个数作为这个新词的编码：

```
# 得到词汇表
vocab = set(words)
print(len(vocab))
# 两个字典，一个根据单词索引其编号，一个根据编号索引单词
# word_to_idx 中的值包含两部分，一部分为 id，另一部分为单词出现的次数
# word_to_idx 中的每一个元素形如：{w:[id, count]}
# 其中 w 为一个词，id 为该词的编号，count 为该词在 words 全文中出现的次数
word_to_idx = {}
idx_to_word = {}
ids = 0
```

```
# 对全文进行循环，构建这两个字典
for w in words:
cnt = word_to_idx.get(w, [ids, 0])
    if cnt[1] == 0:
        ids += 1
    cnt[1] += 1
    word_to_idx[w] = cnt
    idx_to_word[ids] = w
```

2. NPLM 的实现

我们用下列代码实现一个 NPLM 网络：

```
class NGram(nn.Module):

    def __init__(self, vocab_size, embedding_dim, context_size):
        super(NGram, self).__init__()
        self.embeddings = nn.Embedding(vocab_size, embedding_dim)  # 嵌入层
        self.linear1 = nn.Linear(context_size * embedding_dim, 128)  # 线性层
        self.linear2 = nn.Linear(128, vocab_size)  # 线性层

    def forward(self, inputs):
        # 嵌入运算：将输入的单词编码映射为独热向量表示，然后经过一个线性层得到词向量
        # inputs 的尺寸为：1*context_size
        embeds = self.embeddings(inputs)
        # embeds 的尺寸为：context_size*embedding_dim
        embeds = embeds.view(1, -1)
        # 此时 embeds 的尺寸为：1*embedding_dim
        # 线性层加 ReLU
        out = self.linear1(embeds)
        out = F.relu(out)
        # 此时 out 的尺寸为 1×128

        # 线性层加 softmax
        out = self.linear2(out)
        # 此时 out 的尺寸为：1*vocab_size
        log_probs = F.log_softmax(out, dim=1)
        return log_probs
    def extract(self, inputs):
        embeds = self.embeddings(inputs)
        return embeds
```

值得指出的是，这里用到了 nn.Embedding() 函数。对于很多初学者来说，这个函数既熟悉又陌生，似乎很容易让人产生误解。

事实上，nn.Embedding() 是神经网络的输入层，作用是将任意一个整数（或正数序列）映射为一个 n 维的实数向量（或向量组）。这实际上就是对 NPLM 中输入层的实现。

不同的是，在讲解 NPLM 的时候，我们说每个单词是被编码成独热向量后再输入网络，而在使用 nn.Embedding() 后，我们就不必获得这个独热编码了，只需要将一个单词的排序编码输入 nn.Embedding()，它就自动得出了该单词的词向量。

3. NPLM 的训练

训练 NPLM 的过程和普通神经网络类似，代码如下：

```
losses = [] # 记录每一步的损失函数
criterion = nn.NLLLoss() # 运用负对数似然函数作为目标函数（常用于多分类问题的目标函数）
model = NGram(len(vocab), 10, 2) # 定义 N-gram 模型，向量嵌入维度为 10，N（窗口大小）为 2
optimizer = optim.SGD(model.parameters(), lr=0.001) # 使用随机梯度下降算法作为优化器

# 循环 100 个周期
for epoch in range(20):
    total_loss = torch.Tensor([0])
    for context, target in trigrams:

        # 准备好输入模型的数据，将单词映射为编码
        context_idxs = [word_to_idx[w][0] for w in context]
        context_var = torch.LongTensor(context_idxs)

        # 清空梯度。PyTorch 会在调用 backward 的时候自动积累梯度信息，故而每个周期都要清空梯度信息一次
        optimizer.zero_grad()

        # 用神经网络做计算，得到下一个可能的单词的概率分布的对数值
        log_probs = model(context_var)

        # 计算损失函数
        loss = criterion(log_probs, torch.LongTensor([word_to_idx[target][0]]))

        # 梯度反传
        loss.backward()

        # 对网络进行优化
        optimizer.step()

        # 累加损失函数值
        total_loss += loss.data
    losses.append(total_loss)
    print('第{}轮，损失函数为：{:.2f}'.format(epoch, total_loss.numpy()[0]))
```

这段训练代码的效率比较低，运行时间很长，同时损失函数下降也非常缓慢。因此，我们完成 20 步训练就停止了。

9.2.5   运行结果

最后，运行下列代码获得词向量：

```
# 从训练好的模型中提取每个单词的向量
vec = model.extract(torch.LongTensor([v[0] for v in word_to_idx.values()]))
vec = vec.data.numpy()
```

这段代码调用了 model 的 extract()函数提取出来所有单词的词向量。最后的词向量就存储到了 vec 中。

当然，我们还可以通过 PCA 降维的方法将 vec 中的向量展示在二维空间中：

```
# 利用 PCA 算法进行降维
X_reduced = PCA(n_components=2).fit_transform(vec)


# 绘制所有单词向量的二维空间投影
fig = plt.figure(figsize = (30, 20))
ax = fig.gca()
ax.set_facecolor('black')
ax.plot(X_reduced[:, 0], X_reduced[:, 1], '.', markersize = 1, alpha = 0.4, color = 'white')


# 绘制几个特殊单词的向量
words = ['科学家','计算','因果','地球','复杂','临界','集智','百科','俱乐部','涌现']
# 设置中文字体，否则无法在图形上显示中文
zhfont1 = matplotlib.font_manager.FontProperties(fname='/Library/Fonts/华文仿宋.ttf', size=16)
for w in words:
    if w in word_to_idx:
    ind = word_to_idx[w][0]
        xy = X_reduced[ind]
        plt.plot(xy[0], xy[1], '.', alpha =1, color = 'red')
        plt.text(xy[0], xy[1], w, fontproperties = zhfont1, alpha = 1, color = 'white')
```

最后的运行结果如图 9.7 所示。

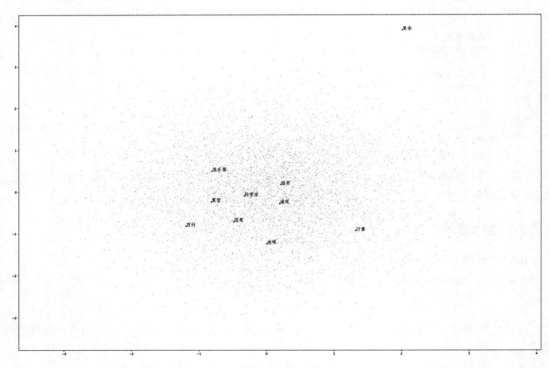

图 9.7　利用 NPLM 实现的词向量可视化结果

那么，获得的词向量好不好呢？我们通常是去查看在向量上相似的词是否具有相似的语义。这里我们可以查一下与"涌现"（复杂性科学中的核心概念）相似的向量都有哪些词。系统给出的回答是'动力系统'、'转移'、'博士'、'实验'……似乎在词义上并没有什么相近性，这说明这个 NPLM 学出来的词向量并不好。

事实上，要想训练出好的词向量，需要大规模的语料，同时还要训练足够长的时间，这两点我们这个小模型都没有做到，所以训练出来的词向量并不理想。难以训练对于 NPLM 来说是一个老大难问题，这也是它并没有引起更多关注的原因。

9.2.6　NPLM 的总结与局限

我们可以这样理解 NPLM 网络的原理：它接收的输入是独热编码，在运作过程中，会先尝试将这个独热编码映射为一个特定维度的词向量（这正是我们所需要的），然后再用词向量去预测可能出现在这个词后面的词。随着训练次数的增加和反向传播的调整，网络渐渐获得了将意义相近（或者上下文相似）的词映射为相似的词向量的能力。

我们需要明白，NPLM 可以有效地运行是因为它依赖于一个正确的假设：语义相似的词语会出现在相似的上下文中。如果没有这个假设，就不会有精妙的 NPLM。我们也需要看到，NPLM 学习过程是一个无监督学习过程，它不需要任何词语标注，但实际上它在不断通过监督学习来调整自身（用前几个词预测下一个词）。

NPLM 有一个缺点，那就是运算速度很慢。NPLM 诞生于 2003 年，但正是由于这个缺陷，并没有得到广泛的使用，直到 2013 年 Word2Vec 算法的出现，才引发了新的关注。

9.3　Word2Vec

Word2Vec 是 NPLM 的升级版，它在多方面进行了改进，大幅提升了 NPLM 的运算速度和精度。

Word2Vec 是一组（两个）模型，分别叫作 CBOW（continuous bag of words）模型和 Skip-gram 模型。接下来，我们将分析两个模型的结构，并以 CBOW 模型为例，介绍 Word2Vec 除了模型结构变化以外的优化，以及这些方法的工作原理。

9.3.1　CBOW 模型和 Skip-gram 模型的结构

CBOW 模型和 Skip-gram 模型的结构如图 9.8 所示。

与 NPLM 用前几个词来预测当前词不同，CBOW 模型是用当前词的前 n 个词和后 n 个词（即上下文）来预测当前词（图 9.8 中是用前两个词和后两个词预测当前词）。Skip-gram 模型则相反：用当前词预测上下文。

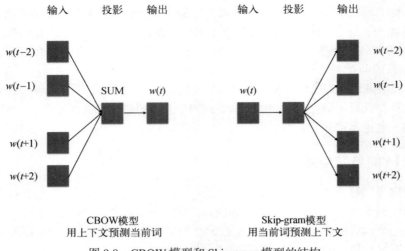

图 9.8   CBOW 模型和 Skip-gram 模型的结构

　　除此之外，模型结构也大大简化了，所有中间层都被省略了，CBOW 模型直接用输入层向量经过一层投影并求和去预测结果（Skip-gram 模型刚好相反）。虽然模型结构简单，但是效果意外地好，同时由于省略了中间层运算，模型训练速度也大幅提升。图 9.9 展示了 CBOW 模型相比 NPLM 的改变，其中从输入层到输出层的加号表示将输入的 N 个单词的向量表示直接按向量的方法加到一起。这种方法简单粗暴，但可以让词向量的效果非常好。

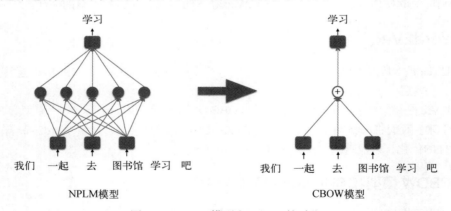

图 9.9   CBOW 模型和 NPLM 的对比

　　实际上，经过图 9.9 的改进，模型的训练速度还是不够快。原因是参与训练的词往往很多，而每次运算只能更新一个词对应的词向量。下面我们介绍两种解决方法。

9.3.2   层次归一化指数函数

　　在 NPLM 中，输出单元用一层神经元来对应当前词，这种结构对于当前词的查询和反馈都是比较耗时的。层次归一化指数函数（hierarchical softmax）的核心思路是更改输出单元的结构，将其由原来的"扁平结构"编码为一棵哈夫曼树（Huffman tree），其中的每一个叶节点对应一个词，如图 9.10 所示。

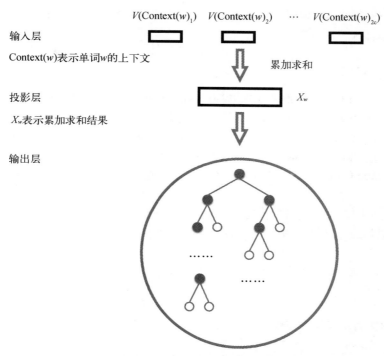

图 9.10　层次归一化指数函数运行原理示意图

可以看到，经过对输出层结构的优化，大大减少了查询一个词的代价。实际上，如果词典中有 n 个词，输出层经过哈夫曼编码后，只需要经过 $\log(n)$ 步即可查询到该词。而且，在每次训练的反馈过程中，都会更新从根节点到当前词对应的叶节点的所有连边的权重值，这也加速了网络的训练。

9.3.3　负采样

层次归一化指数函数改进了输出层结构，而负采样（negative sampling）方法则改进了目标函数。这个方法的核心思路是：在每次预测过程中，我们不但知道哪个词是正确的，而且知道随机选取的词应该是错误的。在每次训练的过程中，我们可以随机选取多个负样本一同参与损失函数的计算，模型就会同时考虑正样本和负样本的影响。

假设语料"我们一起去图书馆学习吧"中的当前词是"学习"，在实施负采样方法之前，我们的目标函数是：

```
L = -logP(学习)
```

在实施负采样方法之后，假设我们将随机选取的两个不相关的词"天空"和"俱乐部"作为负样本，那么目标函数将变为：

```
L = -(logP(学习)+log(1-P(天空))+log(1-P(俱乐部)))
```

这意味着神经网络可以同时对正确的样本和错误的样本进行学习。经过负采样之后，运算效果又得到了大幅提升。

9.3.4　总结及分析

Word2Vec 是一组模型，它含有 CBOW 和 Skip-gram 两个算法，针对每个算法都提出了两种可能的改进方案，分别是层次归一化指数函数和负采样。

Word2Vec 为什么又准又快，有这么好的效果呢？首先，CBOW 和 Skip-gram 算法都对 NPLM 进行了简化，省略了中间层，提升了每一次预测的运算速度。其次，层次归一化指数函数和负采样方法使 Word2Vec 可以一次关注并更新多个词的词向量，改善了 NPLM 一次只关注一个词语的低效问题。

实际上，层次归一化指数函数和负采样方法的具体操作过程比较复杂，但不用担心，现在已经有了开源且成熟的工具包将 Word2Vec 模型进行了封装。在实际编码的过程中，实现 Word2Vec 非常方便。

在编写代码之前，我们先来对 Word2Vec 的结果进行展示和分析。借助词向量，我们可以发现很多有趣的现象。

9.4　Word2Vec 的应用

Word2Vec 在实现的过程中有许多编程技巧，我们就不在此展示实现代码了，而是带领大家学习如何使用 Word2Vec 在自己的语料库上完成训练，以及如何用其他人训练好的大规模词向量来进行一定的分析与应用。

9.4.1　在自己的语料库上训练 Word2Vec 词向量

我们还是以集智俱乐部公众号发表的一百篇文章作为语料训练 Word2Vec 模型。首先需要安装 Gensim，在命令行中运行 `pip install --upgrade gensim` 就可以了。Gensim 是一个面向自然语言处理的 Python 包，包含了 Word2Vec、LDA 主题模型等常用的自然语言处理功能的函数库。

接下来，在 Jupyter Notebook 中加载这个包，特别是和 Word2Vec 相关的几个包：

```
# 加载 Word2Vec 的软件包
import gensim as gensim
from gensim.models import Word2Vec
from gensim.models.keyedvectors import KeyedVectors
from gensim.models.word2vec import LineSentence
```

之后，载入语料库，并进行分词：

```
# 读入文件，分词，形成一句一句的语料
# 注意跟前面的处理不一样，这里是一行一行地读入文件，从而自然地利用行将文章分成"句子"
f = open("swarma_article.txt", 'r', encoding='utf-8')
lines = []
for line in f:
    temp = jieba.lcut(line)
    words = []
    for i in temp:
        # 过滤掉所有的标点符号
        i = re.sub("[\s+\.\!\/_,$%^*(+\"\'""《》]+|[+—！，。？、~@#￥%……&*(): ；‘]+", "", i)
        if len(i) > 0:
            words.append(i)
    if len(words)> 0:
        lines.append(words)
```

然后，只需要调用如下命令就可以开始训练了：

```
model = Word2Vec(lines, size = 20, window = 2, min_count = 0)
```

其中，lines 是输入的已经变成列表的单词；size 为拟嵌入向量的维度；window 表示上下文窗口大小，也就是 N-gram 模型中的 N；min_count 为最少保留多少个低频词，如果等于 0 就意味着我们将计算所有词的词向量，无论它出现多少次。

运行这行命令后，训练瞬间就结束了！由此可见 Word2Vec 的效率有多么高。图 9.11 展示了集智俱乐部公众号发表的一百篇文章中各个词向量的二维投影图。

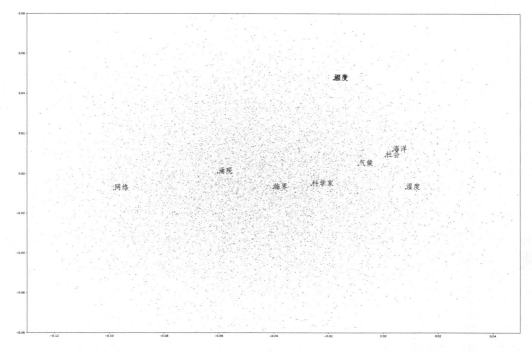

图 9.11　用 Word2Vec 得到的集智俱乐部公众号发表的一百篇文章的词向量图

可以看到，我们选出来的几个有明显"集智俱乐部"特征的词分布比较均匀。当然，对于词语的预处理工作还可以加强，进一步改进的工作就留给广大聪慧的读者吧。

9.4.2　调用现成的词向量

我们也可以加载别人在大语料库上训练好的词向量。

```
# 加载词向量
word_vectors = KeyedVectors.load_word2vec_format('vectors.bin', binary=True,
unicode_errors='ignore')
```

vectors.bin 是存放词向量的文件所在的硬盘位置。这里我们加载了一个大型中文语料库[1]，该中文词向量库由尹相志老师提供，训练语料主要来自微博、《人民日报》等，包含了 1 366 130 个词向量。

该库的词向量质量很高。例如，我们可以先试一下相近词：

```
# 查看相似词
word_vectors.most_similar('物理', topn = 20)
```

列出与"物理"最相近的 20 个词：

```
[('化学', 0.7124662399291992),
 ('物理化学', 0.6906830072402954),
 ('物理学', 0.6732755899429321),
 ('力学', 0.6633583903312683),
 ('数学', 0.6431227922439575),
 ('电学', 0.6256974935531616),
 ('原理', 0.6226458549499512),
 ('生物学', 0.6126974821090698),
 ('数学物理', 0.6115935444831848),
 ('电化学', 0.6058178544044495),
 ('非线性', 0.595616340637207),
 ('量子力学', 0.5924554467201233),
 ('热学', 0.5854000449180603),
 ('电磁场', 0.5820313096046448),
 ('物理现象', 0.5818398594856262),
 ('凝聚态', 0.5746456384658813),
 ('计算机', 0.569004476070404),
 ('流体力学', 0.5671141147613525),
 ('化学性', 0.563992440700531),
 ('微积分', 0.5628953576087952)]
```

其中，词后面的数字表示相似度。我们还可以用类似的可视化技术绘制"词汇的星空图"，并将一组选出来的词的近义词全部展现在"星空图"上，代码如下：

```
# 绘制星空图
# 绘制所有的词汇
fig = plt.figure(figsize = (30, 15))
ax = fig.gca()
ax.set_facecolor('black')
```

---

① 下载地址见图灵社区本书主页。——编者注

```
ax.plot(X_reduced[:, 0], X_reduced[:, 1], '.', markersize = 1, alpha = 0.1, color = 'white')

ax.set_xlim([-12,12])
ax.set_ylim([-10,20])


# 选择几个特殊的词，不仅画出它们的位置，而且画出它们的临近词
words = {'自行车','岛屿','物理','红楼梦','量子'}
all_words = []
for w in words:
    lst = word_vectors.most_similar(w)
    wds = [i[0] for i in lst]
    metrics = [i[1] for i in lst]
    wds = np.append(wds, w)
    all_words.append(wds)


zhfont1 = matplotlib.font_manager.FontProperties(fname='/Library/Fonts/华文仿宋.ttf', size=16)
colors = ['red', 'yellow', 'orange', 'green', 'cyan', 'cyan']
for num, wds in enumerate(all_words):
    for w in wds:
        if w in word2ind:
            ind = word2ind[w]
            xy = X_reduced[ind]
            plt.plot(xy[0], xy[1], '.', alpha =1, color = colors[num])
            plt.text(xy[0], xy[1], w, fontproperties = zhfont1, alpha = 1, color = colors[num])
```

运行结果如图 9.12 所示。

图 9.12　利用词向量绘制的"词汇的星空"（另见彩插）

　　仔细观察图 9.12，你会发现很有意思。首先，全部词汇组成了一个山谷形状的"星系"。我们选出来的词散落在空间中，相似的词被以相同的颜色标示了出来。注意，在二维空间中看起来靠近的点在高维空间中不一定靠近，因此我们不能简单地根据二维空间中的靠近程度来判断词语意思的相近程度，而更应该相信颜色，因为颜色是根据相似度表示出来的。

　　我们再来看看不同颜色的分组。以岛屿为代表的黄色组还包括了环礁、群岛、海岛等，它们都是与岛屿相关的地形结构；以自行车为代表的橙色组包括了电瓶车、四轮车、摩托等类似的交通工具；以物理为代表的浅蓝色组包括了物理学、数学、生物学、数学物理、物理化学、化学等学科；以《红楼梦》为代表的绿色组包括了《水浒传》《三国演义》等名著；以量子为代表的橙色组包括了量子光学、量子力学、量子态、量子计算机，等等。这些结果与我们对这些概念的认知基本相符，因此，我们说这些词向量揭示了大规模语料中深层次的语义信息。

9.4.3　女人－男人＝皇后－国王

　　Word2Vec 得到的词向量还有一个神奇的特性：它不仅可以反映语义上的相似性，还能利用两个向量的差来反映语义中的抽象关系。例如，词向量有一个著名的公式：女人－男人＝皇后－国王。图 9.13 展示了这个公式的含义。

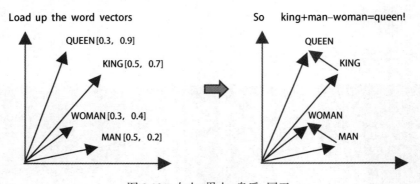

图 9.13　女人-男人=皇后-国王

　　首先，我们可以定位"女人""男人""国王""王后"这几个词的向量，然后，用"女人"的向量减去"男人"的向量，结果发现它与"王后"的向量减去"国王"的向量非常靠近。这说明 Word2Vec 词向量把握住了抽象的"男女关系"。

　　我们可以用中文词向量来验证这一关系。通过如下代码可以列出公式"女人－男人＝？－国王"中与"？"位置最相近的词：

```
# 女人－男人＝？－国王
words = word_vectors.most_similar(positive=['女人', '国王'], negative=['男人'])
words
```

给出的答案如下：

```
[('王后', 0.6745086312294006),
 ('国王队', 0.6190646886825562),
```

```
('爵士', 0.6134730577468872),
('路易十四', 0.6120332479476929),
('萨克拉门托', 0.6105179786682129),
('莱恩', 0.6097207069396973),
('教皇', 0.6067279577255249),
('乔治', 0.6061576008796692),
('拿破仑', 0.596650242805481),
('路易十五', 0.5955969095230103)]
```

这些词是按照相似程度从高到低的顺序排列的，可以看到，"王后"这个词排在了首位。

除此之外，我们还能找到很多类似的关系，如自然科学 – 物理学 = 人文科学 – 政治学，等等。

我们甚至可以用词向量来推理人物之间的隐含关系。例如，输入如下代码：

```
words = word_vectors.most_similar(positive=['刘备', '魏征'], negative=['诸葛亮'])
words
```

这相当于在问：刘备之于诸葛亮，相当于谁之于魏征。我们知道，刘备和诸葛亮是君臣关系，而且刘备对诸葛亮极为信任。刘备在病重之时，曾对诸葛亮说："君才十倍曹丕，必能安国，终定大事。若嗣子可辅，辅之；如其不才，君可自取。"那么，与魏征具备类似关系的人是谁呢？

Word2Vec 给出的答案如下：

```
[('唐太宗', 0.7565299272537231),
 ('李世民', 0.7121036052703857),
 ('进谏', 0.6571484804153442),
 ('刘伯温', 0.656629741191864),
 ('玄宗', 0.6540436744689941),
 ('太宗', 0.6527131795883179),
 ('寇准', 0.6525845527648926),
 ('东方朔', 0.642283022403717),
 ('张玄素', 0.6418983340263367),
 ('汉武帝', 0.6341785192489624)]
```

Word2Vec 正确地选择了唐太宗，而且前两个答案指的是同一个人。两对人物都是君臣关系，而且李世民对魏征也极为信任。魏征以直言耿谏著称，而对他所提出的意见，李世民都尽量采纳。魏征死后，李世民悲痛欲绝，说出了那句千古名言："以铜为镜，可以正衣冠；以史为镜，可以知兴替；以人为镜，可以明得失……今魏征殂逝，遂亡一镜矣！"

最后，我们再用词向量做一个有趣的小任务：找出尽可能多的货币名称。我们可以用下列代码：

```
# 尽可能多地选出所有的货币
words = word_vectors.most_similar(positive=['美元', '英镑', '日元'], topn = 100)
words
```

这段代码的意思是找出与"美元""英镑""日元"这 3 种我们熟悉的货币最相近的一百个单词。Word2Vec 给出的答案如下：

```
[('欧元', 0.8743425607681274),
 ('澳元', 0.8102496862411499),
 ('日圆', 0.7611238956451416),
```

```
('加元', 0.7465020418167114),
('人民币', 0.7449039816856384),
('美金', 0.7149820923805237),
('韩元', 0.7145756483078003),
('瑞郎', 0.7067820429801941),
('英磅', 0.6967371702194214),
('卢布', 0.694721519947052),
('卢比', 0.6720969080924988),
('镑', 0.6703317761421204),
('比索', 0.6515073776245117),
('港元', 0.6429406404495239),
('马币', 0.6186234951019287),
('挪威克朗', 0.6135693788528442),
('雷亚尔', 0.6096117496490479),
('丹麦克朗', 0.6067554950714111),
('美圆', 0.6023485660552979),
('美元汇率', 0.6011217832565308),
('令吉', 0.5950231552124023),
('印尼盾', 0.5935584306716919),
('里亚尔', 0.5928155183792114),
('新台币', 0.5848963260650635),
('澳币', 0.5745424032211304),
('欧元也', 0.5737853050231934),
('印度卢比', 0.5609548091888428),
('金价', 0.5518712401390076),
('法郎', 0.551790177822113),
('瑞典克朗', 0.5478922128677368),
('韩圆', 0.5478326678276062),
('台币', 0.5418106317520142),
('黄金价格', 0.5329560041427612),
('创纪录', 0.5307083129882812),
('日币', 0.5263627171516418),
('本币', 0.5254794359207153),
('韩币', 0.5197272300720215),
('usd', 0.5142589807510376),
...
```

我们看到，列出的基本上都是各种货币名称，而且其中有很多我们不熟悉的货币名称。看来，Word2Vec 还可以当作一个"百科小词典"来用。

9.4.4　使用向量的空间位置进行词对词翻译

制作词对词翻译器是词向量的应用之一。这个方法之所以可行，很大程度上是因为它依赖于一个可靠的假设：一个词语在不同语言中的上下文是类似的。也就是说，词语的意义本身与其所用的语言无关（例如，当我们谈到星星的时候，无论在哪种语言中，很可能都是在谈论天体），基于这样的假设，只要使用大量的训练样本，Word2Vec 模型就会将不同语言中语义相同的词语投影到向量空间中邻近的位置，如图 9.14 所示。

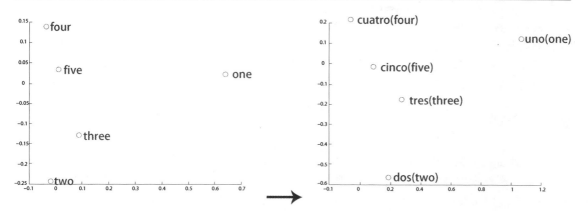

图 9.14 同义词在不同语言的向量空间中的位置相近

因此，当我们进行词对词翻译的时候，只需要在目标语言的向量空间中寻找与待翻译词语距离最近的词即可。

9.4.5 Word2Vec 小结

Word2Vec 是一个非常好用的词向量工具，我们既可以用它在大规模语料库上进行超高速的训练，又可以用别人训练好的词向量来做各种各样的推理和应用。

为什么词向量有这么有趣的性质呢？事实上，在训练 Word2Vec 模型的时候，我们给模型的训练数据量很可能已经远远超过了一个人一生所能读书的数量极限。在大量样本下，统计规律就会发挥重要的作用。那么利用大量样本进行训练，词向量能够把握语言在统计规律下的本质。正因为词向量具有这些性质，所以它不仅可以作为自然语言处理中的词语转化工具，而且可以作为我们认识和了解世界的工具。例如，对不同时间的出版物进行词向量研究，可以反映不同时代的社会变迁，等等。

9.5 小结

本章我们讲解了词向量以及获得词向量的两种主要方法。

首先，我们介绍了神经语言模型 NPLM，该模型虽然存在很大的弊端，却是词向量技术的思想来源。NPLM 的主要目的就是根据前面的 N 个词来预测后一个词，而作为它的训练副产品，我们可以获得词的向量表示。更有趣的是，NPLM 用监督学习的方式解决了非监督学习问题。然而，NPLM 存在很多弊端，其中运行效率低是它未被广泛使用的一个最重要的因素。

其次，我们介绍了 Word2Vec 技术，它实际上包括两个模型：CBOW 模型和 Skip-gram 模型。这两个模型都是对 NPLM 的延伸，都进行了大刀阔斧的改进。Word2Vec 提出了层次归一化指数函数的方法来计算 Loss 函数值，这大大加速了训练过程；Word2Vec 还提出了负采样的方法以改进 Loss 函数，使得训练更加有效。

最后，我们带领大家见识了在大规模语料库上训练好的词向量的威力。利用词向量，我们不仅能够将其可视化，找到相似的词，还能做一定的关系推理，例如著名的公式：女人 – 男人 = 王后 – 国王。我们甚至还能用词向量做推理和知识搜索。

总之，Word2Vec 是一座大金矿，等待我们去挖掘。

9.6　Q&A

Q：在词嵌入模型中，词向量的维度是怎么确定的？

A：一般是根据经验确定的。这个跟语料库的大小有关，语料库越大，词向量的维度也就越多。例如，如果语料中有 130 万个词，那么我们可能会设置 100~200 这样的维度。当我们采用更小的语料库时，设定的词向量的维度也会更小。所以，可以说词向量的维度就是一个超参数。

Q：在 NPLM 中，hidden_state 会受到 $t-1$ 时刻的影响吗？

A：不会，因为它并不是 RNN。它只受输入单词的影响，而不会考虑上一个单词。

Q：在 NPLM 中，输入层的神经元数目与编码的维度相同吗？

A：并不是。对于 NPLM 来说，输入层的神经元数目是你的单词表的大小乘以 n。它与你的编码维度显然不一样。编码维度与紧跟着输入层的那层神经元的数目相同。

Q：权重值共享在实际应用中是怎样实现的？PyTorch 中是否有现成的实现方式呢？

A：关于权重值共享，在编程中你只需要使用同一个变量就可以实现。我们在本章的实际编码中采用了 embedding() 方法直接实现，这个方法对权重值共享等机制进行了封装。

Q：在 NPLM 中，如果是深层神经网络，第一层的权重是词向量，后面的这些层权重有意义吗？

A：目前来看它们没有很明显的意义。语言不像图像，我们往往难以解释某些深层神经元的意义。

Q：在 NPLM 中，底层神经元可以理解为散列表吗？

A：可以。PyTorch 会自动通过 embedding() 方法实现，它在某种意义上就是一种散列过程。

Q：使用 NPLM 训练之后，如果给定 3 个单词，输出就是确定的一个词。这样就减少了语言表达的多样性，如何看待这个问题呢？

A：在训练的时候，对一个样本会有一个确定的词作为输出。但实际上在语料里，3 个单词后面可能会出现很多个词。这个模型的真正目的并不是预测下一个词，而是在学习过程中获得词的更好的表示。

Q：NPLM 对语料库的要求是不是挺高的？

A：只能说 garbage in, garbage out，语料当然是质量越高越好。

Q：词向量数值的正负表示有什么不同吗？有什么特别的意义吗？

A：单独来说并没有特别的意义，它们只是一个词的抽象表示。只有在比较两个向量相加或者相减的时候，才会体会到它们的意义所在。

Q：两种具有相同语法结构的语言可不可以通过词嵌入互相翻译？

A：可以，本章就有这样的例子。你会发现，对于基于法语的词嵌入与基于英语的词嵌入，相同意义的词会有近似的值。

9

## 第 10 章

深度网络 LSTM 作曲机——序列生成模型

我们生活在一个被序列包围的世界中，文字是字符的序列，音乐是音符的序列，视频是画面的序列，DNA 是碱基的序列，程序是编码的序列……简而言之，凡是有序的东西，有序的日期、有序的符号、有序的画面，等等，都可以看成序列。

所有这些序列其实都可以看作一种广义的语言，因为它们都是由有限的符号排序形成的一种线性结构。于是，我们可以将处理自然语言的技术应用于这些广义的语言——序列——之上。

例如，上一章介绍的词向量技术也可以应用于广义的语言中：我们可以给每个声音片段赋予一个向量表示；我们也可以将第 4 章的文本分类技术应用在对 DNA 碱基序列的分类上。近年来，人工智能在自动作诗、写文章等方面有了很大的进步，那么这种能力是否也能泛化到广义的语言中呢？答案是肯定的。背后的技术就是序列生成。

本章我们将带领大家进入序列生成的世界，详细介绍用深度学习解决序列生成问题的一般技术：原来，序列生成完全可以转化为序列预测问题，这与上一章介绍的 N-gram 模型有异曲同工之妙。之后，我们将介绍解决序列生成问题的两个强大模型：简单 RNN 及其升级版 LSTM。这两种技术目前已广泛应用于自然语言处理领域中，我们会详细解析它们的工作原理。最后，我们会尝试搭建一个 LSTM 来学习乐曲中的模式，并用它来"伪造"MIDI 音乐。

10.1　序列生成问题

对于一般的序列生成问题，我们的通用思路是先把它转化为预测问题，也就是用序列前面的字符来预测下一个字符，这样就可以把序列转化为一系列的训练数据对，然后训练一个神经网络模型。

前面的输入词可以固定长度，如总是用前 3 个词预测后一个词，这样问题就转换为了上一章讲过的 N-gram 模型；也可以不固定长度，以自然句子为单位，即从句子开头起所有词都作为输入，来预测后一个词。

我们这样做的根据是这样习得的模型会自动获得原有序列中的一些隐藏模式。最后我们用训练好的模型去生成新的序列，具体的生成过程是首先给出 N 个字符作为种子，输入给神经网络让

它预测第 *N*+1 个字符，再把这 *N*+1 个字符全部作为输入，神经网络给出第 *N*+2 个字符的预测，然后使用这 *N*+2 个字符预测第 *N*+3 个字符……始终用前面的字符序列让模型完成对下一个字符的预测。

如此说来，思路也就比较清晰了——先学习，再生成。而问题的关键就在于学习。

下面我们来看一个具体的例子。假设已有的序列是：

我爱北京天安门，天安门位于北京市中心

这个序列由 8 个中文词和一个逗号组成，其中前半句最后一个词"天安门"就是"我爱北京"这 3 个词的下一个词，逗号就是"爱北京天安门"这 3 个词的下一个词，第二个"天安门"就是"北京天安门，"的下一个词，以此类推。所以，只要有足够长的序列，让机器从前到后不停地扫描，预测下一个词，然后真正的下一个词就构成了标签，我们就得到了大量的训练数据对。

当模型训练好之后，我们便可以用它来完成序列生成问题了。在生成的时候需要有一个种子序列，或者以"句子起始符"（SOS）作为种子。假设我们已有的种子序列是 w_1, w_2, w_3，当把它们输入模型后，可以得到预测输出 w_4，于是我们原先的序列 w_1, w_2, w_3 就变成了 w_1, w_2, w_3, w_4；接下来，我们再将得到的新序列 w_2, w_3, w_4 输入模型，得到新的输出 w_5，这就有了更新的序列 w_1, w_2, w_3, w_4, w_5，以此类推，便可以让序列一直生成下去。这就是我们所说的一般解决思路。

在了解了序列生成的一般性描述之后，就需要考虑用什么样的神经网络模型来完成这样的任务。上一章我们介绍了 NPLM，它是一个普通的前馈神经网络，但可以解决序列生成问题。但是它只能应用于用固定数目的输入词预测下一个词的情形，即 N-gram 语言模型，而无法应用于输入词数量不固定的情形。另外，由于很多序列存在长程相关性，也就是下一个字符是什么取决于很早以前的字符（如特定的句式），因此我们必须把 N-gram 中的 *N* 加到很大才会学好长程的模式，但那会让前馈神经网络的效率变得非常低。因此，我们不得不寻求新的解决方案。

10.2　RNN 与 LSTM

RNN（recurrent neural network，循环神经网络）是最早由约翰·霍普菲尔德（John Hopfield）等人提出来的神经网络模型，它与我们熟知的前馈神经网络最大的不同之处在于，它的连接存在大量的环路，信息在传递过程中有可能长期在网络中保留，因此它比普通的前馈神经网络具有更好的记忆能力。然而，即使加入了神经元之间的环路连接，由于普通人工神经元在处理信息时存在信号衰减，RNN 的记忆能力仍然不足以应对真实序列中的长程依赖特性。于是，尤根·斯提姆哈勃（Jürgen Schimdhuber）提出了 LSTM（long short term memeory，长短时记忆）网络模型，通过增加新的门控单元来尽可能长时间地保留信息。下面我们分别介绍这两种模型。

10.2.1　RNN

RNN 在自然语言处理中得到了广泛的应用。和普通神经网络不同的是，RNN 中的单层神经节点也会互相连接，因此 RNN 被赋予了记忆的能力，使网络可以处理可变长度的输入数据。

1. RNN 模型

图 10.1 所示是一个单隐层的 RNN 模型。其中，粗线条曲线就是这些同层间的循环连接。除此之外，RNN 与一般的前馈神经网络没什么不同。

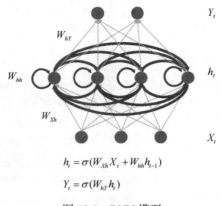

$$h_t = \sigma(W_{Xh} X_t + W_{hh} h_{t-1})$$

$$Y_t = \sigma(W_{hY} h_t)$$

图 10.1　RNN 模型

图 10.1 中以 W 开头的变量都是神经网络的权重参数，需要在学习阶段调整；X、h 和 Y 都是神经网络的变量，它们会随着输入数据和阶段的不同而不同。

在运行的时候，信息还是从输入层节点 X_t 输入，沿着第一层连接（也就是从输入到输出的连接）W_{Xh} 将信息传入中间的隐含层。之后，隐含层节点当前时刻的输出（记为 h_t）不仅与由输入层传过来的信号 $W_{Xh} X_t$ 有关，还与上一时刻（也就是 $t-1$ 时刻）的隐含层节点输出 h_{t-1} 有关，这两项（$W_{Xh} X_t$ 与 $W_{hh} h_{t-1}$）共同决定了隐含层的输出。然后，隐含层节点的输出传递给输出层节点，这与普通的前馈神经网络没有任何区别。隐含层和输出层的最后一步运算都要经过一个非线性映射，即激活函数 σ。

图 10.1 下方的公式就是 RNN 运算的数学表达式。RNN 与众不同的一点就在于 $W_{hh} h_{t-1}$，即 t 时刻的输出依赖于上一时刻的隐含层输出，这恰恰就是层与层之间连接的数学表达。有了这样一层依赖关系，RNN 就不是一个简单的从输入到输出的系统，它有可能在相同的输入条件下产生不同的输出，因为 h_t 有可能不同。RNN 借此具备了记忆的能力。

2. RNN 如何运行

那么，RNN 是如何运行的呢？实际上，和一般的前馈神经网络一样，RNN 的运行也分为前馈预测阶段和反向的学习训练阶段。只不过，RNN 在每一个样本上的运行并不是彼此独立的，它在 t 时刻的运行状态会深深影响到下一时刻甚至未来的运行。

下面，我们就以预测下一个字符的任务为例来说明 RNN 的运行原理。图 10.2 中的 3 幅图展示了一个具备两个隐含单元的 RNN 在一个字母序列上的运行情况。下面的一排字母表示不同时刻输入给 RNN 的字符；上面的一排字母是同样的序列，只不过对应当前输入的字符是它下一时刻的字符，它可以作为神经网络预测的标准答案。

b c d e f g h i j k l m n o p q r s t u v

图 10.2 (a) 在 $t=1$ 时间步网络的运行

b c d e f g h i j k l m n o p q r s t u v

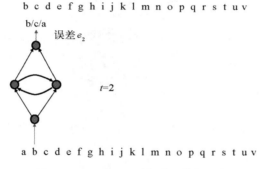

图 10.2 (b) 在 $t=2$ 时间步网络的运行

b c d e f g h i j k l m n o p q r s t u v

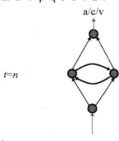

a b c d e f g h i j k l m n o p q r s t u v

图 10.2 (c) 在 $t=n$ 时间步网络的运行，n 为序列长度

该 RNN 从左到右依次读入一个字符，并输出一种可能的字符预测，这个预测马上匹配相应的下一个字符并得到反馈误差 e_i，这个误差也是用前文讲过的交叉熵来衡量的。我们可以在每个周期运行后即执行反向传播算法，更新所有的权重。就这样，RNN 周而复始地运行。

最后，RNN 在接收最后一个字符后停止运行（往往是一个句子的末尾），此时可以对所有步骤的误差求和，从而得到总误差。我们也可以不在每个步骤执行反向传播算法，而是最后执行来得到每条连边的权重更新。

　　虽然 RNN 在每一时刻仅仅读入一个字符，但由于 RNN 的同层连接与长程记忆性，多步以前的输入字符仍然会对现在有影响。所以，输入给 RNN 的相当于整个序列，而不仅仅是当前的一个字符。

　　当 RNN 含有多个隐含层时，在每一个周期，RNN 要先自下而上将信号逐层向上传递，才算完成一步运作，如图 10.3 所示。

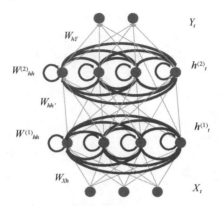

图 10.3　有两个隐含层的 RNN 结构图

3. 如何实现一个 RNN

　　下面我们就来实现一个 RNN。这个 RNN 架构包含 3 层：输入层、一层隐含层和输出层。首先实现一个叫作 SimpleRNN 的类，代码如下：

```python
# 实现一个简单的 RNN 模型
class SimpleRNN(nn.Module):
    def __init__(self, input_size, hidden_size, output_size, num_layers = 1):
        # 定义
        super(SimpleRNN, self).__init__()

        self.hidden_size = hidden_size
        self.num_layers = num_layers
        # 一个 embedding 层
        self.embedding = nn.Embedding(output_size, hidden_size)
        # PyTorch 的 RNN 层，batch_first 标识可以让输入的张量的第一个维度表示 batch 指标
        self.rnn = nn.RNN(hidden_size, hidden_size, num_layers, batch_first = True)
        # 输出的全连接层
        self.fc = nn.Linear(hidden_size, output_size)
        # 最后的 LogSoftmax 层
        self.softmax = nn.LogSoftmax(dim=1)

    def forward(self, input, hidden):
        # 运算过程
        # 先进行 embedding 层的计算
        # 它可以把一个数值先转化为 one-hot 向量，再把这个向量转化为一个 hidden_size 维的向量
```

```
# input 的尺寸为: batch_size, num_step, data_dim
x = self.embedding(input)
# 从输入层到隐含层的计算
# x 的尺寸为: batch_size, num_step, hidden_size
output, hidden = self.rnn(x, hidden)
# 从输出 output 中取出最后一个时间步的数值, 注意 output 包含了所有时间步的结果
# output 尺寸为: batch_size, num_step, hidden_size
output = output[:,-1,:]
# output 尺寸为: batch_size, hidden_size
# 把前面的结果输入给最后一层全连接网络
output = self.fc(output)
# output 尺寸为: batch_size, output_size
# softmax 函数
output = self.softmax(output)
return output, hidden

def initHidden(self):
    # 对隐含单元的初始化
    # 注意尺寸是 layer_size, batch_size, hidden_size
    return torch.zeros(self.num_layers, 1, self.hidden_size)
```

SimpleRNN 类是从 PyTorch 自带的 nn.Module 类继承而来的, 这个类封装了一般的神经网络模块所具备的基本功能, 包括初始化和前馈函数, 我们需要做的就是填充这两个函数的内容。

在初始化函数(__init__)中, 我们定义并赋值了基本的变量, 包括 hidden_size、num_layers 等; 然后定义了模型所需要的 3 个基本层, 分别是 embedding 的输入层、rnn 的隐含层, 以及 fc 的输出层。下面我们分别来讨论这几个层。

首先, 在网络的输入层, 我们定义了一个 embedding 神经模块。一般情况下, RNN 的输入信息是一些离散的符号, 如单词、字符、音符等, 因此我们总是可以将这些离散符号进行嵌入。换句话说, 我们实际上将字符、音符等全部视作广义的单词进行处理。embedding 的效果实际上是把离散的输入符号转化成了实数向量。之所以没有直接处理这些符号, 而是把它们做了嵌入, 是因为嵌入后的效果比不嵌入要好很多, 特别是当输入符号的类型非常丰富的时候, 嵌入的效果会更加突出。但当输入符号的类型很少的时候, 直接用字符或者独热编码输入也是可以的。在训练阶段, embedding 层的权重参数会被直接训练并改变, 从而学到最合适的权重。

其次, 中间的隐含层用了一个 nn.RNN 部件。这个部件是 PyTorch 自带的一个封装好的 RNN 层对象。在定义这个部件时, 我们需要指定输入 RNN 层的向量尺寸 input_size (一般等于输入节点的数量)、RNN 层隐含层节点的数量 hidden_size, 以及 RNN 层的层数 num_layers。换句话说, 我们实际上可以用 nn.RNN 部件来定义多层 RNN, 只不过不同层的隐含单元必须个数相同, 这是我们调用 nn.RNN 部件的要求。最后的参数 batch_first 管理了一个与用户编程习惯有关的小细节。当把它设置为 true 的时候, RNN 输入变量的第一个维度为批数据(batch)的维度, 这与我们使用其他函数的习惯是一样的; 否则, 按照 nn.RNN 的默认处理情况, 批的维度会在第二个位置上, 而把第一个维度留给了时间。

最后是一个普通的线性全连接层, 它连接了最后一层隐含层和最终的输出层。

接下来, 我们来看 SimpleRNN 类中的 forward()函数, 它仅仅在执行 RNN 运算的时候执行。

这个函数有两个输入参数，一个是 input，一个是 hidden，分别表示从外界输入神经元的变量和隐含单元在上一时刻或者初始时刻的输出值。

下面，我们来看看这个函数的运行。第一步是将输入信号进行嵌入。第二步是调用 nn.RNN 的 forward()函数。这个函数的独特之处在于，我们既可以用单步的方式调用，又可以用多步的方式调用。我们知道，RNN 是可以多步运行的。那么，当调用 PyTorch 自带的 RNN 层的时候，我们既可以让它一下子运行多步，又可以在它的外面写一个对时间步的循环，每次调用都让它执行一步运算。这个 RNN 具体运行了多少步是由输入 x 决定的。

一般情况下，x 的张量尺寸是（length_seq, batch_size, input_size）。第一个维度是一次输入的序列长度，如果是多步就大于 1，否则就等于 1；第二个维度是批处理的大小；第三个维度是输入单元的多少。如果 batch_first 设置为 true，则第一和第二个维度会对调。

因此，当第一个维度的尺寸大于 1 的时候，RNN 就会运行多步。而 RNN 的输出 output 的维度是随着输入 x 变化的，也就是说，如果 x 指定的是 t 个步骤，那么 output 中就包含了 t 步的每一步 RNN 隐含层的输出。而另一个 RNN 的输出 hidden 则始终保存最后一步的隐含层输出。

理解了 RNN 的多步特性，就不难理解为什么下一句会是 output = output[:,-1,:]了。答案就在于这是在获取 RNN 最后一个时刻的隐含层状态作为这一层的输出。接下来的语句就很容易理解了，与普通的前馈神经网络解决预测问题没有任何区别，这里就不再赘述了。

最后还有一个函数叫作 initHidden()，这是 RNN 比普通前馈神经网络多出来的一个函数，它的作用是给隐含层循环单元设置初始值。我们知道，隐含层 h(t)依赖于上一时刻 h(t-1)，所以，在第一时刻我们必须给 h 赋一个初始值，就是在 initHidden()函数中执行的。在赋初始值的过程中，我们需要注意数据的维度，它跟隐含单元的层数和尺寸有关。

在定义好这些类和函数之后，下面就来看看如何调用这个定义好的 SimpleRNN 类来解决字符预测问题。我们需要搞清楚，在每一个时间步，这个 RNN 都要接收一个当前的字符，并给出一个下一步的预测字符，所以我们只能用单步的方式调用 SimpleRNN。否则，SimpleRNN 需要一下子给出所有步骤的输出，而不是一步一步地来。

下列代码展示了如何用单步的方式调用 SimpleRNN：

```python
rnn = SimpleRNN(input_size = 1, hidden_size = 2, output_size = 26)
criterion = torch.nn.NLLLoss() # 交叉熵损失函数
optimizer = torch.optim.Adam(rnn.parameters(), lr = 0.001) # Adam 优化算法

loss = 0
hidden = rnn.initHidden()  # 初始化隐含神经元
# 对每一个序列的所有字符进行循环
for t in range(len(seq) - 1):
    # 当前字符作为输入，下一个字符作为标签
    x = torch.LongTensor([seq[t]]).unsqueeze(0)
    # x 尺寸: batch_size = 1, time_steps = 1, data_dimension = 1
    y = torch.LongTensor([seq[t + 1]])
    # y 尺寸: batch_size = 1, data_dimension = 1
    output, hidden = rnn(x, hidden) # RNN 输出
    # output 尺寸: batch_size, output_size = 26
    # hidden 尺寸: layer_size =1, batch_size=1, hidden_size
```

```
loss += criterion(output, y) # 计算损失函数
loss = 1.0 * loss / len(seq) # 计算每字符的损失数值
optimizer.zero_grad() # 清空梯度
loss.backward() # 反向传播，设置 retain_variables
optimizer.step() # 一步梯度下降
```

在上面的代码中，我们首先定义了一个 SimpleRNN 的实例以及损失函数和优化器，然后将隐含层初始化，最后针对字符序列 seq 中的每一个字符进行循环，来单步调用 SimpleRNN。

在每一个时间步，output, hidden = rnn(x, hidden) 都会被调用，它的输入为输入层传入的当前读入的字符以及上一时刻的隐含层输出 hidden；输出 output 为这一周期预测的字符，这一周期隐含层的输出 hidden 也被传了出来，用于下一次输入给 rnn() 函数。接下来，再计算这一步的损失。

最后，当运行完全部字符之后，调用 backward() 函数开始执行 RNN 上的反向传播算法（这和普通前馈神经网络的反向传播算法没有本质区别），并让优化器优化网络中的参数。

总的来看，RNN 的实现中最令人费解的就是 nn.RNN() 函数。由于它既可以执行一步运算，又可以执行多步运算，所以很容易让人困惑。另外，这个 RNN 层还可以自动实现多个层串在一起的 RNN 单元。所有这些设置都是由输入向量的维度控制的，这也是容易让初学者感到困惑的地方。

10.2.2 LSTM

虽然 RNN 已经可以解决记忆问题了，但是从实际运行的效果来看，RNN 的记忆能力还很有限，只能勉强记住十几步以内的模式，而无法实现更长时间的记忆。这是因为每个隐含单元计算的最后一步都要经过一个非线性激活函数，而这些函数大多输出一个位于 $[0, 1]$ 的数，因此输入数值只能保留一个分数进行输出。多步下来就会导致数值衰减得很快，这就是 RNN 无法应付长程记忆的原因。

于是，为了克服这一问题，人们提出了新的改进模型，这就是 LSTM。

1. LSTM 单元介绍

LSTM 是通过改造 RNN 的一个隐含单元而成的。既然 RNN 那么爱忘事儿，那我们就想一些办法加以阻止。LSTM 的解决方案就是加上门控开关。

如图 10.4 所示，从整体网络结构来说，LSTM 与 RNN 一模一样。不同的是，LSTM 单元是有内部结构的。它包括一个"蓄水池"（cell）和 3 个门控开关，分别是输入门（input gate）、遗忘门（forget gate）和输出门（output gate）。

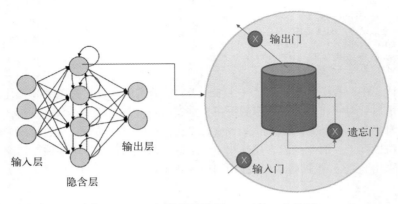

图 10.4　LSTM 单元替换了 RNN 的一个单元

这个"蓄水池"的作用就是存储信息。因此，当输入门、遗忘门和输出门都关闭的时候，"蓄水池"中的水就不会流出去，这就起到了保存信息的作用。打开输入门，则外界的信息可以流进"蓄水池"；打开输出门，"蓄水池"中的信息就可以流出去；打开遗忘门，"蓄水池"中的信息就会一点点地耗散。

图 10.5 展示了遗忘门的工作原理。我们不妨假设 LSTM 单元的遗忘门状态在 t 时刻是 $f(t)$，这是一个 0 到 1 之间的数字；细胞在 t 时刻状态是 $c(t)$。如果 $f(t)$ 是 0，那么 $c(t)$ 在 t 时刻就变为了 0；如果 $f(t)$ 是 1，那么 $c(t)=c(t-1)$，即保持上一时刻的状态，这就体现了记忆。一般情况下，$f(t)$ 是位于 0 到 1 之间的，所以 $c(t)$ 会随着时间的推移一点点地变小和遗忘。其他几个门的运作方式与此类似。比如，输入门就是用一个输入门信号 $i(t)$ 乘以外界的更新信号 $g(t)$（来自输入层的信号 $x(t)$ 和来自同层隐含单元上一时刻的信号 $h(t-1)$ 共同决定了 $g(t)$）；输出门就是门控信号 $o(t)$ 乘以"蓄水池"里的数值 $c(t)$。

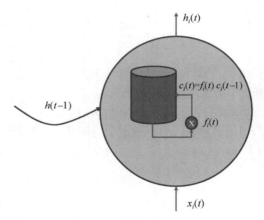

图 10.5　LSTM 单元中的遗忘门

但是，接下来的问题是，究竟由谁来控制这些门呢？一个 LSTM 细胞就要有 3 个门，100 个细胞就有 300 个门，我们不可能再写一个程序来控制这些门。LSTM 想出来的解决办法就是：为每一个门都加一个神经元细胞，让这个神经元细胞来控制这个门。那谁又来控制这个神经元细胞呢？答案就在于这个 LSTM 单元的所有输入信息，如图 10.6 所示。

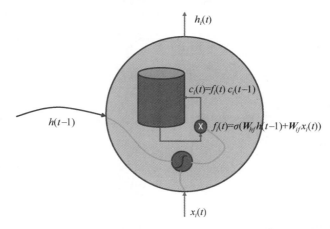

图 10.6　控制 LSTM 单元遗忘门的信号为该神经元的输入信号

我们以遗忘门为例简单分析一下。首先可以看到这个 LSTM 单元有两部分输入信息，一部分来自输入层信息 $x(t)$，它是一个向量，有几个输入单元就有多少维；另一部分来自同层隐含单元在上一时刻的输出信息 $h(t-1)$，它也是一个向量，有多少个同层隐含单元就有多少维。将这两部分信息作为输入，乘上相应的权重矩阵 W_{hf} 和 W_{if}，再经过一个 sigmoid 激活函数 σ，就得到了这个遗忘门的门控信号 $f(t)$。换句话说，我们实现了一个没有隐含层的神经网络，输入信号包括来自输入层的 $x(t)$ 和来自隐含层的 $h(t-1)$，输出信号就是遗忘门的打开信号 $f(t)$，然后再把这个门控信号作用到 $c(t)$ 上，就实现了用这个 LSTM 单元的输入来控制"蓄水池"的遗忘开关的目的。由于权重参数 W_{hf} 和 W_{if} 都是可学习的，在执行反向传播算法的阶段都会动态调整，因此这个 LSTM 单元就会学会在什么样的输入信号情况下，应该打开遗忘门开关，什么情况下应该关闭。其他几个门控信号也是依照类似的方法来调整的。

如果读者觉得 LSTM 单元的运作很复杂，那么一种简化的理解方式就是，把 LSTM 单元看作一个黑箱，它的输入就是 $x(t)$ 和 $h(t-1)$，输出就是 $h(t)$，其他的全部是这个单元的内部变量而已，我们从用户的角度不需要关心。

2. 一个 LSTM 单元运作的数学方程

综合来看，一个 LSTM 单元的整个运作可以写成如下动力学方程：

$$h(t) = o(t) * \tanh(c(t))$$
$$c(t) = f(t) * c(t-1) + i(t) * g(t)$$
$$g(t) = \tanh(W_{ig} x(t) + W_{hc} h(t-1) + b_g)$$

$$i(t) = \sigma(W_{ii}x(t) + W_{hi}h(t-1) + b_i)$$
$$f(t) = \sigma(W_{if}x(t) + W_{hf}h(t-1) + b_f)$$
$$o(t) = \sigma(W_{io}x(t) + W_{ho}h(t-1) + b_o)$$

其中，tanh 为双曲正切激活函数，它和 sigmoid 激活函数的最大区别就在于，它的输出在[-1, 1] 区间；$g(t)$ 这个信号其实就是从输入门进来的输入信号，它把 $x(t)$ 和 $h(t-1)$ 放在一起做了一次 tanh 非线性变换。另外，b_g, b_i, b_f, b_o 是每一个门控信号神经元的偏置参数。由于在实际应用中，我们经常将它们设为 0，所以前文没有提到。

可能这么一大堆方程式会让人头晕，但其实方程式是对一个 LSTM 单元运作的最简单表达。

3. LSTM 神经网络的运作

将多个 LSTM 单元连接在一起就构成了一个 LSTM 神经网络，这种网络的拓扑结构与一般的 RNN 没有任何区别，在此不再赘述。

4. LSTM 的代码实现

在编码实现上，LSTM 也与一般的简单 RNN 非常类似。下面的代码展示了一个简单的 LSTM 网络的类定义：

```
# 一个手动实现的 LSTM 模型，除了初始化隐含单元部分，其他所有代码基本与 SimpleRNN 相同

class SimpleLSTM(nn.Module):
    def __init__(self, input_size, hidden_size, output_size, num_layers = 1):
        super(SimpleLSTM, self).__init__()

        self.hidden_size = hidden_size
        self.num_layers = num_layers
        # 一个 embedding 层
        self.embedding = nn.Embedding(output_size, hidden_size)
        # 隐含层内部的相互连接
        self.lstm = nn.LSTM(hidden_size, hidden_size, num_layers, batch_first = True)
        self.fc = nn.Linear(hidden_size, output_size)
        self.softmax = nn.LogSoftmax(dim=1)


    def forward(self, input, hidden):

        # 先进行 embedding 层的计算
        # x 的尺寸：batch_size, len_seq, input_size
        x = self.embedding(input)
        # x 的尺寸：batch_size, len_seq, hidden_size
        # 从输入到隐含层的计算
        output, hidden = self.lstm(x, hidden)
        # output 的尺寸：batch_size, len_seq, hidden_size
        # hidden: (layer_size, batch_size, hidden_size),(layer_size, batch_size,hidden_size)
        output = output[:,-1,:]
        # output 的尺寸：batch_size, hidden_size
        output = self.fc(output)
        # output 的尺寸：batch_size, output_size
        # softmax 函数
```

```
        output = self.softmax(output)
        return output, hidden

    def initHidden(self):
        # 对隐含单元的初始化
        # 注意尺寸是 layer_size, batch_size, hidden_size
        # 对隐含单元输出的初始化, 全 0
        # 注意 hidden 和 cell 的维度都是 layers,batch_size,hidden_size
        hidden = torch.zeros(self.num_layers, 1, self.hidden_size)
        # 对隐含单元内部的状态 cell 的初始化, 全 0
        cell = torch.zeros(self.num_layers, 1, self.hidden_size)
        return (hidden, cell)
```

对比 SimpleRNN 和 SimpleLSTM 这两段代码就会发现, 它们仅仅在 initHidden() 这个函数上存在显著的差异。这是因为一般的 RNN 只有 hidden 这个隐含单元状态(输出), 而 LSTM 每个单元内部状态包含了两个, 一个是隐含层的输出 hidden, 一个是细胞的内部状态"蓄水池"cell。

PyTorch 也自带了一个 LSTM 层的代码, 这就是 nn.LSTM, 它的用法与 nn.RNN 非常相似。

因此, LSTM 的更多复杂性被隐藏在了它的内部单元中。这种内部的复杂性使 LSTM 单元具备了远超 RNN 的记忆能力。在实际应用过程中, 我们通常利用 RNN 来解决一些简单的小问题, 而用 LSTM 来解决复杂的自然语言处理问题。

10.3 简单 01 序列的学习问题

在掌握了 RNN 和 LSTM 这两个强大的工具之后, 我们来小试牛刀——用它们解决一个非常简单的问题: 01 序列生成。

观察以下序列:

01

0011

000111

00001111

…

它们有什么特点和规律呢?

❑ 它们都只含有 0 和 1;

❑ 它们的长度并不相等;

❑ 连续地出现 0 和 1, 而且 0 和 1 的个数是相等的。

我们可以用一个简单的数学表达式来表述所有这些 01 序列的通用规律, 其实就是 0^n1^n, 其中 n 就是序列中 0 或者 1 的个数。这样的序列看似简单, 但其实它在计算机科学中有一个非常响亮的名字, 叫作"上下文无关文法"(context-free grammar)。所谓上下文无关文法, 简单来说, 就是可以由一组替代规则生成, 而与本身所处的上下文(前后出现的字符)无关。那么, 我们为什么要去研究这样的序列呢?

简单来说有以下两点原因。

第一，这样的序列结构在自然语言中很常见。以一个英文句子为例：

The evidence was convincing.

这是一个典型的名词+动词（NV）的结构，我们可以将其拓展为：

The evidence the lawyer provided was convincing.

这就变成了一个名词+名词+动词+动词（NNVV）的结构，还可以进一步拓展：

The evidence the lawyer the gangster retained provided was convincing.

这就变成了一个名词+名词+名词+动词+动词+动词（NNNVVV）的结构。这样的句子扩展在我们的日常生活中是很常见的。

第二，这种简单的字串结构刚好足够简单又足够有趣，这便成了检测 RNN 和 LSTM 最好的入手点。

回到先前的序列生成问题上来，像这样的 0^n1^n 序列，该如何去预测下一位数字呢？我们不妨先来看几种情况。

❑ 如果现在的序列是 0000，那么下一位是 0 还是 1 显然不能确定。

❑ 如果现在的序列是 00001，那么下一位自然是 1，这一点我们比较确定，因为按照 0^n1^n 这样的序列规则，0 和 1 的个数是相等的，所以 1 的数目还会继续补足。

❑ 如果序列是 0000011111，此时同样比较确定，因为 0 和 1 的个数恰好相等，按照规则，序列此时应当结束。

通过以上 3 种情况，我们摸索出了序列生成任务中的关键——要学会数出 0 的个数 n，这样也就自然知道了 1 的个数。可问题的难点是，对于机器来说，它必须自己数出 0 的个数，而不能从任何其他的途径获取 n。

这个问题对于人类来说简直太容易了，对于特定的程序来说也很简单。但是对于一个神经网络来说并不容易，因为它自身不会长出来一个计数器，必须通过观察，自己发明一种记忆系统，能够看出 0 和 1 之间的长程规律，并实现等价的计数功能。尤其是当 n 很大的时候，这个问题将非常困难。

在大体了解了思路和关键问题后，我们就来看看如何用 RNN 解决这个问题。

10.3.1　RNN 的序列学习

首先来看看能否训练一个 RNN 学习这种上下文无关文法 0^n1^n。整个步骤分成训练学习和序列生成两个阶段：在训练阶段，RNN 尝试根据前面的字符预测下一个；在生成阶段，RNN 会持续不断地预测下一个字符，从而输出一串结果。

1. 神经网络的具体设计

图 10.7 详细说明了模型训练的过程。图中的上下两个序列分别代表模型输出的标准答案和输入，中间的就是 RNN 模型。我们采用的是一个仅有两个隐含单元的 RNN。

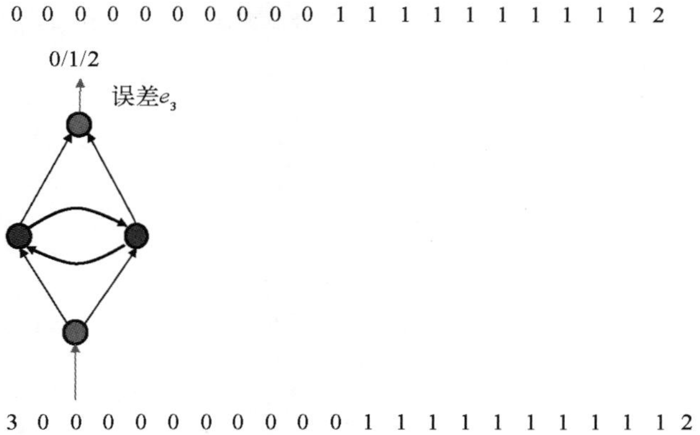

0 0 0 0 0 0 0 0 0 0 1 1 1 1 1 1 1 1 1 1 2
0/1/2
误差e_3
3 0 0 0 0 0 0 0 0 0 0 1 1 1 1 1 1 1 1 1 1 2

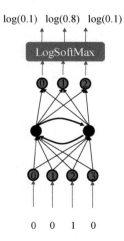

图 10.7　用 RNN 学习上下文无关文法 0^n1^n

下方的输入序列一个个被输入模型，对应的输出会和标准的输出结果进行比对，并得到误差。将所有步骤计算得到的误差进行汇总，就可以通过误差反传来对模型进行修正。

进一步，输入变量为类型变量，需要进行独热编码，因此最终的 RNN 模型结构如图 10.8 所示。

输出：0,1,2这3种可能
log(0.1) log(0.8) log(0.1)
LogSoftMax
0 1 2
0 1 2 3
0 0 1 0
输入：0,1,2,3这4种可能

图 10.8　最终的 RNN 模型结构图

输入 4 个神经元，输出 3 个，隐含层 2 个，这就是最终的神经网络结构。输出神经元输出的是每个类别的概率。

2. 代码实现

接下来我们看看在 PyTorch 中如何实现一个 RNN 模型，并用它来训练我们前面提到的序列。首先，导入必需的 Python 包：

```python
# 导入程序所需要的程序包

# PyTorch 用的包
import torch
import torch.nn as nn
import torch.optim

from collections import Counter # 搜集器，可以让统计词频更简单

# 绘图、计算用的程序包
import matplotlib
import matplotlib.pyplot as plt
from matplotlib import rc
import numpy as np
# 将图形直接显示出来
%matplotlib inline
```

之后，生成形如 0″1″的字符串数据：

```python
train_set = []
valid_set = []

# 生成的样本数量
samples = 2000

# 训练样本中 n 的最大值
sz = 10
# 定义不同 n 的权重，我们按照 10:6:4:3:1:1...来配置字符串生成中的 n=1,2,3,4,5,...
probability = 1.0 * np.array([10, 6, 4, 3, 1, 1, 1, 1, 1, 1])
# 保证 n 的最大值为 sz
probability = probability[ : sz]
# 归一化，将权重变成概率
probability = probability / sum(probability)

# 开始生成 samples 个样本
for m in range(samples):
    # 对于每一个生成的字符串，随机选择一个 n，n 被选择的权重被记录在 probability 中
    n = np.random.choice(range(1, sz + 1), p = probability)
    # 生成这个字符串，用 list 的形式完成记录
    inputs = [0] * n + [1] * n
    # 在最前面插入 3 表示起始字符，2 插入尾端表示终止字符
    inputs.insert(0, 3)
    inputs.append(2)
    train_set.append(inputs) # 将生成的字符串加入训练集 train_set 中

# 再生成 samples/10 的校验样本
for m in range(samples // 10):
```

```
        n = np.random.choice(range(1, sz + 1), p = probability)
        inputs = [0] * n + [1] * n
        inputs.insert(0, 3)
        inputs.append(2)
        valid_set.append(inputs)

    # 再生成若干 n 超大的校验样本
    for m in range(2):
        n = sz + m
        inputs = [0] * n + [1] * n
        inputs.insert(0, 3)
        inputs.append(2)
        valid_set.append(inputs)
    np.random.shuffle(valid_set)
```

接下来，创建 SimpleRNN 类，这部分代码已经在 10.2.1 节讲过，此处省略。定义好 RNN 模型之后，我们再来看看如何调用它来完成训练：

```
    # 生成一个最简化的 RNN，输入 size 为 4，可能值为 0,1,2,3，输出 size 为 3，可能值为 0,1,2
    rnn = SimpleRNN(input_size = 4, hidden_size = 2, output_size = 3)
    criterion = torch.nn.NLLLoss() # 交叉熵损失函数
    optimizer = torch.optim.Adam(rnn.parameters(), lr = 0.001) # Adam 优化算法


    # 重复进行 50 次实验
    num_epoch = 50
    results = []
    for epoch in range(num_epoch):
        train_loss = 0
        # 随机打乱 train_set 中的数据，以保证每个 epoch 的训练顺序都不一样
        np.random.shuffle(train_set)
        # 对 train_set 中的数据进行循环
        for i, seq in enumerate(train_set):
            loss = 0
            hidden = rnn.initHidden()  # 初始化隐含神经元
            # 对每一个序列的所有字符进行循环
            for t in range(len(seq) - 1):
                # 当前字符作为输入，下一个字符作为标签
                x = torch.LongTensor([seq[t]]).unsqueeze(0)
                # x 尺寸: batch_size = 1, time_steps = 1, data_dimension = 1
                y = torch.LongTensor([seq[t + 1]])
                # y 尺寸: batch_size = 1, data_dimension = 1
                output, hidden = rnn(x, hidden) # RNN 输出
                # output 尺寸: batch_size, output_size = 3
                # hidden 尺寸: layer_size =1, batch_size=1, hidden_size
                loss += criterion(output, y) # 计算损失函数
            loss = 1.0 * loss / len(seq) # 计算每个字符的损失数值
            optimizer.zero_grad() # 清空梯度
            loss.backward() # 反向传播，设置 retain_variables
            optimizer.step() # 一步梯度下降
            train_loss += loss # 将字符的损失进行累加，得到损失函数值
            # 打印结果
            if i > 0 and i % 500 == 0:
                print('第{}轮，第{}个，训练 Loss: {:.2f}'.format(epoch, i, train_loss.data.numpy() / i))
```

10

```
# 在校验集上测试

valid_loss = 0
errors = 0
show_out = ''
for i, seq in enumerate(valid_set):
# 对 valid_set 中的每一个字符串进行循环
    loss = 0
    outstring = ''
    targets = ''
    diff = 0
    hidden = rnn.initHidden() # 初始化隐含神经元
    for t in range(len(seq) - 1):
        # 对每一个字符进行循环
        x = torch.LongTensor([seq[t]]).unsqueeze(0)
        # x 尺寸: batch_size = 1, time_steps = 1, data_dimension = 1
        y = torch.LongTensor([seq[t + 1]])
        # y 尺寸: batch_size = 1, data_dimension = 1
        output, hidden = rnn(x, hidden)
        # output 尺寸: batch_size, output_size = 3
        # hidden 尺寸: layer_size =1, batch_size=1, hidden_size
        mm = torch.max(output, 1)[1][0] # 将概率最大的元素作为输出
        outstring += str(mm.data.numpy()) # 合成预测的字符串
        targets += str(y.data.numpy()[0]) # 合成目标字符串
        loss += criterion(output, y) # 计算损失函数
        diff += 1 - mm.eq(y).data.numpy()[0] # 计算模型输出字符串与目标字符串之间存在差异的字符数量
    loss = 1.0 * loss / len(seq)
    valid_loss += loss # 累积损失函数值
    errors += diff # 计算累积错误数
    if np.random.rand() < 0.1:
        # 以 0.1 概率记录一个输出字符串
        show_out = outstring + '\n' + targets
# 打印结果
print(output[0][2].data.numpy())
print('第{}轮，训练 Loss: {:.2f}，校验 Loss: {:.2f}，错误率: {:.2f}'.format(epoch,
                                            train_loss.data.numpy() / len(train_set),
                                            valid_loss.data.numpy() / len(valid_set),
                                            1.0 * errors / len(valid_set)
                                            ))

print(show_out)
results.append([train_loss.data.numpy() / len(train_set),
                valid_loss.data.numpy() / len(train_set),
                1.0 * errors / len(valid_set)
                ])
```

　　当运行若干个 epoch，得到相对满意的 loss 之后便可以停下来，看看我们的模型在真实的测试中表现如何。

　　我们就以 0″1″这样一个简单的序列为例，看看随着位数的增加，模型最多能记住多少：

```
for n in range(20):
    inputs = [0] * n + [1] * n
    inputs.insert(0, 3)
```

```
inputs.append(2)
outstring = ''
targets = ''
diff = 0
hiddens = []
hidden = rnn.initHidden()
for t in range(len(inputs) - 1):
    x = Variable(torch.LongTensor([inputs[t]]).unsqueeze(0))
    # x 尺寸: batch_size = 1, time_steps = 1, data_dimension = 1
    y = Variable(torch.LongTensor([inputs[t + 1]]))
    # y 尺寸: batch_size = 1, data_dimension = 1
    output, hidden = rnn(x, hidden)
    # output 尺寸: batch_size, output_size = 3
    # hidden 尺寸: layer_size =1, batch_size=1, hidden_size
    hiddens.append(hidden.data.numpy()[0][0])
    # mm = torch.multinomial(output.view(-1).exp())
    mm = torch.max(output, 1)[1][0]
    outstring += str(mm.data.numpy())
    targets += str(y.data.numpy()[0])

    diff += 1 - mm.eq(y).data.numpy()[0]
# 打印每一个生成的字符串和目标字符串
print(outstring)
print(targets)
print('Diff:{}'.format(diff))
```

3. 运行结果

我们将 n 逐渐增大，看看 RNN 能否准确预测，结果如表 10.1 所示。

表 10.1　RNN 预测效果

n	目标序列	RNN 预测序列	不同的位置数量
0	2	0	1
1	012	002	1
2	00112	00012	1
3	0001112	0000112	1
4	000011112	000001112	1
⋮	⋮	⋮	⋮
13	00000000000000111111111111112	00000000000000111111111112	1
14	000000000000000111111111111112	000000000000000111111111111212	2

我们看到，对于大部分序列来说，RNN 仅仅犯一个错误，就是当输入从 0 变为 1 的那个瞬间。这个错误是正常的，是可允许的，毕竟人类也不知道什么时候从 0 变为 1。另外，对于 $n<14$ 的序列，RNN 可以记忆 n 的数值，这体现为它能够准确预测出 1 何时结束，从而打印出 2。

然而，当 $n=14$ 时，错误就开始出现了，所以可以认为这个简单的含有两个隐含单元的 RNN 模型的记忆容量差不多就是 13。

4. 序列生成

一旦训练好 RNN，当它可以准确预测下一个字符的时候，我们就可以用它来生成字符序列了。原理很简单，在给定种子字符序列（在这里就是起始字符 3）的情况下，RNN 将种子作为输入给出下一步的预测。接下来，RNN 再以这一步的预测为输入，预测第二步的输出，以此类推……最终，RNN 将输出一串字符，并在输出 2 之后停止输出。

那么我们的 RNN 模型在训练的时候，究竟是如何一步步得到结果，并依据误差来进行修正和训练的呢？接下来我们对这个模型的 RNN 单元进行剖析，看看它在训练的时候到底是如何工作的。

5. RNN 内部行为分析

首先来看看 RNN 是如何掌握字符串规律的。我们知道，训练好的模型如果能够正确地学习到这个字符串中的模式，就能够在每一步都正确预测下一步的字符。这就意味着，RNN 在之前要一直输出 0，而当读到一半长度时，它的内部状态要能够发生变化，从而开始持续输出 1。而当它一直走到序列最后的时候，RNN 模型要能够计数，数出 1 是否已经读到了第 n 个，如果是就输出 2。

RNN 的两个隐含单元承载了主要的记忆能力，它们输出的组合对应了不同的状态，这些状态的变换就体现为 RNN 的记忆。所以，我们希望能够将不同时刻的两个隐含单元的输出可视化。

不妨把左边的 RNN 单元称作 1 号单元，右边的 RNN 单元称作 2 号单元，它们对应的输出分别为 h_1 和 h_2。我们把测试阶段每一步（t_0 到 t_4）的输出分别记录下来，将它们全部绘制在一个二维平面图中，如图 10.9 所示。

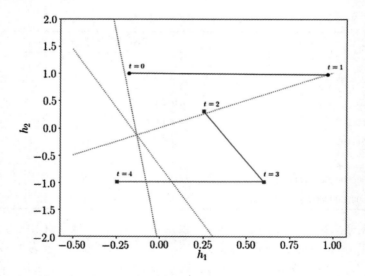

图 10.9 简单 RNN 在读取字符串时隐含单元的状态空间

　　图 10.9 中的横坐标和纵坐标分别为 h_1 和 h_2，也就是网络中两个 RNN 单元的输出，图中的 5 个点（分别标记为 $t=0, t=1, \cdots, t=4$）则是在这 5 个时刻 h_1 和 h_2 的值分别对应的位置。除了能看出这些时刻对应的隐含层输出值之外，还可以看出它们的转移情况（实折线）。

　　图 10.9 中的几条虚线是什么呢？我们记 1 号和 2 号隐含单元到 0 号输出单元的权重分别为 w_{10}，w_{20}。那么，要让 0 号输出单元激活（也就是 RNN 输出 0）的条件就是：

$$h_1 w_{10} + h_2 w_{20} > 0.5$$

这个不等式在 h_1, h_2 的空间中就是图 10.9 中直线 0/1 以上的区域，这就是使激活条件成立的线性可行域了。同理，其他两个输出单元的激活情况可以用另外两条直线 2/0 和 2/1 来界定。于是，这 3 条直线组合在一起就决定了神经网络输出的各种情况。我们用这些直线将整个 h_1, h_2 平面划分的区域所对应的 RNN 的不同分类输出标示在了图 10.10 中。有些区域有确定的分类输出，有些区域则不确定（由于输出层的激活函数是 softmax，因此要同时考虑 3 个输出神经元，故有些区域分类不确定）。

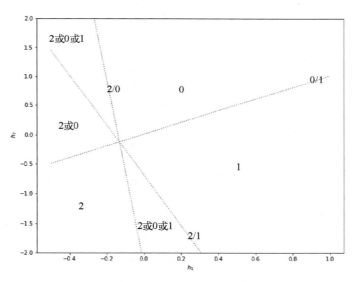

图 10.10　输出神经元的 3 条分类线

　　理解了图 10.10 之后，再来看图 10.9，就能够读出 RNN 在不同时刻会在不同的直线划分区域之间跳转，从而导致 RNN 会给出不同的分类输出。例如 $t=0$ 到 $t=1$，RNN 会给出输出 0；$t=2$ 到 $t=3$，给出的输出就是 1；而到 $t=4$，则输出 2。

　　那么，当输入的字符串变长之后，情况又会怎样呢？当输入字符串的 $n=5$ 和 $n=10$ 的时候，系统的演化情况如图 10.11 和图 10.12 所示。

input: 00000111112
output: 00000011112

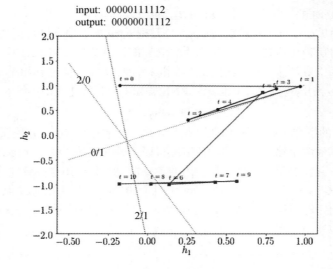

图 10.11 $n=5$ 时系统的演化情况

input: 00000000000011111111112
output: 00000000000011111111111

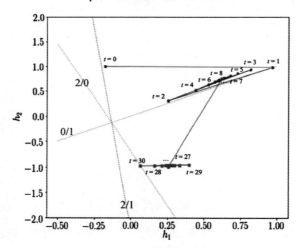

图 10.12 $n=10$ 时系统的演化情况

可以看到,当 n 变大的时候,RNN 在 h_1, h_2 空间中的表现是将折线越变越长,但是只要输入的是 0,这条折线就会一直在 0/1 直线上方的区域;而当输入为 1 的时候,折线才跳到 2/1 右方的区域;最后当输入为 2 的时候,折线跳到了 2/1 左方的区域。RNN 只有这样行动才可能产生正确的预测输出。

更有意思的是,当 n 变长了以后,折线在一个区域里会逐渐收敛到一条直线上,并且会沿着某一个点来回摇摆振荡。

事实上，当固定输入 0 的时候，RNN 就表现为一个动力系统（dynamical system）。这个系统要产生稳定的输出，它的行为就会围绕某一个吸引子游荡，而且收敛的方向是沿着某一个特征向量。当输入切换到 1 的时候，动力系统也就被切换了，因此就会围绕另一个吸引子和特征向量方向振荡。而且，要想让 RNN 记住 n，这两个动力系统的特征值必须近似互为倒数，才能保证在动力系统 0 中的 n 个振荡以后，刚好也能在动力系统 1 中完成相同数量的振荡后跳出。因此，一个 RNN 必须通过学习掌握这些高超的动力学行为。

总的来看，通过剖析隐含单元的状态空间，我们能够清晰地看到这个隐含层空间决定了 RNN 的分类行为，而且 RNN 是通过两个动力系统的吸引子来记忆字符串中 0 的个数的。

10.3.2 LSTM 的序列学习

尽管 RNN 可以完成序列学习并记忆序列中的 n，但它的记忆能力很有限，当 n 超过 14 就记不住了。接下来，我们尝试用 LSTM 来完成同样的序列学习任务。LSTM 中的每个单元都有更复杂的内部结构，通过调控它的 3 个门，可以实现更好的记忆功能。

1. LSTM 如何完成序列学习

我们选择的 LSTM 模型结构如图 10.13 所示。

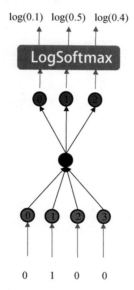

图 10.13　用于学习上下文无关文法的 LSTM 模型

这个 LSTM 模型的输入和输出与前面介绍的 RNN 模型没有任何区别，但是隐含层仅仅有一个神经元细胞。当然，这个细胞内部还隐藏着 3 个门和 1 个"蓄水池"，这一个 LSTM 单元就足以记住很长的序列了。

2. LSTM 的程序实现

前面我们已经详细介绍了 LSTM 的 PyTorch 实现，其他训练和测试部分的代码与 RNN 的代码类似，因此，此处就不再列出源代码了。

3. LSTM 的测试表现

下面我们来看看这个 LSTM 网络在测试集上的表现，如表 10.2 所示。

表 10.2　LSTM 网络在测试集上的表现

n	目标序列	RNN 预测序列	不同的位置数量
0	2	0	1
1	012	002	1
2	00112	00012	1
3	0001112	0000112	1
4	000011112	000001112	1
⋮	⋮	⋮	⋮
21	0000000000000000000000111111111111111111111112	0000000000000000000000001111111111212	2

可以看到，这个训练好的仅有一个单元的 LSTM 表现得非常好，它可以记忆最长 20 个字符，直到第 21 个才会犯错误。这说明 LSTM 具有超强的记忆能力。

4. 剖析 LSTM 单元

最后，我们照例对 LSTM 单元也进行剖析，看看在训练过程中，LSTM 单元内部究竟是如何变化的。

先来看看当给定网络一个输入字符串的时候，LSTM 网络的输出情况。

图 10.14 所示是 3 个输出单元的激活情况，其中横坐标是时间，纵坐标是激活值，3 条曲线分别是 0 号、1 号和 2 号节点的输出。

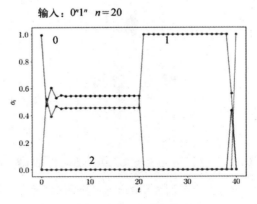

图 10.14　LSTM 中 3 个输出单元的激活情况

可以看到，在训练的开始阶段，输出 0 的概率非常高，而输出 1 的概率非常低，正好对应我们的序列开始阶段为 0；随后经过一两个时间步的僵持，输出为 0 的概率略高于 1，且保持稳定，正好对应我们的序列处于 0 串的稳定输出阶段，同时不确定是否要开始 1 的情况；随着时间步的推移，当走到一半的时候，训练序列开始发生变化，开始输入 1 串，此时 LSTM 敏锐地捕捉到了这一变化，输出 0 的概率骤降，输出 1 的概率骤升，开始非常确定地输出 1 串。一直到序列的结束时刻，2 号输出曲线骤升，网络输出 2 代表序列的结束。输出 0 和 1 这两条曲线都在 $t=20$ 这个地方经历了一个突变。那么，这个突变是如何造成的呢？

只能通过查看 LSTM 单元的内部状态才能找到解答。我们知道，一个 LSTM 隐含单元包含两个状态，一个是输出的 h，一个是不输出的 c，它们随时间的变化如图 10.15 所示。

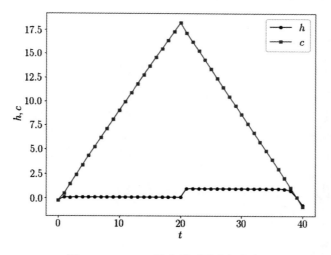

图 10.15   LSTM 隐含单元的内部状态

可以看到，在训练的开始阶段，随着时间步的推移，"蓄水池"的存储量 c 会不断增长，而输出 h 也很稳定。在时间步到达一半，可以认为 0 串结束、进入 1 串的时候，"蓄水池"存储量 c 开始下降，而输出 h 有了增长。可以认为 LSTM 单元已经渐渐理解了序列的构成，不需要去记忆更多的内容了；而网络输出层的跳跃就跟这个 h 输出的突然增长有关。那么，h 为什么会突然变化呢？

下面再来看看它内部的 3 个重要的门，观察它们在 LSTM 接收字符的过程中是怎样发生变化的。

如图 10.16 所示，右侧的曲线图展示了所有的门控信号（o_t, f_t, i_t）和输入更新变量 g_t 随时间的变化情况，左侧的图分别展示了一个 LSTM 内部的结构和每一个变量的动力学方程，以便读者对照观察。

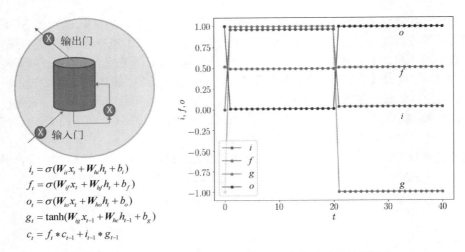

$$i_t = \sigma(W_{ii}x_t + W_{hi}h_t + b_i)$$
$$f_t = \sigma(W_{if}x_t + W_{hf}h_t + b_f)$$
$$o_t = \sigma(W_{io}x_t + W_{ho}h_t + b_o)$$
$$g_t = \tanh(W_{ig}x_{t-1} + W_{hc}h_{t-1} + b_g)$$
$$c_t = f_t * c_{t-1} + i_{t-1} * g_{t-1}$$

图 10.16　LSTM 单元内部的 3 个门的开启情况（另见彩插）

根据图 10.16 可知，输入门 i 和输入更新 g 都从高值掉到了低值，这种变化说明 LSTM 在初期一直打开了信息进入的通道，但运作到一半之后，它开始关闭这些通道。相反，输出门 o 开始打开，同时遗忘门 f 也有了微小的变化，在运行到一半以后也增大了激活值。输入门 o 的打开使 LSTM 单元的 h 变量开始输出，从而有机会影响输出层。遗忘门 f 数值的逐渐增加导致单元 c 状态逐渐衰减。

因此，当神经网络训练好了之后，这个 LSTM 单元就学会了通过组合自身可控制的各种门来调节内部和外部的状况，从而正确地输出预测。

10.4　LSTM 作曲机

在了解了 RNN 和 LSTM 的工作原理，并知道如何用它们解决序列的预测和生成问题之后，我们将进入实战，制作一个 LSTM 作曲机。

我们的思路是：首先，将一个 MIDI 文件拆解成一个特殊的序列；然后，用这个序列训练一个 LSTM 网络；最后，用这个神经网络持续不断地输出新的序列，这便是机器创作的音乐。

总的来说，可以分成 4 个步骤：数据准备，构建模型，训练模型，生成序列。

在深入 LSTM 作曲机的实现细节之前，我们需要先了解一下 MIDI 音乐文件。

10.4.1　MIDI 文件

MIDI（musical instrument digital interface，乐器的数字化接口）原本是计算机与外界音乐乐器设备的一种接口形式，计算机借助它就可以将来源于键盘乐器的声音信号转化为数字信息存储起来。

而 MIDI 文件（扩展名.mdi）则是记录这种信号的数字文件格式，与 WAV 文件不同，它并非直接对音频进行采样记录，而是将音乐的音符记录下来。当 MIDI 乐器演奏了一个音符的时候，它随之将音符转换成 MIDI 信息。在播放的时候，MIDI 文件的播放器实际上是根据这些记录下的音符重新在计算机中模拟各种乐器演奏整首乐曲的。

具体地，MIDI 文件中包含了大量的音轨，这些音轨都可以独立代表一个乐器。每一个音轨中都包含了一串 MIDI 消息（msg）组成的序列，每一个消息都包括音符（note）、速度（velocity，相当于演奏乐器的敲击力度）与时间（time，距离上一个音符的时间长度）这 3 种重要信息。

这样一来，只要把某一个音轨（如钢琴音轨）的消息全部提取出来，我们就得到了一个序列，只不过这个序列是由 3 个整数构成的。其中，音符序列的取值范围是 0~88，速度序列的取值范围是 0~127，时间序列是一个实数序列，它的数值取决于两个音符间的时间长短。

10.4.2　数据准备

为了获得统一的编码，我们将第 3 个序列也就是时间序列进行了离散化处理。我们把所有可能的时间间隔均匀地划分成 10 个小区间，每个小区间对应一种类别；另外，我们将 0 单独作为一个类别，这是因为原始数据中包含大量的 0。这样，时间这个序列的每一帧就包含了 11 种可能的情况。

于是，我们就得到了如图 10.17 所示的序列。

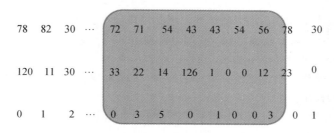

图 10.17　训练数据的片段

图 10.17 中每一列就代表一个消息，它由 3 个不同的整数组成。在训练阶段，我们以每 31 个消息为一个窗口，其中前 30 个消息作为输入，最后一个消息作为输出，让 LSTM 利用前 30 个预测最后一个。这样，这个长度为 31 的窗口就会在整个序列上从左向右移动，从而形成训练数据。

10.4.3　模型结构

我们要预测的序列实际上分成了 3 个部分：音符、速度和间隔时间。三者彼此之间相对独立，联系性不强。因此，在构造模型的时候，我们将这 3 个序列的预测部分分离开来。具体的模型结构如图 10.18 所示。

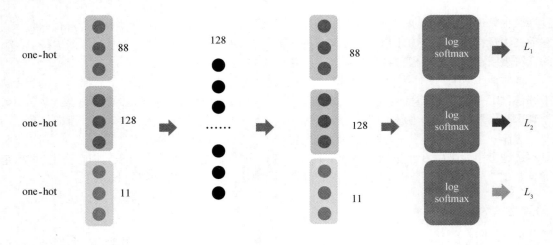

$$L = L_1 + L_2 + L_3$$

图 10.18　用于生成 MIDI 音乐的神经网络模型结构

可以看到，在输入层和输出层，我们将神经元都划分为了 3 组，每一组专门负责一种序列信息。3 种信号的每一个输入都是一个离散类型变量，因此都采用独热编码的方式输入神经网络，其中类型的种类数决定了输入神经元的个数。因此，在输入层分别有 88、128 和 11 个神经元，一共有 227 个神经元。同理，在输出层，我们也将神经元划分为了 3 组，分别对应 88、128 和 11 个神经元，每个神经元都会经历 softmax 函数，输出一个 0~1 区间中的数表示概率，并且同一组的神经元满足归一化条件。也就是说，第一组的 88 个输出神经元的输出值加起来等于 1，第二组的 128 个神经元的输出值加起来等于 1……

然而，在隐含层方面，我们不再分组，这就意味着 3 组不同的信号又混合到了一起，从而捕获不同序列之间的微弱关系。在隐含层，我们使用了 128 个 LSTM 单元，并且只有一层。

在损失函数方面，我们分别计算 3 组不同神经元输出的交叉熵，并将它们分别命名为 L_1、L_2 和 L_3。最后的总损失函数就是三者之和。

这里先将 3 组不同的向量通过各自独立的独热编码得到 3 组向量，再将它们进行拼接，然后将拼接后的向量放进 LSTM 模型中进行训练。最后在得到结果后，需要按照拼接的逆向操作将 3 组向量从中拆分出来。

10.4.4　代码实现

详细的代码实现如下。

1. MIDI 文件的读取

MIDO 是一个非常方便好用的 Python 包，可以直接读入 MIDI 音乐，也可以输出 MIDI 音乐。我们只需要运行 pip install mido 就可以安装它了。

首先，导入所需要的 Python 包：

```
# 导入必需的依赖包

# 与 PyTorch 相关的包
import torch
import torch.utils.data as DataSet
import torch.nn as nn
import torch.optim as optim


# 导入 MIDI 音乐处理的包
from mido import MidiFile, MidiTrack, Message

# 导入计算与绘图必需的包
import numpy as np
import matplotlib.pyplot as plt
%matplotlib inline
```

然后，读入 MIDI 文件，并从消息序列中抽取出音符、速度和间隔时间 3 个序列：

```
# 从硬盘中读入 MIDI 音乐文件
mid = MidiFile('./music/krebs.mid') # 莫扎特的一首曲子
notes = []

time = float(0)
prev = float(0)

original = [] # original 记载了原始的 message 数据，以便后面进行比较

# 对 MIDI 文件中所有的消息进行循环
for msg in mid:
    # 时间的单位是秒，而不是帧
    time += msg.time

    # 如果当前消息不是描述信息
    if not msg.is_meta:
        # 仅提炼第一个 channel 的音符
        if msg.channel == 0:
            # 如果当前音符为打开的
            if msg.type == 'note_on':
                # 获得消息中的信息（编码在字节中）
                note = msg.bytes()
                # 我们仅对音符信息感兴趣。音符信息按如下形式记录 [type, note, velocity]
                note = note[1:3] # 操作完这一步后，note[0]存音符，note[1]存速度（力度）
                # note[2]存距上一个 message 的时间间隔
                note.append(time - prev)
                prev = time
                # 将音符添加到列表 notes 中
                notes.append(note)
                # 在原始列表中保留这些音符
                original.append([i for i in note])
```

2. 数据集的准备

最后转化出的 3 个序列数据都存放到了 notes 列表中。接下来，将这个原始的序列转化为我们想要的格式，即将数据离散化为类型变量：

```
# note 和 velocity 都可以看作类型变量
# time 为 float 类型，按照区间将其转化成离散的类型变量
# 首先，找到 time 变量的取值区间并进行划分。由于大量 message 的 time 为 0，因此把 0 归为一个特别的类
intervals = 10
values = np.array([i[2] for i in notes])
max_t = np.amax(values) # 区间中的最大值
min_t = np.amin(values[values > 0]) # 区间中的最小值
interval = 1.0 * (max_t - min_t) / intervals

# 接下来，将每一个 message 编码成 3 个独热向量，将这 3 个向量合并到一起就构成了 slot 向量
dataset = []
for note in notes:
    slot = np.zeros(89 + 128 + 12)

    # 由于 note 介于 24~112，因此减 24
    ind1 = note[0]-24
    ind2 = note[1]
    # 由于 message 中有大量 time=0 的情况，因此将 0 归为单独的一类，其他的一律按照区间划分
    ind3 = int((note[2] - min_t) / interval + 1) if note[2] > 0 else 0
    slot[ind1] = 1
    slot[89 + ind2] = 1
    slot[89 + 128 + ind3] = 1
    # 将处理后得到的 slot 数组加入 dataset 中
    dataset.append(slot)
```

最终形成了我们想要的总的序列 dataset。之后，将这个序列沿着时间窗口切分成标准的训练数据对，并把总的数据集切分成训练集和校验集：

```
# 生成训练集和校验集
X = []
Y = []
# 首先，按照预测的模式，用原始数据生成一对一对的训练数据
n_prev = 30 # 滑动窗口长度为 30

# 对数据集中的所有数据进行循环
for i in range(len(dataset)-n_prev):
    # 往后取 n_prev 个 note 作为输入属性
    x = dataset[i:i+n_prev]
    # 将第 n_prev+1 个 note（编码前）作为目标属性
    y = notes[i+n_prev]
    # 注意 time 要转化成类别的形式
    ind3 = int((y[2] - min_t) / interval + 1) if y[2] > 0 else 0
    y[2] = ind3

    # 将 X 和 Y 加入数据集中
    X.append(x)
    Y.append(y)

# 将数据集中的前 n_prev 个音符作为种子，用于生成音乐
```

```
seed = dataset[0:n_prev]

# 将所有数据打乱重排
idx = np.random.permutation(range(len(X)))
# 形成训练集与校验集列表
X = [X[i] for i in idx]
Y = [Y[i] for i in idx]

# 从中切分出 1/10 的数据放入校验集
validX = X[: len(X) // 10]
X = X[len(X) // 10 :]
validY = Y[: len(Y) // 10]
Y = Y[len(Y) // 10 :]
```

'''将列表再转化为 dataset，并用 dataloader 来加载数据。dataloader 是 PyTorch 采用的一套管理数据的方法。通常数据存储在 dataset 中，而对数据的调用则是通过 dataloader 完成的。同时，在进行预处理时，系统已经自动将数据打包成批（batch），每次调用都提取出一批（包含多条记录）。从 dataloader 中输出的每一个元素都是一个(x,y)元组，其中 x 为输入的张量，y 为标签。x 和 y 的第一个维度都是 batch_size 大小。'''

'''一批包含 30 条数据记录。这个数字越大，系统在训练的时候，每一个周期要处理的数据就越多，处理就越快，但总的数据量会减少。'''
```
batch_size = 30

# 形成训练集
train_ds = DataSet.TensorDataset(torch.FloatTensor(np.array(X, dtype = float)),
                                 torch.LongTensor(np.array(Y)))
# 形成数据加载器
train_loader = DataSet.DataLoader(train_ds, batch_size = batch_size, shuffle = True, num_workers=4)


# 校验数据
valid_ds = DataSet.TensorDataset(torch.FloatTensor(np.array(validX, dtype = float)),
torch.LongTensor(np.array(validY)))
valid_loader = DataSet.DataLoader(valid_ds, batch_size = batch_size, shuffle = True, num_workers=4)
```

3. 神经网络的建立
接下来，通过下面的代码构建 LSTM 网络：

```
class LSTMNetwork(nn.Module):
    def __init__(self, input_size, hidden_size, out_size, n_layers=1):
        super(LSTMNetwork, self).__init__()
        self.n_layers = n_layers

        self.hidden_size = hidden_size
        self.out_size = out_size
        # 一层 LSTM 单元
        self.lstm = nn.LSTM(input_size, hidden_size, n_layers, batch_first = True)
        # 一个 Dropout 部件，以 0.2 的概率 dropout
        self.dropout = nn.Dropout(0.2)
        # 一个全连接层
        self.fc = nn.Linear(hidden_size, out_size)
        # 对数 softmax 层
        self.softmax = nn.LogSoftmax(dim=1)
```

10

```python
def forward(self, input, hidden=None):
    # 神经网络的每一步运算

    hhh1 = hidden[0] # 读入隐含层的初始信息

    # 完成一步 LSTM 运算
    # input 的尺寸为: batch_size, time_step, input_size
    output, hhh1 = self.lstm(input, hhh1) #input:batchsize*timestep*3
    # 对神经元输出的结果进行 dropout
    output = self.dropout(output)
    # 取出最后一个时刻的隐含层输出值
    #output 的尺寸为: batch_size, time_step, hidden_size
    output = output[:, -1, ...]
    # 此时，output 的尺寸为: batch_size, hidden_size
    # 输入一个全连接层
    out = self.fc(output)
    # out 的尺寸为: batch_size, output_size

    # 将 out 的最后一个维度分割成 3 份 x、y、z，分别对应对 note、velocity 以及 time 的预测

    x = self.softmax(out[:, :89])
    y = self.softmax(out[:, 89: 89 + 128])
    z = self.softmax(out[:, 89 + 128:])

    # x 的尺寸为 batch_size, 89
    # y 的尺寸为 batch_size, 128
    # z 的尺寸为 batch_size, 11
    # 返回 x,y,z
    return (x,y,z)

def initHidden(self, batch_size):
    # 将隐含单元变量全部初始化为 0
    # 注意尺寸是: layer_size, batch_size, hidden_size
    out = []
    hidden1= torch.zeros(1, batch_size, self.hidden_size)
    cell1= torch.zeros(1, batch_size, self.hidden_size)
    out.append((hidden1, cell1))
    return out
```

我们定义了两个函数，一个用来计算特殊的损失函数，另一个计算一批预测数据的预测准确率。在这个项目中，由于损失函数是 3 部分损失函数之和，因此我们特别定义了自己的损失函数：

```python
def criterion(outputs, target):
    # 为本模型自定义的损失函数，由 3 部分组成，每部分都是一个交叉熵损失函数
    # 分别对应 note、velocity 和 time 的交叉熵
    x, y, z = outputs
    loss_f = nn.NLLLoss()
    loss1 = loss_f(x, target[:, 0])
    loss2 = loss_f(y, target[:, 1])
    loss3 = loss_f(z, target[:, 2])
    return loss1 + loss2 + loss3
```

```
def rightness(predictions, labels):
    '''计算预测错误率的函数, 其中 predictions 是模型给出的一组预测结果, batch_size 行 num_classes 列的
矩阵, labels 是数据中的正确答案'''
    # 对于任意一行 (一个样本) 的输出值的第 1 个维度求最大, 得到每一行最大元素的下标
    pred = torch.max(predictions.data, 1)[1]
    # 将下标与 labels 中包含的类别进行比较, 统计比较结果为正确的数量, 并进行累计
    rights = pred.eq(labels.data).sum()
    return rights, len(labels) # 返回正确的数量和这次比较的元素数量
```

4. 训练网络

定义好神经网络之后, 我们便可以用下面的代码来训练它了:

```
# 定义一个 LSTM, 其中输入层和输出层的单元个数取决于每个变量的类型取值范围
lstm = LSTMNetwork(89 + 128 + 12, 128, 89 + 128 + 12)
optimizer = optim.Adam(lstm.parameters(), lr=0.001)
num_epochs = 100
train_losses = []
valid_losses = []
records = []

# 开始训练循环
for epoch in range(num_epochs):
    train_loss = []
    # 开始遍历加载器中的数据
    for batch, data in enumerate(train_loader):
        # batch 为数字, 表示已经进行了第几个 batch
        # data 为一个二元组, 分别存储了一条数据记录的输入和标签
        # 每个数据的第一个维度都是 batch_size = 30 的数组

        lstm.train() # 标志 LSTM 当前处于训练阶段, Dropout 开始起作用
        init_hidden = lstm.initHidden(len(data[0])) # 初始化 LSTM 的隐含单元变量
        optimizer.zero_grad()
        x, y = data[0], data[1] # 从数据中提炼出输入和输出对
        outputs = lstm(x, init_hidden) # 输入 LSTM, 产生输出 outputs
        loss = criterion(outputs, y) # 代入损失函数并产生 loss
        train_loss.append(loss.data.numpy()) # 记录 loss
        loss.backward() # 反向传播
        optimizer.step() # 梯度更新
    if 0 == 0:
        # 在校验集上运行一遍, 并计算分类准确率
        valid_loss = []
        lstm.eval() # 将模型标为测试状态, 关闭 dropout 的作用
        rights = []
        # 遍历加载器加载进来的每一个元素
        for batch, data in enumerate(valid_loader):
            init_hidden = lstm.initHidden(len(data[0]))
            # 完成 LSTM 的计算
            x, y = Variable(data[0]), Variable(data[1])
            # x 的尺寸: batch_size, length_sequence, input_size
            # y 的尺寸: batch_size, (data_dimension1=89+ data_dimension2=128+ data_dimension3=12)
            outputs = lstm(x, init_hidden)
            #outputs: (batch_size*89, batch_size*128, batch_size*11)
            loss = criterion(outputs, y)
            valid_loss.append(loss.data.numpy())
```

```
# 计算每个指标的分类准确率
right1 = rightness(outputs[0], y[:, 0])
right2 = rightness(outputs[1], y[:, 1])
right3 = rightness(outputs[2], y[:, 2])
rights.append((right1[0] + right2[0] + right3[0]) * 1.0 / (right1[1] + right2[1] + right3[1]))
# 打印结果
print('第{}轮，训练 Loss：{:.2f}，校验 Loss：{:.2f}，校验准确率：{:.2f}'.format(epoch,
                                                      np.mean(train_loss),
                                                      np.mean(valid_loss),
                                                      np.mean(rights)
                                                      ))
records.append([np.mean(train_loss), np.mean(valid_loss), np.mean(rights)])
```

接下来，我们便可以绘制 Loss 和准确率随训练周期增加的曲线：

```
# 绘制训练过程中的 Loss 曲线
a = [i[0] for i in records]
b = [i[1] for i in records]
c = [i[2] * 10 for i in records]
plt.plot(a, '-', label = 'Train Loss')
plt.plot(b, '-', label = 'Validation Loss')
plt.plot(c, '-', label = '10 * Accuracy')
plt.legend()
```

得到的训练曲线如图 10.19 所示，可以看到预测准确率在持续提升。

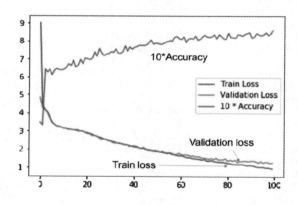

图 10.19　LSTM 的损失曲线与准确率曲线

5. 序列生成

在训练完成之后，就要使用训练好的模型来生成音乐了。生成音乐的第一步是给我们的模型一个生成种子，这个种子可以作为生成序列的起始点。为简单起见，我们就用训练数据乐曲的前 30 个音符作为种子，这样可以让我们的乐曲更像音乐，另外也可以跟原始序列进行比较。

在生成阶段，我们设置输出部分（输出层）按照随机的方式来采样生成序列，而不是按照最大概率的方式，这样做的好处是能够保持输出乐曲的多样性，让它听起来更像音乐，如图 10.20 所示。

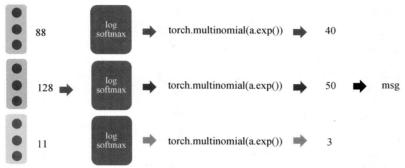

图 10.20　模型生成音乐时采用的是随机采样

最后，代码如下：

```
# 生成 3000 步
predict_steps = 3000

# 初始时刻，将 seed（一段种子音符，即开始读入的音乐文件）赋给 x
x = seed
# 将数据扩充为合适的形式
x = np.expand_dims(x, axis = 0)
# 现在 x 的尺寸为：batch=1, time_step =30, data_dim = 229

lstm.eval()
initi = lstm.initHidden(1)
predictions = []
# 开始每一步的迭代
for i in range(predict_steps):
    # 根据前 n_prev 预测后面的一个音符
    xx = torch.FloatTensor(np.array(x, dtype = float))
    preds = lstm(xx, initi)

    # 返回预测的 note, velocity, time 的模型预测概率对数
    a,b,c = preds
    # a 的尺寸为 batch=1*data_dim=89, b 为 1*128, c 为 1*11

    # 将概率对数转化为随机的选择
    ind1 = torch.multinomial(a.view(-1).exp(),  89 )
    ind2 = torch.multinomial(b.view(-1).exp(),  128)
    ind3 = torch.multinomial(c.view(-1).exp(),  11 )

    ind1 = ind1.data.numpy()[0] # 0~89 中的整数
    ind2 = ind2.data.numpy()[0] # 0~128 中的整数
    ind3 = ind3.data.numpy()[0] # 0~11 中的整数

    # 将选择转换为正确的音符等数值，注意 time 分为 11 类，第一类为 0 这个特殊的类，其余按照区间分类
    note = [ind1 + 24, ind2, 0 if ind3 ==0 else ind3 * interval + min_t]

    # 将预测的内容进行存储
    predictions.append(note)
```

```
# 将新的预测内容再次转变为输入数据，准备输入 LSTM
slot = np.zeros(89 + 128 + 12, dtype = int)
slot[ind1] = 1
slot[89 + ind2] = 1
slot[89 + 128 + ind3] = 1
slot1 = np.expand_dims(slot, axis = 0)
slot1 = np.expand_dims(slot1, axis = 0)

# slot1 的数据格式为：batch=1*time=1*data_dim=229

# x 拼接上新的数据
x = np.concatenate((x, slot1), 1)
# 现在 x 的尺寸为：batch_size = 1 * time_step = 31 * data_dim =229

# 滑动窗口往前平移一次
x = x[:, 1:, :]
# 现在 x 的尺寸为：batch_size = 1 * time_step = 30 * data_dim = 229
```

6. 最终结果

等待若干时间步之后，我们就得到了新的生成序列。不过，这个新序列仍然需要进行一些变换，最终变成原来的 MIDI 消息，再将 MIDI 消息串拼接成 MIDI 音乐格式：

```
# 将生成的序列转化为 MIDI 的消息，并保存 MIDI 音乐
mid = MidiFile()
track = MidiTrack()
mid.tracks.append(track)

for i, note in enumerate(predictions):
    # 在 note 一开始插入一个 147，表示打开 note_on
    note = np.insert(note, 0, 147)
    # 将整数转化为字节
    bytes = note.astype(int)
    # 创建一个 message
    msg = Message.from_bytes(bytes[0:3])
    # 0.001025 为任意取值，可以调节音乐的播放速度
    # 由于生成的 time 都是一系列的间隔时间，转化为 msg 后时间尺度过小，因此需要调节放大
    time = int(note[3]/0.001025)
    msg.time = time
    # 将 message 添加到音轨中
    track.append(msg)

# 保存文件
mid.save('music/new_song.mid')
##########################################
```

我们将生成的 MIDI 文件保存到了 music/new_song.mid 中，读者可以播放试试。

10.5　小结

本章我们学习了用深度学习的方式生成序列，并重点讲解了 RNN 和 LSTM 的工作原理，最后用这种序列生成方法生成了一段 MIDI 音乐。

本章的重点就是 RNN 和 LSTM 的工作原理。RNN 与我们以前接触的前馈神经网络相比，增加了隐含层内部的连接，这些连接可以赋予 RNN 记忆能力。但是，由于 RNN 非线性激活函数的存在，在长时间的运行中，信号会不断衰减，所以一般 RNN 的记忆不会很长，这就导致了我们无法学习和记忆存在于数据之中的长时间模式。

为了解决这个问题，人们提出了 RNN 的一个改进版本 LSTM。LSTM 对 RNN 的改进就体现为每一个隐含神经元多出了很多内部结构，即 3 个控制门和 1 个内部的"蓄水池"。这些机制使得 LSTM 具有长期的记忆能力。

为了深入理解 RNN 和 LSTM 的工作原理，我们通过一个简单的任务（学习上下文无关文法）进一步剖析了 RNN 和 LSTM 的运作。我们发现，RNN 是通过动力系统的方式来存储信息的，并将信息对应到动力系统的吸引子上面；而单个的 LSTM 单元可以通过内部的"蓄水池"（即细胞的 c 状态）来存储信息，并通过精心调控输入、输出和遗忘门来做到精准的信息记忆。

最后，我们将所学的内容应用到了学习一段音乐的 MIDI 序列上。我们将 MIDI 音乐视作 3 个相互近似独立、弱相关的序列，从而将 MIDI 音乐生成问题转化为一个序列预测问题，并通过让 LSTM 读取 MIDI 文件达到训练的目的。最后，通过运行训练好的 LSTM，一首还算动听的 MIDI 乐曲便生成了。

10.6 Q&A

Q：网络输入可不可以取复数？
A：可以取复数，而且在取了复数以后，它还会具有很多优秀的性质。

Q：在 RNN "动力系统" 这部分，如果特征值大于 1，动力系统不会发散吗？
A：是会发散的，所以从吸引子往外跳了。

10.7 扩展阅读

[1] 关于 RNN 如何进行序列生成："The Unreasonable Effectiveness of Recurrent Neural Networks"（Andrej Karpathy）。

[2] 关于 LSTM 如何工作："Understanding LSTM Networks"（Christopher Olah）。

[3] 关于用 RNN 识别上下文无关文法：Paul Rodriguez, Janet Wiles, Jeffrey L. Elman. A Recurrent Neural Network that Learns to Count. Connection Science. Vol. 11, No1, 1999: 5-40。

## 第 11 章

神经机器翻译机——端到端机器翻译

本章将介绍基于神经网络和深度学习的机器翻译技术。机器翻译不但实用性强，而且有很大的研究价值，是自然语言处理领域中的重要研究方向。

机器翻译技术的发展过程可谓跌宕起伏。早期美国政府对机器翻译研究的大力支持推动了自然语言处理技术的初期发展。如今我们已经有了效果非常好也易于使用的翻译应用程序，如谷歌翻译、彩云小译等。谷歌的翻译系统已经能在多种语言之间达到人类顶尖的翻译水平。

由国内人工智能新秀彩云科技开发的产品彩云小译同样十分强大，它不但可以自动识别听到的语种，迅速完成效果不逊于人类翻译的同声传译，还可以在你浏览网页时，一键完成网页实时翻译，并展示中英对照结果，如图 11.1 所示。

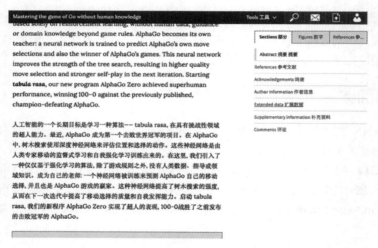

图 11.1　彩云小译的实时网页翻译

本章将以中英翻译系统为例，带领读者深入了解现代机器翻译技术中常用的端到端翻译系统。我们首先会介绍在历史上占有重要地位的 3 个翻译模型，然后进入现代机器翻译领域，学习有效、实用的编码—解码神经网络模型。之后，我们还将为其加入注意力机制来改善翻译效果，进而重新审视"翻译"本身,从更高的视角来探讨"广义翻译"这一问题。最后,我们将通过代码实现一个法文到英文的简单翻译器。

11.1 机器翻译简介

机器翻译的历史可以追溯到 20 世纪 40 年代,早期的机器翻译研究由美国政府支持,是一个基于规则的系统。不过,由于当时的翻译系统难以解决长句翻译和歧义等问题,20 世纪 60 年代,美国政府停止了对机器翻译的资金支持,机器翻译的研究随之进入低谷期。甚至有人说,美国政府花了两千万美元为机器翻译挖掘了一座坟墓。

在经历了一段时间的沉寂之后,有些研究者开始利用统计方法寻找机器翻译的新突破。事实证明,在数据量很大的时候,统计机器翻译的效果要远远优于基于规则的机器翻译系统。早期的谷歌翻译背后的技术正是这种统计模型。

然而到了 2014 年前后,基于神经网络的机器翻译技术开始异军突起,这种方法无论是在精确度还是运算速度上都要大幅优于统计机器翻译,而且神经网络的搭建过程非常简洁,这使得机器翻译在近几年终于取得了突破。

下面我们就简单介绍基于规则的机器翻译和统计机器翻译的核心原理,然后重点介绍神经机器翻译原理。虽然神经机器翻译是本章的绝对主角,但了解早期机器翻译技术有助于我们更深刻地理解机器翻译的历史意义和一些至今依然非常重要的科学思想。

11.1.1 基于规则的机器翻译技术

在基于规则的机器翻译系统中,语言学家会设定好各种语法规则,让机器套用语法完成翻译过程,如图 11.2 所示。

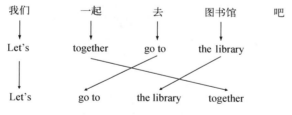

图 11.2 基于规则的机器翻译

由图 11.2 可以看到,"如果句首为 Let's,则将 together 置于句末"就是一条规则,在基于规则的翻译系统中,语言学家需要不断设置各种规则并逐一编程实现。

这种翻译机制有两个无法解决的现实问题:首先,基于规则的机器翻译系统只能针对简单的、固定的任务(比如天气播报)进行翻译,而真实的世界中的语言往往非常复杂,一旦超出了规则的限制,翻译就会出错。

另外,语言的发展往往是一个非理性的过程,我们使用的语法规则并不是由某个语言学家制定的，而是随着社会文化的发展不断变化的，这种变化具有很大的偶然性，没有内在规律。另外，每年都有新的词汇被创造出来，今天的某些语法可能在十几年前并不合理，这就使得基于规则的机器翻译系统需要大量的人力成本去维护。

11.1.2　统计机器翻译

统计机器翻译与基于规则的机器翻译的最大不同在于，它并不按照规则生成一个翻译样本，而是会生成尽量多的翻译结果（可能有成千上万个），然后找出可能性最大的一个句子，这就是我们所说的概率语言模型。这里的可能性最大，其实就是指最常见，因为越常见的句子，必然意味着我们越可能把它说出来。

图 11.3 所示为统计机器翻译的样本生成过程。首先，统计机器翻译的基本单位并非词语，而是短语。例如，针对"我们一起去图书馆吧"这句话，统计机器翻译为其中每个短语都生成了尽量多的翻译结果。

我们	一起	去	图书馆	吧
We	together	go	library	空
Let's	with each other	went	bibliotheca	please
Shall we		go to	the library	why not
we can		went to		
we could		head to		

图 11.3　统计机器翻译的样本生成过程

如果考虑语序的不同，我们可以有很多备选翻译方案，例如：

❑ "We with each other go the library"
❑ "go together Let's the library"
❑ "Let's go to the library together"

在这些句子中，我们需要找到概率最大的一句。通过查询数据库，我们发现几乎没有人写过与前两句类似的话，而第三句话则与数据库中的很多语料非常相似，那么我们就可以将第三句话确定为最终的翻译结果。

相比于基于规则的机器翻译系统，统计机器翻译所需的人力更少，翻译效果更好。但实际上当待翻译语句很长的时候，由于可能的翻译结果以指数级增长，统计机器翻译的计算成本会变得非常高。

11.1.3　神经机器翻译

神经机器翻译是目前使用最广、效果最好的机器翻译系统。2016 年，谷歌宣布其神经机器翻译（NMT）系统实现了重大突破。科学家将翻译水平划分为 6 个层级，其中"0"表示"完全无用的翻译"，"6"表示"完美的翻译"。根据官方说法，谷歌翻译的得分已经在很多语言之间达到了 4~5 分，接近人类顶尖翻译水准。

神经机器翻译之所以能取代统计机器翻译，成为现在各大公司商用的翻译首选技术框架，很大一部分原因是两篇论文的出现为其提供了非常好的执行思路，使翻译质量取得突破性的提升。

第一篇具有重大意义的论文是谷歌团队在 2014 年发表的论文："Sequence to Sequence Learning with Neural Networks"。这篇论文首次提出了 seq2seq（序列到序列）的翻译模型思路，即将原序列转化为内部信息，再将内部信息转化为目的序列，而且这篇论文还最先提出了接下来我们将要学习并实现的"编码器—解码器模型"（简称编码—解码模型）。

现代机器翻译的另一个具有很大意义的突破在于"注意力机制"（attention mechanism）的引入，论文"Recurrent Models of Visual Attention"阐述了这种机制的工作原理。注意力机制首先被应用于计算机视觉领域，而后在机器翻译领域大放异彩。简而言之，注意力机制的引入可以让神经网络在工作的时候更关注重要的信息，忽略无用的信息，从而得到更好的计算结果。

值得一提的是，这两篇重量级论文都是由谷歌发表的。不得不承认，在深度学习短暂的历史上，谷歌做出了巨大的贡献。

11.1.4 关于 Zero-shot 翻译

在多种主流语言之间的翻译已经接近人类顶尖翻译水准的情况下，将更多语言纳入翻译系统成了下一个需要攻克的重要目标。实际上，谷歌的目标是实现 103 种语言之间的自由互译。2016年，GNMT 还只支持 8 种语言，其他语言之间依然采用统计机器翻译模型。为什么不直接使用神经机器翻译模型替换统计机器翻译模型呢？原因之一是神经机器翻译模型依赖于大规模的平行语料库。常用的语言拥有众多的翻译样本可供训练，而并不常用的语言之间的翻译资料却很少，很难训练出效果优秀的翻译神经网络。那么，如何在平行语料较少的情况下，合理利用当前已有的翻译成果，完成新的语言之间的互译，就成了非常有价值的问题。

谷歌给出了巧妙的回答：Zero-shot 翻译方法。Zero-shot 这个词目前没有准确的翻译，它的意思是无须训练的机器翻译。这种翻译系统的优势是：如果可以完成 A 语言与 B 语言之间的翻译，同时可以完成 A 语言与 C 语言的翻译，那么不需要任何训练，系统就可以完成 B 语言与 C 语言之间的翻译。Zero-shot 翻译系统在 2016 年 11 月已经正式上线谷歌翻译了。

实际上，只有神经网络的编码—解码模型架构才能使 Zero-shot 翻译方法得到更好的实现。接下来，我们一起走近机器翻译的编码—解码模型。

11.2 编码—解码模型

在讲解编码—解码模型之前，我们先来分析一下人类的翻译过程。请看下面的英文，并尝试把它翻译成中文。

The human translation process may be described as:

Decoding the meaning of the source text; and

Re-encoding this meaning in the target language.

这两句话也许恰恰描述了你头脑中的工作过程。在翻译一段话时，我们并不是逐字进行的，而是先把意思看懂，再重组语言。所以，翻译并非一个机械的词对词的翻译过程，而是一个再创作的过程。

编码—解码模型就模仿了这一过程。它的核心思路是：用编码器和解码器共同组成一个翻译机，先用编码器将源信息编码为内部状态，再通过解码器将内部状态解码为目标语言。编码过程对应了我们阅读源语言句子的过程，解码过程则对应了我们将其重组为目标语言的过程。

11.2.1 编码—解码模型总体架构

图 11.4 展示了编码—解码模型的总体架构，编码—解码模型主要由编码器和解码器组成，编码器和解码器实际上都是一个神经网络，后面我们将详细介绍。

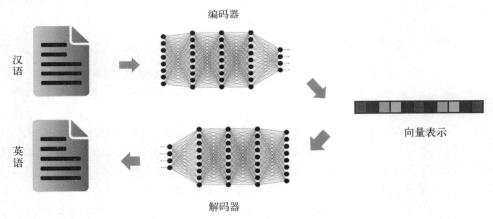

图 11.4   编码—解码模型的总体架构

以中译英为例，编码—解码模型的工作方式是先由编码器将中文编码为内部状态，再由解码器对内部状态进行解码。这个中间的内部状态就体现为一个很大的向量。

而由解码器对内部状态进行解码的过程，则是将代表内部状态的向量作为解码器神经网络的输入，输出对应的英文句子。

接下来我们就一窥编码器和解码器的内部架构和工作过程。

11.2.2 编码器

编码器的内部架构并不是固定的，可以自由设置。在机器翻译中，人们常常使用多层 RNN 或 LSTM 作为编码器。

1. 编码器架构

图 11.5 展示了编码器的内部架构，可以看到，编码器内部由一个输入层和多层 RNN（或 LSTM）单元构成。

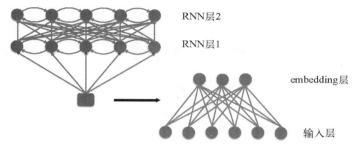

图 11.5 编码器架构

其中，输入层为一个 embedding 层，它将每个输入的中文词的独热编码转化为一个词向量（详见第 9 章），而 RNN 则对句子的词语进行循环编码。

我们知道，RNN 具有独特的记忆性质，它在编码一句话的时候，既可以关注其中每一个词语的含义，也可以关注词语之间的联系。因此，这个过程也可以抽象为一个对源语言进行理解的过程。

编码器没有输出层，但是在对一句话进行处理后，我们可以将 RNN 全部隐含单元的输出状态作为对源语言编码的向量，从而输出（在有些情况下，也可以将多层 RNN 最后一层的状态作为编码器的输出）。

2. 编码器工作过程

编码器的工作过程是将一句话编码为内部状态。实际上，这个过程是对源语言句中的每个词语进行循环、一个个地读入词语的过程。下面依然以"我们一起去图书馆吧"这句话为例，详细探讨编码器的工作过程。

首先，对语句进行分词，分词结果为："我们/一起/去/图书馆/吧"。然后，对这几个词语进行循环，一个个地输入编码器网络。例如将"我们"输入编码器的过程如图 11.6 所示。

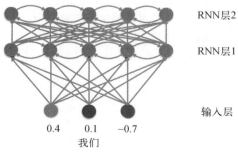

0.4   0.1   −0.7
我们

图 11.6 将"我们"输入编码器

由图 11.6 可知，在输入词语的时候，首先需要经过 embedding 层编码为词向量（第 9 章详细讨论了词向量技术，此处 embedding 层编码过程省略）。接下来，将词向量输入 RNN 中。我们通过改变一个神经元的颜色来表示这个神经元参与了运算。

注意，在多层 RNN 内部接收到"我们"所代表的词向量时，RNN 将会逐层进行前馈传播，如图 11.7 所示。

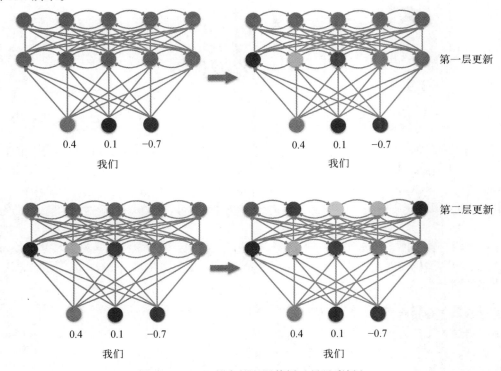

图 11.7　RNN 状态的逐层传播（另见彩插）

在图 11.7 中，RNN 节点的不同颜色代表了神经元的不同状态。可以看到，RNN 首先更新了第一层，然后是第二层，最终，一个词语的输入导致了多层 RNN 整体的更新。

接下来，处理下一个词"一起"。编码器的处理过程与前一个词相同，先对词语进行 embedding 编码，然后逐层更新 RNN。由于已经对第一个词语"我们"有了记忆，因此在处理完"一起"后，RNN 的内部状态即可代表"我们一起"这个组合的编码。

接着，通过循环处理一句话中的每一个词语。值得一提的是，当处理完最后一个词语"吧"之后，还需要输入一个特殊的预置词"EOS"（End of Sentence），表示一句话的结束，如图 11.8 所示。

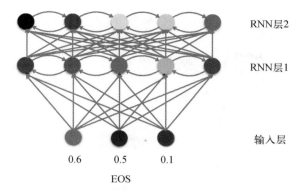

RNN层2

RNN层1

输入层

0.6　0.5　0.1

EOS

图 11.8　将结束符 "EOS" 输入编码器

到此为止，编码器工作流程结束。

3. 编码器的输出

编码器没有输出层，但我们可以将其中 RNN 的内部状态作为输出。因为经过多层 RNN 的处理，RNN 的内部状态已经可以充分代表源语言的含义。

在一些应用场合，如果将编码器所有神经元的状态都作为编码输出给解码器，复杂度会非常高，因此，人们会将最后一层的编码器状态作为对整个输入信息的编码。之所以选择最后一层，是因为这一层通常是对所有输入信息和低层隐含单元的信息汇总。

11.2.3　解码器

在上一节，我们完成了对"我们一起去图书馆吧"的编码过程，本节将完成由内部状态到目标语言的解码过程。

解码器的架构和编码器整体上类似，但也存在差别，比如解码器需要输出层，还需要设计损失函数以完成网络整体的反向传播算法。接下来，我们将详细探讨解码器的架构和工作过程。

1. 解码器架构

解码器的架构和编码器大体相同：一个 embedding 层（用于将输入的独热向量转化为词向量）以及与编码器架构相同的 RNN（或 LSTM），如图 11.9 所示。与编码器不同的是，由于解码器的输出需要对应目标语言的单词，因此解码器输出层的神经元数量为目标语言单词表中的单词数，目的是进行 softmax 运算以确定所对应的目标语言单词，以及计算网络 Loss 以完成反向传播过程。

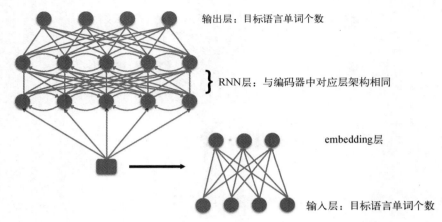

输出层：目标语言单词个数

RNN层：与编码器中对应层架构相同

embedding层

输入层：目标语言单词个数

图 11.9 解码器架构

2. 解码器工作过程

我们已经知道，编码器和解码器之间需要通过内部状态进行连接，而在 11.2.1 节中，我们将内部状态定义为，在完成对中文的编码后编码器内网络全部隐含神经元状态的取值。而在解码器中，我们也定义了相同结构的 RNN。因此，我们采用的连接方式是使用编码器 RNN 的内部状态来初始化解码器 RNN 的初始状态。实际上，这个过程并非直接采用编码器的输出作为解码器的输入，而是将编码器中每一个神经元的值都直接赋给解码神经元作为初始值。

我们知道，RNN 同时由输入和初始状态驱动。因此，将解码器的初始状态设定为编码器的最终状态，既可以在编码器与解码器之间建立连接，驱动解码器的运转，又避免了解码器中所有隐含节点被全零初始化或随机初始化，大大节省了训练解码器的时间。图 11.10 展示了解码器网络的初始化过程。

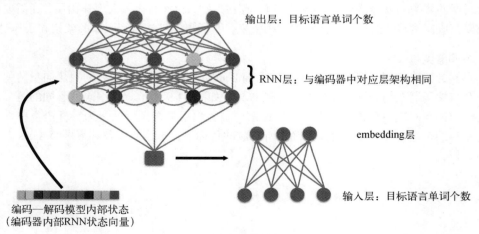

输出层：目标语言单词个数

RNN层：与编码器中对应层架构相同

embedding层

输入层：目标语言单词个数

编码—解码模型内部状态
（编码器内部RNN状态向量）

图 11.10 解码器网络的初始化

经过初始化之后，解码器网络开始运作。实际上，解码器网络的运作方式和上一章讲解的序列生成模型非常相似：首先向神经网络输入一个种子单词，之后解码器就不停地预测下一个单词，然后再把预测结果重新输入解码器网络，如此重复，直到解码器输出"EOS"为止。一般我们用"SOS"（Start of Sentence）作为种子来启动解码器网络，表示句子的起始，如图 11.11 所示。

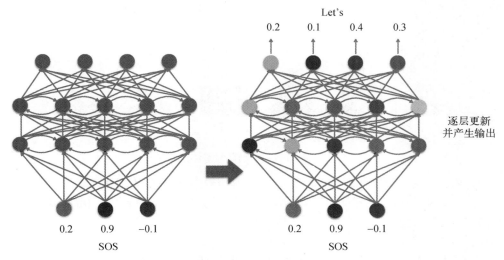

图 11.11 将"SOS"输入解码器网络后的工作流程

将"SOS"输入解码器网络后，解码器将首先进行 embedding 过程，将"SOS"编码为词向量（与编码器运作过程类似，图 11.11 中同样省略了 embedding 层），RNN 接收到词向量后将逐层更新。与编码器不同的是，解码器的最后一层与输出层全连接，网络将继续运转，直至产生最终的输出——一个英文单词表上的概率分布（在输出端，我们把每一步的输出看作一个分类问题，类别数为单词表的尺寸）。在图 11.11 中，由于"Let's"这个词对应的概率最大，所以我们选择它作为最终的输出。

接下来，就如同序列生成问题一样，我们会将第一个生成的英文单词（即"Let's"）重新输入解码器网络，生成第二个单词，反复迭代，直至输出"EOS"为止，便获得了一个英文序列，这个序列就是我们的翻译结果。

图 11.12 从整体的角度展示了编码器和解码器的协作过程。

11

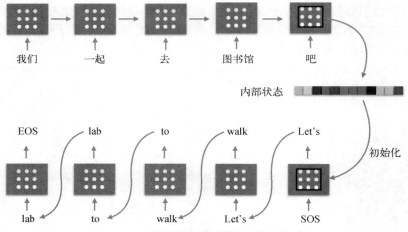

图 11.12   编码器和解码器的整体协作过程

我们首先将中文词语逐个输入编码器，然后用编码器中 RNN 的内部状态初始化解码器网络。接下来，将"SOS"输入解码器网络，并将解码器每一次产生的词语再次输入解码器，反复迭代，直至输出"EOS"为止，则完成了对一句话的翻译。

实际上，在开始训练的时候，解码器网络没有针对目标语言的字典进行词语定位、预测的功能。如果直接将解码器网络的输出作为下一个时间步的输入，那么解码器网络非常有可能生成驴唇不对马嘴的句子，这就如同让网络在浩如烟海的目标语言中不断随机试错，独自摸索正确的翻译结果。为了加快网络的学习速度，我们在训练过程中往往以一定的概率选择另一种操作方式：即无论解码器网络有怎样的输出，我们都将正确的翻译结果按照时间步逐词输入到解码器网络中，如图 11.13 所示。

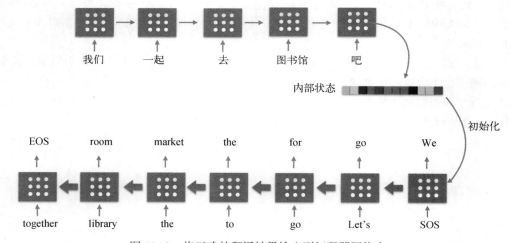

图 11.13   将正确的翻译结果输入到解码器网络中

可以看到，在这种训练方式中我们忽略了解码器网路的输出，直接将正确的翻译结果输入解码器网络中。这种训练方式的意义是以一定概率对网络进行校正与指导，加速网络的训练过程。

现在我们已经了解了网络的结构，并讨论了网络的训练方式。为了完成整个网络的搭建，还需要非常关键的一步：设置损失函数。

11.2.4 损失函数

在介绍损失函数之前，我们先来认识一下驱动神经机器翻译模型运转的数据：平行语料库。从编程的角度考虑，我们可以把平行语料库看作一个二维数组。它的特点是在每一个训练样本（数组的元素）中都有一句源语言和一句目标语言，二者是对应关系。在本例中，源语言是中文，目标语言是英文。图 11.14 展示了平行语料库的一部分。

```
[
        ['我们一起去图书馆吧',' Let's go to the library together'],
        ['PyTorch值得一学',' PyTorch is worth learning'],
        ['神经网络可真神奇','The neural network is amazing'],
        ...
]
```

图 11.14 平行语料库

采用平行语料库作为训练样本意味着在训练一句话的时候，我们其实已经知道了正确的翻译结果。因此，可以用解码器输出的句子和标准的翻译结果之间的差异来设置损失函数，优化神经网络并缩小输出结果和正确翻译结果之间的差异。具体而言，我们可以在每次解码器生成结果时，都与标准答案进行对比，计算其交叉熵，并将每一步的交叉熵累加的和作为本次训练的损失。

接下来，我们以"我们一起去图书馆吧"的翻译为例来观察神经网络损失的计算过程。

首先，经过前述编码器、解码器初始化等过程，我们将"SOS"输入到解码器网络中，解码器网络将开始运转并输出第一个单词。在上一章关于序列生成问题的讨论中，我们讲过解码器输出单词的过程。单词的输出实际上是经过一层 softmax 运算，将输出层每一个神经元的输出值看成对应单词的概率，并选择概率最大的一个词语作为输出。而在计算损失的过程中，我们将选择正确翻译结果所对应的神经元，对其输出结果取对数再取负值，作为当前时间步的损失，第一个时间步的损失如图 11.15 所示。

11

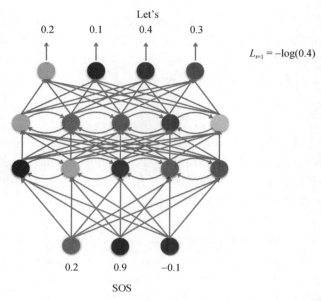

图 11.15 第一个时间步的损失

接下来，我们将继续生成下一个词语，并计算下一时间步的损失，如图 11.16 所示。

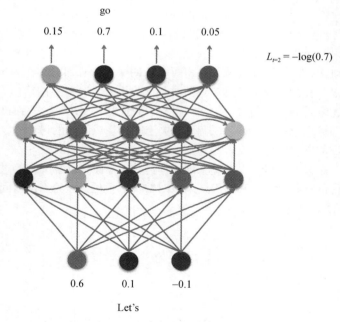

图 11.16 第二个时间步的损失

最终，我们只需要将所有时间步的损失相加，即可获得对整句话翻译的损失，即：

$$L = -(\log(p_1) + \log(p_2) + \cdots + \log(p_T))$$

其中 L 代表整体的损失，T 代表神经网络完成运算所需的时间步。

当然，直接比较每一个单词可能过于简单，因为在很多情况下，好的翻译并不与标准答案严格匹配，但整体很准确。因此，人们提出比交叉熵更好的损失函数计算方法。后面即将介绍的集束搜索算法就是其中一种。

值得一提的是，由于解码器依赖于编码器，而且我们在网络构建过程中已经将编码器和解码器连接为一个整体的动态计算图，所以无须为编码器单独设置损失函数，只需使用 PyTorch 内置的反馈函数 backward()，即可让梯度信息在整个计算图中传递，这就包括了编码器，最终完成整个计算图的参数更新。

11.2.5　编码—解码模型归纳

经过前面的学习，我们已经了解了编码—解码模型的运转过程。本节我们将对编码—解码模型的要点进行归纳与梳理。

编码—解码模型由编码器和解码器组成。编码器和解码器都是结构可调的神经网络，在大多数机器翻译应用中，我们使用的是 RNN 或 LSTM 模型。

在编码器运作的时候，需要将一句话中的词语依次输入。最终，编码器内部 RNN 的状态作为模型整体的内部状态。

解码器内部的 RNN 架构与编码器内部的 RNN 架构相同，我们只需将编码器内部 RNN 的状态直接赋值给解码器内部的 RNN，即可实现内部状态的传递。

解码器与编码器不同的地方在于，解码器需要对应到输出层，也需要使用交叉熵方法来计算网络的损失。由于我们已经将编码器和解码器连接为一个整体的动态计算图，因此神经网络的反馈调整可以由 PyTorch 自动进行。

我们可以这样理解编码器和解码器的作用：编码器实现的是对源信息的理解，解码器实现的是对内部状态到目标信息的映射，而模型整体可以实现源信息到目标信息的"翻译"。

值得一提的是，编码器和解码器的内部架构并非一成不变，而是可以根据场景、数据的改变而改变的。由于本例的输入端信息和输出端信息都是文本序列，所以我们将编码器和解码器的内部架构都设置为 RNN，目的是更好地理解源信息，更准确地生成目标信息。而在其他任务中，我们完全可以用不同的内部架构来实现各种功能，如将编码器架构设置为 CNN，将解码器内部架构设置为 RNN，即可制作看图说话的程序。关于编码—解码模型更广义的理解，我们将在 11.6 节进行更加深入的探讨。

11.2.6　编码—解码模型的效果

普通的编码—解码模型在短句子上有非常好的表现，例如图 11.17 就展示了一个小数据集上法英翻译的结果，按词计算的准确率高达 60%。在短句子中，编码—解码模型表现非常好，

Training Loss 和 Validation Loss 都迅速下降，准确率也随着网络的训练而提高。但是一旦翻译句子过长（如 20 个字左右），模型则表现欠佳。

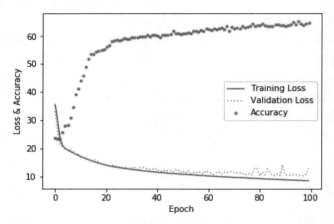

图 11.17　编码—解码模型在短句子（长度小于 5）上的表现

　　为什么会出现这种情况呢？实际上，在翻译过程中，语序的置换非常频繁，比如在"我们一起去图书馆吧"对应"Let's go to the library together"的过程中，"一起"在汉语中出现在第二个位置，而对应的"together"却出现在了英语句末。当句子长度增加的时候，语序的更改变得非常严重，神经网络便难以把握其中的规律，所以无法准确地生成序列。

　　我们希望编码—解码模型具有这样的功能：每当解码器生成一个英文单词的时候，它都知道此时应该重点关注汉语句子中的哪个词语，并忽略无用的信息，比如生成"go"的时候，无须关注"一起"，而生成"together"的时候，则要重点关注"一起"。也就是说，我们希望为神经网络添加"注意力"。

　　下一节，我们将讨论注意力模型的核心思想、工作原理和训练过程。最终，我们会把"注意力网络"引入编码—解码模型中，提升现有翻译器的翻译能力。

11.3　注意力机制

　　只要稍加留意就会发现，人类每时每刻都在应用注意力机制来处理信息，解决问题。比如现在你正在把大部分注意力放在阅读这句话上，而对比较远的上下文则不那么关心。当然，同时你还在对周围环境保持着少量关注，只有环境发生较大的变动时，才会吸引你的注意。如果没有注意力机制的作用，你会同时关注这篇文章中的每一句话以及你周围的全部环境，那样接收的信息一定会超载。可以想象，除非拥有超凡的大脑，否则你无法理解一篇文章的内容。

　　这就是注意力机制的内在规则：将大量注意力分配给少量真正重要的内容。这可以抽象成：给真正重要的信息分配较大的权重，再让信息参与运算，从而得到更有意义的运算结果。

11.3.1　神经机器翻译中的注意力

在机器翻译模型中，注意力机制的作用是每当生成一个英文单词时，都能让模型正确地关注对应的中文词语，如"together"对应"一起"。在图 11.18 中，我们用线条的粗细来表示获取到的注意力权重，希望看到当生成"together"的时候，"一起"获得最多的关注。

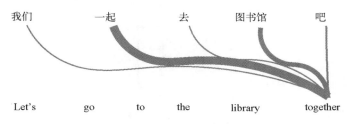

图 11.18　注意力机制在神经机器翻译中的应用结果

接下来，我们将介绍注意力机制的实现，并通过引入该机制来强化翻译模型。

11.3.2　注意力网络

注意力机制在编码—解码模型中的应用是通过引入注意力网络来实现的。注意力网络本身并不复杂，只是一个简单的前馈神经网络，而且一般使用一个隐藏层就足够了，但是它的加入可以训练数据的驱动，为模型提供注意力功能。

我们会首先讨论注意力网络的引入流程，也就是注意力网络（全连接网络）的输入和输出分别是什么，输入端和输出端分别连接到编码—解码模型中的哪个部分。然后，我们将观察注意力网络的运作过程，并尝试分析这个全连接网络可以为翻译模型提供注意力功能的原因。

1. 注意力网络的引入

引入注意力网络的目的，是在解码过程中为解码器提供关注不同时刻编码器输入信息的能力。具体而言，在中译英任务中，当解码器生成下一个英语单词的时候，我们希望解码器不但能接收当前生成的英语单词作为输入（用于生成序列），还能接收一个表示"在当前状态下，更应该关注编码器的哪个部分"的信息。

注意力网络首先是一个神经网络，它的输入包含了两部分：一是解码器下一时刻的输入单词，二是解码器当前的隐含层节点状态。

注意力网络的输出是一组正实数，加起来等于 1。它们是加到编码器各时间步隐含状态上的权重。

假如源语言句子中有 20 个词，那么注意力网络就有 20 个输出的权重，分别放到 20 个词所对应的当时的编码器隐含状态上，如图 11.19 所示。

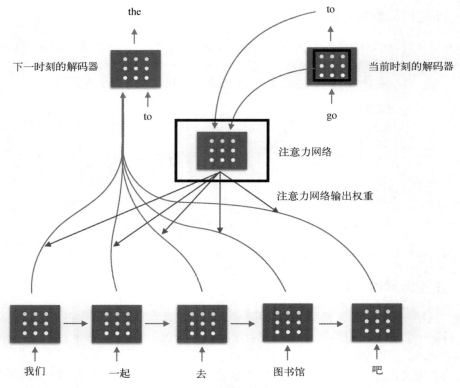

图 11.19 注意力网络的引入

在生成权重信息后，我们可以将其与对应的编码器隐含状态做内积（先逐个相乘，再加到一起得到一个向量），这个过程即是对不同中文词语进行加权的过程。加权后再与当前解码器生成的英文单词一同输入解码器。由于此时解码器接收的信息不但包括了当前英文单词，也包括了当前应该关注的中文词语信息，所以解码器可以更准确地生成下一个英文单词。图 11.19 展示了注意力网络的工作过程。

值得一提的是，注意力网络的意义是，根据之前翻译的英文单词结果，去判断在生成下一个英文单词时更应该关注哪个中文词语。由于我们已经将注意力网络所需的全部信息输入给它，也就是说，通过注意力网络，我们在"之前生成的英文单词"和"接下来应该关注的中文词语"之间建立了通路，因此我们期待通过足够的反馈调整，让注意力网络输出正确的权重信息。

为了加深读者对注意力网络的认识，下面将结合图文介绍一个带有注意力网络的编码—解码模型的工作过程。

2. 注意力网络的工作过程

本节依然以"我们一起去图书馆吧"到"Let's go to the library together"的翻译为例，观察带有注意力网络的编码—解码模型是如何工作的。

首先，我们依然需要分词并将分词结果输入编码器，然后用编码器最后一个时刻的内部状态初始化解码器。编码过程如图 11.20 所示。

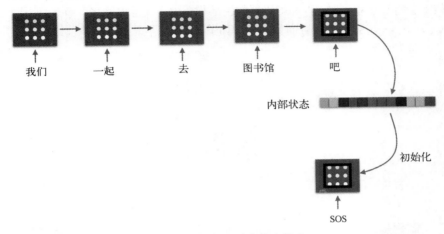

图 11.20 编码器接收中文输入

与普通的编码—解码模型不同，解码器此时并未开始运转。实际上，我们此时需要将编码器每一时刻也就是内部 RNN 最后一层的内部状态提取出来，组成一个大的向量。由于编码器每一时刻都会对一个中文词语进行编码，因此这个组合向量中的每一个维度就代表了一个中文词语的编码。图 11.21 展示了这个过程。

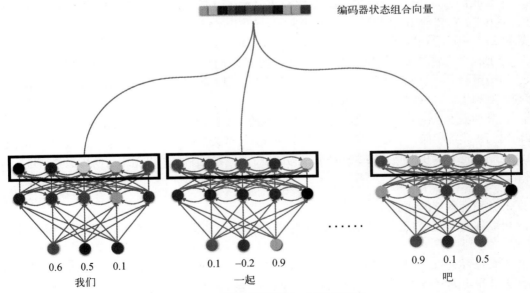

图 11.21 提取编码器每一时刻的状态

　　此时，解码器开始工作。由于解码器的起始状态和结束状态较为特殊，为了表示普遍情况，我们将着重分析解码器生成单词的中间过程的工作状态。假设此时解码器已经生成了"Let's"和"go"，解码器会将当前单词"go"和解码器的内部状态输入注意力网络，而注意力网络则会输出一组权重，并为上一步获得的组合向量加权，如图 11.22 所示。

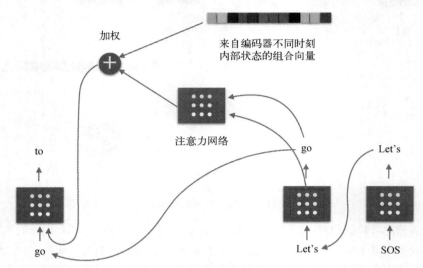

加权

来自编码器不同时刻
内部状态的组合向量

注意力网络

to

go

go

Let's

Let's

SOS

图 11.22　注意力网络的输入和输出

　　现在我们已经得到了一组权重，这组权重表示在当前情况下我们对中文不同词语的关注程度。接下来，需要使用这组权重对表示中文词语的组合向量进行加权平均。请注意，我们在前文（图 11.21）中已经获取到表示一句话中全部中文词语的组合向量。

　　经加权平均后的向量将和当前解码器生成的英文单词"go"组合，生成解码器下一时刻的输入，用于预测下一个单词。而在生成下一个单词后，只需重复这个过程，即可循环生成英文单词序列，直到生成"EOS"为止，就完成了翻译过程。

　　从某种程度上说，注意力机制与上一章讲到的在 LSTM 单元中的门控装置（遗忘门、输入门和输出门）非常相似，都是一种"控制"变量。门控开关控制的是信号的输入和输出，而注意力机制控制的是聚焦在编码器的哪一部分作为向量。这两种机制都可以利用反向传播算法进行自我调节。

3. 注意力网络的训练

　　可能你会担忧，注意力网络的加入让编码—解码模型变得如此复杂，此时模型的训练会不会变得非常艰难呢？

　　答案是否定的，实际上，在使用 PyTorch 实现注意力网络的时候，我们的确将整个模型的计算图设计得更为复杂，但是整个计算图依然是相互连接、没有断点的。因此，只需要使用 PyTorch 的反向传播函数，依然可以对整个模型进行反馈调整。这就是 PyTorch 动态计算图的强大之处：

无论多么复杂的网络模型，只要能生成连贯的计算图，都可以进行自动的反馈调整。现在许多前沿的神经网络研究基于动态计算图的机制，通过改变神经网络的结构来提升运算效果。

11.4　更多改进

　　除了加入注意力网络之外，还有多种方式去改进编码—解码模型。还记得我们在讨论序列生成问题时用 LSTM 解决了普通 RNN 无法实现长程记忆的问题吗？

　　在本例中也是一样，当翻译的句子序列距离过长时，普通 RNN 在长程记忆上依然存在短板，我们将尝试使用 GRU（门控循环单元）来替换普通的 RNN。

　　通过前一章的学习，我们已经对 LSTM 有所了解。实际上，GRU 是 LSTM 的一种简单变体，接下来，我们就一窥 GRU 的内部结构，并将它应用到编码—解码模型中。

11.4.1　GRU 的结构

　　GRU 的结构如图 11.23 所示。从本质上讲，GRU 就是没有输出门的 LSTM，因此，在每个时间步中，GRU 都会将记忆单元内的全部内容写入整体网络。其中的核心思路是，如果想得到大量新信息，可以选择遗忘旧的信息；如果想要保留旧的信息，可以选择遗忘一些新的信息。

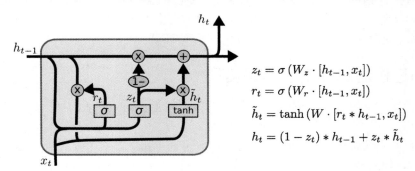

$$z_t = \sigma\left(W_z \cdot [h_{t-1}, x_t]\right)$$
$$r_t = \sigma\left(W_r \cdot [h_{t-1}, x_t]\right)$$
$$\tilde{h}_t = \tanh\left(W \cdot [r_t * h_{t-1}, x_t]\right)$$
$$h_t = (1 - z_t) * h_{t-1} + z_t * \tilde{h}_t$$

图 11.23　GRU 单元结构

　　与 LSTM 相比，GRU 简化了许多。它没有了内部单元的状态 cell，仅有两个门，一个是用来权衡是否要更新 h_t 的门 z_t，当它为 1 的时候更新，否则不更新；另一个门用来控制是否用 h_t 更新或者单独考虑输入 x_t。这里 z_t 相当于 LSTM 中遗忘门和输出门的综合，而 r_t 相当于输入门。

11.4.2　双向 GRU 的应用

　　实际上，在序列信息中，一个元素的出现往往不仅和之前的元素有关，也和之后的元素有关。比如，在中文序列中，如果我们看到"因为"，就可以推测后文中有一个"所以"；同理，如果看到"所以"，也可以推测前文中有一个"因为"。

　　在前文中，我们应用的 RNN 关注的信息实际上是一个词语及其前文的信息。为了能更好地利用元素和上下文的关系，可以引入双向 GRU 网络，如图 11.24 所示。

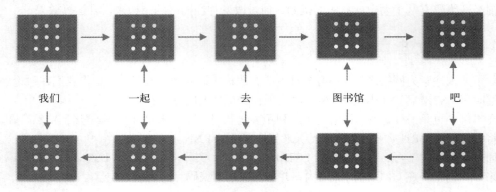

我们　　　一起　　　去　　　图书馆　　　吧

图 11.24　双向 GRU 网络的引入

在双向 GRU 网络中，我们可以使用两个相同架构的 GRU 网络，它们分别以正序时间步和倒序时间步来读取输入信息，再将其组合成一个大的向量作为模型的内部状态。

例如，对于同样一句话"我们一起去图书馆吧"，我们会产生两个样本，一个是正序的序列，另一个是倒序的序列："吧/图书馆/去/一起/我们"。把它们分别输入正向的 GRU 和反向的 GRU，这两个 GRU 的状态组合构成了整个双向 GRU 的状态。使用这种方式就相当于我们同时训练了两个 GRU 网络。我们的编码器和解码器都将采用双向 GRU。

11.5　神经机器翻译机的编码实现

在了解了这么多技术原理之后，相信你已经对机器翻译跃跃欲试了。本节我们将亲手构建一个机器翻译程序。

要实现机器翻译通常需要大规模的语料库，在此我们用了一个比较小巧、适合实验测试用的数据集——一个有 135 842 条平行语料的法英语料库，并在实验中做了裁剪。之所以没有选用中英语料库，一是因为很难找到特别合适的平行语料库，二是因为只有在超大规模训练的条件下，才有可能达到比较好的翻译效果。我们此处以教学为主要目的，所以将在小规模语料上进行尝试。

我们的编码器和解码器内部的 RNN 都含有两层，每层有 32 个神经元。在接下来的代码示范中，我们首先会引入数据并进行一些基本处理，生成训练集，然后分别定义编码器网络和解码器网络。在定义解码器网络的过程中，我们还会构建注意力网络。

首先，导入需要用到的 Python 程序包：

```
# 进行系统操作（如 I/O、正则表达式）的包
from io import open
import unicodedata
import string
import re
import random
```

```
# PyTorch 必备的包
import torch
import torch.nn as nn
from torch import optim
import torch.nn.functional as F
import torch.utils.data as DataSet

# 绘图所用的包
import matplotlib.pyplot as plt
import numpy as np

# 判断本机是否有支持的 GPU
use_cuda = torch.cuda.is_available()
# 即时绘图
%matplotlib inline
```

接下来，加载数据集：

```
# 读取平行语料库
# 英＝法
lines = open('data/fra.txt', encoding = 'utf-8')
french = lines.read().strip().split('\n')
lines = open('data/eng.txt', encoding = 'utf-8')
english = lines.read().strip().split('\n')
print(len(french))
print(len(english))

# 定义两个特殊符号，分别对应句首和句尾
SOS_token = 0
EOS_token = 1


# 定义一个语言类，方便进行自动建立、词频统计等
# 在这个对象中，最重要的是两个字典：word2index 和 index2word
# 第一个字典是将 word 映射到索引，第二个是将索引映射到 word
class Lang:
    def __init__(self, name):
        self.name = name
        self.word2index = {}
        self.word2count = {}
        self.index2word = {0: "SOS", 1: "EOS"}
        self.n_words = 2   #Count SOS and EOS

    def addSentence(self, sentence):
        # 在语言中添加一个新句子，句子是用空格隔开的一组单词
        # 将单词切分出来，分别进行处理
        for word in sentence.split(' '):
            self.addWord(word)

    def addWord(self, word):
        # 插入一个单词，如果单词已经在字典中，则更新字典中对应单词的频率
        # 同时建立反向索引，可以根据单词编号找到单词
        if word not in self.word2index:
            self.word2index[word] = self.n_words
```

11

```
            self.word2count[word] = 1
            self.index2word[self.n_words] = word
            self.n_words += 1
        else:
            self.word2count[word] += 1


# 将 Unicode 编码转变为 ASCII 编码
def unicodeToAscii(s):
    return ''.join(
        c for c in unicodedata.normalize('NFD', s)
        if unicodedata.category(c) != 'Mn'
    )


# 把输入的英文字符串转成小写
def normalizeEngString(s):
    s = unicodeToAscii(s.lower().strip())
    s = re.sub(r"([.!?])", r" \1", s)
    s = re.sub(r"[^a-zA-Z.!?]+", r" ", s)
    return s


# 过滤输入的单词对，保证每句话的单词数不超过 MAX_LENGTH
def filterPair(p):
    return len(p[0].split(' ')) < MAX_LENGTH and \
        len(p[1].split(' ')) < MAX_LENGTH


# 输入一个句子，输出一个单词对应的编码序列
def indexesFromSentence(lang, sentence):
    return [lang.word2index[word] for word in sentence.split(' ')]


# 和上面的函数功能类似，不同之处在于输出的序列等长＝MAX_LENGTH
def indexFromSentence(lang, sentence):
    indexes = indexesFromSentence(lang, sentence)
    indexes.append(EOS_token)
    for i in range(MAX_LENGTH - len(indexes)):
        indexes.append(EOS_token)
    return(indexes)


# 从一个词对到下标
def indexFromPair(pair):
    input_variable = indexFromSentence(input_lang, pair[0])
    target_variable = indexFromSentence(output_lang, pair[1])
    return (input_variable, target_variable)


# 从一个列表到句子
def SentenceFromList(lang, lst):
    result = [lang.index2word[i] for i in lst if i != EOS_token]
    if lang.name == 'French':
        result = ' '.join(result)
    else:
        result = ' '.join(result)
    return(result)
```

```
# 计算准确率的函数
def rightness(predictions, labels):
    '''计算预测错误率的函数，其中 predictions 是模型给出的一组预测结果，batch_size 行 num_classes 列的
    矩阵，labels 是数据中的正确答案'''
    # 对于任意一行（一个样本）的输出值的第一个维度求最大，得到每一行最大元素的下标
    pred = torch.max(predictions.data, 1)[1]
    rights = pred.eq(labels.data).sum() # 将下标与 labels 中包含的类别进行比较，并累计正确标签的数量
    return rights, len(labels) # 返回正确的数量和这一次比较的元素数量
```

在这里，我们定义了一个语言类 Lang，用以实现对英、法两种语言的共同处理功能，包括建立词典、编码与实际单词的转换等。另外，我们定义了两个特殊的单词"SOS"和"EOS"，分别表示句子的起始与终结。其他函数都是为了处理语言中的标点符号、过滤特殊字符等。

接下来，我们便可以在硬盘上加载平行语料库了，进而训练网络，并在每一轮打印出训练结果。最终，我们会在测试集中随机选取一些句子进行翻译，测试翻译效果。

之后我们将数据集[①]切割成训练集、校验集和测试集。最后，我们建立了数据集、加载器以及采样器等处理数据的标准组件。具体代码如下所示：

```
# 处理数据形成训练数据
# 设置句子的最大长度
MAX_LENGTH = 10

# 对英文做标准化处理
pairs = [[normalizeEngString(fra), normalizeEngString(eng)] for fra, eng in zip(french, english)]

# 对句子对进行过滤，处理掉超过 MAX_LENGTH 长度的句子
input_lang = Lang('French')
output_lang = Lang('English')
pairs = [pair for pair in pairs if filterPair(pair)]
print('有效句子对：', len(pairs))

# 建立法文和英文两个字典
for pair in pairs:
    input_lang.addSentence(pair[0])
    output_lang.addSentence(pair[1])
print("总单词数：")
print(input_lang.name, input_lang.n_words)
print(output_lang.name, output_lang.n_words)


# 形成训练集，首先打乱所有句子的顺序
random_idx = np.random.permutation(range(len(pairs)))
pairs = [pairs[i] for i in random_idx]

# 将语言转变为由单词的编码构成的序列
pairs = [indexFromPair(pair) for pair in pairs]

# 形成训练集、校验集和测试集
valid_size = len(pairs) // 10
if valid_size > 10000:
```

---

① 数据集下载地址请见图灵社区本书主页。——编者注

```
    valid_size = 10000
pp = pairs
pairs = pairs[: - valid_size]
valid_pairs = pp[-valid_size : -valid_size // 2]
test_pairs = pp[- valid_size // 2 :]

# 利用 PyTorch 的 dataset 和 dataloader 对象，将数据加载至加载器中，并自动分批

'''一批包含 32 条数据记录。这个数字越大，系统在训练的时候，每一个周期处理的数据就越多，处理就越快，
但总的数据量会减少。'''
batch_size = 32

print('训练记录：', len(pairs))
print('校验记录：', len(valid_pairs))
print('测试记录：', len(test_pairs))

# 形成训练对列表，用于输入给 train_dataset
pairs_X = [pair[0] for pair in pairs]
pairs_Y = [pair[1] for pair in pairs]
valid_X = [pair[0] for pair in valid_pairs]
valid_Y = [pair[1] for pair in valid_pairs]
test_X = [pair[0] for pair in test_pairs]
test_Y = [pair[1] for pair in test_pairs]


# 形成训练集
train_dataset = DataSet.TensorDataset(torch.LongTensor(pairs_X), torch.LongTensor(pairs_Y))
# 形成数据加载器
train_loader = DataSet.DataLoader(train_dataset, batch_size = batch_size, shuffle = True, num_workers=8)


# 校验数据
valid_dataset = DataSet.TensorDataset(torch.LongTensor(valid_X), torch.LongTensor(valid_Y))
valid_loader = DataSet.DataLoader(valid_dataset, batch_size = batch_size, shuffle = True, num_workers=8)

# 测试数据
test_dataset = DataSet.TensorDataset(torch.LongTensor(test_X), torch.LongTensor(test_Y))
test_loader = DataSet.DataLoader(test_dataset, batch_size = batch_size, shuffle = True, num_workers = 8)
```

11.5.1 神经网络的构建

接下来，我们就分别介绍编码器和解码器神经网络的构建。

1. 编码器网络

我们的编码器网络是采用双向 GRU 单元构造的一个两层 RNN，代码如下：

```
# 构建编码器 RNN
class EncoderRNN(nn.Module):
    def __init__(self, input_size, hidden_size, n_layers=1):
        super(EncoderRNN, self).__init__()
        self.n_layers = n_layers
        self.hidden_size = hidden_size
```

```
        # 第一层 Embeddeing
        self.embedding = nn.Embedding(input_size, hidden_size)
        # 第二层 GRU。注意 GRU 中可以定义很多层，主要靠 num_layers 控制
        self.gru = nn.GRU(hidden_size, hidden_size, batch_first = True,
                          num_layers = self.n_layers, bidirectional = True)

    def forward(self, input, hidden):
        # 前馈过程
        # input 尺寸: batch_size, length_seq
        embedded = self.embedding(input)
        # embedded 尺寸: batch_size, length_seq, hidden_size
        output = embedded
        output, hidden = self.gru(output, hidden)
        # output 尺寸: batch_size, length_seq, hidden_size
        # hidden 尺寸: num_layers * directions, batch_size, hidden_size
        return output, hidden

    def initHidden(self, batch_size):
        # 对隐含单元变量全部进行初始化
        # num_layers * num_directions, batch, hidden_size
        result = torch.zeros(self.n_layers * 2, batch_size, self.hidden_size)
        if use_cuda:
            return result.cuda()
        else:
            return result
```

在这段代码中，我们定义了编码器网络的结构，它的隐含单元是一个双向 GRU 网络。只需要设置 bidirectional = True 就可以轻松实现双向 GRU 了。其他操作则跟一般的 RNN 没有任何区别。

2. 注意力解码器网络

接下来，我们实现一个带有注意力机制的解码器网络，代码如下：

```
# 定义带有注意力机制的解码器 RNN
class AttnDecoderRNN(nn.Module):
    def __init__(self, hidden_size, output_size, n_layers=1, dropout_p=0.1, max_length=MAX_LENGTH):
        super(AttnDecoderRNN, self).__init__()
        self.hidden_size = hidden_size
        self.output_size = output_size
        self.n_layers = n_layers
        self.dropout_p = dropout_p
        self.max_length = max_length

        # 词嵌入层
        self.embedding = nn.Embedding(self.output_size, self.hidden_size)

        # 注意力网络 (一个前馈神经网络)
        self.attn = nn.Linear(self.hidden_size * (2 * n_layers + 1), self.max_length)

        # 将注意力机制作用之后的结果映射到后面的层
        self.attn_combine = nn.Linear(self.hidden_size * 3, self.hidden_size)

        # dropout 操作层
```

```
        self.dropout = nn.Dropout(self.dropout_p)


        # 定义一个双向 GRU, 并设置 batch_first 为 True 以方便操作
        self.gru = nn.GRU(self.hidden_size, self.hidden_size, bidirectional = True,
                          num_layers = self.n_layers, batch_first = True)
        self.out = nn.Linear(self.hidden_size * 2, self.output_size)

    def forward(self, input, hidden, encoder_outputs):
        # 解码器的一步操作
        # input 大小: batch_size, length_seq
        embedded = self.embedding(input)
        # embedded 大小: batch_size, length_seq, hidden_size
        embedded = embedded[:, 0, :]
        # embedded 大小: batch_size, hidden_size
        embedded = self.dropout(embedded)

        # 将 hidden 张量数据转化成 batch_size 排在第 0 维的形状
        # hidden 大小: direction*n_layer, batch_size, hidden_size
        temp_for_transpose = torch.transpose(hidden, 0, 1).contiguous()
        temp_for_transpose = temp_for_transpose.view(temp_for_transpose.size()[0], -1)
        hidden_attn = temp_for_transpose

        # 注意力层的输入
        # hidden_attn 大小: batch_size, direction*n_layers*hidden_size
        input_to_attention = torch.cat((embedded, hidden_attn), 1)
        # input_to_attention 大小: batch_size, hidden_size * (1 + direction * n_layers)

        # 注意力层输出的权重
        attn_weights = F.softmax(self.attn(input_to_attention))
        # attn_weights 大小: batch_size, max_length

        # 当输入数据不标准的时候, 对 weights 截取必要的一段
        attn_weights = attn_weights[:, : encoder_outputs.size()[1]]
        # attn_weights 大小: batch_size, length_seq_of_encoder
        attn_weights = attn_weights.unsqueeze(1)
        # attn_weights 大小: batch_size, 1, length_seq, 中间的 1 是为了 bmm 乘法用的

        # 将 attention 的 weights 矩阵乘以 encoder_outputs 以计算注意力机制作用后的结果
        # encoder_outputs 大小: batch_size, seq_length, hidden_size*direction
        attn_applied = torch.bmm(attn_weights, encoder_outputs)
        # attn_applied 大小: batch_size, 1, hidden_size*direction
        # bmm: 两个矩阵相乘。忽略第一个 batch 维度, 缩并时间维度

        # 将输入的词向量与注意力机制作用后的结果拼接成一个大的输入向量
        output = torch.cat((embedded, attn_applied[:,0,:]), 1)
        # output 大小: batch_size, hidden_size * (direction + 1)

        # 将大的输入向量映射为 GRU 的隐含层
        output = self.attn_combine(output).unsqueeze(1)
        # output 大小: batch_size, length_seq, hidden_size
        output = F.relu(output)

        # output 的结果再 dropout
```

```
        output = self.dropout(output)

        # 开始解码器 GRU 的运算
        output, hidden = self.gru(output, hidden)

        # output 大小: batch_size, length_seq, hidden_size * directions
        # hidden 大小: n_layers * directions, batch_size, hidden_size

        # 取出 GRU 运算最后一步的结果, 输入最后一层全连接层
        output = self.out(output[:, -1, :])
        # output 大小: batch_size * output_size

        # 取 logsoftmax, 计算输出结果
        output = F.log_softmax(output, dim = 1)
        # output 大小: batch_size * output_size
        return output, hidden, attn_weights

    def initHidden(self, batch_size):
        # 初始化解码器隐含单元, 尺寸为 n_layers * directions, batch_size, hidden_size
        result = torch.zeros(self.n_layers * 2, batch_size, self.hidden_size)
        if use_cuda:
            return result.cuda()
        else:
            return result
```

这段代码比较复杂，大家需要仔细阅读，特别是涉及各种张量尺寸的地方，注释特别指出了每一步运算的输入和输出张量的尺寸。另外，这段代码比正文中多了一层神经网络，这就是attn_combine层，用于将注意力权重与读取的编码器隐含单元内容的内积结果经过一个全连接网络的映射之后再输入解码器的隐含单元，这样处理会略微提升网络的效果。

11.5.2　神经网络的训练

在一切准备妥当之后，我们就要开始训练神经网络了。首先，定义编码器和解码器实例，以及优化器、损失函数等部件。

```
# 开始带有注意力机制的 RNN 训练

# 定义网络架构
hidden_size = 32
max_length = MAX_LENGTH
n_layers = 2
encoder = EncoderRNN(input_lang.n_words, hidden_size, n_layers = n_layers)
decoder = AttnDecoderRNN(hidden_size, output_lang.n_words, dropout_p=0.5,
                         max_length = max_length, n_layers = n_layers)

if use_cuda:
    encoder = encoder.cuda()
    decoder = decoder.cuda()

learning_rate = 0.0001
encoder_optimizer = optim.Adam(encoder.parameters(), lr=learning_rate)
```

```
decoder_optimizer = optim.Adam(decoder.parameters(), lr=learning_rate)

criterion = nn.NLLLoss()
teacher_forcing_ratio = 0.5

num_epoch = 100

# 开始训练周期循环
plot_losses = []
for epoch in range(num_epoch):
    # 将解码器置于训练状态，让 dropout 工作
    decoder.train()
    print_loss_total = 0
    # 对训练数据进行循环
    for data in train_loader:
        input_variable = data[0].cuda() if use_cuda else data[0]
        # input_variable 的大小：batch_size, length_seq
        target_variable = data[1].cuda() if use_cuda else data[1]
        # target_variable 的大小：batch_size, length_seq

        # 清空梯度
        encoder_optimizer.zero_grad()
        decoder_optimizer.zero_grad()

        encoder_hidden = encoder.initHidden(data[0].size()[0])

        loss = 0

        # 编码器开始工作
        encoder_outputs, encoder_hidden = encoder(input_variable, encoder_hidden)
        # encoder_outputs 的大小：batch_size, length_seq, hidden_size*direction
        # encoder_hidden 的大小：direction*n_layer, batch_size, hidden_size

        # 解码器开始工作
        decoder_input = torch.LongTensor([[SOS_token]] * target_variable.size()[0])
        # decoder_input 大小：batch_size, length_seq
        decoder_input = decoder_input.cuda() if use_cuda else decoder_input

        # 将编码器的隐含单元取值作为编码结果传递给解码器
        decoder_hidden = encoder_hidden
        # decoder_hidden 大小：direction*n_layer, batch_size, hidden_size

        # 同时采用两种方式训练解码器
        # 用教师监督的信息作为下一时刻的输入和不用监督的信息，用自己的预测结果作为下一时刻的输入
        use_teacher_forcing = True if random.random() < teacher_forcing_ratio else False
        if use_teacher_forcing:
            # 用监督信息作为下一时刻解码器的输入
            # 开始时间不得循环
            for di in range(MAX_LENGTH):
                # 输入解码器的信息包括输入的单词 decoder_input、解码上一时刻的隐含单元状态、
                # 编码器各个时间步的输出结果
                decoder_output, decoder_hidden, decoder_attention = decoder(
                    decoder_input, decoder_hidden, encoder_outputs)
                # decoder_ouput 大小：batch_size, output_size
```

```
            # 计算损失函数，得到下一时刻解码器的输入
            loss += criterion(decoder_output, target_variable[:, di])
            decoder_input = target_variable[:, di].unsqueeze(1)  # Teacher forcing
            # decoder_input 大小: batch_size, length_seq
        else:
            # 没有教师监督，用解码器自己的预测作为下一时刻的输入

            # 对时间步进行循环
            for di in range(MAX_LENGTH):
                decoder_output, decoder_hidden, decoder_attention = decoder(
                    decoder_input, decoder_hidden, encoder_outputs)
                #decoder_ouput 大小: batch_size, output_size(vocab_size)
                # 获取解码器的预测结果，并作为下一时刻的输入
                topv, topi = decoder_output.data.topk(1, dim = 1)
                # topi 尺寸: batch_size, k
                ni = topi[:, 0]

                decoder_input = ni.unsqueeze(1)
                # decoder_input 大小: batch_size, length_seq
                decoder_input = decoder_input.cuda() if use_cuda else decoder_input

                # 计算损失函数
                loss += criterion(decoder_output, target_variable[:, di])



        # 反向传播开始
        loss.backward()
        loss = loss.cpu() if use_cuda else loss
        # 开始梯度下降
        encoder_optimizer.step()
        decoder_optimizer.step()
        print_loss_total += loss.data.numpy()[0]

    print_loss_avg = print_loss_total / len(train_loader)

    valid_loss = 0
    rights = []
    # 将解码器的 training 设置为 False，以便关闭 dropout
    decoder.eval()

    # 对所有校验数据进行循环
    for data in valid_loader:
        input_variable = data[0].cuda() if use_cuda else data[0]
        # input_variable 的大小: batch_size, length_seq
        target_variable = data[1].cuda() if use_cuda else data[1]
        # target_variable 的大小: batch_size, length_seq

        encoder_hidden = encoder.initHidden(data[0].size()[0])

        loss = 0
        encoder_outputs, encoder_hidden = encoder(input_variable, encoder_hidden)
        # encoder_outputs 的大小: batch_size, length_seq, hidden_size*direction
        # encoder_hidden 的大小: direction*n_layer, batch_size, hidden_size
```

```
    decoder_input = torch.LongTensor([[SOS_token]] * target_variable.size()[0])
    # decoder_input 大小: batch_size, length_seq
    decoder_input = decoder_input.cuda() if use_cuda else decoder_input

    decoder_hidden = encoder_hidden
    # decoder_hidden 大小: direction*n_layer, batch_size, hidden_size

    # 开始每一步的预测
    for di in range(MAX_LENGTH):
        decoder_output, decoder_hidden, decoder_attention = decoder(
            decoder_input, decoder_hidden, encoder_outputs)
        # decoder_ouput 大小: batch_size, output_size(vocab_size)
        topv, topi = decoder_output.data.topk(1, dim = 1)
        # topi 尺寸: batch_size, k
        ni = topi[:, 0]

        decoder_input = ni.unsqueeze(1)
        # decoder_input 大小: batch_size, length_seq
        decoder_input = decoder_input.cuda() if use_cuda else decoder_input
        right = rightness(decoder_output, target_variable[:, di])
        rights.append(right)
        loss += criterion(decoder_output, target_variable[:, di])
    loss = loss.cpu() if use_cuda else loss
    valid_loss += loss.data.numpy()[0]
# 计算平均损失、准确率等指标并打印输出
right_ratio = 1.0 * np.sum([i[0] for i in rights]) / np.sum([i[1] for i in rights])
print('进程: %d%%, 训练损失: %.4f, 校验损失: %.4f, 词准确率: %.2f%%' % (epoch * 1.0 / num_epoch * 100,
                                            print_loss_avg,
                                            valid_loss / len(valid_loader),
                                            100.0 * right_ratio))
plot_losses.append([print_loss_avg, valid_loss / len(valid_loader), right_ratio])
```

在这段代码中，重点是训练解码器的流程。注意有一个判断 if use_teacher_forcing:，当这个变量为 True 的时候，采用标准的平行语料作为标签数据；当它为 False 的时候，则用解码器自己的输出预测结果作为下一个输入词，这两个过程非常不同。

11.5.3　测试神经机器翻译机

经过大规模的训练之后，就可以测试我们的神经机器翻译机了。在测试集上运行下列代码：

```
# 从测试集中随机挑选 20 个句子来测试翻译结果
indices = np.random.choice(range(len(test_X)), 20)
for ind in indices:
    data = [test_X[ind]]
    target = [test_Y[ind]]
    print(data[0])
    print(SentenceFromList(input_lang, data[0]))
    input_variable = torch.LongTensor(data).cuda() if use_cuda else
        torch.LongTensor(data)
    #input_variable 的大小: batch_size, length_seq
    target_variable = torch.LongTensor(target).cuda() if use_cuda else
```

```
        torch.LongTensor(target)
    # target_variable 的大小: batch_size, length_seq

    encoder_hidden = encoder.initHidden(input_variable.size()[0])

    loss = 0
    encoder_outputs, encoder_hidden = encoder(input_variable, encoder_hidden)
    # encoder_outputs 的大小: batch_size, length_seq, hidden_size*direction
    # encoder_hidden 的大小: direction*n_layer, batch_size, hidden_size

    decoder_input = torch.LongTensor([[SOS_token]] * target_variable.size()[0])
    # decoder_input 大小: batch_size, length_seq
    decoder_input = decoder_input.cuda() if use_cuda else decoder_input

    decoder_hidden = encoder_hidden
    # decoder_hidden 大小: direction*n_layer, batch_size, hidden_size

    # Without teacher forcing: use its own predictions as the next input
    output_sentence = []
    decoder_attentions = torch.zeros(max_length, max_length)
    rights = []
    for di in range(MAX_LENGTH):
        decoder_output, decoder_hidden, decoder_attention = decoder(
            decoder_input, decoder_hidden, encoder_outputs)
        # decoder_ouput 大小: batch_size, output_size(vocab_size)
        topv, topi = decoder_output.data.topk(1, dim = 1)
        decoder_attentions[di] = decoder_attention.data
        # topi 尺寸: batch_size, k
        ni = topi[:, 0]
        decoder_input = ni.unsqueeze(1)
        ni = ni.cpu().numpy()[0]
        output_sentence.append(ni)
        # decoder_input 大小: batch_size, length_seq
        decoder_input = decoder_input.cuda() if use_cuda else decoder_input
        right = rightness(decoder_output, target_variable[:, di])
        rights.append(right)
    sentence = SentenceFromList(output_lang, output_sentence)
    standard = SentenceFromList(output_lang, target[0])
    print('机器翻译: ', sentence)
    print('标准翻译: ', standard)
    # 输出本句话的准确率
    right_ratio = 1.0 * np.sum([i[0] for i in rights]) / np.sum([i[1] for i in rights])
    print('词准确率: ', 100.0 * right_ratio)
    print('\n')
```

运行这段代码，系统会输出 20 条句子，分别包括了法文原文、机器翻译的英文，以及平行语料中的标准翻译和机器翻译的词准确率。

11.5.4 结果展示

下面就我们运行这些代码，在一个小数据集上测试神经机器翻译机的运行效果。我们设置了句子的最大长度为 10，这样就可以对原始数据进行一定的筛选，从而缩减数据量，得到的运行结果如图 11.25 所示。

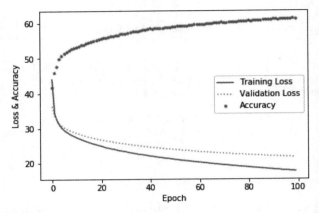

图 11.25 在最大句子长度小于 10 的法英语料库中的训练曲线

在经过 100 轮训练后，我们的神经机器翻译模型的词准确率达到 62%。注意，目前的训练曲线已经出现过拟合的迹象，即校验集的 Loss 已经大于了训练集，这说明我们的数据量远远不够。接下来，我们在测试集上选择几个例子检验一下这个神经机器翻译模型的效果，如表 11.1 所示。

表 11.1 神经机器翻译模型的效果示例

法 语	机器翻译	正确翻译	词准确率
je suis pret a y aller.	i m ready to go.	i m ready to go.	100%
j aime voyager seul.	i like to travel.	i like to travel alone.	80%
je ne l aime plus.	i don t like any anymore.	i don t love her anymore.	80%
tu es deprimee n est ce pas?	you re still aren t you?	you re depressed aren t you?	90%
le mur etait couvert de peinture.	the the was was the...	the wall was coated with paint.	60%

我们看到，神经机器翻译模型可以将一些句子翻译得很准确，但是最后一句话翻译得就驴唇不对马嘴了。事实上，这是未训练好的神经网络经常表现出的一种错误方式，即直接输出高频词。它这样做的好处是猜错下一个单词的概率较低，因为 "the" 和 "was" 等词在英语中出现的频率很高，那么它猜中的准确率也很高。当然，除了增大训练规模以外，人们也提出了很多方法来避免这种问题。

接下来，我们再来看看机器翻译是如何学会关注相关词汇的。首先，可以用下列代码输出机器在翻译某句话时注意力权重的分配情况：

```
# 通过几个特殊的句子翻译考察注意力机制关注的情况
data = 'elle a cinq ans de moins que moi .'
data = np.array([indexFromSentence(input_lang, data)])

input_variable = torch.LongTensor(data).cuda() if use_cuda else torch.LongTensor(data)
# input_variable 的大小: batch_size, length_seq
```

```
target_variable = torch.LongTensor(target).cuda() if use_cuda else torch.LongTensor(target)
# target_variable 的大小: batch_size, length_seq

encoder_hidden = encoder.initHidden(input_variable.size()[0])

loss = 0
encoder_outputs, encoder_hidden = encoder(input_variable, encoder_hidden)
# encoder_outputs 的大小: batch_size, length_seq, hidden_size*direction
# encoder_hidden 的大小: direction*n_layer, batch_size, hidden_size

decoder_input = torch.LongTensor([[SOS_token]] * target_variable.size()[0])
# decoder_input 大小: batch_size, length_seq
decoder_input = decoder_input.cuda() if use_cuda else decoder_input

decoder_hidden = encoder_hidden
# decoder_hidden 大小: direction*n_layer, batch_size, hidden_size

output_sentence = []
decoder_attentions = torch.zeros(max_length, max_length)
for di in range(MAX_LENGTH):
    decoder_output, decoder_hidden, decoder_attention = decoder(
        decoder_input, decoder_hidden, encoder_outputs)
    # decoder_ouput 大小: batch_size, output_size(vocab_size)
    topv, topi = decoder_output.data.topk(1, dim = 1)

    # 在每一步, 获取注意力的权重向量, 并存储到 decoder_attentions 中
    decoder_attentions[di] = decoder_attention.data
    # topi 尺寸: batch_size, k
    ni = topi[:, 0]
    decoder_input = ni.unsqueeze(1)
    ni = ni.cpu.numpy()[0]
    output_sentence.append(ni)
    # decoder_input 大小: batch_size, length_seq
    decoder_input = decoder_input.cuda() if use_cuda else decoder_input
    right = rightness(decoder_output, target_variable[:, di])
    rights.append(right)
sentence = SentenceFromList(output_lang, output_sentence)
print('机器翻译: ', sentence)
print('\n')
```

decoder_attention 数组存储了在翻译某句话的过程中注意力权重在各个时刻的分布。接下来，将这个权重分布进行可视化：

```
# 将每一步存储的注意力权重组合到一起, 形成注意力矩阵并绘制成图
fig = plt.figure()
ax = fig.add_subplot(111)
cax = ax.matshow(decoder_attentions.numpy(), cmap='bone')
fig.colorbar(cax)

# 设置坐标轴
ax.set_xticklabels([''] + input_sentence.split(' ') +
                   ['<EOS>'], rotation=90)
ax.set_yticklabels([''] + sentence.split(' '))
```

11

```
# 在标度上展示单词
import matplotlib.ticker as ticker
ax.xaxis.set_major_locator(ticker.MultipleLocator(1))
ax.yaxis.set_major_locator(ticker.MultipleLocator(1))

plt.show()
```

注意力机制在翻译准确的句子上的表现如图 11.26 所示。

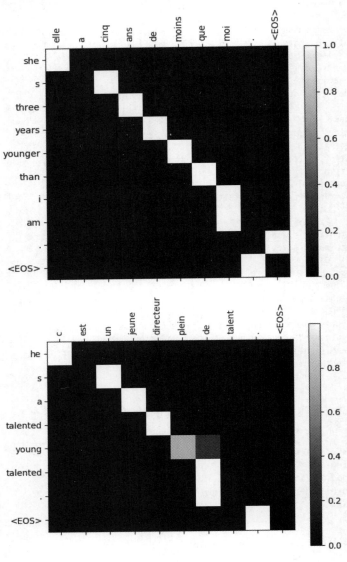

图 11.26　翻译过程中注意力机制的可视化结果

图 11.26 中的每一行代表目标语言中的一个单词，每一列则代表对应的源语言的一个单词。中间色块的每一行则表示在翻译这个目标词的时候，注意力机制所关注的对应源语言的单词分布，其中白色区域就是注意力权重分配比较高的区域。可以看到，注意力机制可以学习出正确的对应。

11.6 更多改进

前面展示了简单神经机器翻译机器的相关技术，而在工程化应用方面还有很多重要的技术，示例中暂未引入，有兴趣的读者可以自行学习和实现。

机器翻译是一个庞大的工程，人们提出了各种各样的改进方案，但是从宏观上看，这些方案并没有改变编码—解码模型的本质。

第一个改进方案就是翻译序列的生成。在现有方案中，我们是通过逐个单词的方式生成翻译序列的，但是这样生成的序列并不够好，于是人们提出了集束搜索（Beam Search）这种更专业、更好的序列生成方案。

11.6.1 集束搜索算法

集束搜索算法是应用于解码器输出端的算法。我们知道，在本例中，解码器的输出端输出的实际上是 n 维向量，其中 n 代表英文单词的数量，向量中的每个元素代表了对应单词出现的概率。我们通常会选取出现概率最大的单词作为下一个生成的单词。

实际上，这种选取单词的方式存在一定缺陷。仔细考虑一下我们的目标，其实并不是这句话中的每个单词都选取概率最大的那一个，而是选取出现概率最大的句子。然而，每次都选取概率最大的单词并不能保证整句话出现的概率最大。

假设在生成结果中，第一个词和第二个词的概率分布如图 11.27 所示。显然，如果每一步都选取概率最大的词，最终选取的句子是 "We shall"（第一步选择 "We"，之后只能在与 "We" 相连的单词中选择，于是选择 "shall"），对应的概率是 0.4×0.4=0.16。实际上，概率最大的句子应该是 "Let's go"，这句话的概率是 0.3×0.6=0.18。正因为我们在第一步选取了概率最大的 "We"，导致整句话的概率并不是最大的。

怎样解决这个问题呢？观察图 11.27 可知，实际上，我们可能生成的结果是树状结构。不过，假设这个句子由 20 个单词组成，每个位置选取最可能的 3 个备选词语，那么一共可以获得 3^{20} 个句子。如果通过遍历这棵树来找到可能性最大的句子，特别耗费计算成本，因此并不可取。

集束搜索算法可以较好地解决这个问题。它的核心思路概括成一句话就是容量固定的宽度优先搜索算法。在每一步，我们都从现有的序列出发生成所有可能的下一个词，但是并不保留这些词，而是只选择所有词按概率排序最大的 M 个，其中 M 就是我们限定的大小。这样，假如我们进行了 T 步搜索，那么得到的序列总数并非 T 次幂，而是 MT。

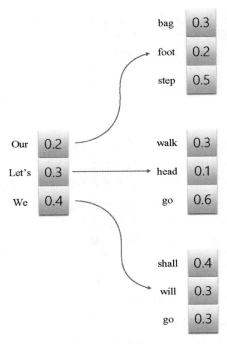

图 11.27 单词概率最大与整句概率最大

例如，在本章所讨论的中译英模型中使用集束搜索算法进行搜索，假设我们将 M 设置为 2，将 N 设置为 3。实际操作过程如下。

(1) 在生成第一个英文单词时，由于 N 被设置为 3，所以我们会将概率最大的前 3 个词语纳入考虑范围，但由于 M 被设置为 2，所以只能选取前两个最可能的词语（假设它们的概率分别是"Let's"为 0.3、"We"为 0.4）。

(2) 然后，分别将这两个词语输入解码器网络中生成下一个词语，并且依次选取概率最大的前 3 个词语参与运算，假设将"Let's"输入网络后，得到的单词排列及其概率分别是"walk"为 0.3、"head"为 0.1、"go"为 0.6，将"We"输入网络后，我们得到的单词排列及其概率分别是"shall"为"0.4"、"go"为 0.3、"will"为 0.3。

(3) 此时，我们可以得到 6 个序列，它们的概率分别是"Let's walk"为 0.09、"Let's head"为 0.03、"Let's go"为 0.18、"We shall"为 0.16、"We go"为 0.12、"We will"为 0.09。

(4) 由于我们设置 M 为 2，所以只能选取 6 个序列中概率最大的两个。可以看到，我们选取的是："Lets go"（概率为 0.18）和"We shall"（概率为 0.16）。接下来，我们会放弃其他序列，将"go"和"shall"放入解码器中，生成下一个单词，并重复这个过程，直至序列生成过程完成，如图 11.28 所示。

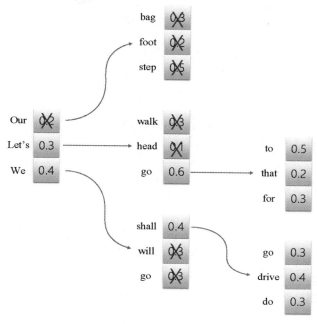

图 11.28 集束搜索算法的搜索过程

可以看到，应用集束搜索算法后，在每一次生成单词时计算的次数变得可控了。在上例中，我们将 M 设置为 2，N 设置为 3，在每一步生成中，实际上只需要进行 6 次计算，选出概率最大的两个序列。假如我们最后生成的英文句子中含有 20 个单词，也只需进行 120 次计算（实际上由于生成第一个单词时只进行了 3 次计算，因此计算总数是 117 次），远远小于 3^{20}。

因此，集束搜索算法可以帮助我们在内存容量一定的情况下找到准确的翻译结果，并且算法的计算复杂度也可以接受。值得一提的是，集束搜索算法只适用于测试和应用过程，而不适用于网络训练过程，因为在训练过程中，每一个句子都有标准答案，也有明确的 Loss 计算方法。

11.6.2 BLEU：对翻译结果的评估方法

另一种改进是机器翻译结果的评估方法。我们显然不能简单地通过逐字比较机器翻译的单词与参考答案中的单词来评估一个机器翻译算法的好坏。于是，人们提出了全新的算法 BLEU。

BLEU 算法是一种在工业领域较为常用的评估翻译结果的方法。BLEU 采用一种 N-gram 的匹配规则，原理并不复杂：将翻译结果划分为几个连续的 N 元组，然后依次观察每一个 N 元组是否在参考答案中出现。图 11.29 展示了一元组的 BLEU 算法的工作过程，由于翻译结果中有 3 个一元组在参考答案中出现了，因此结果为 3/5。

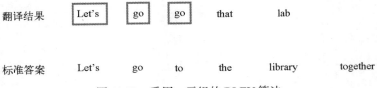

图 11.29　采用一元组的 BLEU 算法

更为复杂一点的，图 11.30 展示了采用二元组的 BLEU 算法的工作过程。由于有 2 个元组出现在了翻译结果中，所以 BLEU 算法的当前运算结果为 2/4。

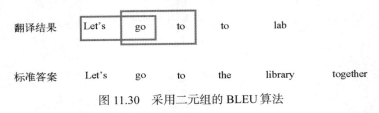

图 11.30　采用二元组的 BLEU 算法

在工业应用中，我们经常会连续选取 N 为 1、2、3、4，分别计算 BLEU 值，再由这 4 个值计算出最终的 BLEU 值。计算过程并不复杂，计算方式如下：

$$\text{BLEU} = BP \cdot \exp\left(\sum_{n=1}^{N} \frac{1}{N} \log p_n \right)$$

其中 N 是最大的窗口长度，一般取 4；p_n 为 N-gram 的 BLEU 得分；BP 是对每个句子的加权评价值，它的计算方式是，当参考翻译长度大于机器翻译的时候，则 $BP=1$，否则 $BP=e^{1-r/c}$。这样一来，超过参考翻译长度的句子不会获得更大的权重。

实践证明，BLEU 评分更高的翻译也是人类评价者评分更高的翻译。换句话说，BLEU 评判方法的优点就在于，它能够比较好地模拟人类对翻译的评价。

通过对机器翻译技术的讨论，现在我们几乎了解了神经机器翻译所涉及的所有典型的技术环节，相信你也已经掌握了足够多的技巧来搭建自己的翻译应用。

11.6.3　对编码—解码模型的改进

自神经机器翻译系统被广泛应用以来，机器翻译加速进化。一方面，翻译的精度和训练速度都在提升，另一方面，神经机器翻译系统支持的语言越来越多。

前文提到，神经机器翻译的重大突破始于 2014 年编码—解码模型的发明。迄今为止，机器翻译方向的大多数进展是基于编码—解码模型的。例如，2015 年注意力网络的引入大幅提升了编码—解码模型的翻译精度并较好地支持了长句翻译；2016 年，谷歌推出了 GNMT（Google Neural Machine Translation）模型，加入了双向 RNN 与残差连接，大幅提升了神经机器翻译系统的可训练性。

同时，新版本的彩云小译已经部分摒弃了 RNN 思路，转而采用 CNN 的架构，从而可以实现更快速的训练并顾及更长的语义前后连接。但无论是 RNN 到 CNN 的转变，还是双向 RNN 的加入，都是基于编码—解码模型所做的新尝试。这再次证明了深度学习的优势：我们可以低成本地更改网络架构，不断尝试新的思路，从而快速迭代神经机器翻译系统。

11.7 广义的翻译

通过前面的讨论，我们了解了一个神经机器翻译系统的必要细节。接下来，我们暂时放下对技术细节的关注——过于关注技术细节往往会阻碍我们以更广的视角去看待技术本身——去看看更有意思的编码—解码架构。由于我们已经对编码—解码模型有了一定的了解，因此本节将尝试使用编码与解码的思路，从更高的视角来看待翻译：除了两种语言之间的互译之外，翻译的本质是什么，翻译在社会生活中扮演着怎样的角色？我们能否从神经网络的角度对相关问题给出更好的答案？

11.7.1 广义翻译机

本例中所做的"翻译"，实际上是进行了一个端到端映射的过程，一端为中文文本序列，另一端为英文文本序列。如果跳出技术细节，从更广义的角度来看待翻译，或许我们可以对翻译有更深刻的理解。

事实上，从整体来看，翻译过程分为两步，第一步是理解源信息，第二步是生成目标信息，这两步共同完成了一种信息到另一种信息的映射，而对信息的理解和生成都是由神经网络来完成的。由于本例中的源信息和目标信息都是文本序列，所以我们基于前几章学到的知识，自然而然地选取了 RNN 处理文本。那么，如果将网络更换为 CNN 或其他网络，能否让模型具有处理不同的输入输出端信息的能力呢？

答案是肯定的。不论是何种信息，只要我们可以通过神经网络对其进行理解或生成，就完全有可能完成一种信息到另一种信息的映射。这就是广义翻译的强大之处：通过更改网路结构，实现任意两种信息之间的映射。

而编码—解码模型是实现广义翻译的有效手段，我们通过神经网络将一种信息理解为内部状态（编码过程），再通过另一种神经网络将内部状态作为原料生成目标信息（解码过程），将这两个过程综合起来，则完成了对两种信息的"翻译"。由于神经网络几乎可以处理任何信息，如图像、文本、音频、视频，等等，因此我们可以不受信息载体的干扰而完成翻译过程。

在下一节中，我们将介绍基于广义翻译的思路制作的诸多有趣的应用，相信在看到这些应用之后，你一定会惊叹，原来广义翻译竟然能做这么多事情！

11.7.2 广义翻译的应用场景

除了不同语言之间的翻译器之外，我们可以使用广义的翻译思路，制作很多有趣的应用。

11

1. 看图说话

看图说话的应用可以识别一张图，并用一句话描述其内容。毫无疑问，这是广义翻译的用武之地之一。图 11.31 展示了编码—解码模型在这个任务中的工作流程。

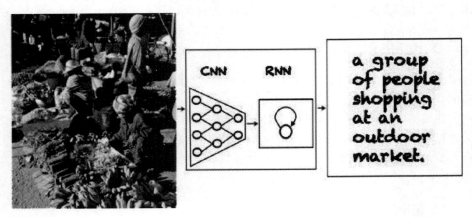

图 11.31　看图说话应用

可以看到，由于源信息是图片，因此编码器采取了 CNN 架构，而目标信息是文字，所以解码器采取了 RNN 架构。我们甚至可以引入注意力模型来关注图片中最有用的位置，以提高看图说话应用的准确度。

2. 读唇语

视频信息和音频信息之间同样可以建立通路，制作有趣的应用，比如读唇语的应用。2016 年11 月，DeepMind 团队正式对外宣布，他们与牛津大学合作研发的读唇语软件已经在准确率上远超人类专家。

通过编码—解码模型的思路，我们几乎可以在任意两种信息之间建立映射关系。安德烈·切尔姆斯科伊（Andrei Cheremskoy）曾系统性地研究了深度学习的应用范围，并提出了一套称为组合矩阵的方法。他将人类能够传达和感受的信息分成了听觉、视觉、运动和符号几种模态，每一种模态又可以根据发送和接收分成生成器和识别器。把所有这些模态以及所有的发送、接收方式列出来形成矩阵，我们称之为"深度学习应用矩阵"。

在该矩阵中，除对角线外，我们可以将任意两种模态进行组合。例如，当我们组合语音生成和语音识别的时候，就可以得到一款翻译应用，相当于一个同声传译工具；当我们组合实时运动识别和语音生成的时候，可以制作一个"健身私教"的应用。当然，有的组合看起来可行性并不高，例如在"健身私教"应用中，获取实时运动信息可能具有一定的难度。还有的组合看起来没有实际意义，比如将语音生成和图像生成组合在一起，可能会得到由机器创造一种语言，再根据这种语言的描述去生成图片的应用。但是，模态的选取可以为我们制作有趣的应用提供很好的灵感。

另外，我们也不必受限于应用矩阵。即使是结合两种同样的模态，我们也可以制作不同的应用。比如"读唇语"和"看图说话"的应用，其背后的技术都是图像和语音之间的翻译。

总体而言，广义翻译的方法指的是自然界中任意两种信息之间的映射通道。而再进一步，如果获取了某种映射方法，我们是否可以建立人与人、人与物之间更好的连接渠道呢？是否有机会将多种信息联通整合，产生更多的社会价值，让整个社会连接得更紧密呢？毫无疑问，这不但是可能的，而且是必然的，这个过程有赖于我们每一个人的创新。

11.8 Q&A

Q：在编码器的例子中，是以所有层的状态还是以第三层的状态作为原句子的编码？

A：在我们的例子中，是以所有层的状态作为编码的，但是也有一些例子用最后一层的状态作为句子编码。这和模型隐藏层数的选择有关。

Q：对整个句子的编码得到的是语义吗？

A：对句子的编码可以理解为对句子语义的表示。

Q：把编码网络的参数复制到解码网络有什么意义呢？为了把源语言和目标语言建立联系吗？

A：这是一种更方便、更经济的解决信息传递问题的办法。我们既把信息传递过去了，又减少了解码器搜索合适初始状态的时间。

Q：由于现实世界中一个词通常和前两三个词甚至更多词有关，因此是否可以将 $t–1$, $t–2$ 等状态一起输入注意力网络中？

A：没有必要。因为我们使用的是一个 RNN，也就意味着它和它的上一刻是有关的。也就是说，$t–1$, $t–2$ 等实际上已经编码在 RNN 上一时刻的状态中了。

Q：那注意力网络的输入输出和损失函数是什么？

A：注意力网络的输入是 $t–1$ 时刻解码器的隐藏状态以及 t 时刻解码器的输入。输出是一组权重，代表注意力的分配。它没有自己的损失函数，整个神经网络的损失函数就是解码过程中与目标的对比，每一步的损失都会相加。

Q：注意力网络的输出是权重在时间步上的分配，但是不同的输入句子含有的词数（时间步）是不一样的，怎样让注意力网络输出的向量维度随着输入词数的变化而变化呢？

A：对于例子中的模型，它是不变的。在输入句子的长度变化的时候，我们的模型里是通过限定句子的最大长度来实现的。还有更高级的用法"local attention"。

Q：集束搜索算法中 M 条路径中的 M 取多少？取值的原则是什么？

A：这个受限于所用内存。

Q：集束搜索算法看起来很好用，在 PyTorch 中是否有封装好的实现呢？

A：PyTorch 中并没有集束搜索算法。

11

Q：用 GPU 训练 RNN 加速效果会有 CNN 那么好吗？

A：RNN 实际上是依赖于时间步的循环，它是一个串行的操作。而 GPU 之所以能加速，是因为它可以进行并行计算。CNN 可以充分利用并行计算，RNN 不能充分利用并行计算。但是如果 RNN 有很多层，也可以利用并行计算得到一定的加速。

Q：如果把输入数据做成 batch 输入到 LSTM，是不是可以提高学习速度，尤其是在 GPU 上？

A：是的。在 GPU 上的 batch 是可以并行运算的，batch 越大，GPU 加速效果越明显。

## 第 12 章

更强的机器翻译模型——Transformer

2014 年，伊利亚·索特思科瓦等学者提出了基于 RNN 的 seq2seq 方法，深度学习吹响了对机器翻译的进攻号角，同时掀起了自然语言处理领域的深度学习浪潮。之后，德米特里·巴赫达瑙（Dzmitry Bahdanau）与约书亚·本吉奥应用注意力机制，改进了 seq2seq 模型，神经网络机器翻译的效果显著提升，基于注意力的编码—解码网络成为神经网络机器翻译最先进的模型。

RNN 系列模型擅长处理时间序列任务，其特点是通过隐状态传递序列之间的信息，从而完成对时间序列的建模。因为自然语言可以看作一类特别的时间序列数据，所以 RNN 模型在翻译等自然语言处理任务上表现出色。后续，在原始 RNN 上改进的 LSTM 模型在翻译上的表现更加优秀，但 RNN 系列模型在进行长序列的建模上依然力不从心。2017 年 5 月，Facebook AI Research 推出了基于 CNN 的 seq2seq 模型，其性能和速度全面超越 RNN 系列模型，CNN 似乎要在时间序列任务上打败 RNN，坐上深度自然语言处理的王座。紧接着，2017 年 6 月，谷歌推出了基于注意力的全新架构：Transformer，神经网络机器翻译的效果百尺竿头更进一步，不仅超越了 RNN 系列模型，而且打败了新贵 CNN 模型，在自然语言处理的大道上一骑绝尘。

2017 年，Transformer 在机器翻译任务中夺冠；2018 年，基于 Transformer 的预训练语言模型建立了自然语言处理研究的新范式；2019 年，Transformer 应用于音乐，产生了 Music Transfromer 这样跨领域的作品；2020 年，谷歌提出了 Vision Transformer，正式进军计算机视觉领域。从诞生之日开始，Transformer 一步一步走向新的领域，创下一个又一个记录。

在不断挑战的同时，Transformer 本身也在不断迭代，变得越来越强大。本章我们以 "Attention Is All You Need" 中的经典 Transformer 为标准，解析注意力机制，领略 Transformer 模型的魅力，了解它的基本工作原理，并尝试理解它强大力量的来源。

12.1 Transformer 概述

在详细介绍 Transformer 前，首先简要回顾上一章介绍的编码—解码模型的架构，然后介绍自注意力的重要性，接着了解研究者是如何以自注意力为核心，构建整个 Transformer 模型的。

12.1.1　编码—解码模型回顾

在介绍自注意力机制前，不妨先回顾一下编码—解码模型的工作流程。

在上一章中我们详细介绍了编码—解码模型的架构，该架构针对两个文本序列进行建模，期望输入序列 1，模型自动生成序列 2。当我们将这个架构应用于翻译任务——例如经典的英法翻译任务——两个文本序列就是英文句子及对应的法语翻译。

在各种自然语言处理任务中，以 token 为基本单位，根据语言的不同，token 在中文中可能是字（char），在英文或者法文中可能是词（word）或者子词（sub-word）。在英法机器翻译数据集中，暂时将一个词作为一个 token。

英文句子被切分成以词为基本单位的序列，在词嵌入层（embedding 层），将词转化为对应的向量，向量输入编码器，编码器输出一个向量，作为对原文本的理解，然后解码器根据编码器的理解，从前向后逐词输出正确的翻译。

以上就是模型的工作流程。为了得到能够理解两种语言的模型，需要人工收集大量数据，构建数据集，训练模型。在实际工作时，解码器几乎只需要来自编码器的文本理解，但在训练时，解码器在输出一个词之前，需要"看到"该词之前的句子。所以在训练阶段，法语句子也需要切分成词序列，转换为向量，输入解码器。

12.1.2　Transformer 全景概览

为了克服 RNN 系列模型在对长序列建模方面的缺点，有研究者提出了 Transformer，完全使用注意力机制代替 RNN 复杂的网络结构。Transformer 的结构更简单，克服了对长序列建模的问题，与 RNN 系列模型相比更快速、更高效。图 12.1 展示了 Transformer 结构的编码—解码模型的全貌，左边为一个标准编码器层的结构，右边为一个解码器层的结构。一个完整的 Transformer 模型就由若干编码器层与解码器层堆叠而成。

模型左下角的"输入"为源语言句子，右下角的"输出"为目标语言句子。训练时，目标语言句子存在，所以实际的"输出"为句子的前缀，模型输出的则为下个词/字的出现概率。例如当源语言句子为"这是目标语言句子"时，一对"输出"与"输出概率"的组合为："输出"为"这是目标语言"，输出下一个字的概率，输出概率与正确答案"句"计算损失函数值，通过损失函数值的反向传播来更新模型。

编码器与解码器中都存在一个特别的结构：多头自注意力层。在解码器层中，它还有另一个名字，带掩码的多头自注意力层。这就是 Transformer 的核心：鼎鼎大名的自注意力模块，也是 Transformer 在结构上最突出的创新。

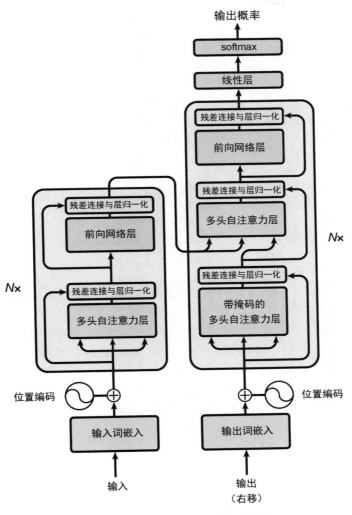

图 12.1 Transformer 整体模型简图

12.1.3 神奇的自注意力

巴赫达瑙等人在论文 "Neural Machine Translation by Jointly Learning to Align and Translate" 中最先将注意力机制应用在自然语言处理领域。这一工作以 LSTM 为核心构建了编码—解码模型，将注意力作为辅助机制，提高了解码器对编码器信息的利用效率。

基于 LSTM 的编码—解码模型中注意力的可视化如图 12.2 所示。通过可视化后的注意力矩阵可以直接观察到源语言句子与目标语言句子之间的联系，图中方格颜色越深，则行列两个单词之间的关联就越强，这种方式为机器翻译的可解释性提供了巨大的帮助。

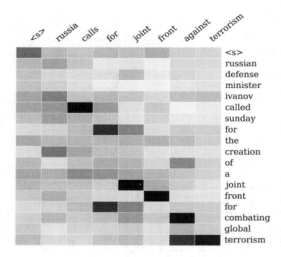

图 12.2　RNN/LSTM 中的注意力可视化

在注意力机制的帮助下，RNN 模型中编码器与解码器之间的信息流动更为高效，但编码器与解码器内部无法有效处理长序列的问题并未得到解决。

Transformer 以注意力为核心构建整个编码—解码模型，解决了长序列的问题，完全抛弃了 RNN。

以 RNN/LSTM 为核心的机器翻译模型不管在编码器端还是解码器端，token 都是逐个输入的，图 12.3 展示了解码器端 token 的输入与输出情况。与一个 token 直接产生联系的是与它距离最近的 token，同时每个 token 都通过 cell states 与其他 token 间接联系。所以，尽管 LSTM 在机器翻译任务上表现尚可，但随着句子变长，内部联系减弱，翻译效果就会变差，这始终是 LSTM 需要解决的核心问题。

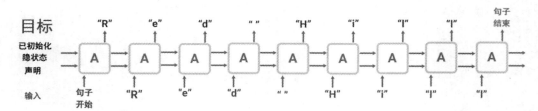

图 12.3　LSTM 内部 token 之间联系的示意图（编码器）

Transformer 的多头自注意力模块中，一个 token 首先需要分裂为若干个头，每个头的内部又拆分为 query、key、value 三个向量，每个 token 的 query 向量都可以与句子中其他 token 的 key 向量直接进行交互。query 与 key 的计算结果与 value 相结合，产生新的 token 表示。

如果把 token 之间的联系看作一条边，一个句子在 LSTM 中类似于一条有向路径，相邻 token 间的联系较强，相距较远的 token 之间的联系则不确定。而在 Transformer 中，query 可以看作 token 之间有向边的起点，边的终点则是 token 的 key 向量。

Transformer 以这种方式构建了一个以 token 为节点的有向图,如图 12.4 所示,让一个句子中任意两个 token 之间都产生了联系。这几乎完全解决了 LSTM 模型无法有效处理长序列的问题。更重要的是,这种图的构建方式只发生在单个头中。根据初始值的不同,各个头在训练中可以渐渐形成结构不同的图。在输出时,不同的知识在 FFN 模块中被融合,多样性在后续的任务中也发挥了极大的作用。

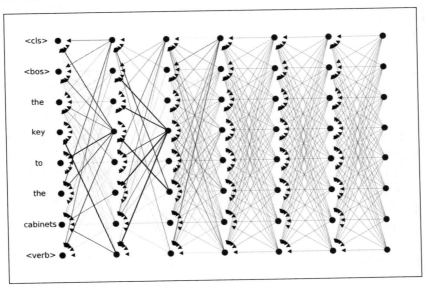

图 12.4 Transformer 内部 token 之间联系的示意图(编码器)

同时,Transformer 的自注意力模块在计算中生成了更多的注意力矩阵,这些矩阵的可视化不但能够显示源语言句子和目标语言句子之间的联系,还能够显示句子内部不同 token 之间的联系,可以帮助人类进一步理解语言的内部结构,如图 12.5 所示。

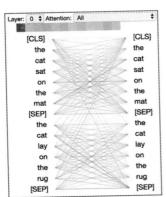
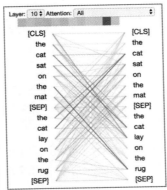
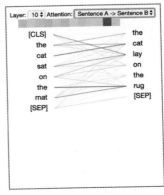

图 12.5 编码器内部、解码器内部、编码器—解码器之间的三种自注意力

下一节，我们会首先通过拟人的方式带读者感受 Transformer 的魅力，然后详细解析 Transformer 中的各个模块。

12.2　Atoken 旅行记

为了说清楚 Transformer 的运行机制，我们创造了一个拟人化的角色 Atoken，从他的视角来看看 Transformer 是如何运行的。

Atoken 先生是一个英文单词，作为老牌翻译数据集 giga-fren 中的一员，Atoken 经历了统计机器翻译时代的风风雨雨，在神经网络翻译时代也有丰富的经验。

Atoken 先生将要参与一个叫作机器翻译的任务。对他来说，机器翻译很像人类之间的集体相亲活动。每一个 token 在其他语言中都存在对应的 token，很多时候甚至不止一个。因此对于一个句子，找到另一个意义相同的句子就不能只考虑单个 token。所以进行这项任务时，每个 token 都需要充分了解同一个句子中的其他 token，然后在互相了解的基础上，大家共同找到另外一个句子。比起基于规则的机器翻译时代父母之命一般的规则，Atoken 先生更喜欢统计机器翻译时代自由恋爱一般的气氛，不同语言的 token 首先互相接触，深入了解，最终共同决定适合的句子。

进入神经网络前，Atoken 先生需要换一套衣服。平时为了方便人类阅读，Atoken 先生一般穿着字母衣服。而为了进行计算，Atoken 先生需要变成数字，于是他进入 embedding 层，熟练地脱下字母外套，换上了向量工作服，准备进入神经网络。

12.2.1　奇怪的序号牌

准备进入网络第一层时，工作人员拦住了他，给他工作服原本的标牌上贴了一个序号牌。Atoken 感到奇怪，在以往的工作经验中，无论是 RNN、LSTM 还是 GRU，被分到同一个句子中的 token 按照先后顺序进入模块中，并不需要什么序号。

接下来发生的事解答了 Atoken 的疑问，整个句子中的 token 一股脑儿同时进入了编码器一个模块的大门。原来大家不用排队，怪不得需要编号。不过这种方式应该会比在 RNN 工厂工作效率高，是好事。

Atoken 低头看了一眼自己的序号牌。这个序号牌叫作位置编码（position encoding，PE），上面用细小的字符刻着 512 个实数，旁边记录了这些数字的生成方式，生成方式看起来有点儿奇怪：

$$PE_{(pos,2i)} = \sin\left(\frac{pos}{10\ 000^{2i/d_{\mathrm{model}}}}\right)$$

$$PE_{(pos,2i+1)} = \cos\left(\frac{pos}{10\ 000^{2i/d_{\mathrm{model}}}}\right)$$

环顾四周，Atoken 发现句子中所有 token 的位置编码的生成方式都是一致的，根据在句子中位置的不同，最终的位置编码并不相同。Atoken 尝试找几个序号牌相似的 token，巧了，序号牌最相似的几个 token，刚好也是句子中离 Atoken 最近的几个。Atoken 没有停留太久，走进了网络的第一个模块。

12.2.2　分身之门

  Atoken 正式进入了神经网络编码器的第一层，这里矗立着一个画着很多头的大门。Atoken 感到十分惊奇，在 RNN 中，所有 token 都需要排队，进入的屋子也比现在看到的窄小得多，每次只能容纳一个 token。在 RNN 的小屋中，Atoken 没办法直接看到其他 token，只能看到他们留在屋里笔记本上的记录（如图 12.6 所示），通过阅读了解其他 token，涂涂改改写下自己的体验以后就进入下一个屋子。

  图 12.6　漫话 RNN（RNN/LSTM 房间里的 token 仔细阅读前一个 token 在笔记本上留下的信息，同时擦去一些信息，留下自己的见闻与感触）

  Atoken 没有犹豫太久，与句子中其他 token 一同走进了大门。神奇的事情发生了，每个 token 都变成了 8 个更小的 token，每个小 token 身上都有原来 token 的一些特征，却都不太一样。

  8 个小 token 继续前进，在一个路口分开。一个小 token 继续向前走，遇到两面镜子后，他停止前进坐了下来。但镜子里映射出的影像并没有跟着坐下来，他们跳出镜子，分别给自己起名叫 query 和 key，称呼坐下的小 token 为 value。同时，句子中的其他 token 也经历了相似的事情。query 性格比较活泼，奔向了其他 token，与其他的 key 交谈玩耍。

  良久，所有的 value 都站了起来，四处奔跑的 query 和待在原地的 key 都不见了，value 手里拿着 query 的交友记录（暂且叫作 attention），默默了解其他 token 的性格、脾气，如图 12.7 所示。value 继续向前，在下一个路口与其他小 token 相遇，交流着彼此的交友经历，然后手拉手通过一个大门，变回了 Atoken。他很开心，这种奇特的方式令他更加了解朋友们，也更了解自己。

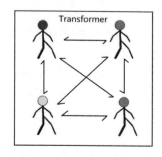

图 12.7　漫话多头自注意力层

12

12.2.3 新朋友

经过若干相似的房间后，Atoken 走出了编码器，进入了解码器。

在解码器的房间里，Atoken 先生的小分身变成了 value 与 key，跑来与他们交谈的是来自另一种语言的 token 们。在这里，不同语言的 token 互相交流，走出注意力房间时，Atoken 先生把他的交友记录送给了来自另一种语言的 token 们，希望他们能了解自己。

这个过程持续了很久，每一个 token 都对自己和另一种语言有了足够的了解。当 Atoken 先生与其他 token 组成一个新句子时，他们通过简短的交流，就能迅速在另一种语言中找到另一些 token，这些 token 同时组成一个通顺的句子。

12.3 Transformer 部件详解

Atoken 先生在迷宫中的一系列奇遇，与 Transformer 网络的独特构造类似。下面我们将在 Atoken 先生经历的基础上详细分析 Transformer 网络的结构。

12.3.1 词嵌入与位置嵌入

在 RNN 系列模型中，token 必须按照顺序逐个输入，输入的顺序天然携带时间序列的信息，所以 RNN 系列模型天生适合对时间序列进行建模。但 Transformer 模型，尤其是 Transformer 编码器可以同时输入多个 token，大大加快了运算速度。但输入的多个 token 并不携带位置信息。为了解决这个问题，Transformer 引入了位置编码。位置编码的公式如下：

$$PE_{(pos,2i)} = \sin\left(\frac{pos}{10\ 000^{2i/d_{model}}}\right)$$

$$PE_{(pos,2i+1)} = \cos\left(\frac{pos}{10\ 000^{2i/d_{model}}}\right)$$

每个位置编码为每一个位置构造了一个固定长度的位置向量。上面的公式中，位置序号为 pos，构造出向量的维度为 d_{model}，i 为向量中第 i 个分量。

Atoken 先生的本体是单词 A，位于当前输入句子的开头，所以 $pos=1$，对应的向量维度 $d_{model}=512$，根据这两个数值，我们就可以算出 Atoken 先生序号牌上的 512 个数字。位置向量的维度 d_{model} 与词向量的维度相同，将词向量与对应的位置向量相加，所得向量就是神经网络的输入。

这种位置编码的原理到底是什么？关于这一点我们并没有详细解释，暂且根据 Atoken 先生的感觉来做一个简单的计算，计算位置编码之间的相似度。

图 12.8 展示了位置编码相似度的计算结果。横纵坐标均为位置编码的编号，颜色深浅表示两个位置的相似度，颜色越深越相似。矩形对角线代表每个位置与自己进行相似度计算，所以颜色最深。观察任意一行，我们会发现，每个位置都与自己最相似，同时距离越近的位置相似度越高，

反之相似度越低，但不是单调降低，而是周期性波动，也许远方也有曾经熟悉的友人。

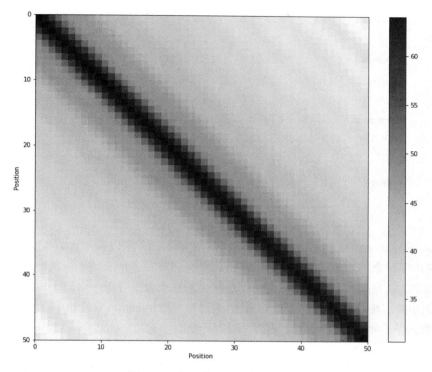

图 12.8 位置编码的相似度矩阵

看来 Atoken 先生的感觉不是空穴来风！值得一提的是，为 Transformer 提供高效位置信息，至今依然是较热门的研究方向：相对位置编码、分层位置编码、解耦位置编码等研究在近期依然受关注。一线研究者依然致力于开发更好的位置表示，来改善模型的效果。

12.3.2 自注意力模块计算详解

本节我们还是先跟随 Atoken 先生的视角，看看自注意力是如何实现的。

输入向量进入自注意力模块后，首先需要化整为零：大词向量通过一些变换，化为若干组较小的向量，每一组称为一个头（head），每个头进行独立的自注意力计算。

在注意力头内部，每一个向量还需要一分为三，变化出三个分身，分别称作查询向量（query，Q）、关键字向量（key，K）和值向量（value，V）。Atoken 先生与图 12.9 中的 Thinking 和 Machines 两个单词一样，通过 W^Q、W^K、W^V 生成对应的 Q、K、V 向量，其中的 Q 向量与句子中其他 token 的 K 向量进行点乘，乘积除以 $\sqrt{d_k}$（Q、K、V 的维度一样）。

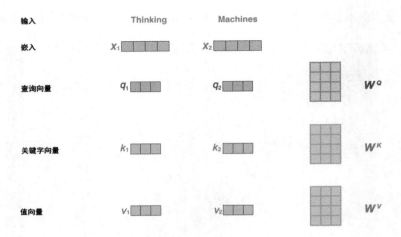

图 12.9　query、key、value 变换示意图

　　Transformer 输入的实例是由一系列 token 组成的句子，所以自注意力指的就是句子内部。图 12.10 展示了两个单词相似度的计算过程：首先 Q 向量与 K 向量相乘，获得一个相似度数值，这一数值除以 $\sqrt{d_k}$，再使用 softmax 对所有 Q 与 K 的乘积做指数归一化，归一化后的结果一般被称为注意力矩阵。接着将句子中其他 token 的 V 与对应的 attention 分值相乘，之后对加权后的向量求和，就获得了 token 的新表示，即图 12.10 中的 Z。

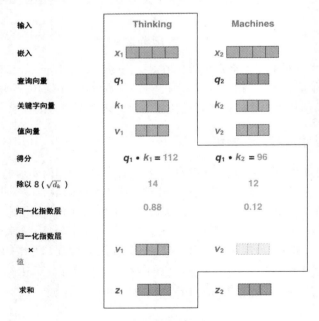

图 12.10　自注意力计算范例

12.3.3　自注意力层的矩阵计算

在实际应用中，一个句子中的所有向量会合并为一个输入矩阵并行操作，如图 12.11 所示，看起来复杂无比的多头变换，简化为了一个矩阵变换。

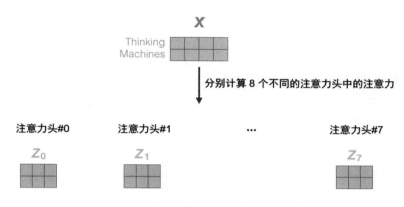

图 12.11　词向量的多头映射

随后的注意力计算如图 12.12 所示，分别将每个头的输入乘以矩阵 W^Q、W^K、W^V，同时生成句子中所有 token 的 Q、K、V。对生成的 Q 与 K 进行矩阵乘法运算，再通过 softmax 层进行归一化，利用矩阵计算并行加速计算过程。

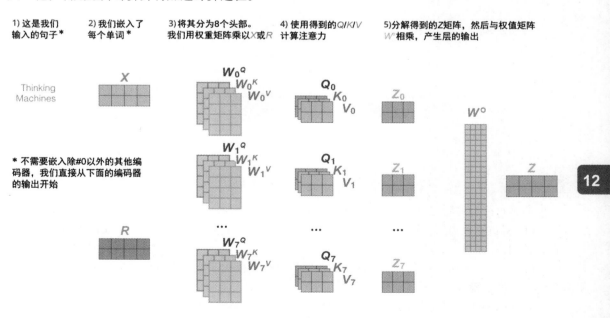

图 12.12　自注意力层的矩阵计算

自注意力层的处理流程用公式总结如下：

$$\text{attention}(\boldsymbol{Q}, \boldsymbol{K}, \boldsymbol{V}) = \text{softmax}\left(\frac{(\boldsymbol{Q}\boldsymbol{K}^{\mathrm{T}})}{\sqrt{d_k}}\right)\boldsymbol{V}$$

12.3.4　残差连接与层归一化

在大型网络的训练中，梯度消失与梯度不稳定始终是阻碍模型收敛的重要问题。残差连接创造了一条梯度回传的"捷径"，大大缓解了梯度消失问题，加速了模型收敛。在自然语言处理领域，一般会使用层归一化来解决梯度不稳定的问题。Transformer 中也引入了这两种机制来稳定模型的训练，如图 12.13 所示。

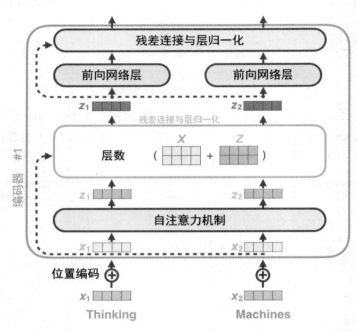

图 12.13　层归一化与残差连接

通过自注意力层之后，网络需要对输出的向量做两个简单的操作。

(1) 将自注意力层的输出与输入相加，这条路径通常被称为残差连接，这使得大型神经网络更容易训练，同时也能提升网络的表现。

(2) 层归一化通过两个可学习的参数对输入进行规范化，让输入分布更加稳定，使模型的训练过程更加平稳。

后续的一些研究发现，层归一化放置在不同位置，采用不同的结构，进行不一样的初始化，对训练大型网络有重要的影响。

12.3.5 逐点计算的前向网络层

奇幻巧妙的自注意力层后，跟着一个平平无奇的胖子层 FFN——前向网络层。前向网络层普遍应用在各类神经网络中，出现在 Transformer 中既不惊艳，也不意外。但各种文献中的实验都证明，删除 Transformer 中的前向网络层将严重影响模型在任务上的表现，而增加前向网络层的参数能明显提升模型的性能。

对于自注意力层的输出，前向网络层会做两次矩阵变换。这里同样存在残差连接和层归一化。前向网络层的输出与输入相加，然后经过层归一化，接着传递给下一个注意力模块。每一个前向网络层计算针对一个 token，逐点（point-wise）计算中的点指的就是 token。

Transformer 中的前向网络层中的两个矩阵变换如图 12.14 所示，其中第一个变换将矩阵的维度变大，第二个变换将矩阵的维度还原。一系列研究表明，第一次变换的维度越大，模型最终的表现越好。arXiv 上的一篇论文提出一种猜想，前向网络层的作用类似于记忆层，所以这个看起来平平无奇的层对整个模型的贡献也是不可忽略的。

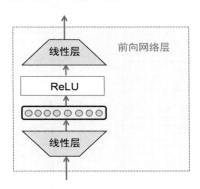

图 12.14　前向网络层的结构

12.3.6 解码器中的自注意力

编码器需要充分理解源语言句子，在编码器注意力层，每个词都可以"看到"句子中其他的词。解码器既需要理解目标语言的句子，也需要了解源语言的句子，所以解码器 block 中存在两个注意力层：自注意力层和编码—解码注意力层。

编码器中，一个句子的所有 token 同时输入，所以每个词都可以"看到"其他词。在解码器中，所有的词也同时输入，但由于解码器使用语言模型的建模方式，所以要求每个词只能"看到"前面的词，例如，句子"这是一个句子。"在解码器中可能是这样的：

<s>这

<s>这是

<s>这是一

<s>这是一个

<s>这是一个句

<s>这是一个句子

<s>这是一个句子。

<s>这是一个句子。<\s>

<s>和<\s>分别代表添加在句首和句尾的特殊符号。实现时，添加一个对角矩阵就可以达到这样的效果。

解码器的自注意力层结构与编码器的自注意力层结构一致。

解码器的编码—解码注意力层结构与自注意力层也一致（如图 12.15 所示），存在 query、key 和 value 三个向量。为了更好地建立源语言句子与目标语言句子之间的联系，query 来自前一层的解码器，key 和 value 来自编码器的输出，这样做能让目标语言句子中的每一个 token 都与源语言句子中的 token 充分交互，让解码器做到了知己知彼。

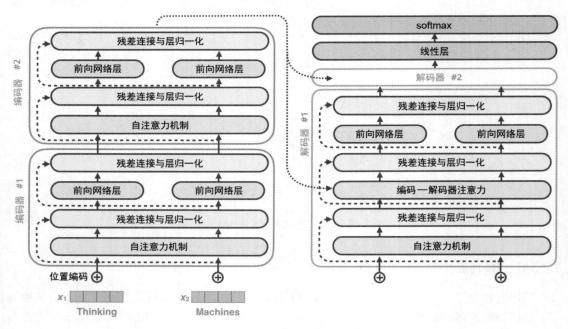

图 12.15　编码—解码模型

12.3.7　解码器的输出层

解码器的尽头是输出层，由一个线性层和一个 softmax 层组成。线性层将解码器的输出映射到词表大小的维度，softmax 将变换后的向量归一化。

翻译模型的目标是以输入的句子为条件，生成并输出句子。解码器的最后一层输出的是一个大小固定（通常为 1024 或者 512）的向量，借助输出层，就可以将这个向量转换为一个词表的分布。观察词表的分布，我们就可以知道这个位置最合适输出的单词是什么。

　　在实际的翻译模型推理过程中，仅有输出单词的分布并不够，还需要结合上一章介绍过的集束搜索技术，才能通过概率分布搜索出一个语法正确、与输入句子语义相同的合格翻译。

12.4　动手训练一个 Transformer 翻译模型

　　在介绍 seq2seq 时，本书推荐使用法英数据集作为训练集来训练机器翻译模型。在拥有了更强大的翻译框架后，我们引入了新的数据集来训练不同的翻译模型。本节推荐使用 TED Talks 数据集，其中包含了以英文为中心的十几种语言的平行句对。

　　本节将用 PyTorch 给出模型的定义，同时展示一个简单的训练流程，使用 TED Talks 数据集中的 20 万条中英数据作为训练集进行训练。这些要素构成了训练一个模型的基础，能帮助读者理解模型的运行原理。

12.4.1　翻译模型中输入单位的粒度

　　人类的语言在使用中不断地更新迭代，不论中文还是英文，都在不断地产生新的词语。一种语言中的词语始终在增加，但实际构建一个机器翻译模型时，需要确定常用的词语并将之固定下来。限制了词表大小后，模型容易遇到不在词表中的词，对于这类词，我们会将其替换为统一的标识符 UNK。句子中 UNK 标识符过多会严重影响模型的翻译效果。

　　所以，虽然之前我们把 token 看作英文/法文单词，但 Transformer 在处理英文数据时，采用了一种无监督的字节对编码（byte-pair encoding，BPE）算法，将单词拆分成子词，来降低语料库中 UNK 出现的频率。这种算法在生成词表时，会根据统计生成的规则，将部分单词拆分成子词，最终生成指定大小，同时包含字母、子词和完整单词的词表。

　　通过开源项目word-embeddings-for-nmt提供的脚本，可以方便地从 Ted Talks 数据中提取中英数据，同时将数据集分割为训练集、验证集和测试集。

　　获得数据之后，需要使用subword-nmt项目学习一个指定大小的词表，根据学习的词表把训练集与验证集中的单词切分成子词：

```
subword-nmt learn-bpe -s 10000 < train.zh > zh.codes
subword-nmt apply-bpe -c zh.codes < train.zh > train.bped.zh
```

这样我们就获得了一个用于机器翻译的数据集。

12.4.2　模型定义

　　本节我们将以自底向上的方式构建一个 Transformer 模型。PyTorch 中提供了原生的 embedding，所以这里只需要实现位置嵌入部分的代码：

```
class PositionalEncoding(nn.Module):
    "实现位置编码"
    def __init__(self, d_model, dropout, max_len=5000):
```

```
        super(PositionalEncoding, self).__init__()
        self.dropout = nn.Dropout(p=dropout)

        # 计算位置编码值
        pe = torch.zeros(max_len, d_model)
        position = torch.arange(0, max_len).unsqueeze(1)
        div_term = torch.exp(torch.arange(0, d_model, 2) *
                            -(math.log(10000.0) / d_model))
        pe[:, 0::2] = torch.sin(position * div_term)
        pe[:, 1::2] = torch.cos(position * div_term)
        pe = pe.unsqueeze(0)
        self.register_buffer('pe', pe)

    def forward(self, x):
        x = x + self.pe[:, :x.size(1)]
        return self.dropout(x)
```

接着实现一个注意力操作，输入 query、key、value，返回加权后的 value，以及计算所得的
attention 矩阵：

```
def attention(query, key, value, mask=None, dropout=None):
    "计算 Scaled Dot Product Attention"
    d_k = query.size(-1)
    scores = torch.matmul(query, key.transpose(-2, -1)) / math.sqrt(d_k)
    if mask is not None:
        scores = scores.masked_fill(mask == 0, -1e9)
    p_attn = F.softmax(scores, dim = -1)
    if dropout is not None:
        p_attn = dropout(p_attn)
    return torch.matmul(p_attn, value), p_attn
```

然后在 attention 的基础上，实现一个 MultiHeadAttention 模块。大的词向量分裂成头中小词
向量的操作用矩阵计算即可轻松实现：

```
class MultiHeadedAttention(nn.Module):
    def __init__(self, h, d_model, dropout=0.1):
    "根据参数构造模型"
    super(MultiHeadedAttention, self).__init__()
    assert d_model % h == 0
    # d_model 需要可以被 h(head 数)整除
    self.d_k = d_model // h
    self.h = h
    self.linears = clones(nn.Linear(d_model, d_model), 4)
    self.attn = None
    self.dropout = nn.Dropout(p=dropout)

    def forward(self, query, key, value, mask=None):
    if mask is not None:
        # 在解码器中，所有的头应用同样的 mask
        mask = mask.unsqueeze(1)
    nbatches = query.size(0)

    # 1) 在一个 batch 上做线性映射，来完成多头以及 query、key、value 的生成 d_model => h * d_k
    query, key, value = \
```

```
            [l(x).view(nbatches, -1, self.h, self.d_k).transpose(1, 2)
            for l, x in zip(self.linears, (query, key, value))]

    # 2) 同时完成多头中的注意力计算
    x, self.attn = attention(query, key, value, mask=mask,
    dropout=self.dropout)

    # 3) 拼接所有头的输出，然后做线性映射，将维度变换为 d_model
    x = x.transpose(1, 2).contiguous() \
        .view(nbatches, -1, self.h * self.d_k)
    return self.linears[-1](x)
```

接下来要实现一些配角，如层归一化、残差连接：

```
class LayerNorm(nn.Module):
    "构建层归一化"
    def __init__(self, features, eps=1e-6):
        super(LayerNorm, self).__init__()
        self.a_2 = nn.Parameter(torch.ones(features))
        self.b_2 = nn.Parameter(torch.zeros(features))
        self.eps = eps

    def forward(self, x):
        mean = x.mean(-1, keepdim=True)
        std = x.std(-1, keepdim=True)
        return self.a_2 * (x - mean) / (std + self.eps) + self.b_2

class SublayerConnection(nn.Module):
    """
    为残差连接单独构建一个模块
    """
    def __init__(self, size, dropout):
        super(SublayerConnection, self).__init__()
        self.norm = LayerNorm(size)
        self.dropout = nn.Dropout(dropout)

    def forward(self, x, sublayer):
        "对相同大小的子层应用残差连接."
        return x + self.dropout(sublayer(self.norm(x)))
```

千万别忘了看起来平平无奇，但在 Transformer 中起着重要作用的前向网络层：

```
class PositionwiseFeedForward(nn.Module):
    "实现一个前向网络层"
    def __init__(self, d_model, d_ff, dropout=0.1):
        super(PositionwiseFeedForward, self).__init__()
        self.w_1 = nn.Linear(d_model, d_ff)
        self.w_2 = nn.Linear(d_ff, d_model)
        self.dropout = nn.Dropout(dropout)

    def forward(self, x):
        return self.w_2(self.dropout(F.relu(self.w_1(x))))
```

有了以上这些基础，我们就可以构建基础的编码器层，然后把若干编码器层堆叠在一起，就获得了一个编码器！

12

```python
class EncoderLayer(nn.Module):
    "编码器层，堆叠编码器层即可获得编码器"
    def __init__(self, size, self_attn, feed_forward, dropout):
        super(EncoderLayer, self).__init__()
        self.self_attn = self_attn
        self.feed_forward = feed_forward
        self.sublayer = clones(SublayerConnection(size, dropout), 2)
        self.size = size

    def forward(self, x, mask):
        "当多个句子组成一个 batch，由于长度不同，缺少的长度需要补齐（padding）。编码器层中的 mask 用
来屏蔽 padding 的影响"
        x = self.sublayer[0](x, lambda x: self.self_attn(x, x, x, mask))
        return self.sublayer[1](x, self.feed_forward)

def clones(module, N):
    "工具函数，基于一个编码器层快速获得 N 个相同的编码器层"
    return nn.ModuleList([copy.deepcopy(module) for _ in range(N)])

class Encoder(nn.Module):
    "堆叠 N 个编码器层形成的编码器"
    def __init__(self, layer, N):
        super(Encoder, self).__init__()
        self.layers = clones(layer, N)
        self.norm = LayerNorm(layer.size)

    def forward(self, x, mask):
        for layer in self.layers:
            x = layer(x, mask)
        return self.norm(x)
```

　　基于上面的模块，我们同样可以构建一个解码器层。解码器层与编码器层很相似，但需要增加一个编码—解码注意力层。需要额外说明的是，在 Transformer 中，为了后面的词能“看到”前面的词，但前面的词不能“看到”后面的词，我们需要添加一个掩码（mask）结构。

　　若干个解码器层堆叠，就得到了一个解码器：

```python
def subsequent_mask(size):
    "构造解码器需要的 mask，使后面的单词无法“看到”前面的单词"
    attn_shape = (1, size, size)
    subsequent_mask = np.triu(np.ones(attn_shape), k=1).astype('uint8')
    return torch.from_numpy(subsequent_mask) == 0

class DecoderLayer(nn.Module):
    "解码器层，堆叠解码器层即可获得解码器"
    def __init__(self, size, self_attn, src_attn, feed_forward, dropout):
        super(DecoderLayer, self).__init__()
        self.size = size
        self.self_attn = self_attn
        self.src_attn = src_attn
        self.feed_forward = feed_forward
        self.sublayer = clones(SublayerConnection(size, dropout), 3)
```

```python
    def forward(self, x, memory, src_mask, tgt_mask):
        m = memory
        x = self.sublayer[0](x, lambda x: self.self_attn(x, x, x, tgt_mask))
        x = self.sublayer[1](x, lambda x: self.src_attn(x, m, m, src_mask))
        return self.sublayer[2](x, self.feed_forward)

class Decoder(nn.Module):
    "堆叠 N 个解码器层形成的解码器"
    def __init__(self, layer, N):
        super(Decoder, self).__init__()
        self.layers = clones(layer, N)
        self.norm = LayerNorm(layer.size)

    def forward(self, x, memory, src_mask, tgt_mask):
        for layer in self.layers:
            x = layer(x, memory, src_mask, tgt_mask)
        return self.norm(x)
```

差点儿忘了解码器的输出层，我们把它独立出来：

```python
class Generator(nn.Module):
    "输出层，由一个线性层与一个 softmax 层组成"
    def __init__(self, d_model, vocab):
        super(Generator, self).__init__()
        self.proj = nn.Linear(d_model, vocab)

    def forward(self, x):
        return F.log_softmax(self.proj(x), dim=-1)
```

现在，把上面实现的所有模块准备好，像拼积木一样把它们拼起来，就获得了一个简单的
Transformer 模型：

```python
class EncoderDecoder(nn.Module):
    """
    一个标准的编码-解码模型架构
    """
    def __init__(self, encoder, decoder, src_embed, tgt_embed, generator):
        super(EncoderDecoder, self).__init__()
        self.encoder = encoder
        self.decoder = decoder
        self.src_embed = src_embed
        self.tgt_embed = tgt_embed
        self.generator = generator

    def forward(self, src, tgt, src_mask, tgt_mask):
        return self.decode(self.encode(src, src_mask), src_mask, tgt, tgt_mask)

    def encode(self, src, src_mask):
        return self.encoder(self.src_embed(src), src_mask)

    def decode(self, memory, src_mask, tgt, tgt_mask):
        return self.decoder(self.tgt_embed(tgt), memory, src_mask, tgt_mask)
```

12.4.3　模型训练

接下来，利用这个简单的 Transformer 模型，我们就可以进行训练了：

```
def run_epoch(data_iter, model, loss_compute):
    "一个标准的训练过程，输入分别为数据迭代器、模型与损失函数"
    start = time.time()
    total_tokens = 0
    total_loss = 0
    tokens = 0
    for i, batch in enumerate(data_iter):
        out = model.forward(batch.src, batch.trg,
        batch.src_mask, batch.trg_mask)
        loss = loss_compute(out, batch.trg_y, batch.ntokens)
        total_loss += loss
        total_tokens += batch.ntokens
        tokens += batch.ntokens
        if i % 50 == 1:
            elapsed = time.time() - start
            print("Epoch Step: %d Loss: %f Tokens per Sec: %f" %
            (i, loss / batch.ntokens, tokens / elapsed))
            start = time.time()
            tokens = 0
    return total_loss / total_tokens
```

运行代码后，如果看到如下日志，那么恭喜你！代码正常运行，同时在渐渐收敛，只需稍作等待，就可以获得一个拥有翻译能力的模型！

```
Epoch Step: 1 Loss: 3.023465 Tokens per Sec: 403.074173
Epoch Step: 1 Loss: 1.920030 Tokens per Sec: 641.689380
1.9274832487106324
Epoch Step: 1 Loss: 1.940011 Tokens per Sec: 432.003378
Epoch Step: 1 Loss: 1.699767 Tokens per Sec: 641.979665
1.657595729827881
Epoch Step: 1 Loss: 1.860276 Tokens per Sec: 433.320240
Epoch Step: 1 Loss: 1.546011 Tokens per Sec: 640.537198
1.4888023376464843
Epoch Step: 1 Loss: 1.682198 Tokens per Sec: 432.092305
Epoch Step: 1 Loss: 1.313169 Tokens per Sec: 639.441857
1.3485562801361084
Epoch Step: 1 Loss: 1.278768 Tokens per Sec: 433.568756
Epoch Step: 1 Loss: 1.062384 Tokens per Sec: 642.542067
0.9853351473808288
Epoch Step: 1 Loss: 1.269471 Tokens per Sec: 433.388727
Epoch Step: 1 Loss: 0.590709 Tokens per Sec: 642.862135
0.5686767101287842
Epoch Step: 1 Loss: 0.997076 Tokens per Sec: 433.009746
Epoch Step: 1 Loss: 0.343118 Tokens per Sec: 642.288427
0.34273059368133546
Epoch Step: 1 Loss: 0.459483 Tokens per Sec: 434.594030
Epoch Step: 1 Loss: 0.290385 Tokens per Sec: 642.519464
0.2612409472465515
Epoch Step: 1 Loss: 1.031042 Tokens per Sec: 434.557008
```

```
Epoch Step: 1 Loss: 0.437069 Tokens per Sec: 643.630322
0.4323212027549744
Epoch Step: 1 Loss: 0.617165 Tokens per Sec: 436.652626
Epoch Step: 1 Loss: 0.258793 Tokens per Sec: 644.372296
0.27331129014492034
```

本节展示了 PyTorch 定义的 Transformer 模型，以及一个简易的训练函数。这些是训练一个模型的基础，但不够完整。如何读取数据，构造数据通路？如何设定超参数？如何测评翻译效果？这些问题就留给读者自己去动手实践，参照前面章节的相关代码补全整个训练流程。

12.4.4　Transformer 相关开源库

本节在实战中使用了来自哈佛大学 NLP 研究组的简易 Transformer 模型，这个实现代码简单，结构清晰，便于初学者学习。

除了哈佛大学的项目之外，PyTorch 社区还催生了诸多机器翻译和 Transformer 相关的开源代码库，其中比较著名的有 Fairseq 与 OpenNMT-py。

Fairseq 出自 Facebook AI Research，针对各种 seq2seq 的任务实现了高效的数据与模型模块，支持机器翻译。Fairseq 项目频繁更新与维护，同时经常开源各种最新预训练模型供研究者使用，还支持以插件形式进行开发，已经成为学界及工业界研究者工具箱中的一部分。

OpenNMT-py 最初致力于神经网络机器翻译的开源实现，在项目发展中，以 seq2seq 为基础框架逐渐引入了更多任务，开始更多元化的发展。OpenNMT-py 代码实现清晰，同时支持对输入数据增加各种特征，增强数据的表征能力，也是部分机器翻译爱好者的选择。

12.5　小结

为了改善机器翻译的效果，谷歌提出了基于自注意力的 Transformer 模型，以自注意力为核心，应用了残差连接、层归一化、前向网络层等，最终使 Transformer 模型在翻译效果上超过了 RNN 系列模型和新提出的 CNN 模型，还克服了前代 RNN 模型不能并行的缺点，提升了模型的推理效率。

新的模型架构在机器翻译任务上证明了自己，更重要的是，模型对文本的理解体现出了优秀的架构设计，在不久后，Transformer 的应用就不囿于机器翻译，开始向整个自然语言处理领域进军。

12

## 第 13 章

学习跨任务的语言知识——预训练语言模型

在第 9 章中，我们介绍了以 Word2Vec 为代表的词向量技术。Word2Vec 开启了自然语言处理的神经网络时代，开箱即用的预训练词向量提升了一系列自然语言任务处理的效果。

随着时代的进步、算力的增强，在计算机视觉领域，更大的模型、更多的参数在各种任务中可以产生更好的效果。Transformer 的出现打破了自然语言处理领域难以训练大规模模型的魔咒，研究者得以构建更大、参数更多的模型，向更难的问题发起挑战。

训练深度学习模型需要大量的数据，这是深度学习时代颠扑不破的真理。但在自然语言处理领域，构建大规模数据集并非易事。当下，针对各种自然语言处理子任务，存在一些高质量的标注数据集，但这些数据集在数量上并不能满足深度学习时代的需要。

数据量不足是深度学习领域普遍存在的问题，但并非无解的难题。本书第 6 章介绍了应用在计算机视觉方面的一种颇为优雅的解决方案：使用 ImageNet 数据集进行分类任务的训练，这一阶段被称为预训练，旨在学习通用知识，然后在目标任务上进行微调，从而使模型在细分领域进一步深造。预训练阶段学到的通用知识可以迁移到目标任务，在微调时，用较短的时间、较少的数据就可以完成学习，这种方式被称为迁移学习。

在自然语言处理领域，如何构建一个可以高效迁移的模型呢？与图像不同，不同语言的使用者之间存在天然壁垒，无法构建巨大的通用标准数据集。那么如何让模型学到大量通用知识？这是摆在自然语言处理研究者面前的一大难题。

幸运的是，构建像 ImageNet 一样的数据集虽然不太容易，但研究者们发现了一个任务：语言模型。训练语言模型只需要大量单语的文本，单语数据极易获取，且不需要像 ImageNet 数据集一样进行标注。同时语言模型任务也足够困难，使用语言模型进行预训练的 Transformer 模型在自然语言处理领域获得了大量通用知识，拥有强大的迁移学习能力，可以与使用 ImageNet 预训练的 CNN 相媲美。

下面，我们将首先回顾语言模型这个任务，接着深入了解 GPT 与 BERT 两种预训练语言模型。

13.1 语言模型简要回顾

语言模型贯穿了自然语言处理的研究历史，早期被应用在语音识别、机器翻译等问题上。神经网络时代到来后,语言模型也随之进化。第9章介绍了神经网络语言模型方面的研究,Word2Vec的训练目标其实就是语言模型任务的一种简化形式。

为了学习自然语言中的知识,本章的主角 GPT 和 BERT 不约而同地选择了语言模型这个任务,但二者使用的语言模型在形式上存在一些差异。

GPT 使用的语言模型任务的定义与 NNLM 语言模型以及 RNN 语言模型基本一致:

$$p(w_1, w_2, w_3, \cdots, w_i) = p(w_1 \mid C_1) p(w_2 \mid C_2) p(w_3 \mid C_3) \cdots p(w_{i-1} \mid C_{i-1}) p(w_i \mid C_k)$$

数据以单词或字为单位,在上式中记作 w_i,逐个输入模型,模型生成一个稠密的向量表示,即上式中的 C_i。然后使用 C_i 来预测即将输入的下一个单词,这种形式也叫作自回归语言模型(autoregressive language model)。

传统的自回归语言模型使用上文来预测下文,BERT 的创造者认为,想要更好地理解文本,不能单纯依赖上文,于是他们提出新的语言模型:带掩码的语言模型(mask lauguage model,MLM)。

带掩码的语言模型在形式上不同于传统的自回归语言模型:

$$p(w_i, w_k, w_n, \cdots \mid W / \{w_i, w_k, w_n, \cdots\})$$

上式中 W 为完整的原始句子,w_i 为句子中的第 i 个词。$W / \{w_i, w_k, w_n, \cdots\}$) 则表示将原始句子中的第 i, k, n 个词替换为[MASK]之后的句子。

自回归语言模型好像背课文,从前到后,逐个字记忆;而带掩码的语言模型则更像做完形填空:从句子中随机挖去若干个词,凭借对上下文的理解填写正确答案。

两种任务的形式不同,侧重点不同,预训练模型的用法和优势自然也不相同。显然,基于上下文的 BERT 善于理解,单纯依赖上文的 GPT 在文本生成方面更具创造力。

改进后的 BERT 已经被谷歌搜索使用,旨在让搜索引擎更懂用户,搜到更加精准的答案。如图 13.1 所示,使用 BERT 前的谷歌搜索依赖关键词,错误地匹配到了美国人去巴西旅游的结果;而使用 BERT 后的谷歌搜索则可以为去美国旅游的巴西旅客提供合理的建议。

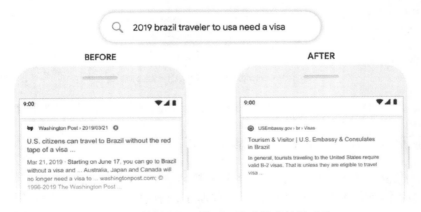

图 13.1 使用 BERT 前后,谷歌搜索结果对比

13

GPT 系列的最新成果 GPT-3 利用巨量数据进行预训练，甚至突破了预训练—微调这一框架，在一些问题上真正实现了不需要多余训练而能够举一反三。图 13.2 展示了 GPT-3 少样本/无样本学习范例，不需要微调，只需要给出一些引子，陈述当前问题，GPT-3 就能无师自通地理解用户的目的，生成合适的回答。

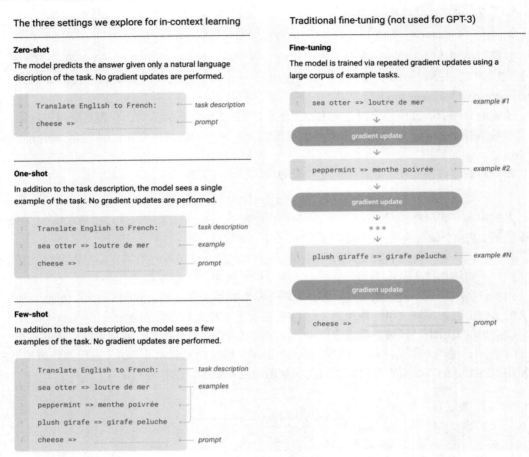

图 13.2　GPT-3 少样本/无样本学习范例

接下来，我们将深入 GPT 和 BERT，看看 Transformer 如何应用在不同的语言模型任务上。

13.2　预训练 Transformer 详解

在预训练模型框架下，解决自然语言处理问题分为两个阶段：以语言模型任务为目标的预训练阶段和以实际任务为目标的微调阶段。其中预训练阶段的质量非常重要，直接影响实际任务的表现。

以 Transformer 为基础架构的预训练语言模型在多种下游任务的微调中都有优秀的表现，展现了卓越的迁移学习能力。本节将重点介绍 GPT 与 BERT 的预训练任务，从细节中分析模型表现优秀的原因。

13.2.1　深入了解 GPT

了解 GPT，一般要从 3 个角度切入：GPT 模型的架构是什么样的？作为一种预训练语言模型，GPT 的预训练任务是什么？完成预训练后，GPT 以什么样的方式解决自然语言处理中存在的其他问题？

接下来，我们将以这 3 个问题为引子，深入了解 GPT。

1. 模型架构

GPT 与第 12 章介绍的 Transformer 模型中的解码器部分在功能和结构方面都极其相似：以自注意力层为基础结构，以词（token）为单位逐个生成文本。GPT 不需要来自解码器部分的信息，所以与 Transformer 解码器有两处不同：(1) GPT 只针对单语进行建模，所以删去了 Transformer 解码器中的编码—解码注意力层，每个解码器层只有自注意力与 FFN 两个模块；(2) 由于使用了自注意力层，因此 GPT 也需要在输入中添加位置信息。GPT 选择的位置编码方案叫作 postion embedding，即通过一个可学习的嵌入层而不是一个固定的编码层来表示位置。

GPT 使用了 12 个解码器层，词向量为 768 维，每层有 12 个注意力头，FFN 宽度为 3072，拥有约 1.1 亿个参数。

2. 预训练任务

GPT 的预训练任务是标准的语言模型任务，也称自回归语言模型任务。通过给定连续的 n-1 个单词，来预测第 n 个单词，形式化描述如下：

$$P(W) = \Sigma\{\log P(w_i \mid w_{i-k}, \cdots, w_{i-1}; \theta)\}$$

上式中用 W 表示一个完整的句子，w_i 则表示句子中第 i 个 token。

GPT 使用了来自 BookCorpus 的 8 亿词的单语语料来进行预训练。

3. 问题分类

GPT 将任务分为了四类：单句分类任务、文本蕴含任务、文本相似度任务和问答任务，如图 13.3 所示。

(1) 单句分类任务的输入是一个句子，在原始文本的句首和句尾添加表示开始和结束的特殊符号，使用模型最后一层中句子最后一个 token 的输出作为分类器的输入。

(2) 文本蕴含任务的输入是两个句子，第一句为前提，第二句为假设，两句之间插入特殊符号作为分隔符，使用模型最后一层中句子最后一个 token 的输出作为分类器的输入。

(3) 文本相似度任务的输入是两个句子，但为了避免模型学到句子顺序相关的信息，以作弊的方式提高任务表现，GPT 以两种顺序拼接两个句子，两句之间插入特殊符号作为分隔符，两种拼接方式各自取句子最后一个 token 的输出，然后将两个向量之和作为特征输入分类器。

13

（4）GPT 针对的问答任务需要存在明确的答案，然后将文章和每个答案选项各自拼接，两句之间插入特殊符号作为分隔符，取最后一个 token 输出送入分类器。

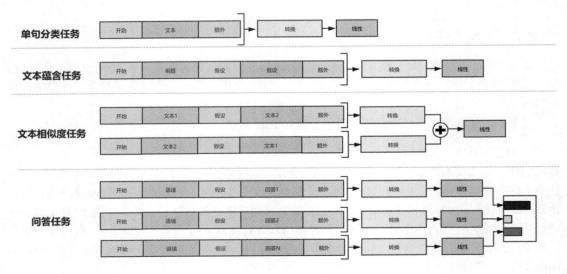

图 13.3　GPT 任务定义方式

13.2.2　深入了解 BERT

在深入了解 BERT 的路上，同样有三个问题：BERT 模型的架构是什么样的？作为一种预训练语言模型，BERT 的预训练任务是什么？完成预训练后，BERT 以什么样的方式解决自然语言处理中存在的其他问题？在回答以上三个问题的同时，还需要关注在这些问题上 BERT 与 GPT 的异同。

1. 模型架构

BERT 模型的目标是生成更好的文本表示。在翻译模型中，当编码器模型生成更好的文本表示时，解码器就能利用编码器的输出信息生成更好的翻译。在这一点上，它与解码器的目标是一致的。因此，BERT 与 Transformer 编码器的结构基本一致。在构建输入时，BERT 同样选择通过 postion embedding 来添加位置信息。除此之外，BERT 还添加了一个 sentence embedding，用于在下一句预测（next sentence prediction，NSP）中区分输入的两个句子。

为了完成预训练任务，BERT 需要两个输出层。MLM 的输出层由一个线性层与一个 softmax 层组成，用于输出特定位置的 token。NSP 的输出层只有一个线性层，输出两个值，指示两个句子是不是连续的。

BERT 有两种参数配置：标准配置（BERT-base）和大模型配置（BERT-large）。BERT-base 与 GPT 的参数设置相同，使用 12 个编码器层，词向量为 768 维，每层有 12 个注意力头，FFN

宽度为 3072，拥有约 1.1 亿个参数。BERT-large 则使用了 24 个编码器层，每个编码器层中有 12 个头，FFN 的宽度为 1024。参数越多，BERT 的能力越强。

2. 预训练任务

与 GPT 只有一个预训练任务不同，BERT 有两个预训练任务：MLM 和 NSP。

MLM 听起来似乎很复杂，实际上就像英语考试中常见的完形填空，在句子中挖去若干单词，答题人需要从数个备选项中选出最合适的那个，只不过 BERT 模型的选项不是四个单词，而是整个词表，难度可想而知。

为了构造 MLM 任务所需的输入，我们需要随机挑选句子中15%的单词，替换为特殊的 token：[MASK]，即表示这个位置目前是空白，然后由模型通过输出层来预测这个位置原本的单词。

NSP 要简单一些，这一任务不是填空题，而是判断题。模型不需要生成一个句子，只需要判断给定的两个句子是不是连续的即可。

NSP 需要两个句子作为输入。句首添加一个特殊符号[CLS]作为开始，两句中间和第二句结尾都需要插入一个特殊的分隔符号[SEP]。然后由 NSP 的输出层输出 0 或者 1，来表示模型认为这两个句子原本是否是连续的。

除了 BookCorpus，BERT 还使用了来自 Wikipedia 的数据——约 25 亿个词的单语语料——进行预训练。这两大预训练任务可以看作模型的"基础教育"，通过这两种任务，BERT 获得了深厚的内功，具备了在各种实战任务中举一反三的能力。

3. 问题分类

BERT 把遇到的任务划分成了 4 大类：句对分类任务、单句分类任务、问答任务以及单句序列标注任务，如图 13.4 所示。

(1) 句对分类任务：模型输入是两个句子，使用 BERT 进行特征提取，然后通过特征对句子进行分类，输出若干个类别的分类结果。BERT 选择网络最后一层输出的第一个 token，[CLS]的向量，作为整个句子的向量表示。一个典型的句对分类任务是文本蕴含识别（recognizing textual entailment，RTE），输入的两个句子分别是前提和假设，判断二者是否具有蕴含关系。这是一个三分类问题，类别标签分别为蕴含（entailment）、冲突（contradiction）和无关（neutral）。输入输出如图 13.4a 所示。

(2) 单句分类任务：模型输入是只需要一个句子，同样使用网络最后一层中[CLS]所对应的向量作为分类器的输入，输出若干个类别的分类结果。本书中提到的情感分类问题就是一个典型的单句分类问题。输入输出如图 13.4b 所示。

(3) 问答任务：模型输入是由文章和问题两部分组成，输出答案需要存在于文章中并且连续，以开始单词位置与结束单词位置的形式标示。输入输出如图 13.4c 所示。

(4) 单句序列标注任务：模型输入是同样是一个句子，但需要对每一个的 token 进行分类，最后输出一个与句子长度相同的标签序列。自然语言处理中的命名实体识别（NER）是一个经典的序列标注问题。输入输出如图 13.4d 所示。

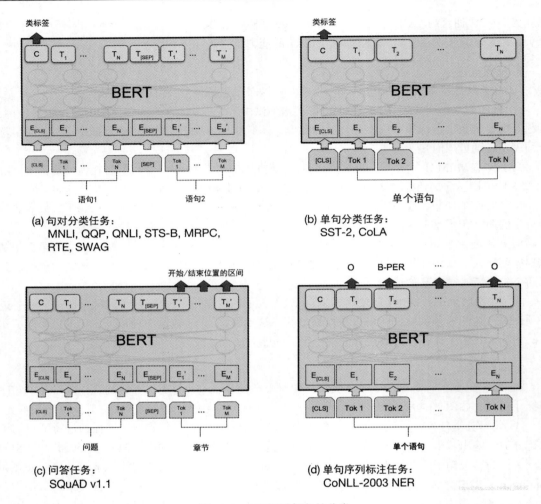

图 13.4 BERT 对任务的分类

对比 GPT 的任务分类方式可以看出，BERT 对任务的分类方式更好。使用 sentence embedding 区分句子，避免了 GPT 定义文本相似度任务时的顺序问题；BERT 定义的句对分类问题几乎囊括了各种 GPT 处理任务；BERT 对问答任务的定义形式更加自由，不依赖答案选项，可以从文章中直接提取答案。

13.2.3　模型微调

定义好任务后，就可以根据任务类型快速确定模型的输出层。那么，是不是把预训练时的语言模型输出层替换成任务输出层就可以了？

经过预训练的 BERT 就好像一个成绩优秀的大学生，具有出色的"基础能力"。但要把基础能力运用于实践，还需要一些"培训"。在 BERT 中，我们通过在任务数据集上进行第二次训练，来缩短知识和实践之间的差距。在这个训练阶段，通常会使用较小的学习率进行训练，所以一般称这个阶段为微调。

13.2.4　模型表现

GPT 定义的 4 类任务囊括了 12 个数据集，在这些数据集上都达到了 SOTA。

BERT 定义的 4 类任务则包含了 11 个数据集，剔除了一些重复的任务，如 SNLI，以一些更难的数据集代替了更简单的任务，如使用 SQuAD 代替 RACE 和 Story Cloze，同时挑战了 GPT 未曾尝试过的任务，如 NER。

本节不再回顾 GPT 的光辉战绩，而集中比较 BERT 与 GPT 的差异。

在句对分类任务中（如表 13.1 所示），BERT 在 8 个数据集上的表现全部力压 GPT，成为新的 SOTA。

表 13.1　BERT 在 GLUE 数据集上的表现

System	MNLI-(m/mm)	QQP	QNLI	SST-2	CoLA	STS-B	MRPC	RTE	**Average**
	392k	363k	108k	67k	8.5k	5.7k	3.5k	2.5k	-
Pre-OpenAI SOTA	80.6/80.1	66.1	82.3	93.2	35.0	81.0	86.0	61.7	74.0
BiLSTM+ELMo+Attn	76.4/76.1	64.8	79.8	90.4	36.0	73.3	84.9	56.8	71.0
OpenAI GPT	82.1/81.4	70.3	87.4	91.3	45.4	80.0	82.3	56.0	75.1
BERT-base	84.6/83.4	71.2	90.5	93.5	52.1	85.8	88.9	66.4	79.6
BERT-large	**86.7/85.9**	**72.1**	**92.7**	**94.9**	**60.5**	**86.5**	**89.3**	**70.1**	**82.1**

注：GLUE 测试结果，由评分服务器打分。每个任务下面的数字表示训练示例的数量。平均值（Average）列与官方 GLUE 分数略有不同，因为我们排除了有问题的 WNLI 集。BERT 和 OpenAI GPT 是单模型、单个任务。QQP 和 MRPC 报告 F1 分数，STS-B 报告斯皮尔曼相关性，并报告其他任务的准确性分数。我们排除了使用 BERT 作为其组件之一的条目。

问答任务方面，BERT 主要的竞争对手除了 GPT 外，主要有 QANet、BiDAF 等。BERT 仍然凭借优秀的表现成为最佳模型（如表 13.2 所示）。

表 13.2　BERT 在 SquAD 数据集问答任务上的表现

System	Dev		Test	
	EM	F1	EM	F1
Human	-	-	82.3	91.2
#1 Ensemble-nlnet	-	-	86.0	91.7
#2 Ensemble-QANet	-	-	84.5	90.5
#1 Single-nlnet	-	-	83.5	90.1
#2 Single-QANet	-	-	82.5	89.3

13

（续）

System	Dev		Test	
	EM	F1	EM	F1
Published				
BiDAF+ELMo(Single)	-	85.8	-	-
R.M. Reader(Single)	78.9	86.3	79.5	86.6
R.M. Reader(Ensemble)	81.2	87.9	82.3	88.5
Ours				
BERT-base (Single)	80.8	88.5	-	-
BERT-large (Single)	84.1	90.9	-	-
BERT-large (Ensemble)	85.8	91.8	-	-
BERT-large (Sgl.+TriviaQA)	84.2	91.1	85.1	91.8
BERT-large (Ens.+TriviaQA)	86.2	92.2	87.4	93.2

注：SQuAD 的结果。BERT 集成是 7x 系统，使用不同的预训练检查点和微调种子。

在单句序列标注任务中，BERT 打败了 LSTM 与 CRF 结合的算法，成了 SOTA（见表 13.3）。

表 13.3　BERT 在 CoNLL-2003 数据集 NER 任务上的表现

System	Dev F1	Test F1
ELMo+BiLSTM+CRF	95.7	92.2
CVT+Multi	-	92.6
BERT-base	96.4	92.4
BERT-large	**96.6**	**92.8**

注：CoNLL-2003 命名实体识别结果。已使用 Dev 集选择了超参数，来对 5 次随机重启时报告的开发和测试分数进行平均。

上述各种任务的测评结果中，BERT-large 模型毫无争议地拿下了各个任务的 SOTA，BERT-base 在每一项比拼中都比同等规模的 GPT 更胜一筹。考虑到编码器可以并行处理所有输入 token，在效率方面也压倒了 GPT，自此之后，BERT 逐渐成为各类自然语言处理任务中的标准算法。

见识了 BERT 在各种数据集上的优秀表现之后，相信读者们也按捺不住了，想亲自使用一下 BERT。在下一节中，我们将使用 BERT 执行一个单句分类任务。

13.3　单句分类：BERT 句子分类实战

开源项目 Transformers 提供了各类预训练 BERT 模型，同时构建了一系列数据通路与训练设施。在本节中，我们仅使用 Transformers 提供的预训练模型与分词工具，手动载入数据，训练一个单句分类模型，详细了解 BERT 的工作原理。

首先使用 Transformers 提供的 tokenizer 来构建一个文本分词的函数：

```python
from transformers import BERTTokenizer
# 使用 BERT-base-uncased 模型的词表来构建分词器
tokenizer = BERTTokenizer.from_pretrained('BERT-base-uncased', do_lower_case=True)


MAX_LEN = 64



# 文本分词函数
def preprocessing_for_BERT(data):
    """进行 BERT 所需要的预处理
    @param data (np.array): 待处理的文本数组
    @return input_ids (torch.Tensor): 可直接输入模型的向量
    @return attention_masks (torch.Tensor): mask 向量，用来屏蔽 pading 的影响
    """
    input_ids = []
    attention_masks = []


    def text_preprocessing(text):
        # 文本清理工作，根据需要添加更多处理
        text = re.sub(r'\s+', ' ', text).strip()
        return text


    # encode_plus 函数将对每个句子进行如下处理
    for sent in data:
        # (1)使用 BERT 分词器进行分词
        # (2)在句首和句尾分别添加特殊符号[CLS]和[SEP]
        # (3)截断/补全句子到最大长度
        # (4)将 token 变换为 ID
        # (5)创建 mask
        # (6)返回输出
        encoded_sent = tokenizer.encode_plus(
            text=text_preprocessing(sent), # 预处理句子
            add_special_tokens=True, # 添加[CLS]和[SEP]
            max_length=MAX_LEN, # 最大长度，根据该参数进行截断和补全
            pad_to_max_length=True, # 将句子补全到最大长度
            # return_tensors='pt', # 返回 PyTorch 张量
            return_attention_mask=True # 是否返回 mask
        )
        # 将输出添加到列表中
        input_ids.append(encoded_sent.get('input_ids'))
        attention_masks.append(encoded_sent.get('attention_mask'))
    # 将列表转换为张量
    input_ids = torch.tensor(input_ids)
    attention_masks = torch.tensor(attention_masks)
    return input_ids, attention_masks
```

13

然后使用预训练的 BERT 作为主体，添加一个分类器的输出，来构建一个基于 BERT 的分类器：

```python
import torch
import torch.nn as nn
from transformers import BERTModel


class BERTClassifier(nn.Module):
    """分类任务使用的 BERT
    """
    def __init__(self, freeze_BERT=False):
        """
        @param BERT: 一个预训练 BERT 模型
        @param classifier: 分类器
        @param freeze_BERT (bool): 决定是否微调 BERT
        """
        super(BERTClassifier, self).__init__()
        # 指定 BERT 输入层的大小 D_in、分类器的大小 H、分类器的输出的大小 D_out
        D_in, H, D_out = 768, 50, 2
        # 使用已经存在的的预训练 BERT 模型
        self.BERT = BERTModel.from_pretrained('BERT-base-uncased')
        # 声明一个前向网络层用于分类
        self.classifier = nn.Sequential(
            nn.Linear(D_in, H),
            nn.ReLU(),
            nn.Dropout(0.5),
            nn.Linear(H, D_out)
        )


        # 如果设定该参数, 则预训练 BERT 的参数不变
        if freeze_BERT:
            for param in self.BERT.parameters():
                param.requires_grad = False


    def forward(self, input_ids, attention_mask):
        """
        将输入送入 BERT, 获得分类结果 logits
        @param input_ids (torch.Tensor): 输入向量, 大小为(batch_size, max_length)
        @param attention_mask (torch.Tensor): mask 向量, 大小为(batch_size, max_length)
        @return logits (torch.Tensor): 输出向量, 大小为(batch_size, num_labels)
        """
        # 将输入向量送入 BERT
        outputs = self.BERT(input_ids=input_ids,
                            attention_mask=attention_mask)
        # 提取模型最后一层输出的[CLS], 作为特征, 输入分类器
        last_hidden_state_cls = outputs[0][:, 0, :]
        # 将特征输入分类器, 获得各类的分类结果
        logits = self.classifier(last_hidden_state_cls)
        return logits
```

　　本节的最后, 我们构建一个完整的训练框架, 将载入的数据分批输入模型, 模型根据数据计算损失函数值, 并通过反向传播更新参数来完成一个微调的过程:

```
import random
import time
from torch import nn
from transformers import AdamW, get_linear_schedule_with_warmup


# 指定损失函数
loss_fn = nn.CrossEntropyLoss()


# 创建优化器
optimizer = AdamW(bert_classifier.parameters(),
                  lr=5e-5,
                  eps=1e-8)


# 创建学习率计划
scheduler = get_linear_schedule_with_warmup(optimizer,
                                            num_warmup_steps=0,
                                            num_training_steps=total_steps)


def set_seed(seed_value=42):

    """设定随机数种子
    """
    random.seed(seed_value)
    np.random.seed(seed_value)
    torch.manual_seed(seed_value)
    torch.cuda.manual_seed_all(seed_value)


def train(model, train_dataloader, val_dataloader=None, epochs=4, evaluation=False):
    """训练 BERT 分类器
    """
    # 开始训练
    print("Start training...\n")
    for epoch_i in range(epochs):
        # =======================================
        #               Training
        # =======================================
        print(f"{'Epoch':^7} | {'Batch':^7} | {'Train Loss':^12} | {'Val Loss':^10} | {'Val Acc':^9} | {'Elapsed':^9}")
        print("-"*70)


        # 训练时间估计
        t0_epoch, t0_batch = time.time(), time.time()


        # 重置记录变量
        total_loss, batch_loss, batch_counts = 0, 0, 0
```

13

```python
# 开启模型训练模式
model.train()


# 获取训练数据
for step, batch in enumerate(train_dataloader):
    batch_counts +=1


    # 将数据加载到 GPU
    b_input_ids, b_attn_mask, b_labels = tuple(t.to(device) for t in batch)


    # 清空梯度
    model.zero_grad()


    # 模型进行前向操作
    logits = model(b_input_ids, b_attn_mask)


    # 计算损失函数值
    loss = loss_fn(logits, b_labels)
    batch_loss += loss.item()
    total_loss += loss.item()


    # 反向传播计算梯度
    loss.backward()


    # 裁剪梯度，防止梯度爆炸
    torch.nn.utils.clip_grad_norm_(model.parameters(), 1.0)


    # 更新参数和学习率
    optimizer.step()
    scheduler.step()


    # 输出损失函数值与训练时间（每 20 个 batch 输出一次）
    if (step % 20 == 0 and step != 0) or (step == len(train_dataloader) - 1):


        # 计算 20 batch 的训练耗时
        time_elapsed = time.time() - t0_batch


        # 打印训练结果
        print(f"{epoch_i + 1:^7} | {step:^7} | {batch_loss / batch_counts:^12.6f} | {'-':^10}
| {'-':^9} | {time_elapsed:^9.2f}")
```

```
# 重置记录变量
batch_loss, batch_counts = 0, 0
t0_batch = time.time()


# 计算平均损失
avg_train_loss = total_loss / len(train_dataloader)
print("-"*70)
# =====================================
# 评估模型
# =====================================
# 留给读者完成
```

正确运行上述代码后，我们将在命令行中观察到如下日志。通过观察模型损失函数值的变化，我们能够感知模型训练的情况。

```
Start training...
 Epoch  |  Batch  |  Train Loss  |  Val Loss  |  Val Acc  |  Elapsed
--------------------------------------------------------------------
   1    |   20    |   0.630467   |     -      |     -     |   7.58
   1    |   40    |   0.497330   |     -      |     -     |   7.01
   1    |   60    |   0.502320   |     -      |     -     |   7.11
   1    |   80    |   0.491438   |     -      |     -     |   7.19
   1    |   95    |   0.486125   |     -      |     -     |   5.35
--------------------------------------------------------------------
   1    |    -    |   0.524515   |  0.439601  |   78.81   |  35.54
--------------------------------------------------------------------


 Epoch  |  Batch  |  Train Loss  |  Val Loss  |  Val Acc  |  Elapsed
--------------------------------------------------------------------
   2    |   20    |   0.287401   |     -      |     -     |   7.83
   2    |   40    |   0.260870   |     -      |     -     |   7.60
   2    |   60    |   0.287706   |     -      |     -     |   7.67
   2    |   80    |   0.283311   |     -      |     -     |   7.87
   2    |   95    |   0.280315   |     -      |     -     |   5.87
--------------------------------------------------------------------
   2    |    -    |   0.279978   |  0.454067  |   80.40   |  38.31
--------------------------------------------------------------------
```

本节提供了使用 BERT tokenizer 的范例，在预训练 BERT 编码器的基础上构建了一个分类器，同时给出了一个简易的微调框架。如果读者觉得意犹未尽，可以自己动手完善模型评估、模型推理部分，也可以尝试修改微调参数来改善效果。

开箱即用的开源 BERT

BERT 的创造者用 TensorFlow 构建了初版的 BERT。一个名为 huggingface 的组织基于 TensorFlow 的数据与预训练模型，用 PyTorch 复现了他们的实验结果。时至今日，这个名为 Transformers 的项目已经复现了各种结构的 Transformer 模型，代码结构清晰，方便使用和修改，成了爱好者与研究者们的新宠。本节就使用了 Transformers 中的很多成果。Transformers 项目还提供了针对不同任务的范例代码，Notebook 是学习 Transfomers 的优秀资料。

13

13.4　后 BERT 时代

2018 年，BERT 打败了横空出世的 GPT，成为年度最耀眼的学术成果。但研究的世界并不是你死我活的零和博弈，BERT 虽然能够更加有效地学习语义知识，但因为其预训练任务 MLM 的局限性，不适应生成任务。BERT 敏于行，讷于言，在形式上并不是图灵测试的最佳挑战者。

GPT 背后的 OpenAI 坚持语言模型的预训练方式，接连推出了 GPT-2、GPT-3、MUSIC-GPT、IMAGE-GPT 等生成式模型，把模型越做越大，还扩展到多模态数据上，把 Transformer 对数据的理解能力尽情地发挥在生成上。

除了 OpenAI 的 GPT 系列之外，还有很多组织在解码器方向开展了丰富多彩的工作。Transformer-XL 突破了原始 Transformer 在输入长度上的限制，有效的建立了超长输入句子中距离较远的 token 之间的联系。XL-Net 在 Transformer-XL 的基础上增加了随机 mask，突破了经典语言模型的单向性。

处于编码器一侧的 BERT 类模型也没有示弱。Facebook 先后推出了 XLM 与 RoBERTa，前者将原始预训练任务中的 NSP 任务修改为判断不同语言的句子是否语义相同，在一段时间内超越多语言 BERT，成为跨语言学习类任务的标杆。RoBERTa 则直接删除 NSP 任务，通过调整 mask，同时更加精细地调整学习率，超越了原始 BERT 的表现，成为众多论文参考与引用的对象。这一系列模型以 BERT 为基础，百尺竿头更进一步，将对文本的理解再一次拔高。

编码器与解码器之间也不仅仅只有竞争。微软出品的 MASS、Facebook 提出的 BART 与谷歌的 T5 等项目，再次让编码器与解码器联合起来，以 seq2seq 的形式进行预训练。对预训练的 seq2seq，模型虽然变大了，但任务的定义变简单了。在 T5 中，将各种任务都变换为文字形式，通过类似 QA 的方式解决所有问题。

13.5　小结

本章简述了 BERT 模型的结构与预训练目标，尝试揭开 BERT 强大的秘密；同时使用开源项目构建了一个简单的微调框架，帮助读者理解和使用 BERT；最后尝试总结 BERT 出现之后，深度学习领域在预训练模型方面的发展。

BERT 的伟大之处不仅在于其在众多自然语言处理任务上取得了优秀成绩，而且在于以简洁的模型架构和任务流程，完成不同的自然语言处理任务。这样的改变使 BERT 的使用成本大大降低，得以走出实验室，助力工业界和其他领域各类基于文本的研究。

## 第 14 章

人体姿态识别——图网络模型

近几年，图网络（也称图神经网络，graph neural network）取得了突破性进展。阿里达摩院发布的 2019 十大科技趋势中就包含图网络，达摩院认为单纯的深度学习已经成熟，而结合了深度学习的图网络将端到端学习与归纳推理相结合，有望解决深度学习无法处理的关系推理、可解释性等一系列问题。

本章将详细介绍图网络的基本原理和应用场景，并且重点介绍一个重要模型：图卷积网络。最后，我们将完成一个人体姿态识别任务，通过实际编写代码来更深刻地理解图网络的能力，并且学会将图网络应用到不同的任务中去。

14.1 图网络及图论基础

图网络算法，顾名思义是指一些在图上的运算。我们首先需要了解什么是图。实际上，图是一种由节点和连边组成的结构，与网络同义。本节会从图开始，探讨图的定义和性质。由于图网络是应用于图上的一类算法，因此在了解了图之后，我们便可以更轻松、更自然地认识图网络，并了解其基本任务和应用场景。

14.1.1 图的基本概念

图网络实际上是一类运行在图上的深度学习模型。与我们平常的认知不同，图网络中的"图"，英文是 graph，而非 picture，它指的并不是图片，而是一类由节点和连边构成的网络结构。因此，在网络科学中，"图"与"网络"两个概念常常可以混用。那么图具体表示什么含义呢？

如图 14.1 所示，节点表示实体，连边表示实体之间的关系，我们把几个节点和几条连边组成的系统称为图。

这类系统在现实中非常常见，如果把人看作节点，把人们之间的社交关系看作连边，我们就可以用图来表示一个社交网络；如果把路口看作节点，把道路看作连边，我们就可以用图来表示一个交通网络；如果把基因看作节点，把基因之间的相互调控关系看作连边，图又可以用来表示生物体内的基因调控系统；等等。

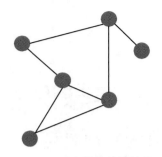

图 14.1   一个抽象的图结构

由以上例子不难看出，图作为一种工具，可以提供对这一类系统的描述：首先，这一类系统内部有多个"局部"；其次，这些"局部"之间存在相互作用，会相互影响。由于这类系统无处不在，所以图网络的应用场景异常广泛，这也是图网络一经提出就在学界引发大量关注的原因之一。就如同 CNN 以图片作为输入、RNN 以序列作为输入一样，图网络将会以图作为输入，我们可以根据任务和数据的不同，为其定制不同的输出。

要想让深度学习模型运行在图上，我们首先要对图进行向量化表示。我们可以将图片表示成矩阵，那么应该如何表示一个图呢？实际上，图中通常有两种信息需要表示，节点信息和连边信息：想象一个社交网络，节点表示社交网络中的人，节点信息可以包含某个人的姓名、性别等信息；而连边信息描述了人与人之间的关系，如 A 和 B 是朋友关系，A 和 C 并不认识。因此我们将分别对图的节点信息和连边信息进行向量化表示。对节点信息的表示相对简单，假设我们要表示的图存在 N 个节点，每个节点上的信息可以用一个 d 维向量来表示，那么我们可以简单地通过一个 $N×d$ 维的矩阵来表示所有节点信息。至于图的连边结构信息，一种常见的表示方法是邻接矩阵，如图 14.2 所示，邻接矩阵是一个 $N×N$ 的矩阵。矩阵的每个元素非 0 即 1，如果矩阵的第 i 行第 j 列值为 1，则表示 i、j 这两个节点之间存在一条连边，否则表示它们之间不存在连边。以上便是对图的最基本描述，在后续的内容中，我们还会遇到其他有关图的概念和问题，届时我们会对新遇到的概念做出解释。

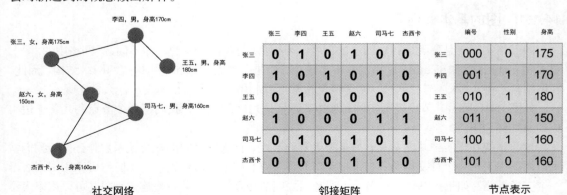

图 14.2   对图的向量化表示

14.1.2　什么是图网络

图网络的全称是"图神经网络"，它是一类运行在图数据上的深度学习模型。为了更好地从直观上理解图网络是什么，以及图网络为什么能够很好地工作，下面我们先以一个经典的场景——论文分类任务——为例，具体讲解图网络。

假设我们现在有一个论文集，论文之间存在引用关系，这个数据集中有两类论文：计算机视觉类和自然语言处理类，每一篇论文都分属于某一类别。我们已知其中一半论文的类别信息，我们的任务是区分剩下的论文中每一篇论文属于哪个类别。这便是论文分类任务。

相信读者已经发现，这一任务同我们在第 4 章中讨论的情绪分类任务异曲同工。在情绪分类任务中，我们有一系列文字评论，我们需要对每一条评论打上"好评（positive）"还是"差评（negative）"的标签。而在这里，我们有一系列论文，我们需要对每一篇论文打上"计算机视觉"或"自然语言处理"的标签。我们曾用词袋模型完成了情绪分类任务，显然，词袋模型也适用于当前的论文分类任务。请注意，词袋模型是一类不需要学习"关系"的模型，它之所以能够应用于情绪分类任务，背后的根本原因是，每一条评论中的文字所包含的信息足以充分表示评论者的情绪。而审视当前的论文分类任务，这一前提便动摇了：在前沿的交叉研究中，这两个领域的文章经常会借鉴对方的方法。

例如，"注意力"便是典型，"注意力机制"率先在计算机视觉领域的论文中被讨论，然后在自然语言处理领域大放异彩。由于自然语言处理领域的论文使用"注意力"这一词语的数量整体上远超计算机视觉这一领域，若使用词袋模型来解决这一问题，词袋模型会认为包含"注意力"这一词语的模型很可能属于自然语言处理这一类别，就如同包含"不错"这一词语的评论很可能属于好评这一类别一样。因此，我们便会将率先提出注意力机制的计算机视觉领域的那些文章错误分类。词袋模型已经不足以处理这个问题了。

而图网络可以很好地解决这一问题。首先，我们看看图网络模型将会如何解决论文分类任务。第一步，用图来描述数据，即找到数据中的节点和连边是什么。明显地，我们把可以节点定义为论文，将连边定义为论文之间的引用关系。第二步，图网络在处理每个节点的时候，除了关注节点本身的特征，还会抓取该节点在图上的邻居信息，这一步通常被称为信息聚合。最后，当我们针对某一个节点进行分类的时候，图网络会综合节点自身特征以及周围邻居的特征来共同判断分类。

图网络为何能够比词袋模型更好地完成这一任务？这是因为图网络可以查看并整合一篇论文的引文信息，而词袋模型只能关注每篇论文自己的信息。例如，在刚才的例子中，虽然那些早期讨论注意力机制的计算机视觉领域的论文大量使用了"注意力"这个词，但是该词没有出现在这篇文章在图上的邻居之中。因此图网络便会认为，"注意力"一词在这篇文章中可能并不具有代表性，因此给出正确分类。由于邻居信息从另外一个角度描述了节点的状态，图网络由于使用的有效信息量增大，所以可以在很多任务中表现得更好。

正如论文的引文信息能够很好地协助表达论文的属性一样，邻居信息可以协助更好地表达自身，这一现象并不少见。甚至在很多场景下，关系信息比个体自身的信息更能有效地定义节点。

14

在交通网络中，一个路口是否拥堵，更多地取决于通向它的邻居路口是否拥堵；在基因调控网络中，一个基因是否表达，严重依赖于它的上游调控基因的表达水平。也就是说，你的兴趣爱好、学识水平等并不能很好地定义你，真正精确定义你的是你的社交网络，这一观点已经被很多学者接受。图网络能够大放异彩，正是因为图网络是一类抓住了网络上的关系信息的模型。这也是图网络优于传统模型的地方。

14.1.3   图网络的基本任务和应用场景

在前文中，我们提到的论文（节点）分类任务是一类经典的图网络任务，除此之外，图网络还可以处理诸多其他的任务，具有广泛的应用场景，这里我们稍作举例。

- 链路预测任务：根据已知的网络结构信息推测网络的未知部分或网络中尚未产生连边的两个节点产生连边的可能性。这种任务背后的实际场景可以是社交关系推荐，根据平台上已有的用户社交网络结构，向用户推荐"你可能认识的人"等。
- 网络生成任务：根据已有的一类网络的数据集合，去生成类似的网络结构。这种任务对应药物生成等重要的使用场景。假如你有一系列已知药品的分子结构，这些结构之间有一定的相似性，也就是说它们基本上遵循同一分布，那么我们便可以用图网络的方式学到这一分布，并且生成类似的分子结构，从而帮助新药物的研发。
- 节点的时空预测任务：假设你面对的是一个节点之间会不断相互作用的网络，你能够观测到这个网络的连接拓扑结构和节点随着相互作用而变化的属性信息，那么一类有价值的任务是预测这些节点未来的状态。这一任务对应的现实场景也很广泛，例如你能够观测到城市中不同路口的拥堵情况，那么便可以用图网络模型预测这些路口未来的拥堵情况，从而做出出行规划或宏观调控。
- 图分类任务：与论文例子所代表的节点分类任务不同，图分类任务所关注的是对整个图进行分类。这一类任务的实际背景常出现在生化领域，我们可以用已知的分子结构信息进行训练，并对新发现的分子结构进行分类，从而预判这个分子结构的性质。

14.2   图卷积网络

图卷积网络（graph convolutional network，GCN）是图网络模型中的一个代表，它的模型架构简单，效果却非常好。该模型由 Tomas Kipf 等人于 2017 年正式提出，随后便引领了图网络这一浪潮。本节将对 GCN 进行详细的分析与讨论。

14.2.1   GCN 的工作原理

GCN 可以利用数据中的关系信息来很好地完成下游任务。本节我们就以前文提到的论文分类任务为例来展示 GCN 是如何工作的。

在论文分类任务中，我们已知的数据有：全部 N 篇论文的文本信息、相互之间的引用关系信息以及部分论文的类别信息，我们的任务是为剩下的论文打上类别标签。

　　首先，我们将使用"图"这一工具来对数据进行抽象：将每篇论文看作一个节点，将论文之间的引用关系看作连边，论文的文本信息即为节点的属性。接下来将节点和连边的信息进行向量化表示，我们则可以用一个 $N \times N$ 维的邻接矩阵 A 来表示图中的连边，如果 i 节点到 j 节点之间存在一条连边（引用关系），则 $A[ij]=1$，否则 $A[ij]=0$。假设我们的数据库中共有 100 篇论文，其中第二篇论文引用了第一篇论文，那么我们便会用一个 100×100 的矩阵来表示这些论文之间的相互引用关系，这一矩阵的第一行第二列数值为 1。

　　我们可以使用之前提到的词袋模型来描述每篇论文中的文本信息，我们知道，在词袋模型中，字典词语数量即为用词袋模型描述字符串时的向量长度。假设词袋长度为 d，那么我们就可以用一个 d 维向量来表示每篇论文中的内容；若数据集中的全部论文数量为 N，自然地，我们可以用一个 $N \times d$ 的矩阵来描述全部论文的信息。例如，若我们使用的词袋模型共有 3000 个词语，则每篇论文可以用一个 3000 维向量表示，从而，我们全部的论文信息就可以用一个 100×3000 的矩阵来表示。

　　当然，我们还有一部分论文的标签信息，假设已知其中 L 篇论文的标签，我们可以用一个 L 维向量来表示，若论文的全部可能标签类别数量为 M，则这个向量的每一个位置都是一个 0 到 M 的整数，表示这篇论文的类别标签。

　　图卷积网络的输入即表示节点信息和节点连边关系的矩阵。在这个论文分类任务中，我们将图网络的输出设置为一个 $N \times M$ 的矩阵，N 表示节点数量，M 表示类别数量，这个矩阵表示的是每一篇论文属于每一个类别的概率。

　　我们需要用图网络的输出结果计算损失函数的值，由于图网络输出的矩阵表示所有论文的分类情况，而我们只知道其中一部分论文的标签信息，因此可以从图网络的输出结果中选取和标签信息对应部分的分类结果，以交叉熵的方式计算损失。经过训练，GCN 将会学习到如何通过汇聚邻居信息去预测节点的标签，从而将标签"扩散"到未知部分的节点上。图 14.3 展示了 GCN 的工作流程。

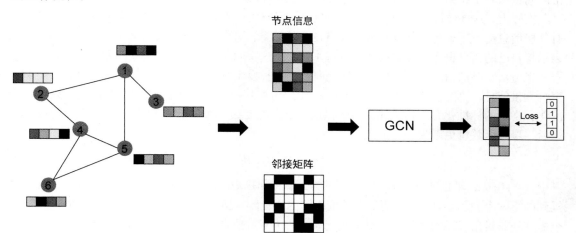

图 14.3　GCN 的工作流程

我们从训练方式这一角度来再次对比情绪分类任务。相信读者已经发现，我们在这个过程中没有区分训练集和测试集，而在情绪分类及大多数机器学习任务中，我们习惯于把数据区分为训练集和测试集，在训练的时候，只有训练集的数据参与运算，在测试的时候也只有测试集的数据参与运算，为什么会有这样的差别？

实际上，这正是因为引用关系的存在。在情绪分类任务中，每条评论之间是独立的，我们假设它们之间没有相互影响关系。所以我们可以选取一部分评论数据作为训练集，将剩下的数据作为测试集。而在当前的论文分类任务中，每篇论文都在引用其他论文，没有一篇论文可以独立于其他数据而存在，所以我们不能够将其区分计算。

本节我们以论文分类任务为例，概览了 GCN 的运转流程和所需数据格式。在下一节我们将试图打开 GCN 的黑箱，具体关注 GCN 是如何通过聚合邻居信息的方式来完成这一任务的。

14.2.2　打开 GCN 的黑箱

我们在上一节曾讨论过，图网络模型中的一个核心模块在于聚合邻居信息。通常来说，邻居信息指的是一阶（直接）邻居信息，在实际情况中，聚合一次邻居信息往往是不够的，可能会用到二阶邻居（邻居的邻居）的信息。因此便诞生了"层"的概念，在第一层，聚合一阶邻居信息到节点上，在第二层再进行相同的操作，便能够实现对二阶邻居信息的聚合，就如同 CNN 一样，层数越高，越能聚合远处的像素信息。那么如何聚合？假设 H^l 表示第 l 层节点状态，实际上我们是要找到一个函数 $H^{l+1} = f(H^l, A)$。

最简单的一种聚合方式是直接将邻居信息加和。对应这种方式，聚合函数可以表达为：

$$H^{l+1} = \delta(AH^lW^l)$$

其中 δ 为激活函数，如 ReLU，AH^l 则是并行地对所有节点的邻居信息进行求和。W^l 是一个 $d\times d^l$ 维的向量，表示将第 l 层的 d 维节点信息映射为第 $l+1$ 层的 d^l 维信息。

实际上，这种设计在一些任务上表现良好，但有一些固有缺陷。首先，我们将一个节点的所有邻居信息进行了聚合，却没有聚合节点自身的信息，可以通过将邻接矩阵的对角线变成 1（这表示将自己的信息也作为邻居信息来处理）来解决这一问题。另一个显著的问题是，对邻居信息求和来更新自己的信息，会让自己节点上向量的模长发生显著变化，邻居较多的节点，每次都会聚合大量信息，使得自己的信息迅速膨胀。为了解决这一问题，我们需要对求和后的结果进行标准化，常用的标准化方法是求和后再除以这一节点的度数（邻居个数）。经过这两方面的设计改进后，聚合函数可更新为：

$$H^{l+1} = \delta(D^{-1}\hat{A}H^lW^l)$$

其中 $\hat{A} = A + I$，即通过与对角矩阵加和的方式，将邻接矩阵的对角元全部设为 1，以解决前文中提到的第一个问题。其中 D^{-1} 为节点的度矩阵的逆矩阵。所谓度矩阵，是一个 $N\times N$ 的矩阵，这个矩阵的非对角线元素均为零，对角线元素的值为对应节点的度值（邻居数量）大小，D^{-1} 可以起到对求和后的结果进行标准化的效果，以解决前文中提到的第二个问题。进一步，我们可以把

D^{-1}拆开与A相乘，得到$D^{-1/2}AD^{-1/2}$，其计算结果不仅满足归一化的性质，而且保留了原$\hat{A}$的对称的性质。最终，我们得到的聚合函数可以用下面的公式表示：

$$H^{l+1} = \delta(D^{-1/2}\hat{A}D^{-1/2}H^lW^l)$$

实际上，这便是 GCN 标准的聚合邻居信息的过程。在实际应用中，我们往往用 2~3 层 GCN 得到节点的表征，并且用节点的表征向量进一步参与下游任务，若下游任务对应节点分类，我们即可对节点的表征向量应用 softmax 得到分类向量，并进一步使用交叉熵损失进行训练。整个过程如图 14.4 所示。

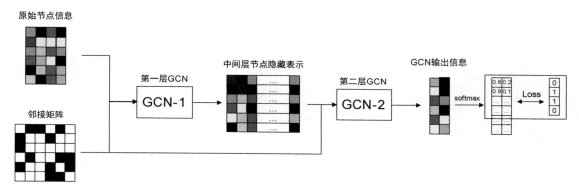

图 14.4　图网络的训练过程

分析以上 GCN 模型可以得出，首先，在 GCN 模型中，我们需要的已知信息是网络的结构和节点的表示，否则 GCN 将无法运转。其次，GCN 的原始设计是针对无向图而言的，因为在 GCN 的运转过程中，要求邻接矩阵为对称矩阵。最后，GCN 聚合邻居信息的方式是固定的，唯一可学习的部分是层间进行节点向量维度变换的参数 W。由于参数并不多，所以我们可以合理假设，GCN 强大的学习能力在很大程度上来源于出色的架构设计。这一架构设计让它能精准地理解网络结构所包含的信息，我们将在下一节见证这一点。

14.2.3　从社团划分任务来理解 GCN

为了理解 GCN 从网络结构中获取信息的能力，下面我们展示一个"空手道俱乐部"网络的例子。

就如同计算机视觉领域中的 MNIST 数据一样，"空手道俱乐部"实际上是网络科学领域常用的一个典型的小网络。该网络描述了一个由 34 个人组成的俱乐部的内部社交网络，若其中两个人关系较好，就在这两个人中间添加一条连边。这 34 个人之间并不是均匀连接的，而是形成了 4 个小团体，这 4 个小团体之间联系并不频繁，而团体内部的联系很紧密。在网络科学中，我们通常把网络内部的"小团体"称为"社团结构"。也就是说，空手道俱乐部网络中有 4 个社团结构。我们将不同的社团以不同的颜色展示，如图 14.5 所示。

14

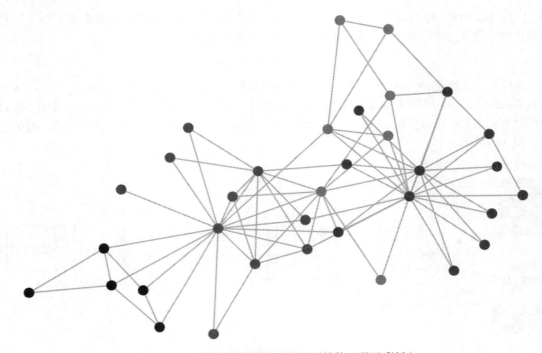

图 14.5 空手道俱乐部网络中的社团结构（另见彩插）

值得注意的一点是，在这个网络中，节点是没有属性的，那么我们如何确定哪个节点属于哪个社团呢？答案是"这完全由网络结构决定"。我们根据这种网络结构，找到了一种最优的社团划分的方法，使得社团内部的连接紧密，而社团之间的连接稀疏。在网络科学中有很多基于结构划分社团的方法，如层次聚类法、Q 函数优化法等，读者如有兴趣，可以自行探索。在这里我们需要注意，由于节点属于哪个社团的信息完全由网络结构决定，所以一个算法必须能够很好地挖掘网络结构信息，才能很好地完成社团划分的任务。现在，我们使用 GCN 模型来处理这一任务。

由于数据集中并没有节点的属性信息，因此我们将直接为每个节点赋予一个表示节点身份的独热编码信息，这将保证 GCN 只能从结构中获取信息。进一步地，我们将使用一个 3 层的 GCN，并将 GCN 的输出维度调整为二维，以便我们在二维空间中展示输出结果。在开始训练之前，我们直接用随机初始化的权重运行 GCN，其输出结果如图 14.6 所示。

令人惊奇的是，无须任何训练，GCN 的输出已经初步在二维空间中比较好地区分了不同社团的节点，这说明 GCN 的架构非常善于提取结构信息。接下来，我们将仅仅选取每个社团中的一个节点做标签，进行半监督分类任务。在这个任务中，我们只选取每个社团结构中的一个人作为标签，已知标签的节点数只占总数的 12%，且没有节点的属性信息，即便如此，GCN 也很好地完成了分类任务。GCN 在训练过程中的分类结果如图 14.7 所示。

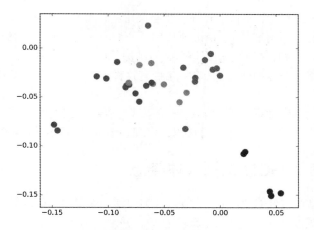

图 14.6 随机初始化权重运行 GCN 的输出结果（另见彩插）

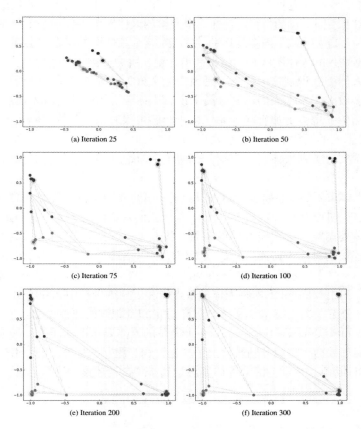

图 14.7 经训练后的 GCN 输出结果（另见彩插）

可以看到，在训练过程中，不同节点在二维空间中的位置在迅速拉开，直到最后被严格区分开来。这说明 GCN 通过结构信息，很精确地找到了"谁应该是和我一个社团的人"。

从上面的例子可以看到，在很多情况下，网络结构可以表达大量的信息，而我们开发算法的目的则是把这些隐藏的信息挖掘出来。GCN 正拥有这种能力：擅长通过汇聚邻居信息的方式挖掘结构所表达的信息。

本节我们在很小的网络数据上探索了 GCN 的能力。在接下来的实战环节，我们会将 GCN 应用到一个现实的例子中，并从头开始编写代码，实现一个可以识别人体姿态的 GCN 模型。

14.3　实战：使用 GCN 识别人体姿态

在前文中，我们已经看到 GCN 可以在节点分类问题上取得很好的效果，本节我们会将 GCN 应用于另一个更加有趣的任务：人体姿态识别任务，并给出示例代码。

与上一个例子不同，人体姿态识别属于另一种图网络任务：图分类，即分类对象不再是单个节点，而是整个图。我们首先将人体抽象为一个图，然后将身体不同部位的状态信息（例如位置和速度）转化为图上不同节点的特征，这样一个完整的人体图就既包括每个节点的特征，也包括整个图的拓扑结构。当人采取不同姿态运动的时候，这个人体图的状态也会随之变化，那么图分类的任务就是根据输入的人体图状态，做出是走、跑、跳的分类。

之所以选取人体姿态识别这一任务，是因为论文分类任务虽然是一个经典的 GCN 应用场景，但相比与大多数人关系不大的论文分类来说，人体姿态识别这一技术已经更广泛地应用在了你我的日常生活中，也会更加有趣。此外，我们还希望通过本节的代码实现，带领读者进一步体会 GCN 算法强大的泛化能力：你会发现 GCN 算法本身只需极少量改动，即可适用于不同的任务场景，从论文分类到人体姿态识别，这两个看似毫不相关的任务竟然可以用同一类算法解决。

人体姿态是人体重要的生物特征，姿态识别这一研究领域也对应着广泛的应用场景，如视频监控、步态分析、人机交互、金融安全,等等。既然我们常说网络无处不在，那么能否用网络这种工具来描述人体姿态呢？答案当然是肯定的。我们可以这样抽象人体的结构：将关节视作节点，将关节之间连接的骨头视作连边，那么人体便可以描述为一个直观的图结构。如果我们能够获取某一时刻，一些人体重要关节在三维空间中的位置，实际上就能够很好地描述人体姿态。为了直观展示，我们用 Matplotlib 库将人体的节点画在了三维坐标中，并画出对应的连边，便能够展示人体的整体姿态。图 14.8 展示了人体处于行走和奔跑时的两种姿态。

在本节中，我们将实际编写代码，执行一个简单的人体姿态识别任务。在这个任务中，我们有一系列的人体姿态数据，它们分别被打上了"走"和"跑"的标签。图 14.8 所示便是两条典型的数据。我们将训练 GCN 学会区分人体姿态是属于"走"还是"跑"。

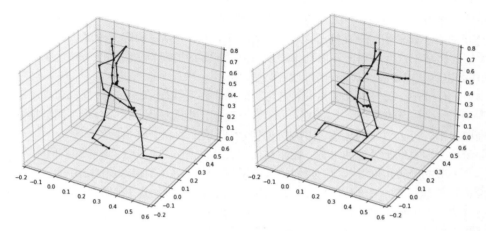

图 14.8　人体姿态示意图

　　不难看出，从机器学习的角度来说，这是一个典型的二分类任务，而从图网络角度来说，又可以称为图分类任务，即为整个图打标签。既然可以将数据以图的方式表示，那么我们解决此问题的思路将会和解决论文分类问题的思路非常相似，如图 14.9 所示，我们会将一个人的姿态数据输入 GCN，经过运算后，GCN 会更新图上的节点信息。与论文分类任务不同的是，我们还需要将这些更新过的节点信息拼接在一起经过一层线性层，最终输出的二维向量则代表了最终的分类概率。如同其他分类问题一样，我们将采用交叉熵计算损失函数。

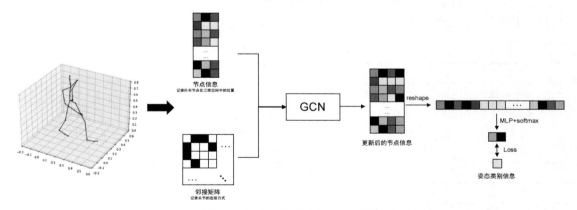

图 14.9　用 GCN 解决人体姿态识别问题的工作流程

14.3.1　数据来源与预处理

　　本节所用到的数据来源于卡内基·梅隆大学动作捕捉数据库（Carnegie Mellon University Motion Capture Database）。在这个数据库中，研究人员收集并记录了大量典型的人类动作，这些动作被分为几个典型的类别：单人动作（如走、跑、跳），多人交互动作（如双人握手等），人与环境的交互动作（如攀爬、坐在椅子上等）。此数据库在卡内基·梅隆大学的官网上向公众免费开放，大量论文基于这个数据库开展动作识别、预测等方面的研究。我们已将该数据的地址放在本书 GitHub 主页，以便感兴趣的读者进行深入探索。

在本节的任务中，我们选取了其中的走与跑的动作序列数据，每一条数据都包含了一个完整的动作周期，例如行走数据实际上描述了一个人行走了几步的过程。我们会将不同数据中的每一帧单独提取出来，打上对应的标签，并训练 GCN 判断这一帧属于哪个标签。

下面简单介绍数据预处理的过程。在原数据中，其数据格式是一系列连续的动作，且这些动作格式包含关节的旋转角度等信息，我们将这一系列动作的每一帧提取出来，并通过一定的方式将其转换为每一个关节的三维位置信息。数据集共记录了 31 个关节，我们便得到了 31×3 的矩阵来描述所有关节的三维位置信息。当然，我们还会创建一个邻接矩阵来描述节点之间的连接方式。与前文相同，如果 i 关节和 j 关节连接，那么邻接矩阵的第 i 行 j 列将为 1，否则为 0。最终，我们得到了一个 31×31 的邻接矩阵来描述关节之间的连接方式。所有预处理、可视化和训练的代码都已经开源，可从本书的 GitHub 主页获取。

14.3.2 代码实现

通过观察数据，我们可以知道，这些数据提取了人体的 31 个关键关节作为节点，记录了每个关节在三维空间中的位置。我们选取 200 条数据作为训练集，其中标签为"跑"的数据共 100 条，标签为"走"的数据共 100 条。在编写代码之前，为了方便对数据和模型进行概览，我们在表 14.1 中列出了经过预处理的数据格式和模型的隐含层维度等配置。

表 14.1　数据维度及其在图网络中的变化

数　　据		
数　　据	维　　度	备　　注
邻接矩阵	[31,31]	描述了关节之间如何连接
节点信息	[200,31,3]	描述了每条数据中每个关节在三维空间中的位置
标签信息	[200]	描述了每条数据的标签信息
模　　型		
模　　型	维　　度	备　　注
输入节点信息	[200,31,3]	
输入邻接矩阵	[31,31]	
隐藏层 1 的输出	[200,31,16]	更新后的节点信息
隐藏层 2 的输出	[200,31,16]	再次更新后的节点信息
合并隐藏层输出	[200,(31*16)]	将节点信息"展平"，用以表示整个图的信息
模型输出	[200,2]	每条数据的分类概率

为简洁起见，我们将直接讨论最为核心的 GCN 模型训练过程，而把数据预处理的代码放在了本书 GitHub 主页上。假设现在我们已经得到了经过预处理的数据，首先导入必要的包并读取数据。

1. 数据及依赖包的准备

```
import torch
import torch.nn as nn
import torch.optim as optim
import numpy as np

# 走路数据集
adj = torch.load('./data/adj01.pkl')
xs_wk = torch.load('./data/xs01.pkl')
# 跑步数据集（该数据集与走路数据集共享邻接矩阵）
xs_ru = torch.load('./data/xs09.pkl')

xs_tr = torch.cat((xs_wk[:100],xs_ru[:100]),dim=0).float()
ys_tr = torch.cat((torch.ones(100),torch.zeros(100)),dim=0).long()

xs_te = torch.cat((xs_wk[100:130],xs_ru[100:130]),dim=0).float()
ys_te = torch.cat((torch.ones(30),torch.zeros(30)),dim=0).long()
```

在以上过程中，可以看到我们实际上将行走的前 100 帧和奔跑的前 100 帧组合为训练数据，而将后面的 30 帧组合为测试数据。整个数据集的数据量为 260 条，并不是很大，但在后面我们可以看到，GCN 已经能取得很好的分类结果。

2. 对邻接矩阵的预处理

在前一节我们曾提过，GCN 在运行过程中，并非直接使用邻接矩阵 A 参与运算，而是使用 $D^{-1/2}\hat{A}D^{-1/2}$ 参与每一次运算，因为 $D^{-1/2}\hat{A}D^{-1/2}$ 仅与网络结构有关，它在训练过程中保持不变，因此为了节省计算开支，我们可以对邻接矩阵进行一次预处理，并将处理结果应用于后面所有的运算过程中，处理过程如下所示：

```
def calculate_laplacian_with_self_loop(matrix):
    matrix = matrix + torch.eye(matrix.size(0))
    row_sum = matrix.sum(1)
    d_inv_sqrt = torch.pow(row_sum, -0.5).flatten()
    d_inv_sqrt[torch.isinf(d_inv_sqrt)] = 0.0
    d_mat_inv_sqrt = torch.diag(d_inv_sqrt)
    normalized_laplacian = (
        matrix.matmul(d_mat_inv_sqrt).transpose(0, 1).matmul(d_mat_inv_sqrt)
    )
    return normalized_laplacian
```

3. 定义 GCN 模型

接下来，我们来定义 GCN 模型，代码如下：

```
class GCN(nn.Module):
    def __init__(self):
```

```
            super(GCN, self).__init__()
            # 层
            self.l0 = nn.Linear(3,16,bias=False) # GCN 汇聚邻居层
            self.l1 = nn.Linear(16,16,bias=False) # GCN 汇聚邻居层
            self.out = nn.Linear(16,4) # 用于输出汇聚后的节点信息
            self.cl = nn.Linear(4*31,2)  # 判断整体姿态

        def forward(self,x,dad):
            # x: [batch,node,dim]
            # dad: [node,node]
            h0 = x
            # 为 DAD 增加一个维度，使其可以匹配 batch 维度的数据
            dad = dad.unsqueeze(0).repeat(x.shape[0],1,1) #[node,node] => [batch,node,node]
            # 经过两层 GCN 汇聚邻居信息
            h1 = torch.relu(self.l0(dad.bmm(h0)))
            h2 = torch.relu(self.l1(dad.bmm(h1)))
            # 输出汇聚后的节点信息
            out = self.out(h2)
            # 将节点信息“展平”，由[batch,node,dim]维变为[batch,(node*dim)]维，以表示网络整体的状态
            out = out.view(h2.shape[0],-1)
            # 输出判断整体姿态的分类结果
            out = self.cl(out)
            return out
```

值得注意的是，由于本任务可以看作图分类任务，而我们在前一节主要介绍的是节点分类任务，这两个任务性质的不同导致了数据的不同：在上一节的任务中，只需要一个图即可，而这个任务中有大量的图，每个图都是一条数据，为此我们需要开发一个 batch 版本的 GCN。

接下来，我们将进行训练之前的最后准备：将模型实例化，并为其匹配 Adam 作为优化器和损失函数。由于这是一个二分类任务，因此我们将使用交叉熵来作为损失函数：

```
gcn = GCN()
lf = nn.CrossEntropyLoss() # 损失函数
op = optim.Adam(gcn.parameters(),lr=0.001)
```

4. 训练模型

模型的训练过程较为常规，我们让模型训练 400 轮，记录并观察损失曲线变化：

```
ls = []
ltes = []
for e in range(400):
    # 训练过程
    op.zero_grad()
    out = gcn(xs_tr,dad)
    loss = lf(out,ys_tr)
    loss.backward()
    ls.append(loss.item())
    op.step()
    # 测试过程
    out = gcn(xs_te,dad)
    lte = lf(out,ys_te)
    ltes.append(lte.item())
```

绘制损失曲线，如图 14.10 所示。

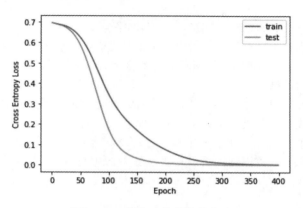

图 14.10　损失函数的变化曲线

可以看到，损失曲线达到了很好的收敛，由于训练集和测试集的损失都趋于平稳，因此未出现过拟合现象。最终交叉熵的损失接近 0，说明我们以很高的准确率完成了这一分类任务。

最后，我们将随机挑选测试集的几条数据，让模型尝试对其打标签，如图 14.11 所示。这是为了直观地理解模型的能力，也为了以可视化的方式验证模型的学习效果。

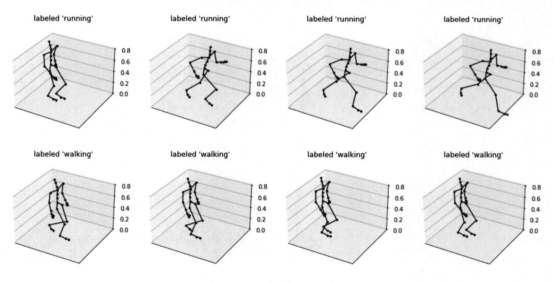

图 14.11　测试集数据的分类结果

可以看到，模型可以轻松地对测试集数据打标签。另外，此处的可视化代码也放在了本书 GitHub 主页。

14.4　小结

本章我们了解了一类新兴的神经网络模型:图网络模型。这类模型与其他模型的典型不同是,它运行在网络结构的数据上,这让我们可以解决很多之前难以解决的问题。我们还学习了 GCN 这一经典模型,以 GCN 为代表的一类图网络模型的核心模块都是对邻居信息进行聚合,以此挖掘和整理图结构中隐含的知识。

图网络近年来得到了飞速发展,在很多领域大放异彩。但由于篇幅所限,本章所讨论的图网络模型只涉及节点分类和图分类两个典型任务。实际上,现在图网络可以处理的任务极其广泛,例如在逻辑推理、图生成、图上的时空预测、关系推断、解决组合优化问题等方面都取得了很好的结果。如果读者感兴趣,可以阅读更多文献,在这个领域进行深入的探索。

## 第 15 章

AI 游戏高手——
深度强化学习

在最后一章，我们将讨论深度强化学习（deep reinforcement learning）。这一领域不仅是举世瞩目的 AlphaGo 赖以驰骋棋场的基础，而且是目前人工智能研究的前沿。

强化学习与其他学习方式不同，它不仅关心一个独立的、被动的主体如何学习，还强调一个完整的智能主体要与环境不停地互动，从而展现出一定的智能。所以，强化学习指导的智能主体天然具备两个重要特性：边做边学（learning by doing）以及综合考虑与平衡短期回报和长期回报。值得注意的是，在现实生活中，每个人都是一个强化学习主体，因为我们是在与环境的不断互动中完成学习的。与其他学习方式相比，强化学习模型的学习过程更像是在描述一个抽象的智能主体思考和决策的过程。它并不局限在一个特定的学习问题上，而是可以扩展到多个领域。因此，强化学习被普遍视作实现终极人工智能之梦——通用人工智能（artificial general intelligence，AGI）——的有效方式。

深度强化学习则是深度神经网络与强化学习相结合的产物，它给人工智能带来了巨大的突破。在这方面成绩最突出的实践者就是 DeepMind 公司。他们有两项深度强化学习的研究最引人注目，一个是大名鼎鼎的 AlphaGo，另一个就是本章要介绍的 AI 打游戏。这两项突破都将深度神经网络与强化学习算法结合到了一起。一方面，深度神经网络可以帮助强化学习主体建立大局观的直觉性思维，从而减少搜索区域；另一方面，强化学习算法通过不断反馈和试错，为深度神经网络提供了大规模的训练数据。二者的巧妙结合书写了 21 世纪人工智能的辉煌新篇章。

本章介绍的重点就是 AI 打游戏背后的深度强化学习技术，也就是所谓的深度 Q 学习算法（deep Q-learning algorithm）。首先，本章会简要介绍强化学习的发展历史和各大分类；其次，具体介绍该算法、其基本原理及应用；再次，通过一个实践项目（训练一个深度 Q 学习网络来玩 *Flappy Bird* 这个小游戏）来了解该算法的实现细节；最后，我们会针对通用人工智能问题展开讨论，介绍马科斯·胡特尔（Marcus Hutter）的 AIXI 以及尤根·斯提姆哈勃（Jürgen Schmidhuber）的哥德尔机（Godel Machine），并展望通用人工智能的未来。

15.1 强化学习简介

前几章介绍的机器学习算法大多聚焦在单一的任务上，例如机器翻译、看图说话、识别文字等，更像是一个独立的小程序。而我们在科幻电影中看到的人工智能大多具有完整的形体，可以与环境和人类互动，还能在互动中不断地学习和改进，例如"终结者""机器人瓦力"等。

所以，真正的人工智能应该具有完整的与环境互动和反馈的能力，是能够自我学习、自我改进的智能机器，如图 15.1 所示。强化学习就是在主体与环境互动的框架下展开决策与学习的。

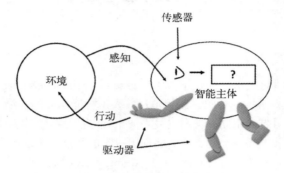

图 15.1   智能主体与环境的互动

15.1.1 强化学习的要素

下面我们举例说明强化学习中的各大要素。

如图 15.2 所示，假设一个主体（右下角的笑脸）在一个迷宫中游走，它无法逾越障碍物（方块），只能在空白的地方一格一格地移动。黑色椭圆代表地雷，主体如果踩到它就会受到惩罚（减 10 分）；左边的椭圆代表蘑菇，主体如果踩到它就会得到奖励（加 20 分）。主体在这个虚拟环境中的目标就是让自己的得分越来越高。

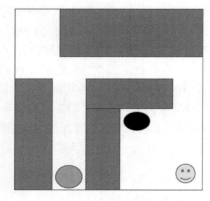

图 15.2   主体与环境互动的走迷宫示例

在这个例子中，我们可以提炼出强化学习关注的几点要素。

- 主体（agent）：示例中的笑脸。主体可以是一个抽象的概念，通常将其理解为"动作的执行者"或"游戏的主角"。
- 环境（environment）：示例中的迷宫。环境无法被主体直接操控，但可以被主体的动作改变，例如蘑菇被主体踩下去。
- 动作（action）：主体能够对环境施加的影响。在迷宫中，主体每一步的移动都可以让其位置发生变化。
- 环境状态的转移（transition）：在主体执行了一步动作之后，状态转移决定了环境会怎样发生变化，它模拟了环境中的"物理学法则"。例如，主体如果选择了向上移动，环境就会让主体移动到上面一格或者被迷宫的墙挡住。
- 回报（reward）：执行动作后，环境对主体的反馈。例如踩到地雷减 10 分、踩到蘑菇加 20 分。

在这样一个大的框架下，我们可以如此定义强化学习算法：它是一整套让主体能够在与环境的互动中积累更多回报的有效算法。好的强化学习算法可以让主体在行动的过程中表现得越来越好，这体现为它可以获得越来越多的回报。这种学习算法有以下两个非常明显的特点。

- 边做边学。主体的行为无法明显地分成学和做两部分，这与我们在前几章中接触到的机器学习算法完全不一样。前面讲的那些算法都明显地区分了学习（训练）阶段和测试阶段，而在强化学习算法中，主体不得不一边学习一边行动。所以，主体必须巧妙地学会平衡探索（explore）和利用（exploit）这一对矛盾，即是应该花费更多的精力在获取新的知识上呢，还是应该利用目前所学的知识多做一些工作？这种边做边学的特点更像人类所面临的真实世界。
- 综合考虑与平衡短期回报和长期回报。这是因为我们的系统不一定存在即时的反馈。环境给主体的回报并不一定会在主体做出一个动作后立即产生。很多时候，主体做出一个动作并不知道这么做好不好，只有当一系列动作执行完毕之后，主体才发现原来自己踩到了一颗地雷，从而学习到这一系列动作都是错误的。当然，也存在一些相反的情况，例如虽然主体可能通过一系列动作暂时得到很高的回报，但是从更长的时间来看，主体受到的惩罚会远远大于回报。这就是所谓的短期回报和长期回报的平衡，在下棋等策略游戏中，这种平衡的重要性会体现得淋漓尽致。

正是因为具有这两个特点或者说难点，强化学习比一般的机器学习算法要复杂得多。

15.1.2 强化学习的应用场景

尽管强化学习面临着巨大的挑战，但它具有非常广阔的应用领域。

最早应用强化学习的领域就是棋类博弈。早在 1956 年，在诞生了"人工智能"这个术语和学科的达特茅斯会议上，来自 IBM 的技术人员阿瑟·塞缪尔（Arthur Samuel）就展示了一个有趣的跳棋程序（Checker），这个程序不仅可以自动下棋，还可以在下棋的过程中自动学习以提高下棋水平。该跳棋程序很快就打败了塞缪尔，在经过一段时间的学习后，它甚至打败了美国一位州际跳棋冠军。这个跳棋程序之所以这么厉害，本质就在于它可以利用一种所谓的"时间差分算法"的技术不断地学习和调整自己的走棋策略，而这种技术恰恰就是今天强化学习算法中的 Q 学习算法的前身。

2016 年 3 月的人机围棋大战让"人工智能"这个名词再一次家喻户晓，也让强化学习算法在棋类博弈上实现了巨大的突破。隔年，DeepMind 推出的 AlphaGo Zero 更是让强化学习算法表现得淋漓尽致——完全通过强化学习从零开始学起的计算机围棋程序在 4 天后就可以战胜人类世界围棋冠军了。

强化学习的另一大应用领域就是电子游戏。有一个笑话说的是，我们发明人工智能原本是为了让它干活，我们游戏；然而现在的局面却是，各大人工智能研究机构都在"疯狂"地开发算法，目的是让人工智能更好地玩游戏。这种说法在一定程度上反映了目前人工智能研究的现状。实际上，从研究者的角度来看，游戏并不仅仅是娱乐的工具，更是一个主体与环境不断博弈的容器。智能算法需要操控一个主体，并根据环境的变化而做出决策，同时主体也在不断改变着环境。

除此之外，强化学习还在传统的控制领域具有非常广泛的应用。例如，我们要想控制一个机器人的行走轨迹，就可以利用强化学习算法来完成，让机器在行走过程中越来越聪明。飞行器的自动控制、机器手臂的自动控制等都可以利用强化学习算法来实现。

聊天对话程序也是强化学习算法的一个代表性的应用领域。由于我们很难定义一个聊天程序产生的语句是好的回答还是不好的回答，因此很难生成标注数据来给程序反馈。于是，研究人员想到了利用强化学习算法来训练聊天程序。只需要将用户的行为作为环境，将聊天的持续视作奖励，将聊天的退出视作惩罚，那么我们就可以通过强化学习不断地改进聊天程序。

与聊天程序类似，推荐系统也是一个可以利用强化学习算法的典型场景。我们只需要将用户的点击、评价等动作作为环境的反馈，强化学习算法就可以不断地优化推荐策略，从而提高推荐系统的表现。

自动股票交易也是可以利用强化学习算法的一个典型场景。由于股票市场是一个实时动态变化的环境，因此我们利用传统机器学习算法学到的股票交易策略可以在短期内生效，却很难维持较长的时间。这是因为股票是"活物"，机器学习从股票交易数据中学习到的模式很可能会在一段时间后失效。因此，需要一个采用强化学习算法的股票交易程序，让机器在交易中边做边学，并且持续改进策略，才有可能一劳永逸地解决自动股票交易的问题。

15.1.3 强化学习的分类

自从塞缪尔的跳棋程序被开发出来以后，强化学习又经历了将近 60 年的发展，大部分突破是在最近一二十年内出现的。目前，强化学习已经演变成了一个庞大体系，具有多个分支。根据不同的要素，强化学习算法可以分为不同的种类，如图 15.3 所示。

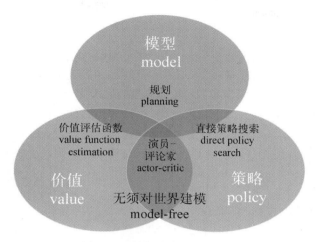

图 15.3 强化学习算法的分类

根据主体是否具有关于环境的模型，强化学习算法可以分为"无环境模型"和"有环境模型"两类。环境模型指的是主体理解所处的环境，对其构建的模型。比如下围棋的 AlphaGo 就是有环境模型的强化学习，因为它要有棋局模型才能进行蒙特卡洛搜索。而本章即将讲到的用人工智能玩 *Flappy Bird* 游戏所用的 Q 学习算法就属于"无环境模型"，因为小鸟并不具有环境的模型，我们是通过小鸟与环境的交互来指导其动作的。

我们还可以根据主体是基于策略（policy）还是价值（value）来进行分类。在基于策略的算法中，主体会分析所处环境，计算相应动作的概率，然后根据概率采取行动，概率高的动作被选中的可能性会更大。AlphaGo 的算法就是基于策略的强化学习。另一种是基于价值评估函数的算法，比如在 Q 学习和深度 Q 学习网络中，主体会选择执行使其价值评估函数最大化的动作，这就是基于价值评估的算法。

在很多场合，不同的方法可以混用。比如，演员–评论家（actor-critic）算法就同时使用了价值评估方法和策略搜索方法。

15.2 深度 Q 学习算法

本节将介绍强化学习中常用的无模型、基于价值评估函数的算法，这就是深度学习与经典 Q 学习算法的结合：深度 Q 学习算法。首先，我们会介绍 Q 学习算法，它是塞缪尔跳棋程序所用原理的延伸，具有通用性强、操作简便等特点。它的基本思想是让主体自己学习一个价值评估函数，以解决环境无法给出即时反馈的问题，这一评价函数就是所谓的 Q 函数。

在早期的强化学习中，Q 函数是以一张表的形式存储的，每次都靠查表来执行动作。但是在环境非常复杂的情况下，查表的方式就无法胜任了。此时，我们可以考虑用一个深度神经网络来代替这样的大函数表，这就有了深度 Q 学习算法。

15

15.2.1　Q 学习算法

Q 学习算法的基本思想是为智能主体定义一个价值评估函数，这个函数可以给当前的环境状态 s 和智能主体的动作 a 一个实数值来评估动作的好坏，一般记为 $Q(s, a)$。这样，使用 Q 函数就可以解决没有即时反馈的问题，因为我们用主体自身的评价 Q 代替了环境的反馈。也就是说，有了 Q 函数之后，智能主体只要在每个周期选择一个让 Q 函数达到最大的行动来执行就可以了。

由此可见，Q 函数的意义重大，它完全指导了智能主体的行为。然而，我们该如何定义这个 Q 呢？答案是让机器自己学习！可是，好的 Q 函数的标准是什么呢？事实上，塞缪尔早在他的跳棋程序中给出了答案，一个好的 Q 函数要符合以下两条原则：

(1) 与环境的反馈一致；

(2) 当前的估值 Q 要和未来的估值 Q 一致。

根据这两条原则创造出来的算法就称为 Q 学习算法。首先，当环境能够给出反馈的时候，我们的评价函数应该和环境的反馈一致。这是很显然的，因为 Q 函数的目标就是辅导主体建立正确的"价值观"，否则主体可能会做出"自残"等恶劣行为。其次，当前的评估要和未来的评估一致。这一点非常令人费解，但也是塞缪尔跳棋程序中"时间差分算法"的精华所在。我们可以这样理解：尽管当前时刻我们得不到环境的反馈，但是总有一天会得到。根据第一条原则，最后一天的 Q 函数要跟环境反馈一致，相应地，倒数第二天的 Q 函数显然要跟最后一天的 Q 函数的评价一致；倒数第三天的 Q 要和倒数第二天的 Q 一致……以此类推，当前的 Q 要尽可能和明天的 Q 一致。

有了这两条指导原则，人们在 20 世纪 80 年代提出了 Q 学习算法。这一算法总结起来就是一个迭代公式：

$$\Delta Q(s_t, a_t) = \alpha(r_t + \gamma \max_{a'} Q(s_{t+1}, a') - Q(s_t, a_t))$$

α 是学习率参数，是一个介于 0 到 1 之间的小数，α 越大则算法对 Q 函数的更新越快，也会越不准确；r_t 是 t 时刻来自环境的反馈；另一个参数 γ 叫作折现因子，也是介于 0 到 1 之间的数，它的作用是为未来的价值打折，未来越久远，价值就越小。

于是，在周期 $t+1$，我们要对 t 时刻的 Q 值进行更新，它的更新量 ΔQ 与两个数的差值成正比，这两个数一个代表了环境反馈与未来估值 $r_t + \gamma \max_{a'} Q(s_{t+1}, a')$，另一个代表了上一时刻（$t$ 时刻）的估值 $Q(s_t, a_t)$。因此，我们调节估值函数 Q 就是为了让它能够与回报和未来估值更接近。

这个公式正是我们所说的两条基本原则的体现。我们要调整 t 时刻的 Q 函数值，以使它（$Q(s_t, a_t)$）能够与 $r_t + \gamma \max_{a'} Q(s_{t+1}, a')$ 尽可能一致。第一项反映的就是第一条原则，即要与环境的反馈一致；第二项反映了第二条原则，即 t 时刻的估值 Q 应该与未来 $t+1$ 时刻的估值 Q 一致。而 $t+1$ 时刻的估值 Q 一定是使 Q 在所有动作中最大的一个，因为智能主体会根据估值 Q 最大而行动。所以，我们求 $t+1$ 时刻 Q 的最大值。

下面我们结合智能主体走迷宫的例子来看看 Q 学习算法如何有效地指导主体行动。在这个例子中，主体所在的位置就是环境的状态 s。一开始，主体会在迷宫中闲逛。然后，假设主体在迷宫中移动时碰到了表示地雷的黑色圆形区域。这时，假设主体开始持续不断地执行 Q 学习算法来调整各个时间步的 Q 值，一步步往前反馈。黑格代表 $Q(s, a^*)$ 的大小，越黑表示 Q 值越负，其中 a^* 是当前最优行动。由于公式中折现因子的存在，距离地雷最近的格子颜色最深，距离主体出发格点最近的格子颜色最浅，这反映了未来对现在的反馈效应是衰减的。本次主体的移动在碰到地雷以后，就完成了 Q 学习算法的一系列迭代。当有了新的 Q 函数以后，如果主体还是从相同的格点出发，它就会避开 Q 值低的点，而选择新的路径。这就是 Q 学习算法的运行过程和功能作用。

15.2.2　DQN 算法

深度 Q 学习算法是对传统 Q 学习算法的全面升级。传统 Q 学习算法的弊端是需要建立一张超级大的表格来存储所有可能的 s, a 组合对应的 Q 值。假设环境的状态有 1000 种，主体的动作有 10 种，那么就需要开辟 10 000 个存储空间。这不仅浪费内存，而且也降低了更新效率。于是，人们提出了改进的办法，这就是 DQN（deep Q-learning network），也就是利用深度神经网络替换 Q 学习中的那个大表格。

DeepMind 于 2015 年在《科学》杂志发表了一篇名为 "Human-Level Control Through Deep Reinforcement Learning" 的论文，该文将深度学习和强化学习相结合，构建了一个从感知到决策的端到端的学习算法。该算法训练了一个主体，它在多个雅达利（Atari）游戏上的表现超过人类玩家。其中，整个网络的架构和超参数在玩不同的游戏时都是不变的。这体现了算法具有一定的通用性，是通用人工智能领域的一次重大实践突破。这篇论文因提出了 DQN 算法而被视作深度强化学习的开山之作。你可能会觉得，让人工智能玩游戏不算什么，因为游戏本身就是一个程序，人工智能当然很容易在计算机中操作它了。值得强调的是，人工智能玩游戏是像人一样直接观察游戏的像素画面，并不了解游戏的规则。人工智能需要反复不停地学习，才能掌握什么情况下能得分，什么情况下不行。

接下来我们就详细介绍 DeepMind 是如何将神经网络和 Q 学习结合在一起实现人工智能玩游戏的。其中的关键当然是用神经网络替代 Q 函数。我们知道，神经网络可以看作一个有输入有输出的黑箱，而 Q 函数是在给定当前状态 s 和主体动作 a 的情况下，给出一个实数值 Q 来评价这个状态带来的收益。只要是输入输出系统，都可以用神经网络来建模，所以我们可以将 Q 函数也看作一个神经网络，它输入的是状态 s 和可能的动作 a，输出的是一个实数值 Q。

1. 主体行动

Q 学习网络可以指导主体行动，也就是在任意时刻，主体都选择能够让 Q 函数值达到最大的那个动作 a。

DeepMind 为 DQN 网络选择的是深度卷积的架构。输入层直接读取游戏画面的每一帧，然后画面经过若干层的卷积处理，不同层次的信息被网络提取出来。该神经网络的最后一层是一个全连接层，连接游戏的动作和相应 Q 值的组合。在这里，DQN 相对于 Q 学习算法有一个小的改动，那就是并没有真的将主体的动作 a 当作输入，而是将它当作输出，并与 Q 值组合到了一起。每一个动作的输出值表示的是在当前状态 s 下，如果选择了 a 动作，Q 函数值是多少。整个网络架构如图 15.4 所示。

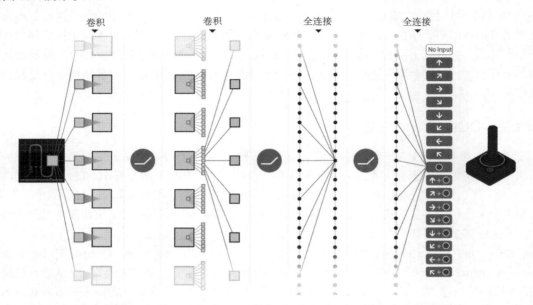

卷积　　　卷积　　　全连接　　　全连接

图 15.4　DQN 端到端学习（图片来源：Mnih V, Kavukcuoglu K, Silver D, et al. Human-level Control through Deep Reinforcement Learning. Nature 518, 529-533, 2015.）

　　例如，在 *Flappy Bird* 游戏中，主体有按下动作键和不按键两种选择，那么 DQN 网络的输出层就有两个单元。一个单元对应按下动作键，另一个对应不按键。每一个单元输出一个实数值，这个数值代表的是在输入游戏画面 s 和选择了当前动作之后的估值 Q。这样，在每个周期主体只需要在输出层的神经元中选择一个最大输出所对应的动作就可以了。

　　之所以采用这样的设计，是因为主体的输出动作一般是有限个离散值，而输出是单一的 Q 值，数据维度也比较小，因此将输入动作和 Q 值组合在一起，可以实现最高的效率。

2. 环境状态的转移

　　在 t 时刻，游戏画面是 s_t 的情况下，一旦主体做出了动作 a_t，那么根据游戏机制，游戏的状态就会发生转移，这体现为游戏的画面从 s_t 转移到了下一时刻的画面 s_{t+1}。

　　于是，在新的画面下，主体又可以展开行动。如此周而复始，永不停息。

3. DQN 的学习

　　我们学过的所有前馈神经网络都需要监督学习，也就是要有训练数据、标签以及损失函数，DQN 也不例外。那么，DQN 网络的监督信息和损失函数又是什么呢？

　　我们可以通过观察 Q 学习的迭代公式找到答案。前文中已经讲到，Q 学习的本质思想就是调节每一步的 Q 函数，使得它能够尽可能逼近 $r_t + \gamma \max_{a'} Q(s_{t+1}, a')$。既然 DQN 网络的输出就是 t 时刻的 Q 函数，那么我们不妨以 $r_t + \gamma \max_{a'} Q(s_{t+1}, a')$ 作为目标。

于是，一个 DQN 网络的演化方向就是使 $r_t + \gamma \max_{a'} Q(s_{t+1}, a')$ 和 $Q(s_t, a_t)$ 的差异达到最小。这样，有了自定义的损失函数，我们便可以训练神经网络了。

我们整理了 DQN 的输入、输出及损失函数，如表 15.1 所示。

表 15.1 DQN 的输入、输出及损失函数

条目	内　容
输入	游戏在 t 时刻的画面 s
输出	$Q(s_t, a_t)$，即在当前输入 s，每一个动作 a 上的 Q 函数值
目标	$r_t + \gamma \max_{a'} Q(s_{t+1}, a')$，游戏在 $t{+}1$ 时刻、输入画面为 s_{t+1} 的情况下，所能获得的最大 Q 值加上 t 时刻的回报
损失	$\sum_{at}(r_t + \gamma \max_{a'} Q(s_{t+1}, a') - Q(s_t, a_t))^2 / N_a$，即 t 时刻网络输出与目标状态的均方误差，N_a 表示可能的行动数量

DQN 与我们之前接触到的所有神经网络有一个显著的不同，它的目标函数需要使用 DQN 本身来计算，因为我们要评估 s_{t+1} 状态下的 Q 值。

另外，DQN 相比一般神经网络的优势在于，游戏的机制本身就可以源源不断地为 DQN 提供监督信息，这也是 DQN 这种强化学习算法高明的地方所在。

4. DQN 的训练

DQN 的训练数据来自游戏机制本身。游戏每进行一步，游戏画面从 s_t 转换到 s_{t+1}，主体获得反馈 r_t，新的 Q 函数就会产生一个训练数据对，我们记为 $(s_t, a_t; r_t + \gamma \max_{a'} Q(s_{t+1}, a'))$。

在具体训练中，并非主体每移动一步，就要训练一次，而是走了若干步，比如 T 个周期以后，它才完成一次学习，调整一次神经网络的权重。同时，主体的状态也并非用当前一帧游戏画面，而是把所有游戏的历史信息也就是每一步的游戏画面和相应的动作相结合。

具体来讲，每一帧形成的训练数据对并没有直接用来训练网络，而是被记载到了一个内存变量 D_t 中。在每 T 步一次的训练中，系统会从 D_t 中随机抽取一批训练数据对，对神经网络做反向传播和梯度下降。因此，游戏的运行和训练是异步的。DeepMind 将这种机制称为内存回放（memory replay）。有了它，DQN 的训练效果会大大改善。

15.2.3　DQN 在雅达利游戏上的表现

使用上面的方法反复训练，Q 函数可以足够精确地反映环境的反馈信息，从而训练出表现非常棒的人工智能程序。例如，当 DQN 玩《打砖块》这款游戏时表现出了相当高的智能（如图 15.5 所示）。一开始，Q 值没有起到任何指导作用。后来通过反复学习，Q 值可以越来越好地评估主体所处的环境状态，给出更好的运动策略。随着训练的进行，游戏的得分不断升高，主体甚至学习到了要将一排砖块打穿来得到更高的分数。

DeepMind 经过大量实验发现，如果用同一个 DQN，即网络结构与超参数均不做调整，网络反复玩各种各样的游戏，都能取得非常好的结果。图 15.6 所示是用 DQN 玩不同游戏的结果，每一行是一款雅达利游戏，矩形长度代表 DQN 经过学习后表现的好坏，百分比是 DQN 玩若干次后和人类玩家的平均得分对比值。可以看出，在 *Video Pinball* 这款游戏中，神经网络的表现已经

远远超过了人类。其中，灰色表示的是传统强化学习的效果，可以看出，DQN 也是远远超越传统强化学习算法的。

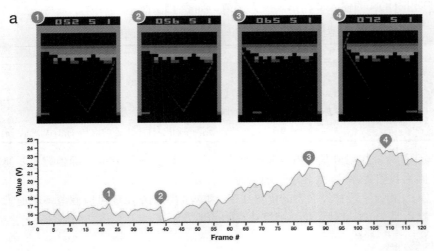

图 15.5　DQN 玩《打砖块》游戏（图片来源：Mnih V, Kavukcuoglu K, Silver D, et al. Human-level Control through Deep Reinforcement Learning. Nature 518, 529-533, 2015.）

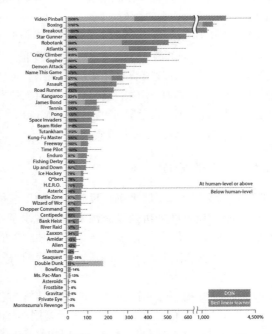

图 15.6　DQN 学习效果（图片来源：Mnih V, Kavukcuoglu K, Silver D, et al. Human-level Control through Deep Reinforcement Learning. Nature 518, 529-533, 2015.）

15.3　DQN 玩 *Flappy Bird* 的 PyTorch 实现

前面我们学习了 Q 学习算法与 DQN 的改进，看到了它惊人的效果。本节我们将用 PyTorch 实现用 DQN 玩 *Flappy Bird* 的程序。我们首先会借助 Pygame 这个平台来搭建一个适合深度强化学习算法的实验平台，然后用 PyTorch 实现 DQN 算法，实现人工智能玩游戏的目标。

15.3.1　*Flappy Bird* 的 PyGame 实现

Flappy Bird 是越南独立游戏开发者 Dong Nguyen 开发的作品，游戏于 2013 年 5 月 24 日上线，2014 年 2 月爆红网络。因操作简单、可玩性极强而风靡一时。在这款游戏中，玩家只需要用一根手指点击屏幕，小鸟就会往上飞。玩家不断点击屏幕，小鸟就会不断往高处飞。松开手指，小鸟则会由于重力作用而快速下降。游戏会推着小鸟随画面移动，所以玩家只需要通过手指控制小鸟向上或向下，注意躲避途中出现的高低不平的管道，就可以顺利通关。

游戏的回报机制是这样的：小鸟安全穿过一根柱子且不撞上就得 1 分，撞上柱子会减 1 分，并且游戏重新来过。在每一个周期内，只要小鸟不死就会获得 0.1 的得分。

这款游戏拥有极简的设计，比如固定的背景、像素化的元素等。变化的视觉元素只有 3 点：管道的开口位置、小鸟的高度和游戏得分。所以，非常适合作为深度强化学习的实验平台。

在 Python 中，我们使用 Pygame 来实现这款游戏。Pygame 是一套用来写游戏的 Python 模块。我们可以用 Python 语言快速创建完全界面化的游戏和多媒体程序，而不需要关注底层实现。

使用 pip 命令就可以方便地安装 Pygame：

```
python3 -m pip install pygame --user
```

成功安装 Pygame 后，通过简单的代码，就可以在 Pygame 上实现 *Flappy Bird*。

1. 加载资源与初始化

首先，我们需要编写游戏所需资源的加载代码，包括小鸟在不同状态下的图像、音效和相应的蒙版：

```
import pygame
import sys

# 加载各类资源的函数
def load():
    # 小鸟在不同状态下的图像
    PLAYER_PATH = (
        'assets/sprites/redbird-upflap.png',
        'assets/sprites/redbird-midflap.png',
        'assets/sprites/redbird-downflap.png'
    )

    # 背景图地址
    BACKGROUND_PATH = 'assets/sprites/background-black.png'

    # 管道图像所在地址
```

15

```python
PIPE_PATH = 'assets/sprites/pipe-green.png'

IMAGES, SOUNDS, HITMASKS = {}, {}, {}

# 加载成绩数字所需的图像
IMAGES['numbers'] = (
    pygame.image.load('assets/sprites/0.png').convert_alpha(),
    pygame.image.load('assets/sprites/1.png').convert_alpha(),
    pygame.image.load('assets/sprites/2.png').convert_alpha(),
    pygame.image.load('assets/sprites/3.png').convert_alpha(),
    pygame.image.load('assets/sprites/4.png').convert_alpha(),
    pygame.image.load('assets/sprites/5.png').convert_alpha(),
    pygame.image.load('assets/sprites/6.png').convert_alpha(),
    pygame.image.load('assets/sprites/7.png').convert_alpha(),
    pygame.image.load('assets/sprites/8.png').convert_alpha(),
    pygame.image.load('assets/sprites/9.png').convert_alpha()
)

# 加载地面的图像
IMAGES['base'] = pygame.image.load('assets/sprites/base.png').convert_alpha()

# 加载声音文件 (在不同的系统中，声音文件的扩展名不同)
if 'win' in sys.platform:
    soundExt = '.wav'
else:
    soundExt = '.ogg'

SOUNDS['die']    = pygame.mixer.Sound('assets/audio/die' + soundExt)
SOUNDS['hit']    = pygame.mixer.Sound('assets/audio/hit' + soundExt)
SOUNDS['point']  = pygame.mixer.Sound('assets/audio/point' + soundExt)
SOUNDS['swoosh'] = pygame.mixer.Sound('assets/audio/swoosh' + soundExt)
SOUNDS['wing']   = pygame.mixer.Sound('assets/audio/wing' + soundExt)

# 加载背景图
IMAGES['background'] = pygame.image.load(BACKGROUND_PATH).convert()

# 加载小鸟图像
IMAGES['player'] = (
    pygame.image.load(PLAYER_PATH[0]).convert_alpha(),
    pygame.image.load(PLAYER_PATH[1]).convert_alpha(),
    pygame.image.load(PLAYER_PATH[2]).convert_alpha(),
)

# 加载水管
IMAGES['pipe'] = (
    pygame.transform.rotate(
        pygame.image.load(PIPE_PATH).convert_alpha(), 180),
    pygame.image.load(PIPE_PATH).convert_alpha(),
)

# 获得水管的蒙版
HITMASKS['pipe'] = (
    getHitmask(IMAGES['pipe'][0]),
    getHitmask(IMAGES['pipe'][1]),
```

```
)

# 玩家的蒙版
HITMASKS['player'] = (
    getHitmask(IMAGES['player'][0]),
    getHitmask(IMAGES['player'][1]),
    getHitmask(IMAGES['player'][2]),
)

# 返回 3 个字典，每个字典的值分别存储图像、音效和蒙版
return IMAGES, SOUNDS, HITMASKS
```

getHitmask() 是蒙版获取函数。蒙版是将图像中的主体从整个图像中抠出来的技术，方便将主体与其他对象合成到一起。蒙版用一个 boolean 类型的列表来存储：

```
def getHitmask(image):
    # 根据图像的 alpha 获得蒙版
    mask = []
    for x in range(image.get_width()):
        mask.append([])
        for y in range(image.get_height()):
            mask[x].append(bool(image.get_at((x,y))[3]))
    return mask
```

2. 实现游戏逻辑

接下来实现 *Flappy Bird* 的游戏逻辑，加载所需的包并且初始化相应变量：

```
# 加载程序所需的包
import numpy as np
import sys
import random
import pygame
import pygame.surfarray as surfarray
from pygame.locals import *
from itertools import cycle

FPS = 30  # 帧率
SCREENWIDTH  = 288  # 屏幕的宽度
SCREENHEIGHT = 512  # 屏幕的高度

pygame.init()  # 游戏初始化
FPSCLOCK = pygame.time.Clock()  # 定义程序时钟
SCREEN = pygame.display.set_mode((SCREENWIDTH, SCREENHEIGHT))  # 定义屏幕对象
pygame.display.set_caption('*Flappy Bird*')  # 设定窗口名称

IMAGES, SOUNDS, HITMASKS = load()  # 加载游戏资源
PIPEGAPSIZE = 100  # 定义两个水管之间的宽度
BASEY = SCREENHEIGHT * 0.79  # 设定基地的高度

# 设定小鸟属性：宽度、高度
PLAYER_WIDTH = IMAGES['player'][0].get_width()
PLAYER_HEIGHT = IMAGES['player'][0].get_height()
```

```
# 设定水管属性：宽度、高度
PIPE_WIDTH = IMAGES['pipe'][0].get_width()
PIPE_HEIGHT = IMAGES['pipe'][0].get_height()

# 背景宽度
BACKGROUND_WIDTH = IMAGES['background'].get_width()

PLAYER_INDEX_GEN = cycle([0, 1, 2, 1])
```

游戏模型类实现了主要的功能，该类包括两部分，__init__()初始化和 frame_step()下一帧
显示：

```
# 游戏模型类
class GameState:
    def __init__(self):
        # 初始化
        # 初始成绩、玩家索引、循环迭代都为 0
        self.score = self.playerIndex = self.loopIter = 0

        # 设定小鸟的初始位置
        self.playerx = int(SCREENWIDTH * 0.2)
        self.playery = int((SCREENHEIGHT - PLAYER_HEIGHT) / 2)
        self.basex = 0
        # 地面的初始移位
        self.baseShift = IMAGES['base'].get_width() - BACKGROUND_WIDTH

        # 生成两个随机的水管
        newPipe1 = getRandomPipe()
        newPipe2 = getRandomPipe()

        # 设定初始水管的位置坐标 (x, y)
        self.upperPipes = [
            {'x': SCREENWIDTH, 'y': newPipe1[0]['y']},
            {'x': SCREENWIDTH + (SCREENWIDTH / 2), 'y': newPipe2[0]['y']},
        ]
        self.lowerPipes = [
            {'x': SCREENWIDTH, 'y': newPipe1[1]['y']},
            {'x': SCREENWIDTH + (SCREENWIDTH / 2), 'y': newPipe2[1]['y']},
        ]

        # 定义玩家的属性
        self.pipeVelX = -4
        self.playerVelY    =  0    # 小鸟在 y 轴上的速度，初始设置为 playerFlapped
        self.playerMaxVelY =  10   # y 轴上的最大速度，也就是最大的下降速度
        self.playerMinVelY = -8    # y 轴上的最小速度
        self.playerAccY    =  1    # 小鸟下落的加速度
        self.playerFlapAcc = -9    # 扇动翅膀的加速度
        self.playerFlapped = False # 小鸟是否扇动了翅膀

    def frame_step(self, input_actions):
        # input_actions 是一个行动数组，分别存储了 0 或者 1 两个动作的激活情况
        # 游戏每一帧的循环
        pygame.event.pump()
```

```python
# 每一步的默认回报
reward = 0.1
terminal = False

# 限定每一帧只能做一个动作
if sum(input_actions) != 1:
    raise ValueError('Multiple input actions!')

# input_actions[0] == 1: 对应什么都不做
# input_actions[1] == 1: 对应小鸟扇动了翅膀
if input_actions[1] == 1:
    # 小鸟扇动翅膀向上
    if self.playery > -2 * PLAYER_HEIGHT:
        self.playerVelY = self.playerFlapAcc
        self.playerFlapped = True
        #SOUNDS['wing'].play()

# 检查是否通过了管道，如果通过，则增加成绩
playerMidPos = self.playerx + PLAYER_WIDTH / 2
for pipe in self.upperPipes:
    pipeMidPos = pipe['x'] + PIPE_WIDTH / 2
    if pipeMidPos <= playerMidPos < pipeMidPos + 4:
        self.score += 1
        #SOUNDS['point'].play()
        reward = 1

# playerIndex 轮换
if (self.loopIter + 1) % 3 == 0:
    self.playerIndex = next(PLAYER_INDEX_GEN)
self.loopIter = (self.loopIter + 1) % 30
self.basex = -((-self.basex + 100) % self.baseShift)

# 小鸟运动
if self.playerVelY < self.playerMaxVelY and not self.playerFlapped:
    self.playerVelY += self.playerAccY
if self.playerFlapped:
    self.playerFlapped = False
self.playery += min(self.playerVelY, BASEY - self.playery - PLAYER_HEIGHT)
if self.playery < 0:
    self.playery = 0

# 管道的移动
for uPipe, lPipe in zip(self.upperPipes, self.lowerPipes):
    uPipe['x'] += self.pipeVelX
    lPipe['x'] += self.pipeVelX

# 当管道快到左侧边缘的时候，产生新的管道
if 0 < self.upperPipes[0]['x'] < 5:
    newPipe = getRandomPipe()
    self.upperPipes.append(newPipe[0])
    self.lowerPipes.append(newPipe[1])

# 当第一个管道移出屏幕的时候，就把它删除
if self.upperPipes[0]['x'] < -PIPE_WIDTH:
```

15

```
        self.upperPipes.pop(0)
        self.lowerPipes.pop(0)

    # 检查碰撞
    isCrash= checkCrash({'x': self.playerx, 'y': self.playery,
                         'index': self.playerIndex},
                        self.upperPipes, self.lowerPipes)
    # 如果发生碰撞，则游戏结束，terminal=True
    if isCrash:
        #SOUNDS['hit'].play()
        #SOUNDS['die'].play()
        terminal = True
        self.__init__()
        reward = -1

    # 将所有角色都根据坐标画到屏幕上
    SCREEN.blit(IMAGES['background'], (0,0))

    for uPipe, lPipe in zip(self.upperPipes, self.lowerPipes):
        SCREEN.blit(IMAGES['pipe'][0], (uPipe['x'], uPipe['y']))
        SCREEN.blit(IMAGES['pipe'][1], (lPipe['x'], lPipe['y']))

    SCREEN.blit(IMAGES['base'], (self.basex, BASEY))

    # 打印分数
    # showScore(self.score)
    SCREEN.blit(IMAGES['player'][self.playerIndex],
                (self.playerx, self.playery))

    # 将当前的游戏屏幕生成一个二维画面返回
    image_data = pygame.surfarray.array3d(pygame.display.get_surface())
    pygame.display.update()
    FPSCLOCK.tick(FPS)
    # print self.upperPipes[0]['y'] + PIPE_HEIGHT - int(BASEY * 0.2)
    # 该函数的输出有 3 个变量：游戏当前帧的游戏画面、当前获得的游戏得分、游戏是否已经结束
    return image_data, reward, terminal
```

getRandomPipe()函数用来随机生成管道，并且返回管道的坐标：

```
def getRandomPipe():
    # 两个管道之间的竖直间隔从下列数中直接取
    gapYs = [20, 30, 40, 50, 60, 70, 80, 90]
    index = random.randint(0, len(gapYs)-1)
    gapY = gapYs[index]

    # 设定新生成管道的位置
    gapY += int(BASEY * 0.2)
    pipeX = SCREENWIDTH + 10

    # 返回管道的坐标
    return [
        {'x': pipeX, 'y': gapY - PIPE_HEIGHT},  #upper pipe
        {'x': pipeX, 'y': gapY + PIPEGAPSIZE},  #lower pipe
    ]
```

checkCrash()函数的作用是检测碰撞，基本思路为：将每一个物体看作一个矩形区域，然后检查两个矩形区域是否有碰撞。检查碰撞是细致到每个对象的图像蒙版级别的，而不是单纯看矩形之间的碰撞：

```python
def checkCrash(player, upperPipes, lowerPipes):
    pi = player['index']
    player['w'] = IMAGES['player'][0].get_width()
    player['h'] = IMAGES['player'][0].get_height()

    # 检查小鸟是否撞到了地面
    if player['y'] + player['h'] >= BASEY - 1:
        return True
    else:
        # 检查小鸟是否与管道碰撞
        playerRect = pygame.Rect(player['x'], player['y'],
                                 player['w'], player['h'])

        for uPipe, lPipe in zip(upperPipes, lowerPipes):
            # 上下管道矩形
            uPipeRect = pygame.Rect(uPipe['x'], uPipe['y'], PIPE_WIDTH, PIPE_HEIGHT)
            lPipeRect = pygame.Rect(lPipe['x'], lPipe['y'], PIPE_WIDTH, PIPE_HEIGHT)

            # 获得每个元素的蒙版
            pHitMask = HITMASKS['player'][pi]
            uHitmask = HITMASKS['pipe'][0]
            lHitmask = HITMASKS['pipe'][1]

            # 检查是否与上下管道相撞
            uCollide = pixelCollision(playerRect, uPipeRect, pHitMask, uHitmask)
            lCollide = pixelCollision(playerRect, lPipeRect, pHitMask, lHitmask)

            if uCollide or lCollide:
                return True
    return False

def pixelCollision(rect1, rect2, hitmask1, hitmask2):
    # 在像素级别检查两个对象是否发生碰撞
    rect = rect1.clip(rect2)

    if rect.width == 0 or rect.height == 0:
        return False

    # 确定矩形框，并针对框中的每个像素进行循环，查看两个对象是否碰撞
    x1, y1 = rect.x - rect1.x, rect.y - rect1.y
    x2, y2 = rect.x - rect2.x, rect.y - rect2.y

    for x in range(rect.width):
        for y in range(rect.height):
            if hitmask1[x1+x][y1+y] and hitmask2[x2+x][y2+y]:
                return True
    return False
```

至此，我们就实现了 *Flappy Bird* 的全部游戏逻辑，现在这款游戏可以独立运行了。

15

3. 测试代码

最后，我们对前面的代码进行测试。循环 100 步，并将每一帧的画面打印出来：

```python
import matplotlib.pyplot as plt
from IPython.display import display, clear_output

# 新建一个游戏
game = GameState()

fig = plt.figure()
axe = fig.add_subplot(111)
dat = np.zeros((10, 10))
img = axe.imshow(dat)


for i in range(100):
    clear_output(wait = True)
    image_data, reward, terminal = game.frame_step([0,1])

    image = np.transpose(image_data, (1, 0, 2))
    img.set_data(image)
    img.autoscale()
    display(fig)
```

这个游戏与外界的重要接口就在于 game.frame_step()这个函数，它传入的是玩家的动作，这是一个二元数组，[0, 1]表示按键，[1, 0]表示不按键。之后，game.frame_step()会回传游戏下一时刻的画面 image_data、玩家获得的回报 reward 以及当前游戏是否结束 terminal。

这个 game.frame_step()同样构成了与 DQN 部分的接口。DQN 与游戏逻辑之间的联系主要有两部分，一部分是主体从游戏获得游戏画面，并对其进行感知；另一部分就是主体做出行动传递给游戏，游戏相应地发生一系列变化。在后面的代码阅读中，我们要着重注意这两点。

15.3.2　DQN 的 PyTorch 实现

接下来，我们就深入代码细节，详细解读如何用 PyTorch 来实现一个人工智能主体，它能够在玩 *Flappy Bird* 时，不断训练自己从而表现得越来越好，成为真正的游戏高手。

1. 导入包、定义超参数

首先要导入依赖包。对于游戏画面的图像处理，我们用到了 OpenCV 这个包，它可以使图像快速地变形。在安装这个包的时候，一般需要先安装 Homebrew，然后在这个环境下用 brew install opencv 安装该包：

```python
import torch
import torch.nn as nn
import torch.nn.functional as F
import cv2   # 需要安装 OpenCV 的包
import sys
sys.path.append("game/")
import random
```

```
import numpy as np
from collections import deque
```

接着，定义一系列常数和超参数：

```
GAME = 'bird'  # 游戏名称
ACTIONS = 2  # 有效输出动作的个数
GAMMA = 0.99  # 强化学习中未来的衰减率
OBSERVE = 10000.  # 训练之前的时间步，需要先观察 10 000 帧
EXPLORE = 3000000.  # 退火所需的时间步（退火是指随机选择率 epsilon 逐渐变小）
FINAL_EPSILON = 0.0001  # epsilon 的最终值
INITIAL_EPSILON = 0.1  # epsilon 的初始值
REPLAY_MEMORY = 50000  # 最多记忆多少帧训练数据
BATCH = 32  # 每一个批次的数据记录条数
FRAME_PER_ACTION = 1  # 每间隔多少时间完成一次有效动作的输出
```

2. Flappy Bird 中的 DQN 架构

接下来，我们再来看 DQN 网络架构。首先要明确系统架构，该神经网络的输入是基于 PyGame 实现的 *Flappy Bird* 的画面，输出是游戏中小鸟的动作所对应的 Q 函数。具体来讲，因为小鸟的动作只有向上和向下两种，所以输出值就是向上和向下对应的 Q 值。

但是，实践证明，如果单纯使用当前一帧的画面，算法会很难收敛。所以，我们使用的是当前时刻 t 之前的连续 4 帧画面（也就是 $t, t-1, t-2, t-3$ 帧画面）作为网络的输入。整个网络构建采取了一个 CNN 架构，它的输入是一个 4 通道、80×80 大小的图像，不同的通道对应了不同的时间步画面。整个网络的架构如图 15.7 所示。

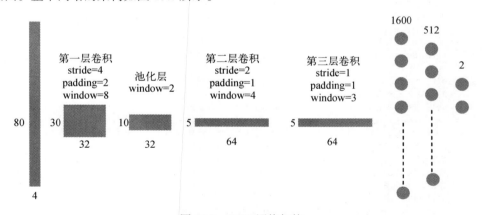

图 15.7　DQN 网络架构

另外，我们定制了神经网络的参数初始化过程，可以让这些参数取值更加多样化。整个网络部分的实现代码如下：

```
# 创建一个多层 CNN，该网络接收的输入为 4 帧画面，输出为每个可能动作对应的 Q 函数值
class Net(nn.Module):
    def __init__(self):
        super(Net, self).__init__()
        # 第一层卷积，从 4 通道到 32 通道，窗口大小为 8，跳跃间隔为 4，padding 为 2
```

15

```
        self.conv1 = nn.Conv2d(4, 32, 8, 4, padding = 2)
        # 池化层，窗口大小 2×2
        self.pool = nn.MaxPool2d(2, 2)
        # 第二层卷积，从 32 通道到 64 通道，窗口大小为 4，跳跃间隔为 2，padding 为 1
        self.conv2 = nn.Conv2d(32, 64, 4, 2, padding = 1)
        # 第三层卷积，输入输出通道都是 64，padding 为 1
        self.conv3 = nn.Conv2d(64, 64, 3, 1, padding = 1)

        # 最后有两层全连接层
        self.fc_sz = 1600
        self.fc1 = nn.Linear(self.fc_sz, 256)
        self.fc2 = nn.Linear(256, ACTIONS)

    def forward(self, x):
        # 输入为一个 batch 的数据，每一个为前后相连的 4 张图像，每张图像的大小为 80×80
        # x 的尺寸为：batch_size, 4, 80, 80
        x = self.conv1(x)
        # x 的尺寸为：batch_size, 32, 20, 20
        x = F.relu(x)
        x = self.pool(x)
        # x 的尺寸为：batch_size, 32, 10, 10
        x = F.relu(self.conv2(x))
        # x 的尺寸为：batch_size, 64, 5, 5
        # x = self.pool2(x)
        x = F.relu(self.conv3(x))
        # x 的尺寸为：batch_size, 64, 5, 5
        # x = self.pool2(x)
        # 将 x 设为 1600 维的向量，batch_size, 1600
        x = x.view(-1, self.fc_sz)
        x = F.relu(self.fc1(x))
        readout = self.fc2(x)
        return readout, x

    def init(self):
        # 初始化所有的网络权重
        self.conv1.weight.data = torch.abs(0.01 * torch.randn(self.conv1.weight.size()))
        self.conv2.weight.data = torch.abs(0.01 * torch.randn(self.conv2.weight.size()))
        self.conv3.weight.data = torch.abs(0.01 * torch.randn(self.conv3.weight.size()))
        self.fc1.weight.data = torch.abs(0.01 * torch.randn(self.fc1.weight.size()))
        self.fc2.weight.data = torch.abs(0.01 * torch.randn(self.fc2.weight.size()))
        self.conv1.bias.data = torch.ones(self.conv1.bias.size()) * 0.01
        self.conv2.bias.data = torch.ones(self.conv2.bias.size()) * 0.01
        self.conv3.bias.data = torch.ones(self.conv3.bias.size()) * 0.01
        self.fc1.bias.data = torch.ones(self.fc1.bias.size()) * 0.01
        self.fc2.bias.data = torch.ones(self.fc2.bias.size()) * 0.01
```

3. 程序的运行

　　首先，每个周期主体都会将最近 4 个周期的游戏画面 s 输入 DQN 神经网络中，并输出两个 Q 值，分别对应主体选择向上运动的估值和向下运动的估值。之后，主体会选择其中较大的一个，并采取相应的行动。

　　值得注意的是，为了避免陷入死循环，主体会以每周期 epsilon 的概率随机选择一个动作，而更多时候则按照神经网络的结果行动。这里的 epsilon 是一个概率数值，它会从早期的 INITIAL_EPSILON 一点点地减少到 FINAL_EPSILON，减少的速率基本上是超参数 EXPLORE 的倒数。也就是说，主体在早期会经历一段野蛮的探索期，较多地随机选择行动。探索期结束后，它才以较大的概率按照神经网络的指挥行动。这种行动方案通常被称为 ϵ 贪婪策略。

接下来，当主体做出行动后，*Flappy Bird* 游戏机制会根据行动转换状态。这时游戏画面会发生变化，主体会将这种变化记录下来，利用 OpenCV 的函数对画面做一定的处理，形成新一时刻的状态 s'（也包括前面 3 帧画面）。

同时，主体会将前 4 帧画面 s、后 4 帧画面 s'、这一次采取的行动 a、游戏给的回报和当前游戏是否已经结束 T，都记录下来，形成一个五元组（s, a, r, s', T）。其中，T 是布尔值，如果做完动作游戏结束，T 是 True，否则为 False。游戏画面每变化一次，小鸟就会产生一次新动作，也就会生成这样一组数据。之后，主体会将这个五元组放到一个数组 D 中。D 具有存储容量限制，由超参数 REPLAY_MEMORY 限定，当 D 中存储的五元组超过这个数的时候，每新加一个五元组，就会把最老的一个五元组删除。

当游戏进行到 OBSERVE 个周期之前，神经网络的训练过程是不会展开的，主体只会利用神经网络来做决策行动。而到了 OBSERVE 个周期之后，训练才会与主体的决策同步进行。在训练的时候，主体会从 D 中随机抽取 BATCH 个五元组作为当期的一批数据（即 mini-batch）来训练神经网络。

具体到每一次的训练过程中，主体会将这批数据拿来，先将它们的状态 s 和行动 a 输入网络，得到估值 Q；之后再将状态 s' 输入网络，得到下一时刻两个动作中最大的估值 Q'，从而计算出目标函数值 $r + \gamma Q'$。有一种特殊情况，当 $T =$ True（即游戏结束）的时候，目标函数就仅仅是 r。于是，我们可以将 Q 和 $r + \gamma Q'$ 或者 r 做差值、平方，得到损失函数。然后，执行反向传播算法，更新网络的权重。

主体的整个运行流程如图 15.8 所示，训练流程如图 15.9 所示。

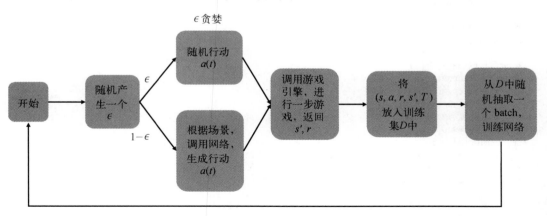

图 15.8 运行流程

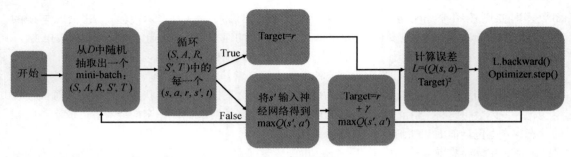

图 15.9 训练流程

其实，训练流程是耦合在运行流程中的，是运行流程中的最后一个模块。所以，程序实现了边做边学。下面是对网络的初始化，因为该网络非常难训练，因此一定要使用 GPU：

```python
# 开始在内存/GPU 上定义一个网络
use_cuda = torch.cuda.is_available() # 检测本台计算机中是否有 GPU

# 创建一个神经网络
net = Net()
# 初始化网络权重。自定义初始化过程是为了增加神经网络权重的多样性
net.init()
# 如果有 GPU，就把神经网络全部搬到 GPU 内存中做运算
net = net.cuda() if use_cuda else net

# 定义损失函数为 MSE
criterion = nn.MSELoss().cuda() if use_cuda else nn.MSELoss()
# 定义优化器，并设置初始学习率为 10^-6
optimizer = torch.optim.Adam(net.parameters(), lr=1e-6 )

# 开启一个游戏进程，开始与游戏引擎通话
game_state = GameState()

# 学习样本的存储区域 deque 是一个类似于 list 的存储容器
D = deque()

# 状态打印 log 记录位置
# a_file = open("logs_" + GAME + "/readout.txt", 'w')
# h_file = open("logs_" + GAME + "/hidden.txt", 'w')

# 将游戏设置为初始状态，并获得一个 80×80 大小的游戏画面
do_nothing = np.zeros(ACTIONS)
do_nothing[0] = 1
x_t, r_0, terminal = game_state.frame_step(do_nothing)
x_t = cv2.cvtColor(cv2.resize(x_t, (80, 80)), cv2.COLOR_BGR2GRAY)
ret, x_t = cv2.threshold(x_t,1,255,cv2.THRESH_BINARY)

# 将初始的游戏画面叠加成 4 层，作为神经网络的初始输入状态 s_t
s_t = np.stack((x_t, x_t, x_t, x_t), axis=0)

# 设置初始的 epsilon（采取随机行动的概率），并准备训练
epsilon = INITIAL_EPSILON
t = 0
```

边学边做分为 3 个阶段: (1) 按照 Epsilon 贪婪算法采取一个行动; (2) 将选择的行动输入游戏引擎, 得到下一帧的状态, 并生成本帧的训练数据; (3) 开始训练。代码如下所示:

```python
# 记录每轮训练平均得分的容器
scores = []
all_turn_scores = []
while "flappy bird" != "angry bird":
    # 开始游戏循环
    # 首先, 按照 Epsilon 贪婪算法采取一个行动
    s = torch.from_numpy(s_t).type(torch.FloatTensor)
    s = s.cuda() if use_cuda else s
    s = s.view(-1, s.size()[0], s.size()[1], s.size()[2])
    # 获取当前时刻的游戏画面, 输入神经网络中
    readout, h_fc1 = net(s)
    # 神经网络产生的输出为 readout: 选择每一个行动的预期 Q 值
    readout = readout.cpu() if use_cuda else readout
    # readout 为一个二维向量, 分别对应每一个行动的预期 Q 值
    readout_t = readout.data.numpy()[0]

    # 按照 epsilon 贪婪策略产生小鸟的行动, 即以 epsilon 的概率随机输出行动
    # 或者以 1-epsilon 的概率按照预期输出最大的 Q 值给出行动
    a_t = np.zeros([ACTIONS])
    action_index = 0
    if t % FRAME_PER_ACTION == 0:
        # 如果当前帧可以行动
        if random.random() <= epsilon:
            # 产生随机行动
            # print("----------Random Action----------")
            action_index = random.randrange(ACTIONS)
        else:
            # 选择神经网络判断的预期 Q 值最大的行动
            action_index = np.argmax(readout_t)
        a_t[action_index] = 1
    else:
        a_t[0] = 1 #do nothing

    # 模拟退火: 让 epsilon 开始降低
    if epsilon > FINAL_EPSILON and t > OBSERVE:
        epsilon -= (INITIAL_EPSILON - FINAL_EPSILON) / EXPLORE

    # 其次, 将选择的行动输入游戏引擎, 得到下一帧的状态
    x_t1_colored, r_t, terminal = game_state.frame_step(a_t)
    # 返回的 x_t1_colored 为游戏画面, r_t 为本轮得分, terminal 为游戏在本轮是否已经结束

    # 记录每一步的成绩
    scores.append(r_t)
    if terminal:
        # 当游戏结束的时候, 计算本轮的总成绩, 并将总成绩存储到 all_turn_scores 中
        all_turn_scores.append(sum(scores))
        scores = []

    # 对游戏的原始画面做相应的处理, 从而变成一张 80×80 大小、朴素的 (无背景画面) 的图
    x_t1 = cv2.cvtColor(cv2.resize(x_t1_colored, (80, 80)), cv2.COLOR_BGR2GRAY)
```

```
ret, x_t1 = cv2.threshold(x_t1, 1, 255, cv2.THRESH_BINARY)
x_t1 = np.reshape(x_t1, (1, 80, 80))
# 将当前帧的画面和前 3 帧的画面合起来作为主体获得的环境反馈结果
s_t1 = np.append(x_t1, s_t[:3, :, :], axis=0)
# 生成一条训练数据
# 分别将本帧的输入画面 s_t、本帧的行动 a_t、得到的环境回报 r_t 以及环境转换的新状态 s_t1 存到 D 中
D.append((s_t, a_t, r_t, s_t1, terminal))
if len(D) > REPLAY_MEMORY:
    # 如果 D 中的元素已满，则扔掉最老的一条训练数据
    D.popleft()

# 最后，当运行周期超过一定次数后开始训练神经网络
if t > OBSERVE:
    # 从 D 中随机采样一个 batch 的训练数据
    minibatch = random.sample(D, BATCH)
    optimizer.zero_grad()

    # 将这个 batch 中的 s 变量分别存放到列表中
    s_j_batch = [d[0] for d in minibatch]
    a_batch = [d[1] for d in minibatch]
    r_batch = [d[2] for d in minibatch]
    s_j1_batch = [d[3] for d in minibatch]

    # 接下来，根据 s_j1_batch，神经网络预估的未来的 Q 值
    s = torch.FloatTensor(np.array(s_j1_batch, dtype=float))
    s = s.cuda() if use_cuda else s
    readout, h_fc1 = net(s)
    readout = readout.cpu() if use_cuda else readout
    readout_j1_batch = readout.data.numpy()
    # readout_j1_batch 存储了一个 mini batch 中所有未来一步的估值 Q
    # 根据估值 Q、当前的反馈 r 以及游戏是否结束，更新待训练的目标函数值
    y_batch = []
    for i in range(0, len(minibatch)):
        terminal = minibatch[i][4]
        # 如果游戏结束，则用环境的反馈作为目标，否则用下一状态的 Q 值加当前时刻环境反馈
        if terminal:
            y_batch.append(r_batch[i])
        else:
            y_batch.append(r_batch[i] + GAMMA * np.max(readout_j1_batch[i]))

    # 开始梯度更新
    y = torch.FloatTensor(y_batch)
    a = torch.FloatTensor(a_batch)
    s = torch.FloatTensor(np.array(s_j_batch, dtype=float))
    if use_cuda:
        y = y.cuda()
        a = a.cuda()
        s = s.cuda()
    # 计算 s_j_batch 的 Q 值
    readout, h_fc1 = net(s)
    readout_action = readout.mul(a).sum(1)
    # 以 s_j_batch 下的 Q 值和目标 y 的 Q 值的差来作为损失函数训练网络
    loss = criterion(readout_action, y)
    loss.backward()
```

```python
        optimizer.step()
        if t % 1000 == 0:
            print('损失函数: ', loss)


    # 将状态更新一次，时间步 +1
    s_t = s_t1
    t += 1

    # 每隔 10 000 次循环，存储一下网络
    if t % 10000 == 0:
        torch.save(net, 'saving_nets/' + GAME + '-dqn' + str(t) + '.txt')

    # 状态信息的转化，基本分为 Observe、explore 和 train 这 3 个阶段
    # observe 没有训练，explore 开始训练，并且开始模拟退火，train 模拟退火结束
    state = ""
    if t <= OBSERVE:
        state = "observe"
    elif t > OBSERVE and t <= OBSERVE + EXPLORE:
        state = "explore"
    else:
        state = "train"

    # 打印当前运行的一些基本数据，分别输出到屏幕以及 log 文件中
    if t % 1000 == 0:
        sss = "时间步 {}/ 状态 {}/ Epsilon {:.2f}/ 行动 {}/ 回报 {}/ Q_MAX {:e}/ 轮得分 {:.2f}".format(
            t, state, epsilon, action_index, r_t, np.max(readout_t), np.mean(all_turn_scores[-1000:]))
        print(sss)
        f = open('log_file.txt', 'a')
        f.write(sss + '\n')
        f.close()
```

我们用如下代码对保存的 log 进行可视化。能看到随着训练的帧数越来越多，得分也越来越高：

```python
f = open('final_log_file.txt', 'r')
line = f.read().strip().split('\n')
values = []
for ln in line:
    segs = ln.split('/')
    values.append(float(segs[-1].split(' ')[-1]))
plt.figure()
plt.plot(np.arange(len(values))*1000, values)
plt.xlabel('Frames')
plt.ylabel('Average Score')
plt.show()
```

4. 网络的运行效果

那么，网络的运行效果怎么样呢？在经历了大概 5 天的训练后，我们的小鸟真的可以玩起来了。我们不妨统计游戏每重复一次的平均得分，看一看它随时间变化的情况。从结果来看，得分在不断升高，说明我们的主体表现得越来越好了。

我们可以用下列代码对训练的网络进行测试。从硬盘中直接读取模型文件，以避免从头训练：

```
net = torch.load('final_model.mdl')
FINAL_EPSILON = 0.0001 # epsilon 的最终值
BATCH = 32 # 每一个批次的数据记录条数
FRAME_PER_ACTION = 1 # 每间隔多少时间输出一次有效动作

# 开始在内存/GPU 上定义一个网络
use_cuda = torch.cuda.is_available() # 检测本台机器中是否有 GPU

# 如果有 GPU，就把神经网络全部搬到 GPU 内存中做运算
net = net.cuda() if use_cuda else net

# 开启一个游戏进程，开始与游戏引擎通话
game_state = GameState()

# 状态打印 log 记录位置
# a_file = open("logs_" + GAME + "/readout.txt", 'w')
# h_file = open("logs_" + GAME + "/hidden.txt", 'w')

# 将游戏设置为初始状态，并获得一个 80×80 大小的游戏画面
do_nothing = np.zeros(ACTIONS)
do_nothing[0] = 1
x_t, r_0, terminal = game_state.frame_step(do_nothing)
x_t = cv2.cvtColor(cv2.resize(x_t, (80, 80)), cv2.COLOR_BGR2GRAY)
ret, x_t = cv2.threshold(x_t,1,255,cv2.THRESH_BINARY)

# 将初始的游戏画面叠加成 4 层，作为神经网络的初始输入状态 s_t
s_t = np.stack((x_t, x_t, x_t, x_t), axis=0)

# 设置初始的 epsilon（采取随机行动的概率），并准备训练
epsilon = FINAL_EPSILON
t = 0 # 记录每轮平均得分的容器
scores = []
all_turn_scores = []

fig = plt.figure()
axe = fig.add_subplot(111)
dat = np.zeros((10, 10))
img = axe.imshow(dat)
while "flappy bird" != "angry bird":
    # 开始游戏循环
    # 首先，按照贪婪策略选择一个行动
    s = torch.from_numpy(s_t).type(torch.FloatTensor)
    s = s.cuda() if use_cuda else s
    s = s.view(-1, s.size()[0], s.size()[1], s.size()[2])
    # 获取当前时刻的游戏画面，输入神经网络中
    readout, h_fc1 = net(s)
    # 神经网络产生的输出为 readout：选择每一个行动的预期 Q 值
    readout = readout.cpu() if use_cuda else readout
    # readout 为一个二维向量，分别对应每一个行动的预期 Q 值
    readout_t = readout.data.numpy()[0]
```

```
# 按照 epsilon 贪婪策略产生小鸟的行动，即以 epsilon 的概率随机输出行动
# 或者以 1-epsilon 的概率按照预期输出最大的 Q 值给出行动
a_t = np.zeros([ACTIONS])
action_index = 0
if t % FRAME_PER_ACTION == 0:
    # 如果当前帧可以行动，则
    if random.random() <= epsilon:
        # 产生随机行动
        action_index = random.randrange(ACTIONS)
    else:
        # 选择神经网络判断的预期 Q 值最大的行动
        action_index = np.argmax(readout_t)
    a_t[action_index] = 1
else:
    a_t[0] = 1 #do nothing

# 其次，将选择好的行动输入游戏引擎，并得到下一帧的状态
x_t1_colored, r_t, terminal = game_state.frame_step(a_t)
# 返回的 x_t1_colored 为游戏画面，r_t 为本轮的得分，terminal 为游戏在本轮是否已经结束

# 记录每一步的成绩
scores.append(r_t)
if terminal:
    # 如果游戏结束，计算本轮的总成绩，并将总成绩存储到 all_turn_scores 中
    all_turn_scores.append(sum(scores))
    scores = []

# 对游戏的原始画面做相应的处理，从而变成一张 80×80 大小、无背景画面的图
x_t1 = cv2.cvtColor(cv2.resize(x_t1_colored, (80, 80)), cv2.COLOR_BGR2GRAY)
ret, x_t1 = cv2.threshold(x_t1, 1, 255, cv2.THRESH_BINARY)
x_t1 = np.reshape(x_t1, (1, 80, 80))
# 将当前帧的画面和前 3 帧的画面合并起来作为主体获得的环境反馈结果
s_t1 = np.append(x_t1, s_t[:3, :, :], axis=0)
s_t = s_t1
t += 1
clear_output(wait = True)

image = np.transpose(x_t1_colored, (1, 0, 2))
img.set_data(image)
img.autoscale()
display(fig)
```

运行以上代码，*Flappy Bird* 游戏将取得很好的效果，小鸟会很聪明地从一个个管道的缝隙中穿过，就好像一个顶尖的游戏高手在操作一样，这意味着我们实现了用人工智能来玩游戏。

15.4　小结

本章我们首先简单介绍了强化学习这个新的主题，然后重点介绍了深度强化学习算法中的 DQN。该方法是 DeepMind 团队开发出来的通用学习程序，能够用深度强化学习的方式学会打游戏。我们详细介绍了 DQN 的基本思想和工作原理。

15

之后，我们利用 PyTorch 实现了一个 DQN，并用这个网络完成了可以玩 *Flappy Bird* 游戏的人工智能程序。程序在经过漫长的学习之后，即可成为 *Flappy Bird* 的游戏高手。

我们虽然已经学习了各种有关深度学习技术的实现和最新进展，但是不应迷失方向。在本章以及本书即将结束时，应该回顾一下我们都学到了哪些知识，离我们的终极梦想还有多远。

我们学习了机器学习、神经网络的基本原理和实现途径，学会了强大的深度学习平台 PyTorch，以及 CNN、RNN、对抗式学习等先进技术，并将这些技术应用到了各种具体的问题中，如图像处理、计算机视觉、自然语言处理、人工智能玩游戏等。

然而，我们离终极梦想——真正的人工智能——还有多远呢？

我们知道，真正的人工智能实际上是一种通用程序。也就是说，无论是视觉、听觉还是自然语言处理，都应该由一个通用程序来实现，而不是分散在不同的程序中。而且，这个程序不应是若干功能的简单堆砌，而应该是一个有机的整体。从这个角度来看，我们学习过的所有技术都和这个目标相差甚远。

这一目标就是通用人工智能。这个词语经常与强人工智能、自主意识等词语密切相关，我们期待这种算法具有一定的"自我意识"，可以不断地学习与成长，这是我们所期待的下一代人工智能。从某种程度上讲，通用人工智能代表了人工智能的终极梦想。

15.5　通用人工智能还有多远

在前两节中实现的可以玩 *Flappy Bird* 的 DQN 模型，其实可以理解为一种（游戏世界中的）狭义的通用人工智能，因为这个模型可以在不更改网络架构与超参数的情况下应用于不同的游戏。然而，DQN 也仅仅停留在了游戏领域，而无法真正地在各种领域实现通用人工智能。

那么，通用人工智能到底是什么样的呢？究竟能否实现呢？现在关于它的研究已经到了什么地步？下面我们将一窥通用人工智能的前沿研究，尝试从两个角度寻找答案。

胡特尔是一位在通用人工智能研究领域有着重要贡献的科学家。他曾经写了一本书 *Universal Artificial Intelligence*，从严格意义上讨论通用人工智能。这本书用数学界定了一种通用人工智能体 AIXI，并讨论了大量关于 AIXI 的性质。胡特尔给通用人工智能写了一个数学定义式：

$$a_t := \arg\max_{a_t} \sum_{o_t r_t} \cdots \max_{a_m} \sum_{o_m r_m} [r_t + \cdots + r_m] \sum_{q:U(q,a_1\cdots a_m)=o_1 r_1\cdots o_m r_m} 2^{-\text{length}(q)}$$

这个公式从图灵机理论、算法信息论和决策论的角度抽象描述了一个数学严格意义上的通用人工智能程序，并证明了它的存在性。这个智能体能够感知环境和决策，并能够以最优的方式完成学习。

这里我们并不打算就该公式中的每一个符号展开详细讨论，但我们希望带领读者认识胡特尔工作的意义。用数学的方式定义人工智能是人工智能理论研究的一大飞跃，就如同在计算机还未发明的时候，阿兰·图灵（Alan Turing）就用一个抽象数学模型——图灵机——定义了计算机一样。一方面，虽然这个公式已经被证明在当前情况下是不可计算的，但是它有可计算的近似解。从某种程度上说，DQN 其实就是 AIXI 的一种近似实现。另一方面，有了数学上的严格定义，我们就可以进行数学推演，来发掘更多的成果。

另外，胡特尔的工作在人工智能特别是通用人工智能领域具有广泛的影响力。他的多名学生和好友后来进入了 DeepMind 公司，其中就包括 DeepMind 联合创始人之一肖恩·莱格（Shane Legg）。因此，DeepMind 的研究工作在很大程度上受到了通用人工智能理论的影响。

在通用人工智能领域，另一位影响深远的人物就是 LSTM 的发明者尤根·斯提姆哈勃，他曾是胡特尔的博士后导师。他在胡特尔的 AIXI 基础上又提出了一个升级版的通用智能体：哥德尔机。哥德尔机包括了两部分，一部分是求解器（solver），相当于 AIXI，可以最优地完成决策并与环境互动；另一部分是搜索器（searcher），它的作用是对哥德尔机自身的硬件、软件、环境完成模拟和搜索，并找到更优的解决方案。一旦找到，哥德尔机就可以自行升级，从而完成一次进化。

你可能会觉得，这不就是机器学习吗？我们整本书不都是在讨论这种能够自我更新的程序吗？但哥德尔机的这种改进与普通的机器学习非常不一样，它们最大的区别是，哥德尔机是以一种自指（self-referential）的方式进行自身的模拟从而完成升级的。换句话说，哥德尔机是一种"有意识"的自我修改，它具备了自我觉知（self-awareness）的能力。这也是斯提姆哈勃将这种机器命名为哥德尔机的原因，因为哥德尔定理就是数学家运用自指能力来证明的。

哥德尔机具有这样的能力，就如同具有了自我意识一样，它可以通过不断的进化来自我升级。我们不知道它是否会带来智能爆炸，也无从预测它将会做些什么。

就像胡特尔严格定义了智能一样，我们完全可以用哥德尔机来数学化地定义自我意识，这样人类意识这一最后堡垒很可能就会被哥德尔机攻破。

你也许会怀疑这种自我修改源码的可行性，但是计算理论中的递归定理（recursive theorem）早已用数学保证了这类机器的存在。就如同可以自我复制的计算机程序、将自身源代码打印出来的程序一样，这类"自省程序"（self-introspection）也是存在的。它的理论深深植根于哥德尔定理、图灵停机问题等数学理论之中。

遗憾的是，这样的哥德尔机还没有被制作出来；所幸的是，斯提姆哈勃正在致力于这方面的研究工作。

我们期待更多的研究者在通用人工智能的道路上更进一步。

15.6　Q&A

Q：**强化学习与深度学习是什么关系，交叉还是包含？**

A：经典的强化学习与深度学习没有任何关系。直到 AlphaGo 出尽风头，人们才把强化学习和深度学习联系在了一起。通常我们称它为深度强化学习，深度强化学习是强化学习和深度学习的耦合。所以，强化学习和深度学习可以说有交集，并且它们都属于机器学习。

Q：**什么叫作 Q 函数？**

A：Q 函数可以视为效能函数或评估函数，是一种价值判断。

Q： 在 Q 函数中，计算 Q_t 要计算 Q_{t+1}，计算 Q_{t+1} 又要计算 Q_{t+2}，这岂不是无限递归了？

A： 没错，这就是一个无限递归的过程，但它会随着一轮游戏的终止而终止。我们在训练模型玩游戏的时候，在一轮游戏结束后会再开始一轮游戏。在每轮游戏中，Q 函数会慢慢地得到调整。

Q： 获取下一时刻的状态，是模拟出来的，还是真的让网络进行了一步游戏？

A： 是模拟出来的。

Q： 变换"价值观"可以理解为从一个局部最优解到另一个局部最优解吗？

A： 可以这样理解。

Q： 为什么称为"贪婪策略"？这和传统机器学习里的贪婪算法有关系吗？

A： 有一点儿关系，因为它要以最大化 Q 函数的方式行动，所以称为贪婪策略。

Q： Q-learning=DQN 吗？

A： 不是，Q-learning 是一个经典的强化学习算法。而 DQN 是由 DeepMind 提出的，是使用深度神经网络实现的 Q-learning 算法，而经典的 Q-learning 并不使用深度神经网络模型。

15.7 扩展阅读

[1] Wiering M, van Otterlo M. Reinforcement Learning: State-of-the-Art (Adaptation, Learning, and Optimization). Springer, 2012.

[2] Mnih V, Kavukcuoglu K, Silver D, et al. Human-level Control through Deep Reinforcement Learning. Nature 518, 529-533, 2015.

[3] 关于 AI 玩 *Flappy Bird* 的程序源代码：GitHub 上的 DeepLearningFlappyBird（yenchenlin）。

[4] Hutter M. Universal Artificial Intelligence. Springer, 2005.

[5] 关于哥德尔机：GÖDEL MACHINE HOME PAGE（J. Schmidhuber）。